"十二五"职业教育国家规划教材
经全国职业教育教材审定委员会审定

大气污染控制技术与技能实训

新世纪高职高专教材编审委员会 组编

主　编　王继斌　李俊鹏
副主编　王玉莹　孙广轮

第四版

大连理工大学出版社

图书在版编目(CIP)数据

大气污染控制技术与技能实训 / 王继斌,李俊鹏主编. -- 4版. -- 大连:大连理工大学出版社,2021.3
(2024.6重印)
新世纪高职高专环境类课程规划教材
ISBN 978-7-5685-2891-7

Ⅰ.①大… Ⅱ.①王… ②李… Ⅲ.①空气污染控制－高等职业教育－教材 Ⅳ.①X510.6

中国版本图书馆CIP数据核字(2021)第000480号

大连理工大学出版社出版

地址:大连市软件园路80号 邮政编码:116023
发行:0411-84708842 邮购:0411-84708943 传真:0411-84701466
E-mail:dutp@dutp.cn URL:https://www.dutp.cn

大连雪莲彩印有限公司印刷 大连理工大学出版社发行

幅面尺寸:185mm×260mm 印张:18.5 字数:470千字
2006年2月第1版 2021年3月第4版
2024年6月第4次印刷

责任编辑:高智银 责任校对:李 红
封面设计:张 莹

ISBN 978-7-5685-2891-7 定 价:49.80元

本书如有印装质量问题,请与我社发行部联系更换。

前 言

《大气污染控制技术与技能实训》(第四版)是"十二五"职业教育国家规划教材,也是新世纪高职高专教材编审委员会组编的环境类课程规划教材之一。

本教材在内容编排上力求侧重实用技术,对污染源状况,治理工艺,设备选择、安装、调试、运行与维护管理等诸多方面进行了重点介绍。在讲解必备基础知识和常用设备的基础上,强化实际操作技能的传授和训练,为相关技能实训课程的开展进行了教学设计,开辟了学习专业技术知识与岗位技能训练"教、学、做"新思路,充分突出了高职高专教育的特色。

本教材的编写具有如下特点:

1. 教材内容由浅入深,循序渐进,阐述的原理简洁易懂,突出高等职业技术教育特色。在教材编写过程中注重对基本概念的讲解,理论知识以实际够用和必需为度,简明实用。

2. 注重知识点间的相互联系,技能应用多。此外,通过模块前学习指南和模块后现场教学,并辅以相应的习题,针对性强,不仅有助于学生理解、消化理论内容,而且有利于学生检查并巩固所学知识,以便更好地满足教学需求。

3. 注重实践教学课程的开设,其中模块7"典型大气污染控制技术技能实训",指导技能操作实训教学的开展,应用性广,实用性强,增加了环保设备的选择、安装、调试、运行与维护管理以及大气污染控制系统整合等实际工作中的常用内容,使本教材更能满足高职高专学生的就业需求。

4. 针对性强。为适应高职高专毕业生就业市场的需求,本教材对大气污染物主要工业行业的基本情况、生产工艺、大气污染物产生的工序、治理技术和设备进行了详细讲述,提高了教材内容的可读性和趣味性,使学生能更好地消化和吸收,并学以致用。

本教材由河北环境工程学院王继斌、广东轻工职业技术学院李俊鹏任主编，燕山大学王玉莹、河北环境工程学院孙广轮任副主编，深圳信息职业技术学院欧阳帆、沈阳机床股份有限公司王玉晶、汕头职业技术学院曾金樱、秦皇岛市环境保护宣教中心马艳红参加了编写。具体编写分工如下：王继斌编写模块1，孙广轮编写模块2中2.1～2.3，欧阳帆编写模块2中2.4～2.5，李俊鹏编写模块3、模块4，王玉晶编写模块5，曾金樱编写模块6中6.1～6.4，马艳红编写模块6中6.5～6.7，王玉莹编写模块7，全书由王继斌负责统稿。

在编写本教材的过程中，编者参考、引用和改编了国内外出版物中的相关资料以及网络资源，在此表示深深的谢意！相关著作权人看到本教材后，请与出版社联系，出版社将按照相关法律的规定支付稿酬。

由于编者水平有限，书中疏忽和错误之处在所难免，敬请广大读者批评指正。

编　者

2021年3月

所有意见和建议请发往：dutpgz@163.com

欢迎访问职教数字化服务平台：https://www.dutp.cn/sve/

联系电话：0411-84706671　84707492

目 录

模块 1　大气污染及其综合防治 ·· 1
　1.1　大气与大气污染 ··· 1
　1.2　大气污染源和大气污染物 ··· 7
　1.3　大气环境质量控制标准 ··· 11
　1.4　大气污染综合防治 ··· 16

模块 2　大气污染控制技术基础 ·· 21
　2.1　大气污染物的性质 ··· 21
　2.2　大气污染物的来源和产生机理 ·· 29
　2.3　大气污染控制设备的性能指标 ·· 43
　2.4　烟气量的计算 ··· 49
　2.5　烟囱高度的计算 ··· 57

模块 3　颗粒污染物的控制技术与设备 ··· 63
　3.1　机械式除尘器 ··· 64
　3.2　过滤式除尘器 ··· 78
　3.3　静电除尘器 ·· 88
　3.4　湿式除尘器 ·· 98
　3.5　除尘装置的选择 ··· 105

模块 4　气态污染物的净化技术 ·· 109
　4.1　气态污染物综合净化技术 ··· 109
　4.2　低浓度 SO_2 的净化技术 ·· 133
　4.3　NO_x 的净化技术 ·· 150
　4.4　汽车尾气净化技术 ··· 158
　4.5　挥发性有机物治理技术 ·· 162

模块 5　大气污染控制系统的整合、运行与维护 ·· 170
　5.1　废气治理设备的安装、运行与维护 ··· 170
　5.2　通风机 ··· 176
　5.3　集气罩 ··· 187
　5.4　通风管道 ·· 192
　5.5　排气筒高度的确定 ··· 197
　5.6　废气治理净化系统的正常运行防护 ··· 202
　5.7　现场教学 ·· 206

模块 6　主要工业行业废气治理 ······ 207
6.1　化学工业废气治理 ······ 207
6.2　锅炉消烟除尘 ······ 212
6.3　钢铁工业废气治理 ······ 216
6.4　水泥生产工业废气治理 ······ 225
6.5　电力工业废气治理 ······ 227
6.6　印刷行业 VOCs 治理 ······ 232
6.7　现场教学 ······ 234

模块 7　典型大气污染控制技术技能实训 ······ 235
7.1　典型大气污染控制技术概述 ······ 235
7.2　实训 1——林格曼烟气黑度测定 ······ 237
7.3　实训 2——旋风除尘器的性能测定 ······ 242
7.4　实训 3——袋式除尘器的性能测定 ······ 249
7.5　实训 4——吸收法净化二氧化硫废气 ······ 254
7.6　实训 5——吸附法净化氮氧化物废气 ······ 258
7.7　实训 6——离心风机和离心水泵拆装 ······ 263

参考文献 ······ 265

附　录 ······ 267
附录 1　大气污染物综合排放标准(GB 16297—1996)(摘要) ······ 267
附录 2　锅炉大气污染物排放标准(GB 13271—2014)(摘要) ······ 279
附录 3　火电厂大气污染物排放标准(GB 13223—2011)(摘要) ······ 280
附录 4　水泥工业大气污染物排放标准(GB 4915—2013)(摘要) ······ 282
附录 5　炼焦化学工业污染物排放标准(GB 16171—2012)(摘要) ······ 283
附录 6　恶臭污染物排放标准(GB 14554—1993)(摘要) ······ 286

模块 1　大气污染及其综合防治

知识目标

1. 掌握大气与大气污染的基本概念,了解和掌握大气污染危害的影响极其特点。
2. 了解大气污染物的基本性质及其来源和分类。
3. 了解和掌握大气污染控制的法律法规和标准。

技能目标

1. 学好并掌握有关大气污染的基础知识,了解大气污染物来源及其种类。
2. 了解和掌握大气污染的危害程度,能提出和分析一些产生大气污染的环境问题。
3. 理解和利用好国家有关大气污染控制的法律法规和控制标准。
4. 学会查找与利用大气污染防治的国家排放标准。

能力训练任务

1. 能对大气与大气污染的基本知识进行分析与判断。
2. 对所在城市的大气污染状况进行社会调查,并能查找出主要大气污染源与污染物。
3. 能对所在城市大气污染方面提出较为合理的影响评估。

1.1　大气与大气污染

1.1.1　大气和空气

按照国际标准化组织(ISO)对大气和空气的定义:大气是指环绕地球的全部空气的总和;环境空气(习惯简称空气)是指人类、植物、动物和建筑物暴露于其中的室外空气。可见,"大气"与"空气"是作为同义词使用的,其区别仅在于"大气"所指的范围更大些,"空气"所指的范围相对小些。根据中华人民共和国环境保护标准《大气污染物名称代码》(HJ-524-2009;2009年12月30日发布,2010年4月1日起实施)所述:"大气指包围地球表层的空气,由一定比例的氮、氧、二氧化碳、水蒸气以及其他微量气体、液体和固体杂质、微粒等组成的混合物"。大气污染控制技术的研究内容,基本上都是地球表层的空气污染与防治,且更侧重于和人类关系最密切的近地层空气。即使是研究大环境的大气物理学、大气气象学等,主要研究范围也是对流层空气,很难将大气与空气截然区分开。本教材以后的论述中,无论使用"大气"或"空气"一词,主要是指"环境空气"。

1.1.2 大气的组成及大气圈的垂直结构

1. 大气的组成

自然状态下,大气由多种混合气体、水汽和杂质组成。除去水汽和杂质的空气称为干洁空气。干洁空气的主要成分为体积分数78.08%的氮,20.95%的氧,0.93%的氩,0.03%的二氧化碳。这几种气体占总量的99.99%,其他各项气体含量总计不到0.01%,这些微量气体包括氖、氦、氪、氙等稀有气体,在近地层大气中上述气体的含量几乎可认为是不变化的。近地层干洁空气组成见表1-1。

表 1-1　　　　　　　　　　　干洁空气的气体组成

气体名称	体积分数(%)	气体名称	体积分数(%)
氮	78.08	甲烷	1.7×10^{-4}
氧	20.95	氪	1.0×10^{-4}
氩	0.93	二氧化氮	0.02×10^{-4}
二氧化碳	0.032	氢	0.58×10^{-4}
氖	18×10^{-4}	氙	0.08×10^{-4}
氦	5.2×10^{-4}	臭氧	1.0×10^{-6}

大气中的杂质是由自然过程和人类活动排放到大气中的各种悬浮微粒和气态物质组成的。大气中悬浮微粒,除了由水蒸气凝结成的水滴和冰晶外,主要是各种有机的或无机的固体微粒。有机微粒数量较少,主要是植物花粉、微生物、细菌、病毒等。无机微粒数量较多,主要是岩石或土壤风化后的尘粒,流星在大气层燃烧后产生的灰烬,火山喷发后留在空中的火山灰,海洋中浪花溅起在空中蒸发留下的盐粒,以及地面上燃料燃烧和人类活动产生的烟尘等。

2. 大气圈及其垂直结构

自然地理学家把受地心引力而随地球旋转的大气叫作大气圈。大气圈的厚度大约为10 000 km。由于大气圈与宇宙空间很难确切划分,在大气物理学和污染气象学研究中,常把大气圈层界定1 200～1 400 km。1 400 km以外,气体非常稀薄,就是宇宙空间了。

就整个地球来说,越靠近核心,组成物质的密度就越大。大气圈是地球的一部分,若与地球的固体部分相比较,密度要比地球的固体部分小得多,全部大气圈的重量大约为50万吨,还不到地球总重量的百万分之一;以大气圈的高层和低层相比较,高层的密度比低层要小得多,而且越高越稀薄。假如把海平面上的空气密度作为1,那么在240 km的高空,大气密度只有它的一千万分之一;到了1 600 km的高空就更稀薄了,只有它的一千万亿分之一。整个大气圈质量的90%都集中在海平面以上16 km以内的空间里。再往上升高到海平面上方80 km的高度,这个界限以下集中了大气圈质量的99.999%,而所剩无几的大气占据了这个界限以上的极大空间。

探测结果表明,地球大气圈的顶部并没有明显的分界线,而是逐渐过渡到星际空间的。高层大气稀薄的程度虽说比人造的真空还要"空",但是在那里确实还有气体的微粒存在,而且比星际空间的物质密度要大得多,然而,它们已不属于气体分子了,而是原子及原子再分裂而产生的粒子。以80～100 km的高度为界,在这个界限以下的大气,尽管有稠密稀薄的不同,但它们的成分大体是一致的,都是以氮和氧分子为主,这就是我们周围的空气。而在这个界限以上,到1 000 km上下,就变得以氧为主了;再往上到2 400 km上下,就以氦为主;再往上,则主要是氢;在 3 000 km 以上,便稀薄得和星际空间的物质密度差不多了。

整个地球大气圈层像是一座高大的而又独特的"楼房",按其成分、温度、密度等物理性质在垂直方向上的变化,世界气象组织把这座"楼"分为五层,自下而上依次是:对流层、平流层、中间层、暖层和散逸层,见表 1-2。

表 1-2　　　　　　　　　　　　　　大气圈层

大气圈各层名称	距离地面高度	性质特点	区域表述
对流层	地表至高于海平面 12～18 km	大气对流强烈、天气复杂、温度随高度递减	有积雨云存在,天气复杂多变
平流层	对流层的顶部直到高于海平面 50～55 km	大气水平流动、气温随高度的增加而上升	利于飞机高空飞行,无线电探空气球;中间有一层臭氧层,吸收紫外线
中间层	平流层之上,到高于海平面 85 km	气温随高度的增加而下降很快	流星、反射无线电波
暖层	中间层顶部到高出海平面 800 km	气温随高度的增加而上升很快,气体高度电离	出现极光、神舟七号到达区域
散逸层	暖层顶部以上的大气	大气极稀薄,气体分子向宇宙逃逸	宇宙火箭、航天飞机、人造卫星、极光

对流层和平流层由于对人类活动影响最大和臭氧层的存在而成为研究的重点。对流层下部 1～2 km 称为大气边界层(摩擦层),地面到 50～100 km 高度的部分又称为近地层。

3. 气象要素

表示大气状态的气象要素主要包括:气温、气压、气湿、风、云、能见度等。

(1)气温　表示大气温度高低的物理量。通常所说的气温是指距地面 1.5 m 高处百叶箱中的空气温度。表示气温高低常用的温度有两种:摄氏温度 $t(℃)$ 和热力学温度 $T(K)$,热力学温度的单位开(K)与摄氏温度的单位摄氏度(℃)在表示温度差和温度间隔时,1 K=1 ℃。热力学温度与摄氏温度的关系是 $T=t+273.15$。

(2)气压　即大气压强,简称气压。静止大气中某观测高度上的气压值等于其单位面积上所承受的大气柱的重量。海拔越高,气压越低。气压用气压计或空盒气压表测定。量度大气压力的单位有毫米汞柱(mmHg)、标准大气压(atm)、巴(bar)、毫巴(mbar)、帕斯卡(Pa),现在气象上以帕斯卡为法定单位,它们之间的关系是:1 atm=101 325 Pa=1 013.25 mb=760 mmHg。

(3)气湿　空气的湿度简称气湿。空气湿度表示大气中水汽含量的多少和空气潮湿程度。常用绝对湿度来表示,即空气中水蒸气分压力与同温度下饱和水气压的比值,以百分数表示。

(4)风　气象上把空气的水平运动叫风。空气质点的铅直运动称为升、降气流。风是矢量,由风向与风速组成。风向是指风的来向,例如风从南方吹来称南风。可用 8 个方位或 16 个方位表示,也可用角度表示。

科学家蒲福在 1805 年根据自然现象将风力分为 13 个等级(0～12 级)。根据蒲福制定的公式,也可粗略地由风级算出风速,计算公式为

$$u \approx 3.02 \sqrt{F^3} \tag{1-1}$$

式中　u——风速,km/h。
　　　F——风力等级。

(5)云　云是飘浮在空气中的水汽凝结物。这些水汽凝结物由大量小水滴、小冰晶或两者的混合物构成,并对天气变化具有指示意义,对大气的热力过程有重要影响。从污染物扩散考虑,主要考虑的是云量。

云量是指云遮蔽天空的层数。在我国,将天空分为10等分,有几分天空被云覆盖,云量就是几。全天空无云,云量记为零;阴天时,整个天空被云覆盖,云量记为10。

(6)能见度　能见度是指当时的天气条件下,正常视力的人在天空背景下能看清目标物的最大水平距离。能见度的单位常用m或km来表示。

能见度的大小反映了大气的混浊程度,反映出大气中杂质的多少。

1.1.3　大气污染及分类

由于人类活动或自然过程,使得排放到大气中的物质的浓度及持续时间超过了一定尺度下大气环境所能允许的极限,达到有害程度,以致破坏生态系统和人类正常生存和发展的条件,对人、动植物以及设备、物质等方面直接或间接地造成危害的现象称为大气污染。所谓人类活动不仅包括生产活动,而且也包括生活活动,如做饭、取暖、交通等。自然过程包括火山活动、山林火灾、海啸、土壤和岩石的风化及大气圈中的空气运动等。一般说来,由于自然环境具有物理、化学和生物机能(自然环境的自净作用),会使自然过程造成的大气污染,经过一定时间后自动消除(生态平衡自动恢复)。所以可以说,现在所说的大气污染主要是人类活动造成的污染。

对大气污染分类可以采取不同的方法。根据大气污染原因和大气污染物的组成,把大气污染分为四大类:

(1)煤烟型污染:主要由煤炭燃烧时排放的硫氧化物、烟尘、粉尘等造成的污染,以及由这些污染物化学反应而生成的硫酸及其盐类所构成的气溶胶而形成的二次污染物。

(2)石油型污染:在石油开采、冶炼,石化企业生产石油制品使用(如汽车)中向大气排放的氮氧化物、碳氧化物、碳氢化物等造成的污染,以及这些污染物经过光化学反应形成的光化学烟雾污染,或在大气中形成的臭氧、各种自由基及其反应生成的一系列中间产物与最终产物所造成的污染。

(3)混合型污染:大气污染物的排放具有煤烟型和石油型的综合特征,其污染源包括以煤碳为燃料的污染源,以石油为燃料的污染源,以及从工厂企业排出各种化学物质的污染源。

(4)特殊型污染:是由各类工业企业排放的特殊气体(如氯气、硫化氢、氟化氢、金属蒸气等)造成的大气污染。

根据大气污染的范围也可将大气污染分为四类:

(1)局部地区大气污染:如某个工厂烟囱排气的直接影响。

(2)区域性大气污染:如工矿区及其附近地区或整个城市的污染。

(3)广域性大气污染:如城市群或大工业地带的污染。

(4)全球性大气污染:由于人类的活动,大气中硫氧化物、氮氧化物、二氧化碳、氯氟烃化合物和飘尘的不断增加,造成跨国界的酸性降雨、温室效应、臭氧层破坏等。

1.1.4　大气污染的危害

1.对人体健康的影响和危害

大气污染物侵入人体主要有三条途径:表面接触、食入含污染物的食物和水、吸入被污染的空气。其中以第三条途径最为重要。大气污染对人体健康的危害主要表现为:

(1)引起急性中毒,甚至死亡。如一氧化碳中毒等。

(2)使慢性疾病恶化。如慢性支气管炎、支气管哮喘、肺病、肾脏病等病人在受污染的大气环境里病情会加重。

(3) 引起身体机能障碍。如使肺气肿病人肺部气体交换量减少、血液循环障碍等。

(4) 引起癌症。如城市居民肺癌、肝癌等发病率高于农村,就与城市的大气污染有关。苯并[a]芘是公认的强致癌物,其他芳烃等有机化合物也有不少具有致癌或致畸作用。

(5) 引起其他症状。如刺激感官,导致呼吸困难,危害心、肺、肝、肾等内脏器官。

2. 对植物的影响和伤害

大气污染物对植物的危害可以有多种形式,如直接伤害、间接伤害、慢性和潜在伤害等。高浓度污染物影响下,植物会产生直接的急性的伤害,叶子表面出现坏死斑点,损伤了叶子表面的毛孔和气孔,从而破坏其光合作用和分泌作用。当污染物通过气孔或角质层进行扩散以后,使植物细胞中毒,导致在其上出现深度坏死或衰老的斑点;当植物长期暴露在低浓度大气污染中,植物会受到慢性的侵害,会干扰植物对养分和能量的吸收,影响植物生长和发育,干扰植物的繁殖过程,降低花粉的活力,减少果实,降低种子发芽能力,干扰正常的代谢或生长过程,导致植物器官的异常发育和提前衰老。大气污染还会降低植物对病虫害的抵抗能力,诱发严重的病虫害。

3. 对器物和材料的危害

大气污染物对器物的危害有两类:一是大气污染物沾污器物表面;二是器物被沾污后,污染物与器物发生化学作用,使器物变质或腐蚀。如硫酸雾、盐酸雾、碱雾等沾污器物表面后造成严重腐蚀;光化学烟雾对橡胶制品的破坏作用等。大气污染物对金属材料和设备的腐蚀所造成的损失巨大,对建筑物也有极大的损害作用,特别是许多艺术珍品也受到了大气污染的腐蚀和破坏。

4. 对大气能见度的影响

大气污染最常见的后果之一是大气能见度降低。一般说来,对大气能见度或清晰度有影响力的污染物应是气溶胶粒子和能通过大气反应生成气溶胶粒子的气体或有色气体。因此,对能见度有潜在影响的污染物有:① 总悬浮颗粒物(TSP);② SO_2 和其他气态含硫化合物,因为这些气体能在大气中以较大的反应速率生成硫酸盐和硫酸气溶胶粒子;③ NO 和 NO_2,能在大气中反应生成硝酸盐和硝酸气溶胶粒子,而且在某些条件下,红棕色的 NO_2 还会导致烟羽和城市霾云,出现可见着色。大气能见度的降低,不仅会使人感到不愉快,而且会造成极大的心理影响,还会产生交通安全方面的危害。

5. 对气候的影响

大气污染对气候产生大规模影响,是已被证实的全球性环境问题,其结果是极为严重的。如 CO_2 等温室气体引起的温室效应以及 SO_2、NO_x 排放产生的酸雨等。除此之外,在较低大气层中的悬浮颗粒物形成水蒸气的"凝结核"。当大气中水蒸气达到饱和时,就会发生凝结现象。在较高的温度下,凝结成液态小水滴;而在温度很低时,则会形成冰晶。这种"凝结核"作用有可能潜在地导致降水的增加或减少。例如颗粒物浓度高的城区和工业区的降雨量明显大于其周围相对清洁地区的降雨量。

一些研究者认为,那些伴随着大规模气团停滞的大范围的霾层,可能也会有一些气候影响。由于太阳辐射的散射损失和吸收损失,大气气溶胶粒子会导致太阳辐射强度的降低。计算表明,在受影响的气团区域,辐射、散射损失可能会致使气温降低 10 ℃,虽然这是一种区域性影响,但它在很大的地区内起作用,以致具有某种全球性影响。

1.1.5 我国大气污染的特点

1. 能源结构及工业结构和布局还不尽合理,普遍形成城市大气总悬浮颗粒物超标、二氧化硫和氮氧化物污染保持在较高水平的煤烟型污染。
2. 工业生产所产生的大量粉尘、烟尘和气态污染物以及由此产生出的二次污染物。
3. 城市机动车尾气排放污染物剧增,氮氧化物污染呈加重趋势,许多大城市大气污染已由煤烟型向煤烟、交通、氧化型等共存的复合型污染转变。
4. 由于大规模建筑施工等人为活动,引起扬尘污染加重。
5. 部分地区生态破坏,使得我国北方沙尘暴污染有所加重。
6. 由于硫氧化物、氮氧化物等致酸物质的排放仍未得到有效控制,全国已形成华中、西南、华东、华南等多个酸雨区,尤以华中酸雨区为重。
7. 由于不少地方片面追求经济发展而导致工业生产、交通运输、餐饮服务、城市建筑等产生的颗粒污染物和气态污染物的增加,以及人们不注重保护生态环境所造成的荒漠化日趋严重,在全国出现了大范围的持续、广泛的雾霾天气。

1.1.6 大气污染问题

当代世界仍面临人口膨胀、资源枯竭、生态破坏和环境污染等问题。生态破坏主要指气候变暖、臭氧层破坏、土地荒漠化、森林面积减少、水土流失、物种灭绝、生物多样性锐减等;环境污染包含着水、大气、固体废弃物的污染等。就大气环境污染而言,主要是全球性的温室效应、酸雨和臭氧层空洞等问题。

1. 温室效应

太阳表面温度高,发出的短波辐射很容易通过大气层而到达地表,使地表温度增加;地表温度较低,发出的长波辐射,被吸收长波辐射能力较强的大气层所吸收;大气层从长波辐射中获得能量并以逆辐射的形式将热量传给地球,从而减少了地表向大气层中继续辐射。随着大气中某些痕量气体含量的增加,引起地球平均气温升高的现象,称为温室效应。这类痕量气体,称为温室气体,主要有 CO_2、CH_4、O_3 等,其中尤以 CO_2 的温室作用最明显。

众所周知,燃料燃烧的主要产物是 CO_2,随着世界人口的增加和经济的迅速发展,排入大气的 CO_2 越来越多。据估算,过去一百年通过燃烧排入大气的 CO_2 约为 4.15×10^{11} t,使大气中 CO_2 含量增加了 15%,浓度由 280 ppm 上升到了 360 ppm,使全球平均气温上升 0.83 ℃。气温升高使空气中水汽增多,更多地吸收热量。地球上冰川融化,使海平面上升了 10~20 cm。

有人估计,按照目前化石燃料用量的增加速度,大气中的 CO_2 将在五十年内加倍,使中纬度地面温度升高 2~3 ℃,极地升高 6~10 ℃。果真如此,温室效应将给人类的生态环境带来难以预测的后果。尽管温室效应不是气候变化的唯一因素,也有人对温室效应提出种种疑问,但 CO_2 等气体浓度的增加是肯定的,温室效应已引起国际社会的普遍关注。

2. 酸雨

酸雨是 pH 小于 5.6 的雨、雪或其他形式的大气降水(如雾、露、霜),是一种大气污染现象。空气中 CO_2 的平均质量浓度约为 62 mg/m³,此时吸收 CO_2 饱和的雨水 pH 为 5.6,故清洁的雨、雪、雾等降水呈弱酸性。由于人类活动向大气排放大量酸性物质,使降水 pH 降低,当 pH<5.6 时便发生了酸雨。

形成酸雨的主要污染物是 SO_2 和 NO_x 等。以 SO_2 为例,大量 SO_2 进入大气后,在合适的氧化剂和催化剂存在时,就会发生化学反应生成硫酸。在干燥条件下,SO_2 被氧化成 SO_3 的反应十分缓慢;在潮湿大气中,SO_2 转化成硫酸的过程常与云雾的形成同时进行,SO_2 首先生成亚硫酸(H_2SO_3),而后在铁、锰等金属盐杂质催化下,被迅速氧化为硫酸(H_2SO_4)。

酸雨的主要危害是破坏森林生态系统和水生态系统,改变土壤性质和结构,腐蚀建筑物,损害人体呼吸道系统和皮肤等。酸雨在世界上分布较广,可以飘越国境影响他国。最早深受酸雨危害的是瑞典和挪威等国家,而后是加拿大和美国东北部,我国华南等地区也出现了酸雨。酸雨是国际社会关注的重要环境问题,我国积极采取了控制措施,规划酸雨控制区,控制 SO_2 排放总量等。

3. 臭氧层被破坏

臭氧是大气中的微量气体之一,主要浓集在平流层 20~25 km 的高空,该层大气也称臭氧层。臭氧层对保护地球上的生命、调节气候具有极为重要的作用。但是,近几十年来,由于出现在平流层的飞行器逐渐增多,人类生产和使用消耗臭氧的有害物质增多,导致排入大气中的 NO_x、氯氟烃等增多,使臭氧层遭到破坏。以氯氟烃为例,它在对流层内性质稳定,进入平流层后,易与臭氧发生反应消耗臭氧,使臭氧层中 O_3 浓度降低。

臭氧层被破坏的危害有以下几点:①臭氧层破坏使大量紫外线光辐射到地面,危害人体健康。有人估计,臭氧层 O_3 体积分数减少 1%,地面紫外线光辐射增加 2%,使皮肤癌发病率增加 2%~5%。②臭氧减少会使白内障发病率增高,并对人体免疫系统功能产生抑制作用。③紫外光辐射增大,也会对动、植物产生影响,危及生态平衡。臭氧层破坏还将导致地球气候异常,带来灾害。防止臭氧层破坏已成为全世界关注的问题,受到科学界和各国政府的高度重视。《保护臭氧层维也纳公约》《关于消耗臭氧层物质的蒙特利尔议定书》等国际法律文件,都是为保护臭氧层制定的。我国非常重视臭氧层保护工作,已签署了有关文件。

除温室效应、酸雨和臭氧空洞等全球性的大气污染之外,由于汽车数量的迅速增加,NO_2、CH_4、苯并[a]芘和 Pb 等污染也是不可忽视的当代大气污染问题。

学习任务单

1. 大气的定义和组成是什么?
2. 大气污染的定义是什么?大气污染有哪些分类方法?
3. 大气污染的危害有哪些?
4. 我国的大气污染有什么特点?
5. 简述全球性大气污染的三大问题。

1.2 大气污染源和大气污染物

1.2.1 大气污染源及分类

大气污染源是指向大气排放足以对环境产生有害影响物质的生产过程、设备、物体或场所等。

从总体上看,大气污染可认为是由自然界所发生的自然灾害和人类活动所造成的,即自然污染源和人为污染源。在大气污染防治中,主要研究和控制的对象是人为污染源。人为污染源有以下几种划分方法:

1. 按污染源存在的形式划分

(1)固定污染源。污染物由固定地点排出,如各种类型工厂、火电厂、钢铁厂等的排烟或排气。

(2)移动污染源。污染物排放源可以移动,如汽车行驶中排放废气等。

2. 按污染源排放的方式划分

(1)高架源。污染物通过垂直高度>15 m的排气筒排放,是排放量比较大的污染源。

(2)面源。由多个垂直高度<15 m的排气筒集合起来而构成的区域性污染源。

(3)线源。移动污染源,如汽车在街道上行驶造成的线状污染。

3. 按污染源排放的时间划分

(1)连续源。污染物由排放源连续排放,如造纸厂排放制浆蒸煮废气的排气筒。

(2)间歇源。排放源间歇排放污染物,如取暖锅炉的烟囱。

(3)瞬时源。排放时间短暂,如工厂的事故排放。

4. 按污染源产生的类型划分

(1)工业污染源。这里主要包括燃料燃烧排放的污染物,生产过程的排气(如炼焦厂向大气排放H_2S、酚、苯、烃类等有害物质);各类化工厂向大气排放具有刺激性、腐蚀性、异味或恶臭的有机和无机气体;化纤厂排放的H_2S、氨、二氧化硫、甲醇、丙酮等,以及生产过程中排放的金属粉尘和其他各类物质。

(2)生活污染源。由生活活动产生的废气,如烹调过程产生的污染性气体。目前我国的室内生活污染越来越受到重视。

(3)交通污染源。由汽车、飞机、火车和船舶等交通工具所排出的废气造成大气污染的污染源称为交通污染源。

1.2.2 大气污染物的定义及其分类

1. 大气污染物的定义

大气污染物:由于人类活动或自然过程排入大气的,浓度超过一定标准时对人或环境产生有害影响的物质称为大气污染物。大气污染物的种类非常多,根据其存在状态,可将其概括为两大类:颗粒状态污染物和气体状态污染物。对于气态污染物,又可分为一次污染物和二次污染物。若气态污染物是从污染源直接排出的原始物质,则称为一次污染物。若是由一次污染物与大气中原有成分或几种一次污染物之间经过一系列化学或光化学反应而生成的与一次污染物性质不同的新污染物,则称为二次污染物。气态污染物的分类见表1-3。

表1-3　　　　　　　　　气态污染物的分类

污染物	一次污染物	二次污染物	污染物	一次污染物	二次污染物
含硫化合物	SO_2、H_2S	SO_3、H_2SO_4、MSO_4	有机化合物	$C_1 \sim C_{10}$有机化合物	醛、酮、过氧乙酰硝酸酯、O_3
含氮化合物	NO、NH_3	NO_2、HNO_3、MNO_3
碳的化合物	CO、CO_2	无	卤素化合物	HF、HCl	

注:MSO_4、MNO_3分别为硫酸盐和硝酸盐。

2. 大气污染物的分类

(1) 颗粒污染物

颗粒污染物是指燃料和其他物质燃烧、合成、分解以及各种物料在处埋过程中所产生的悬浮于排放气体中的固体和液体颗粒状物质。一般为空气中的固体粒子和液体粒子,或固体和液体粒子在气体介质中的悬浮体,有些研究也称颗粒污染物为气溶胶状态固体污染物。按照其来源和物理性质,主要有以下几类:

①粉尘(dust):指悬浮于气体介质中的微小固体粒子,受重力作用能发生沉降,但在某一段时间内也能保持悬浮状态。粉尘一般是固体物质在破碎、分级、研磨等机械过程或土壤、岩石风化等自然过程中形成的。粒子的粒径范围一般为 $1\sim200~\mu m$。

②烟(fume):一般指冶金过程形成的固体粒子的气溶胶。生产过程中总是伴有各类化学反应,其熔融物质挥发后生成的气态物质冷凝时生成各种烟。烟的粒径为 $0.01\sim1~\mu m$。

③飞灰(fly ash):指由燃料燃烧产生的烟气带走的灰分中分散较细的粒子。灰分(ash)是含碳物质燃烧后残留的固体残渣。

④黑烟(smoke):通常指由燃烧产生的能见气溶胶,是燃烧不完全的碳粒,粒径约为 $0.5~\mu m$。在某些文献中以林格曼数、黑烟的遮光率、沾污的黑度或捕集沉降物的质量来定量地表示黑烟。

⑤雾(fog):雾是气体中液滴悬浮体的总称,在气象中指能造成能见度小于 1 km 的小液体悬浮体。在工程中一般泛指小液体粒子的悬浮体,粒径范围在 $200~\mu m$ 以下。由水蒸气的凝结、液体雾化及化学反应等过程形成,如水雾、酸雾、碱雾、油雾等。

在实际的情况下,粉尘、烟、飞灰和黑烟等小固体颗粒气溶胶之间的界限难以确切划分,不一定局限于固体微粒,也可以是液体微粒,统称为颗粒污染物。按照我国的习惯,一般将冶金过程或化学过程形成的固体颗粒气溶胶污染物称为烟尘,将燃料燃烧过程产生的颗粒气溶胶污染物称为飞灰和黑烟。根据颗粒物粒径的大小,又将颗粒物分为飘尘、降尘和总悬浮颗粒物。飘尘指大气中粒径在 $0.1\sim10~\mu m$ 的固体粒子,它能长期地在大气中飘浮,故又称其为浮游粒子或可吸入颗粒物。降尘指大气中粒径大于 $10~\mu m$ 的固体粒子,靠重力作用能在较短时间内沉降到地面。总悬浮微粒物(TSP)指大气中粒径小于 $100~\mu m$ 的固体粒子,它能较长时间地悬浮于大气中。这是为适应我国目前普遍采用的低容量($10~m^3/h$)滤膜采样(重量)法而规定的指标。

(2) 气态污染物

气态污染物是指以气体状态分散在排放气体中的各种污染物。对于气态污染物,受到普遍重视的一次污染物主要有硫氧化物(SO_x)、氮氧化物(NO_x)、碳氧化物(CO、CO_2)以及碳氢化合物(HC);受到普遍重视的二次污染物主要有硫酸烟雾和光化学烟雾等。硫酸烟雾为大气中的二氧化硫等硫化物,在有水雾、含有重金属的飘尘或氮氧化物存在时,发生一系列化学或光化学反应而生成的硫酸雾或硫酸盐气溶胶。光化学烟雾是在阳光照射下大气中的氮氧化物、碳氢化合物和氧化剂之间发生一系列光学反应而生成的蓝色烟雾(有时带紫色或黄褐色),其主要成分有臭氧、过氧乙酰基硝酸酯、酮类及醛类等。

1.2.3 污染物排放量的确定

污染物排放量的确定是污染源调查的核心问题。确定污染物排放量的方法有三种:物料平衡法、经验计算法(排放系数、排污系数法)、实测法。

1. 物料平衡法

根据物质守恒定律,在生产过程中,投入的物料量等于产品所含这种物料的量与这种物料流失量的总和。如果物料的流失量全部由烟囱排出或由排水排出,则污染物排放量就等于物料的流失量,可由下式计算。

$$Q = \sum G_2 = \sum G - \sum G_1 \tag{1-2}$$

式中　Q——单位时间内污染物的排放量,g/s。
$\sum G_2$——单位时间内物料流失总量,g/s。
$\sum G$——单位时间内物料投入总量,g/s。
$\sum G_1$——单位时间内生产的产品中所含这种物料的量,g/s。

如果物料的流失量的一部分由烟囱或排水排放,其他部分进入废渣中,则排放量应由物料流失量乘以修正系数得到,即

$$Q = \alpha \sum G_2 \tag{1-3}$$

式中　α——修正系数,是排污口排放的物料量与物料流失量的比值。

不同的生产过程,上述的物料平衡方程式有不同的形式。下面以燃煤为例,给出污染物排放量的计算公式。

燃煤工业锅炉产生的 SO_2 排放量的计算公式为

$$Q = BS \times 80\% \times 2 \times (1-\eta) \tag{1-4}$$

式中　Q——排放量,t/h。
B——燃煤量,t/h。
S——煤的全硫百分数。
80%——可燃硫占全硫分的估计百分数(可用实测值)。
2——SO_2 分子量与硫分子量的比值。
η——脱硫措施效率,无脱硫措施时 $\eta=0$。

燃煤工业锅炉产生的烟尘排放量估算的公式为

$$G = \frac{BAd_{fh}(1-\eta)}{1-C_{fh}} \tag{1-5}$$

式中　G——烟尘排放量,t/h。
B——燃煤量。
A——煤的灰分。
d_{fh}——烟尘占灰分百分比。
η——除尘器总效率。
C_{fh}——烟尘中可燃物占烟尘量的百分比,与煤种、燃烧状态和炉型等因素有关,煤粉炉可取 $4\%\sim8\%$,沸腾炉 $15\%\sim25\%$、抛煤炉 $5\%\sim10\%$,其他炉型为 0。

2. 经验计算法

根据产生的过程中,单位产品的经验排污系数求得污染物排放量的计算方法称为经验计算法。计算公式为

$$Q = KW \tag{1-6}$$

式中　Q——污染物排放量,kg/h。

K——单位产品的经验排污系数,kg/t。
W——某种产品的单位时间产量,t/h。

3. 实测法

实测法是通过对某个污染源现场测定,得到污染物的排放浓度和流量(烟气),然后计算出排放量。计算公式为

$$Q = CL \tag{1-7}$$

式中　C——实测的污染物算术平均浓度,kg/m³。
　　　L——烟气或废水的流量,m³/h。

学习任务单

1. 大气污染源的划分方法及内容是什么?
2. 大气污染物的定义是什么?
3. 简述大气污染物的种类。
4. 简述确定污染物排放量的方法。

1.3　大气环境质量控制标准

大气环境质量控制标准是为贯彻《中华人民共和国环境保护法》等法规制定的,是进行环境影响评价、实施大气环境管理和防治大气污染的科学依据。大气环境质量控制标准按用途分为:环境空气质量标准、大气污染物排放标准、大气污染控制技术标准及大气污染警报标准等。按其适用范围分为国家标准、地方标准和行业标准。

1.3.1　环境空气质量标准

环境空气质量标准是以保障人体健康和一定的生态环境为目标,而对大气环境中各种污染物的允许含量所做的限制规定。它是最基本的大气环境标准,是进行大气环境科学管理,制定大气污染防治规划和大气污染物排放标准的依据,是环境管理部门的执法依据。

制定环境空气质量标准,首先要考虑保障人体健康和保护生态环境这一空气质量目标。为此,需综合研究这一目标责任制与空气中污染物浓度之间关系的资料,并进行定量的相关分析,以确定符合这一目标的污染物的允许浓度。

我国 2012 年修订的《环境空气质量标准》(GB 3095—2012),2016 年 1 月 1 日起在全国实施,该标准规定了环境空气功能区分类、标准分级、污染物项目、平均时间及浓度限值、监测方法、数据统计的有效性规定及实施与监督等内容。该标准适用于全国范围的环境空气质量评价,共限定了 SO_2、NO_2、CO、O_3、PM_{10}、$PM_{2.5}$ 六种基本项目浓度限值以及 TSP、NO_x、Pb、BaP 四种其他项目的浓度限值(见表 1-4 和 1-5)。标准同时配有各项污染物分析方法。

该标准将环境空气功能区分为二类:
一类区为自然保护区、风景名胜区和其他需要特殊保护的区域。
二类区为居住区、商业交通居民混合区、文化区、工业区和农村地区。

一类区适用一级浓度限值,二类区适用二级浓度限值。

表 1-4　环境空气污染物基本项目浓度限值(摘自 GB 3095—2012)

序号	污染物项目	平均时间	浓度限值 一级	浓度限值 二级	单位
1	二氧化硫(SO_2)	年平均	20	60	$\mu g/m^3$
		24 小时平均	50	150	
		年平均	150	500	
2	二氧化氮(NO_2)	年平均	40	40	
		24 小时平均	80	80	
		年平均	200	200	
3	一氧化碳(CO)	24 小时平均	4	4	mg/m^3
		1 小时平均	10	10	
4	臭氧(O_3)	日最大 8 小时平均	100	160	
		1 小时平均	160	200	
5	颗粒物(粒径小于等于 10 μm)	年平均	40	70	$\mu g/m^3$
		24 小时平均	50	150	
6	颗粒物(粒径小于等于 2.5 μm)	年平均	15	35	
		24 小时平均	35	75	

表 1-5　环境空气污染物其他项目浓度限值(摘自 GB 3095—2012)

序号	污染物项目	平均时间	浓度限值 一级	浓度限值 二级	单位
1	总悬浮颗粒物(TSP)	年平均	80	200	$\mu g/m^3$
		24 小时平均	120	300	
2	氮氧化物(NO_x)	年平均	50	50	
		24 小时平均	100	100	
		1 小时平均	250	250	
3	铅(Pb)	年平均	0.5	0.5	
		季平均	1	1	
4	苯并[a]芘(BaP)	年平均	0.001	0.001	
		24 小时平均	0.002 5	0.002 5	

1.3.2　大气污染物排放标准

大气污染物排放标准是为实现环境空气质量标准,对污染源排入大气的污染物允许含量的限制规定。它是控制大气污染源的污染物排放量和选择设计净化装置的重要依据,也是环境管理部门的执法依据。大气污染物排放标准可分为国家标准、地方标准和行业标准。

制定大气污染物排放标准应遵循的原则是,以环境空气质量标准为依据,综合考虑控制技术的可行性和经济合理性以及地区的差异性,并尽量做到简明易行。排放标准的制定方法,大体上有两种:按最佳适用技术确定的方法和按污染物在大气中的扩散规律推算的方法。

最佳适用技术是指现阶段控制效果最好、经济合理的控制技术。按最佳适用技术确定污染物排放标准的方法，就是根据污染现状、最佳控制技术的效果和对现在控制较好的污染源进行损益分析来确定排放标准。这样确定出来的排放标准便于实施，便于管理，但有时不一定能满足环境空气质量要求，有时又有可能得过严。这类排放标准的形式，可以用浓度标准、林格曼黑度标准和单位产品允许排放量标准等表述。

按污染物在大气中扩散规律推算排放标准的方法，是以环境空气质量标准为依据，应用污染物在大气中的扩散模式推算出不同烟囱高度时的污染物允许排放量或排放浓度，或者根据污染物排放量推算出最低烟囱高度。这样确定的排放标准，由于模式的准确性可能受到各地的地理环境、气象条件和污染源密集程度等的影响，对不同地区可能偏严或偏宽。

我国于 1973 年颁布了《工业"三废"排放试行标准》(GB J4—73)，暂定了十三类有害物质的排放标准。经过 20 多年试行，1996 年修改制定了《大气污染物综合排放标准》(GB 16297—1996)，规定了三十三种大气污染物的排放限值，其指标体系为最高允许排放浓度、最高允许排放速率和无组织排放监控浓度限值。

该标准规定，任何一个排气筒必须同时遵守最高允许排放浓度(任意 1 小时浓度平均值)和最高允许排放速率(任意 1 小时排放污染物的质量)两项指标，超过其中任何一项均为超标排放。

该标准将 1997 年 1 月 1 日前设立的污染源称为现有污染源，执行标准中表 1 所列的标准值；1997 年 1 月 1 日起设立(包括新建、扩建、改建)的污染源称为新污染源，执行标准中表 2 所列的标准值。该标准规定的最高允许排放速率，现有污染源分为一、二、三级，新污染源分为二、三级。按污染源所在的环境空气质量功能区类别，执行相应级别的排放速率标准。

对于国务院批准划定的酸雨控制区和二氧化硫控制区的污染源，其二氧化硫排放除执行该标准外，还应执行总量控制标准。

按照综合性排放标准与行业性排放标准不交叉执行的原则，仍继续执行的行业性标准有：《锅炉大气污染物排放标准》(GB 13271—2014)、《工业炉窑大气污染物排放标准》(GB 9078—1996)、《火电厂大气污染物排放标准》(GB 13223 2011)、《炼焦化学工业污染物排放标准》(GB 16171—2012)、《水泥厂大气污染物排放标准》(GB 4915—2013)、《恶臭污染物排放标准》(GB 14554—1993)、《饮食业油烟排放标准(试行)》(GB 18483—2001)、《重型车用汽油发动机与汽车排气污染物排放限值及测量方法(中国Ⅲ、Ⅳ阶段)》(GB 14762—2008)、《摩托车污染物排放限值及测量方法(中国第四阶段)》(GB 14622—2016)等。

1.3.3 大气污染控制技术标准

根据大气污染物排放标准，可以制定大气污染控制技术标准，如燃料和原材料使用标准、净化装置选用标准、排气筒高度标准及工业企业设计卫生标准等。这类标准都是为保证达到污染物排放标准或大气环境质量标准做出的具体技术规定，目的是便于生产、设计和管理人员掌握和执行。

为贯彻执行"预防为主"的卫生工作方针和宪法中有关国家保护环境和自然资源，防治污染和其他公害以及改善劳动条件，加强劳动保护的规定，保障人民身体健康，促进工农业生产发展，1979 年我国重新修订公布了《工业企业设计卫生标准》TJ 36—79，规定了"居住区大气中有害物质的最高容许浓度标准"和"车间空气中有害物质的最高容许浓度标准"。

"居住区大气中有害物质的最高容许浓度标准"是以居民区大气卫生学调查资料及动物实验研究资料为依据制定的。由于居民区中有老、弱、幼、病,昼夜接触有害物质时间长等特点,所以采用了较严格的指标。该标准以保障居民不发生急性、慢性中毒,不引起黏膜刺激,闻不到异常气味,不影响卫生条件为依据。在中国的大气环境质量标准制定之前,这一标准基本上起着大气环境质量标准的作用。至今,环境空气质量标准未规定的污染物,仍参考此标准执行。

"车间空气中有害物质最高容许浓度标准"是以工矿企业现场卫生学调查、工人健康状况的观察以及动物实验研究资料为主要依据制定的。最高允许浓度是指工人在该浓度下进行长期劳动,不致引起急性或慢性职业性危害的数值。鉴于在车间工作的都是健康的成年人,接触时间短等原因,污染物浓度值较居住区大气中有害物质的最高允许浓度值高得多。

1.3.4 空气质量指数及报告

为规范环境空气质量指数日报和实时报工作,更好地向公众提供健康指引,《环境空气质量指数(AQI)技术规定(试行)》(HJ 633—2012)获批为国家环境保护标准,与《环境空气质量标准》(GB 3095—2012)同步实施。目前计入空气质量指数的项目有:SO_2、NO_2、PM_{10}、CO、O_3、$PM_{2.5}$。空气质量指数的范围从 0 到 500,空气质量分指数(单项污染物的空气质量指数)级别及对应的污染物项目浓度限值见表 1-6,空气质量指数级别根据表 1-7 规定进行划分。

表 1-6　空气质量分指数级别及对应的污染物项目浓度限值

空气质量分指数(IAQI)	二氧化硫(SO_2)24 小时平均/($\mu g/m^3$)	二氧化硫(SO_2)1 小时平均/($\mu g/m^3$)①	二氧化氮(NO_2)24 小时平均/($\mu g/m^3$)	二氧化氮(NO_2)1 小时平均/($\mu g/m^3$)①	颗粒物(粒径小于等于 10 μm)24 小时平均/($\mu g/m^3$)	一氧化碳(CO)24 小时平均/($\mu g/m^3$)①	一氧化碳(CO)1 小时平均/($\mu g/m^3$)①	臭氧(O_3)1 小时平均/($\mu g/m^3$)	臭氧(O_3)8 小时滑动平均/($\mu g/m^3$)	颗粒物(粒径小于等于 2.5 μm)24 小时平均/($\mu g/m^3$)
0	0	0	0	0	0	0	0	0	0	0
50	50	150	40	100	50	2	5	160	100	35
100	150	500	80	200	150	4	10	200	160	75
150	475	650	180	700	250	14	35	300	215	115
200	800	800	280	1 200	350	24	60	400	265	150
300	1 600	②	565	2 340	420	36	90	800	800	250
400	2 100	②	750	3 090	500	48	120	1 000	③	350
500	2 620	②	940	3 840	600	60	150	1 200	③	500

说明:①二氧化硫(SO_2)、二氧化氮(NO)和一氧化碳(CO)的 1 小时平均浓度限值仅用于实时报,在日报中需使用相应污染物的 24 小时平均浓度限值。
②二氧化硫(SO_2)1 小时平均浓度值高于 800 $\mu g/m^3$ 的,不再进行其空气质量分指数计算,二氧化硫(SO_2)说明:空气质量分指数按 24 小时平均浓度计算的分指数报告。
③臭氧(O_3)8 小时平均浓度值高于 800 $\mu g/m^3$ 的,不再进行其空气质量分指数计算,臭氧(O_3)空气质量分指数按 1 小时平均浓度计算的分指数报告。

表 1-7　　　　　　　　　空气质量指数及相关信息

空气质量指数	空气质量指数级别	空气质量指数类别及表示颜色		对健康影响情况	建议采取的措施
0~50	一级	优	绿色	空气质量令人满意,基本无空气污染	各类人群可正常活动
51~100	二级	良	黄色	空气质量可接受,但某些污染物可能对极少数异常敏感人群健康有较弱影响	极少数异常敏感人群应减少户外活动
101~150	三级	轻度污染	橙色	易感人群症状有轻度加剧,健康人群出现刺激症状	儿童、老年人及心脏病、呼吸系统疾病患者应减少长时间、高强度的户外锻炼
151~200	四级	中度污染	红色	进一步加剧易感人群症状,可能对健康人群心脏、呼吸系统有影响	儿童、老年人及心脏病、呼吸系统疾病患者避免长时间、高强度的户外锻炼,一般人群适量减少户外运动
201~300	五级	重度污染	紫色	心脏病和肺病患者症状显著加剧,运动耐受力降低,健康人群普遍出现症状	儿童、老年人和心脏病、肺病患者应停留在室内,停止户外运动,一般人群减少户外运动
>300	六级	严重污染	褐红色	健康人群运动耐受力降低,有明显强烈症状,提前出现某些疾病	儿童、老年人和病人应当留在室内,避免体力消耗,一般人群应避免户外活动

空气质量指数的计算方法：

设 I 为某污染物的质量分指数，C 为该污染物的浓度。则：

$$I = \frac{I_大 - I_小}{C_大 - C_小}(C - C_小) + I_小$$

式中　$C_大$ 与 $C_小$ —— 在 AQI 分级限值表(表 1-6)中最贴近 C 值的两个值，$C_大$ 为大于 C 的限值，$C_小$ 为小于 C 的限值。

$I_大$ 与 $I_小$ —— 在 AQI 分级限值表(表 1-6)中最贴近 I 值的两个值，$I_大$ 为大于 I 的值，$I_小$ 为小于 I 的值。

质量指数的计算结果只保留整数，小数点后的数值全部进位。

$$AQI = \max\{I_1, I_2, I_3, \cdots, I_n\}$$

式中　n——污染物项目。

各种污染物的质量分指数都计算出以后，取最大者为该区域或城市的空气质量指数 AQI，则该项污染物即该区域或城市空气中的首要污染物。AQI<50 时，则不报告首要污染物。AQI>50 时，I 最大的污染物为首要污染物，I>100 的污染物为超标污染物。

例：假定某地区的 PM_{10} 日均值为 215 $\mu g/m^3$，SO_2 日均值为 105 $\mu g/m^3$，NO_2 日均值为 40 $\mu g/m^3$，则其空气质量指数的计算如下：

按照表 1-6，PM_{10} 实测浓度 215 $\mu g/m^3$ 介于 150 $\mu g/m^3$ 和 250 $\mu g/m^3$ 之间，按照此浓度范围内质量指数与污染物的线性关系进行计算，即此处浓度限值 $C_小=150\ \mu g/m^3$，$C_大=250\ \mu g/m^3$，而相应的分指数值 $I_小=100$，$I_大=150$，则 PM_{10} 的质量分指数为：

$$I = [(150-100)/(250-150)] \times (215-150) + 100 = 133$$

类似计算，其他污染物的分指数分别为 I=78(SO_2)，I=50(NO_2)。取质量指数最大者报告该地区的空气质量指数：
$$AQI = \max(133, 78, 50) = 133$$

首要污染物为可吸入颗粒物（PM_{10}），查表 1-7 知该地区空气质量级别为三级，属轻度污染。

学习任务单

1. 大气环境质量标准分为哪几类？
2. 某地某天空气中二氧化硫的平均浓度为 100 $\mu g/m^3$，总悬浮颗粒物的平均浓度为 250 $\mu g/m^3$，符合环境空气质量标准的几级标准？
3. 假定某地区的 PM_{10} 日均值为 265 $\mu g/m^3$，SO_2 日均值为 320 $\mu g/m^3$，NO_2 日均值为 110 $\mu g/m^3$，计算其空气质量指数及首要污染物。

1.4 大气污染综合防治

1.4.1 大气污染控制技术的相关法规

日常生活中我们接触到的各种各样法的名称如：法律、法令、条例、决定、命令、地方法规、条约等，都是法的具体表现形式，它们之间既有区别又有联系。在我国，根据宪法规定，最高权力机关即全国人民代表大会及其常设机构人大常委会，依照立法程序制定和颁布的规范性文件称为"法律"，如环境保护法、大气污染防治法、水污染防治法、刑法、民法等由最高国家行政机关——国务院在组织和管理国家事务中制定和颁布的规范性文件称为"行政法规"，这种行政法规具体名称很多，如条例、规定、决议、命令、决定、办法等。它们的制定，要根据宪法和法律，内容不能与宪法和法律抵触。

此外，国务院所属各部、委，也可在其职权范围内根据宪法、法律和国务院行政法规制定规定、办法、实施细则，发布命令、指示，它们是"行政规章"。由省、自治区、直辖市的地方权力机构——省、自治区、直辖市的人民代表大会和常委会，根据本地区的具体情况和实际需要，制定的规范性文件称为"地方性法规"，它不能和国家最高权力机关、行政机关指定的规范相抵触，只在本地区适用。

1. 大气污染防治方面的法律、法规及部门规定主要有：

（1）《中华人民共和国环境保护法》由中华人民共和国 2014 年底 9 号文于 2014 年 4 月 24 日发布，自 2015 年 1 月 1 日公布之日施行。

（2）《中华人民共和国大气污染防治法》由中华人民共和国第九届全国人民代表大会常务委员会第十六次会议于 2015 年 8 月 29 日第二次修订，修订后的《中华人民共和国大气污染防治法》自 2018 年 10 月 26 日起施行。

（3）《国务院关于大气污染防治行动计划（国发[2013]37 号）》（2013 年 9 月 10 日发布并实施）。

（4）《国家先进污染防治技术目录（大气污染防治领域）》（2018 年版）》（2019 年 1 月 2 日，生态环境部发布并实施）。

(5)《重点行业挥发性有机物综合治理方案》(2019年6月26日,生态环境部发布并实施)。

(6)《工业炉窑大气污染综合治理方案》(2019年7月1日,生态环境部、国家发展改革委、工业和信息化部、财政部发布并实施)。

(7)《2020年挥发性有机物治理攻坚方案》(2020年6月23日,生态环境部发布并实施发布)。

(8)《中国应对气候变化的政策与行动》(2008年10月30日,国务院发布并实施)。

2.《环境保护法》和《大气污染防治法》有关大气污染控制技术和设施方面的内容摘要

(1)《环境保护法》

第六条　企业事业单位和其他生产经营者应当防止、减少环境污染和生态破坏,对所造成的损害依法承担责第十六条国务院环境保护主管部门根据国家环境质量标准和国家经济、技术条件,制定国家污染物排放标准。省、自治区、直辖市人民政府对国家污染物排放标准中未做规定的项目,可以制定地方污染物排放标准;对国家污染物排放标准中已作规定的项目,可以制定严于国家污染物排放标准的地方污染物排放标准。地方污染物排放标准应当报国务院环境保护主管部门备案任。

第二十二条　企业事业单位和其他生产经营者,在污染物排放符合法定要求的基础上,进一步减少污染物排放的,人民政府应当依法采取财政、税收、价格、政府采购等方面的政策和措施予以鼓励和支持。

第四十条　企业应当优先使用清洁能源,采用资源利用率高、污染物排放量少的工艺、设备以及废弃物综合利用技术和污染物无害化处理技术,减少污染物的产生。

第四十一条　建设项目中防治污染的设施,应当与主体工程同时设计、同时施工、同时投产使用。防治污染的设施应当符合经批准的环境影响评价文件的要求,不得擅自拆除或者闲置。

第四十二条排放污染物的企业事业单位和其他生产经营者,应当采取措施,防治在生产建设或者其他活动中产生的废气、废水、废渣、医疗废物、粉尘、恶臭气体、放射性物质以及噪声、振动、光辐射、电磁辐射等对环境的污染和危害。

(2)《大气污染防治法》第二条　防治大气污染,应当以改善大气环境质量为目标,坚持源头治理,规划先行,转变经济发展方式,优化产业结构和布局,调整能源结构。防治大气污染,应当加强对燃煤、工业、机动车船、扬尘、农业等大气污染的综合防治,推行区域大气污染联合防治,对颗粒物、二氧化硫、氮氧化物、挥发性有机物、氨等大气污染物和温室气体实施协同控制。

第六条　国家鼓励和支持大气污染防治科学技术研究,开展对大气污染来源及其变化趋势的分析,推广先进适用的大气污染防治技术和装备,促进科技成果转化,发挥科学技术在大气污染防治中的支撑作用。

第七条　企业事业单位和其他生产经营者应当采取有效措施,防止、减少大气污染,对所造成的损害依法承担责任。

第十七条　城市大气环境质量限期达标规划应当根据大气污染防治的要求和经济、技术条件适时进行评估、修订。

第二十七条　国家对严重污染大气环境的工艺、设备和产品实行淘汰制度。国务院经济综合主管部门会同国务院有关部门确定严重污染大气环境的工艺、设备和产品淘汰期限,并纳入国家综合性产业政策目录。

第四十一条　燃煤电厂和其他燃煤单位应当采用清洁生产工艺，配套建设除尘、脱硫、脱硝等装置，或者采取技术改造等其他控制大气污染物排放的措施。国家鼓励燃煤单位采用先进的除尘、脱硫、脱硝、脱汞等大气污染物协同控制的技术和装置，减少大气污染物的排放。

第四十三条　钢铁、建材、有色金属、石油、化工等企业生产过程中排放粉尘、硫化物和氮氧化物的，应当采用清洁生产工艺，配套建设除尘、脱硫、脱硝等装置，或者采取技术改造等其他控制大气污染物排放的措施。

第四十五条　产生含挥发性有机物废气的生产和服务活动，应当在密闭空间或者设备中进行，并按照规定安装、使用污染防治设施；无法密闭的，应当采取措施减少废气排放。

第四十九条　工业生产、垃圾填埋或者其他活动产生的可燃性气体应当回收利用，不具备回收利用条件的，应当进行污染防治处理。

第七十九条　向大气排放持久性有机污染物的企业事业单位和其他生产经营者以及废弃物焚烧设施的运营单位，应当按照国家有关规定，采取有利于减少持久性有机污染物排放的技术方法和工艺，配备有效的净化装置，实现达标排放。

第八十一条　排放油烟的餐饮服务业经营者应当安装油烟净化设施并保持正常使用，或者采取其他油烟净化措施，使油烟达标排放，并防止对附近居民的正常生活环境造成污染。

1.4.2　大气污染综合防治的意义

大气污染综合防治的基本点是防与治的综合。这种综合是立足于环境问题的区域性、系统性和整体性之上的。大气污染作为环境污染问题的一个重要方面，也只有将其纳入区域环境综合防治之中，才能真正获得解决。

所谓大气污染综合防治，实质上就是为了达到区域环境空气质量控制目标，对多种大气污染控制方案的技术可行性、经济合理性、区域适应性和实施可能性等进行最优化选择和评价，从而得出最优的技术方案和工程措施。

例如，对于我国大中城市存在的颗粒物和 SO_2 等污染的控制，除了应对工业企业的集中点源进行污染物排放总量控制外，还应同时对分散的居民生活用燃料结构、燃用方式、炉具等进行控制和改革，将机动车排气污染、城市道路扬尘、建筑施工现场环境、城市绿化、城市环境卫生、城市功能区规划等方面，一并纳入城市环境规划与管理，才能取得综合防治的显著效果。

1.4.3　大气污染综合防治措施

1. 严格的环境管理

环境管理实质上就是把自然资源保护和控制环境污染两个方面结合起来，并主要通过全面规划、合理布局的方法，做到防止自然资源破坏和环境污染。环境管理具有高度综合性的特征，必须把立法、组织、经济、教育和技术等措施结合起来才能有效控制环境污染。

建立完整的环境立法体系和环境管理组织机构，是环境管理的两个主要方面。20 世纪以来，许多国家都设立了国家一级的环境管理机构，随后就陆续颁布了一系列环境管理方面的法律、法令、条例和标准。我国自 1989 年 9 月公布了《中华人民共和国环境保护法》，这是我国环境保护的基本法，是我国环境保护政策的具体化、条文化。与此同时，已经颁布的还有关于海洋、水体、大气、噪声等环境保护方面的法律、条例、规定和标准。

各国的经验表明，搞好环境保护工作的关键是，必须把环境保护真正纳入国家经济计划与经济管理的轨道。这里应具体包括：

(1)在制订国民经济计划时,要把保护环境与自然资源作为不可缺少的内容之一。实行全面规划,合理布局。

(2)在进行基本建设时,同时注意防治污染与公害,切实贯彻环境保护设施与主体工程同时设计、同时施工、同时投产,即"三同时"原则。

(3)在老企业的整顿和改造中,把治理污染作为限期解决的问题之一,分期、分批切实加以解决。

(4)对企业的管理,不仅要求提高产品数量与质量,还必须控制和减少污染。

2. 以环境为中心,实行综合防治

大气污染控制技术是综合性很强的技术,要考虑自然环境和社会环境的各方面因素。随着经济的高度发展,孤立地考虑每个厂的污染治理或各污染源的点源治理措施,已远远不够,同时也是不经济的,必须在建设前进行全面的环境规划,采取区域性综合防治措施,建立环境影响评价制度。

所谓环境影响评价制度即在新的大型工业区或工厂建设之前,对环境进行综合调查,对拟建工业区的自然环境(地质、气象、水文及环境本底值等)和社会环境(城乡规划、工农业布局、自然保护区现状及规划等)作详尽调查,进行环境模拟试验和污染物扩散计算,弄清该地区的环境容量以及对环境的要求,从而确定保护、协调、改善环境的各种综合措施,最后编制"环境影响报告书(表)"。这样,才可报请有关政府部门审批。在大气环境调查和分析方面,可采用大气扩散计算法、风洞模拟试验法及现场大气扩散试验法等。

3. 控制大气污染的技术政策

(1)推行清洁生产

①改革工艺,优先采用无污染或少污染工艺是防止环境污染的根本途径。例如硫酸厂采用两段转化、两段吸收工艺,可使尾气中二氧化硫含量降到100～400 ppm,炼焦炉采用无烟装煤、煤预热及干法炼焦等新工艺,将会使其污染大大减轻。

②严格工艺操作,选配合适的原料,不但能保证产品的质量,而且有利于减轻污染或对污染物的处理。

③合理利用能源,改革能源构成,提高清洁能源和优质能源的比例,加强农村能源和电气化建设;改进燃烧设备,提高能源利用率,节约能源;推广少污染的煤炭开采技术和清洁煤技术;积极开发利用新能源和可再生能源,如水电、核能、太阳能、风能、地热等。

④建立综合性工业基地,开展综合利用和"三废"资源化,减少污染物排放总量。

(2)实行末端治理

①在充分考虑环境规划、合理布局、综合防治、改革工艺、改革燃料原料及大气和绿地的自净能力的情况下,若废气排放浓度或环境中污染物浓度仍达不到环境标准时,则必须安装废气净化装置。运用科学的技术方法对废气进行治理,以达到达标排放。

②开发各种废气净化装置,提高污染物的去除效率。

③实行集中治理,减少无组织排放。

④按照"以废治废"的原则,实行污染物的综合利用。

除此之外,要切实贯彻《火电厂SO_2控制技术政策》等各种技术政策。

4. 控制大气污染的经济政策

(1)逐年增加环境保护投资。

(2)对治理污染从经济上给予优待,如银行可以低息长期贷款,对综合利用产品实行减免税。

(3)贯彻"谁污染谁治理"的原则,并把排污收费与法律制裁的制度加以具体化。在法律上一般表现为如下三种方式:排污收费,赔偿损失及罚款和追究刑事责任。

(4)逐步提高排污收费,使排污费高于治理费,以经济杠杆鼓励企业建立环保设施。

(5)逐步推进主要污染物总量控制的政策,以防止环境质量进一步恶化,并争取逐步得到改善。

(6)绿化造林,不仅能美化环境,调节大气温度、湿度,调节城市小气候,保持水土,防风固沙,而且在保护环境和净化大气方面也能起到显著的作用。

(7)加强环境科学研究,建立健全环境监测机构,提高监测水平,是搞好环境管理和污染治理的重要手段。积极发展环境教育,包括大专院校的专门教育,中、小学生的普及环境知识教育,在职干部和工人的轮训,是搞好环境保护的基础。

学习任务单

1. 大气污染综合防治的意义是什么?
2. 大气污染综合防治的措施有哪些?
3. 通过查阅有关资料,写一份近几年当地大气污染状况的情况报告。

模块 2　大气污染控制技术基础

知识目标

1. 掌握大气污染物的基本性质，了解其来源和产生机理。
2. 掌握各种燃料的种类及特性、燃料的燃烧条件对污染物产生的影响。
3. 了解和掌握大气污染控制设备的性能指标。
4. 了解大气污染物排放重点行业的排污特性。

技能目标

1. 熟悉和掌握燃烧设备科学操作规程。
2. 了解大气排污重点行业产生的大气污染物情况。
3. 熟悉和掌握大气污染控制设备的技术性能指标。
4. 学会制作简易的林格曼黑度图。

能力训练任务

1. 掌握基本的燃烧设备操作规程。
2. 学会计算大气污染控制设备的废气处理量、净化效率和压力损失。
3. 能够利用林格曼黑度图测定烟尘黑度。

2.1　大气污染物的性质

大气污染物是指由于人类活动或自然转让过程，排放到大气中的对人或环境产生不利影响的物质。自然过程产生的大气污染物主要有：火山喷发排出的火山灰颗粒、二氧化硫（SO_2）、硫化氢（H_2S）、煤矿和油田自然逸出的煤气和天然气、腐烂的动植物排出的有害气体等。

人类活动产生的污染物也是由颗粒污染物和气态污染物构成的。颗粒污染物的人为来源主要是生产、建筑和运输过程以及燃料燃烧过程中产生的。如各种工业生产过程中排放的固体微粒，一般称为粉尘；燃料燃烧过程中产生的固体颗粒物，一般称为固体污染颗粒物，如煤烟、飞灰等；颗粒污染物也包括如汽车尾气排出的卤化铅凝聚而形成的颗粒物以及人为排放 SO_2 在一定条件下转化为硫酸盐粒子等的二次颗粒污染物。气态污染物包括气体和蒸气。常见的气体污染物有：SO_2、NO_x、CO、NH_3、H_2S 等。蒸气是某些固态或液态物质受热后，引起固体升华或液体挥发而形成的气态物质。例如：汞蒸气、苯、硫酸蒸气等。蒸气遇冷，仍能逐渐恢复原有的固体或液体状态。

大多数的大气污染物中既有颗粒污染物又有气态污染物,燃煤、燃油、煤气和天然气燃烧排出的污染物有烟尘、二氧化硫、氮氧化物、一氧化碳、二氧化碳、铅以及热能;工业生产过程排放出大量的废气,含有种类繁多的各种污染物。

2.1.1 颗粒污染物的性质

在大气污染中,颗粒污染物按照其来源和物理性质,主要可以分为:粉尘、烟尘、扬尘和油烟(简称"三尘一烟")。许多生产过程如燃料燃烧、工业生产等都会向大气排放大量的含尘气体,如果不加以控制,就会造成严重的大气环境污染。因此必须采取净化手段。为了有效地将颗粒物从废气中分离出来,达到良好的净化效果,有必要搞清各种颗粒污染物的性质。

1. 粉尘的性质

粉尘指悬浮于气体介质中的微小固体粒子,受重力作用能发生沉降,但在某一段时间内也能保持悬浮状态。粉尘的来源主要有以下几个方面:①固体物料的机械粉碎和研磨,例如选矿、耐火材料车间的矿石破碎过程和各种研磨加工过程;②粉状物料的混合、筛分、包装及运输,例如水泥、面粉等的生产和运输过程;③物质的燃烧,例如煤燃烧时产生的烟尘;④物质被加热时产生的蒸气在空气中的氧化和凝结,例如矿石烧结、金属冶炼等过程产生的锌蒸气,在空气中冷却时会凝结,氧化成氧化锌固体颗粒。粉尘粒子的粒径范围一般为 $1\sim200~\mu m$。

(1)粉尘的粒径和粒径分布

粉尘的粒径是指粒子的直径或粒子的大小,粒径是粉尘的基本特征之一。由于粉尘颗粒形成的方法和原因不同,使它们具有不同的尺寸和形状,一般用当量直径或粒子的某一长度单位表示。粉尘颗粒大小不同,不仅其物理、化学性质有很大差异,同时对除尘器的除尘机制和性能也有很大影响。单个粉尘粒子的大小一般用单一粒径表示,粒子群的平均尺寸大小由平均粒径来描述,单位是 μm。

粉尘的粒径分布是指不同粒径范围内所含颗粒的个数或质量或者颗粒群的粒度的组成情况,也称粉尘的分散度。粒径分布可以用颗粒的质量分数或个数百分数来表示。前者称为质量分布,后者称为粒数分布。由于质量分布更能反映不同粒径的粉尘对人体和除尘器性能的影响,测定也较方便,因此在除尘技术中使用较多。

(2)粉尘的密度

单位体积粉尘的质量称为粉尘的密度,其单位是 kg/m^3 或 g/cm^3。粉尘的密度有几种不同的表达方式。因为粉尘颗粒表面不平和其内部的空隙,所以尘粒表面及其内部总吸附着一定的空气,因此在自然堆积状态下,将粉尘、附着气体及颗粒间气体都包括在内的密度称为堆积密度,用 ρ_b 表示。将吸附在尘粒表面及其内部的空气排除后,测得的实体粉尘的密度称为真密度,用 ρ_p 表示。

若将粉尘之间的空隙体积与包含空隙的粉尘总体积之比称为孔隙率 ε,则 ε 与粉尘的真密度 ρ_p 和堆积密度 ρ_b 之间存在如下关系:

$$\rho_b=(1-\varepsilon)\rho_p \tag{2-1}$$

粉尘的真密度常用来研究尘粒在空气中的运动情况,而堆积密度则用来计算存仓或灰斗的容积等。

(3)粉尘的安息角

将粉尘通过小孔连续自然堆放在水平面上,堆积锥体的母线与水平面的夹角称为粉尘的安息角,也称静止角或堆积角。粉尘的安息角是用来评价粉尘流动性的重要指标,它与粉尘的种类、粒径、表面光滑程度、黏附性、形状和含水率等因素有关。多数粉尘安息角的平均值为 35°～40°。对于同一种粉尘，粒径越小，安息角越大；表面越光滑和越接近球形的粒子，安息角越小；含水率越大，安息角则越大。

(4) 粉尘的比表面积

单位体积的粉尘具有的总表面积称为粉尘的比表面积，用 S_p 表示，单位是 cm^2/cm^3。粉尘粒子越细，比表面积越大。比表面积大的细小颗粒，常常表现出显著的物理和化学活动性，如氧化、溶解、蒸发、吸附、催化等都能因细小颗粒比表面积增大而被加速，从而引起有些粉尘的爆炸危险性和毒性随粒度的减小而增加，黏附性随比表面积增大而增大。

(5) 粉尘的润湿性

粉尘能否与液体相互附着或附着难易的性质称为粉尘的润湿性。当尘粒与液体接触时，如果接触面扩大而相互附着，就是能润湿；如果接触面趋于缩小而不能附着，则是不能润湿。根据粉尘被液体润湿的难易程度可将粉尘分为易润湿的亲水性粉尘（如锅炉飞灰、石英粉尘等）和不易润湿的疏水性粉尘（如石墨粉尘、炭墨等）。润湿性随比表面积增大而增大，可当比表面积增大到一定程度时，会受粉尘颗粒表面气膜的影响，润湿性减弱。若对于 1 μm 以下的尘粒，即使是亲水的，也很难被水润湿，这是因为细粉的比表面积越大，对气体的吸附作用就越强，表面易形成一层气膜，因此只有在尘粒与水滴之间具有较高的相对运动时，液滴才能冲破气膜，使尘粒被润湿。各种湿式除尘器，主要是依靠粉尘与水的润湿作用来分离粉尘的。但需注意的是，像水泥、熟石灰等粉尘虽是亲水性粉尘，但它们吸水后便形成不溶于水的硬垢，并附着在设备和管道内，这种性质称为粉尘的水硬性。水硬性粉尘会造成除尘设备和管道结垢或堵塞，所以不宜采用湿式除尘器除尘。

(6) 粉尘的黏附性

粉尘颗粒相互附着或附着于固体表面上的现象称为粉尘的黏附性。影响粉尘黏附性的因素很多，一般情况下，粉尘的粒径小、形状不规则、表面粗糙、含水率高、润湿性好以及荷电量大时，易产生黏附现象。粉尘的黏附性还与周围介质的性质有关，例如尘粒在液体中的黏附性要比在气体中弱得多；在粗糙或黏性物质的固体表面上，黏附力会大大提高。

许多除尘器的捕集粉尘原理都依赖于粉尘在表面上的黏附，而在含尘气流管道或净化设备中，需要防止粉尘在壁面上的黏附，避免发生堵塞，影响净化粉尘效果。所以在除尘系统或气流输送系统中，可依据掌握的经验选择适当的气流速度，并尽可能把器壁面加工光滑，从而减少粉尘的黏附。

(7) 粉尘的荷电性

粉尘在其产生和运动过程中，因其相互碰撞、摩擦、放射线照射、电晕放电以及接触带电体等原因而带有一定的电荷，我们把粉尘的这种性质称为粉尘的荷电性。粉尘带电荷后，将会引起某些物理性质的改变，如凝聚性、附着性以及在气体中的稳定性等。粉尘所带的荷电量随着温度的增高、表面积的增大及含水量的减少而增大。

在各种除尘器当中，电除尘器就是利用粉尘的荷电性进行工作的。其他除尘器（例如袋式除尘器、湿式除尘器）也可以充分利用粉尘的荷电性来提高对粉尘的捕集能力。

(8) 粉尘的比电阻

粉尘的导电性能通常用比电阻来表示。比电阻是指电流通过面积为 1 cm^2、厚度为 1 cm 的粉尘时具有的电阻值，单位是 $\Omega \cdot cm$。

粉尘的导电原理有两种，在低温度（100 ℃以下）的情况下，粉尘主要靠其表面吸附的水分和化学膜导电,这种导电现象称为表面导电,这时测得的比电阻称为表面比电阻。随温度升高,吸附水分减少,表面比电阻增加。在高温(200 ℃以上)情况下,粉尘的导电主要靠粉尘颗粒内的电子或离子进行,这种导电现象称为容积导电,这时测得的比电阻称为容积比电阻。随着温度升高,尘粒内部会发生电子的热激化作用,使容积比电阻下降。

粉尘的比电阻对电除尘器的工作有很大影响,过低和过高都会使除尘效率下降,最适宜的范围是 $1\times10^4 \sim 2\times10^{10}$ Ω·cm。当粉尘的比电阻不利于电除尘器捕集粉尘时,需要采取措施调节粉尘的比电阻,使其处于合适的范围。

(9)粉尘的自燃性和爆炸性

当空气中的某些粉尘(如煤粉等)达到一定浓度时,就会在高温、明火、电火花、摩擦、撞击等条件下引起爆炸,这类粉尘称为爆炸性粉尘。粉尘的粒径越小,比表面积越大,粉尘和空气的湿度越小,爆炸的危险性就越大。有些粉尘(如镁粉、碳化钙粉等)与水接触后也有可能引起自燃或爆炸的现象,所以不能用湿式除尘器除尘。另外,还有一些粉尘(如溴与磷、锌粉和镁粉等),当它们互相接触或混合时也会引起爆炸,因此在除尘时应加以注意。在实际工作中应根据粉尘的不同性质选择适当的除尘方法,以避免粉尘爆炸。

2. 烟尘

按照我国的习惯,由燃烧或其他化学过程所形成的飞灰与未完全燃烧的碳粒及可凝缩的有害气体等混合悬浮物称为烟尘,粒径一般在 $0.01 \sim 1$ μm。它是熔融物质挥发后生成的气态物质的冷凝物,在其生成过程中总是伴有氧化之类的化学反应。常见的烟尘有黑烟、红烟、黄烟和灰烟。不同颜色的烟尘,其组成和来源各不相同。黑烟含有大量焦油、炭黑,主要来源于燃煤、燃油业。红烟含有大量氧化铁,主要来源于钢铁厂。黄烟含有大量氮氧化物,主要来源于化工厂。灰烟主要来源于水泥厂和石灰厂。烟尘是非常明显的大气污染,特别是燃料不完全燃烧时出现的黑烟。

烟尘一般含硫、氮、碳的氧化物等有毒气体和不完全燃烧的碳粒,而且还有许多稠环碳氢化合物,其中有的是强致癌物质,如苯并[a]芘、苯并蒽等。而且尘粒子表面附着着各种有害物质,一旦进入人体,就会引发各种呼吸系统疾病。全世界每年约有1亿吨烟尘排放到空气中,其中不乏有毒烟尘,如不及时处理,不仅会降低大气质量,而且会威胁人体健康甚至生命。

3. 扬尘

粉粒体在输送及加工过程中受到诱导空气流、室内通风造成的流动空气及设备运动部件转动生成的气流,会将粉粒体中的微细粉尘从粉粒体中分离而飞扬,然后随着空气流动而引起扩散,这样进入大气中的颗粒物称为扬尘。

扬尘又分为一次扬尘和二次扬尘:一次扬尘是指在处理散状物料时,由于诱导空气的流动,将粉尘从处理物料中带出,污染局部地带;二次扬尘是指由于室内空气流、室内通风造成的流动空气及设备运动部件转动生成的气流,把沉落在设备、地坪及建筑构筑物上的粉尘再次扬起。

4. 油烟

油烟是指油类物质不完全燃烧沉积出的细而疏松的黑煤烟。家居烹调过程产生的油烟是食用油和食物在高温条件下,产生的大量热氧化分解产物。烹调时,油脂受热,当温度达到食用油的发烟点170 ℃时,出现初期分解的蓝烟雾,随着温度继续升高,分解速度加快,当温度达250 ℃时,出现大量油烟,并伴有刺鼻的气味,油烟粒度为 $0.01 \sim 0.3$ μm。

有关部门从居民家庭收集的经常煎炸食物的油烟样品进行分析,共测出220多种化学物质,其中主要有醛、酮、烃、脂肪酸、醇、芳香族化合物、酯、内酯、杂环化合物等。在烹调油烟中还发现挥发性亚硝胺等已知突变致癌物。

5. PM2.5与雾霾

PM2.5是指大气中直径小于或等于2.5 μm 的颗粒物,也称为可入肺颗粒物。它的直径还不到人的头发丝粗细的1/20。虽然PM2.5只是地球大气成分中含量很少的组分,但它对空气质量和能见度等有重要的影响。与较粗的大气颗粒物相比,PM2.5粒径小,富含大量的有毒、有害物质且在大气中的停留时间长、输送距离远,因而对人体健康和大气环境质量的影响更大。

雾霾是雾和霾的统称。霾也称灰霾(烟霞),它能使大气浑浊、视野模糊并导致能见度恶化,如果水平能见度小于10 000 m时,将这种非水成物组成的气溶胶系统造成的视程障碍称为霾(Haze)或灰霾(Dust-haze)。霾在吸入人的呼吸道后对人体有害,长期吸入严重者会导致死亡。霾与雾的区别在于发生霾时相对湿度不大,而雾中的相对湿度是饱和的(如有大量凝结核存在时,相对湿度未达到100%就可能出现饱和)。

雾与霾的形成原因和条件有很大的差别。雾是浮游在空中的大量微小水滴或冰晶,形成条件要具备较高的水汽饱和因素。出现雾时空气相对湿度常达100%或接近100%,雾有随着空气湿度的日变化而出现早晚较常见或加浓,上午、下午相对减轻甚至消失的现象。出现雾时有效水平能见度小于1 km。当有效水平能见度1~10 km时称为轻雾。而出现霾时空气则相对干燥,空气相对湿度通常在60%以下,其原因是含大量极细微的尘粒、烟粒等,颗粒物的英文缩写为PM,其中主要的细颗粒物(PM2.5)均匀地浮游在空中,使有效水平能见度小于10 km。霾的日变化一般不明显。当气团没有大的变化,空气团较稳定时,持续出现的时间较长,有时可持续10天以上。

雾霾天气形成有以下几个方面的原因:

①空气气压低,空气不流动是主要因素。由于空气的不流动,使空气中的微小颗粒聚集,飘浮在空气中。

②地面灰尘大,空气湿度低,地面的人和车流把灰尘搅动起来。

③汽车尾气是排放的主要污染物,近年来城市的汽车越来越多,排放的汽车尾气是造成雾霾的因素之一。

④工厂生产所产生的大量粉尘、烟尘和气态污染物以及由此产生出的二次污染物。

⑤冬季取暖排放的CO_2、SO_2、NO_x等污染物。

雾霾主要由SO_2、NO_x和可吸入颗粒物这三项组成,前两者为气态污染物,碰上雾天,也很容易转化为二次颗粒污染物,加重雾霾。可吸入颗粒物与雾气结合在一起,是加重雾霾天气污染的罪魁祸首,它们可以让天空瞬间变得阴沉灰暗。其中细颗粒物(PM2.5)本身既是一种污染物,又是重金属、多环芳烃等有毒物质的载体。

雾霾的危害:

雾霾天气时,空中浮游大量尘粒和烟粒等有害物质,会对人体的呼吸道造成伤害,空气中飘浮大量的颗粒、粉尘、污染物、病毒等,一旦被人体吸入,就会刺激并破坏呼吸道黏膜,使鼻腔变得干燥,破坏呼吸道黏膜防御能力,细菌进入呼吸道,容易造成上呼吸道感染,雾霾天气时,大气污染程度较平时重,空气中往往会带有细菌和病毒,易导致传染病扩散和多种疾病发生。尤其是城市中空气污染物不易扩散,加重了二氧化硫、一氧化碳、氮氧化物等物质的毒性,将会严重威胁人的生命和健康。雾霾天气时，空气中飘浮的粉尘、烟尘、尘螨也可能悬浮在雾气中，会刺激呼吸道，出现咳嗽、闷气、呼吸不畅等哮喘症状，雾霾天空气中的微粒附着到角膜上，可能引起角膜炎、结膜炎或加重患者角膜炎、结膜炎的病情。

2.1.2 气态污染物的性质

气态污染物是以分子状态存在的污染物。气态污染物种类极多，主要有：以二氧化硫为主的含硫化合物、一氧化氮和二氧化氮为主的含氮化合物、碳氢化合物及卤素化合物等，具体见表2-1。

表2-1 大气中主要气态污染物的基本情况

物质	主要污染源	自然源	发生量(t/年) 污染源	发生量(t/年) 自然源	大气中的背景浓度	推算的在大气中的留存时间	迁移中的反应和沉降	备注
SO_2	煤和油的燃烧	火山活动	$146×10^6$	未估计	$0.2×10^{-9}$	4天	由于臭氧或固体和液体气溶胶的吸收而被氧化为硫酸盐	与NO_2和HC发生光化学氧化，使SO_2迅速转化为SO_4^{2-}
H_2S	化学过程污水处理	火山活动，沼泽地生物作用	$3×10^6$	$100×10^6$	$0.2×10^{-9}$	2天	氧化为SO_2	只有一组背景浓度是可用的
CO	机动车和其他燃烧过程排气	森林火灾、海洋、萜烯反应	$304×10^6$	$33×10^6$	$0.1×10^{-6}$	<3年	很可能是土壤中有机体	海洋提供的自然可能是小的
NO/NO_2	燃烧过程	土壤中的细菌作用	$53×10^6$	$430×10^6$ $658×10^6$	$NO(0.2～2)×10^{-9}$ $NO_2(0.5～4)×10^{-9}$	5天	由于固体和液体气溶胶的吸着、HC和光化学反应被氧化为硝酸盐	关于自然源做的工作很少
NH_3	废物处理	生物腐烂	$4×10^6$	$1\ 160×10^6$	$(6～20)×10^{-9}$	7年	与SO_2反应形成$(NH_4)_2SO_4$，被氧化为硝酸盐	NH_3的消除主要是形成铵盐
N_2O	无	土壤中的生物作用	无	$590×10^6$	$0.25×10^{-6}$	4年	在平流层中光离解，在土壤中的生物作用	还未提出用植物吸收N_2O的报告
HC	燃烧和化学过程	生物作用	$88×10^6$	$CH_4\ 1\ 600×10^6$ 萜烯$200×10^6$	$CH_4\ 1.5×10^{-9}$ 非$CH_4<1×10^{-9}$	4年	与NO/NO_2、O_3发生化学反应，CH_4必然大量消除	从污染源排出的"活性"HC为$27×10^6$ t
CO_2	燃烧过程	生物腐烂海洋释放	$1.4×10^{10}$	10^{12}	$320×10^{-6}$	2～4年	生物吸收和光合作用，海洋的吸收	大气中浓度增长率为$0.7×10^{-6}$/年

1. 硫氧化物

硫氧化物主要指SO_2，它是目前大气污染物中数量较大、影响面较广的一种气态污染物。大气中SO_2的来源很广，几乎所有工业企业都可能产生。它主要来自化石燃料（煤和石油）的燃烧过程以及硫化物矿石的焙烧、冶炼等过程。火力发电厂、有色金属冶炼厂、硫酸厂、炼油厂以及所有燃煤或油的工业锅炉、炉灶等都排放SO_2烟气，在排放SO_2的各种过程中，约有96%来自燃料燃烧过程，其中火电厂排烟中的SO_2浓度虽然较低，但总排放量却最大。

2. 氮氧化物

氮和氧的化合物有 N_2O、NO、NO_2、N_2O_3、N_2O_4 和 N_2O_5，统称为氮氧化物（NO_x）。其中污染大气的主要是 NO、NO_2，其中 NO 毒性不太大，但进入大气后可被缓慢地氧化成 NO_2，当大气中有 O_3 等强氧化剂存在或在催化剂作用下，其氧化速度会加快。NO_2 的毒性约为 NO 的 5 倍。NO_2 参与大气中的光化学反应，形成光化学烟雾后，其毒性更强。人类活动产生的 NO_x 主要来自各种炉窑、机动车和柴油机的排气，其次是化工生产中的硝酸生产、硝化过程、炸药生产及金属表面处理等过程。其中由燃料燃烧产生的 NO_x 约占其总量的 83%。

3. 碳氧化物

CO 和 CO_2 是各种大气污染物中发现量最大的一类污染物，它主要来自燃料燃烧和机动车排气。CO 是汽油燃烧不完全的产物，其数量占尾气成分的首位。化石燃料的不完全燃烧和高温下存在的 $2CO+O_2 \rightleftharpoons 2CO_2$ 平衡，使得 CO 存在于所有实际燃烧器的尾气之中。CO 无色、无臭，当被吸入人体后，极易与血红蛋白结合，其亲和力比 O_2 大 200～300 倍，使血红蛋白失去携氧能力。CO 浓度低时会使人慢性中毒，浓度高时则会导致窒息死亡。CO 排入大气后，由于大气的扩散稀释作用和氧化作用，一般不会造成危害。但在城市冬季采暖季节或在交通繁忙的十字路口，当气象条件不利于排气扩散稀释时，CO 的浓度有可能达到危害环境的水平。

CO_2 是无毒气体，但当其在大气中的浓度过高时，使氧气含量相对减小，对人会产生不良影响。地球上 CO_2 浓度的增加，能产生"温室效应"，使全球气温逐渐升高，生态系统和气候发生变化，世界各国对此正在采取积极的节能减排措施。

4. 碳氢化合物

碳氢化合物主要来自燃料燃烧和机动车排气。其中的多环芳烃类物质（PAH），如蒽、荧蒽、芘、苯并[a]芘、苯并蒽、苯并荧蒽等，大多数具有致癌作用，特别是苯并[a]芘就是致癌能力很强的物质，并作为大气受 PAH 污染的依据。碳氢化物的危害还在于它参与大气中的光化学反应，生成危害性更大的光化学烟雾。

由于近代有机合成工业和石油化学工业的迅速发展，使大气中的有机化合物日益增多，其中许多是复杂的高分子有机化合物。例如，含氧的有机物有酚、醛、酮等，含氮有机物有过氧乙酰基硝酸酯（PAN）、过氧硝基丙酰（PPN）、联苯胺、腈等，含氯有机物有氯化乙烯、氯醇、有机氯农药 DDT、除草剂 TCDD 等，含硫有机物有硫醇、噻吩、二硫化碳等。这些有机物大量地进入大气中，可能对眼、鼻、呼吸道产生强烈刺激作用，对心、肺、肝、肾等内脏产生有害影响，甚至致癌、致畸，促进遗传因子变异，因而是非常令人担忧的。

5. 酸雾

酸雾的产生有两种方式：一是在雾形成的过程中，以酸性气溶胶（如硫酸盐、硝酸盐）为凝结核溶入雾滴中而形成；二是雾滴在大气中与酸性气体（如二氧化硫、氮氧化物、硫酸、盐酸等）或气溶胶（如硫酸盐、硝酸盐等）通过碰撞、吸收、溶解、氧化等过程，而使雾滴呈酸性。酸雾主要有硫酸烟雾、磷酸烟雾、铬酸烟雾。硫酸烟雾产生于湿法制酸及稀硫酸浓缩过程，是大气中的 SO_2 等硫化物在有水雾、重金属的飘尘或氮氧化物存在时，发生一系列化学或光化学反应而生成的硫酸盐或硫酸盐气溶胶，硫酸烟雾引起的刺激作用和生理反应等危害，要比 SO_2 气体强烈得多；磷酸烟雾产生于磷酸及磷肥生产过程；铬酸烟雾主要产生于电镀镀铬过程。此外，去除吸收过程净化后废气夹带着的水雾也属于除雾的范围。治理酸雾一般采用除雾器，常用设备有文丘里洗涤器、过滤除雾器、折流式除雾器及离心式除雾器，电除雾器及压力式除雾器也有使用,但使用不多。

　　1952年12月5日至8日,英国首都伦敦市上空烟雾弥漫,煤烟粉尘积蓄不散,造成了震惊一时的烟雾事件。这起事件使4 000名健康市民因此死亡,8 000名患肺部疾病的人也因吸入过多的有毒物质而停止呼吸。当天凌晨,出现了罕见的大雾,并伴随有毒烟尘。首先是牛对这种烟尘有所反应,与此同时,市民感到胸口窒闷,并有咳嗽、喉病、呕吐等症状,当天伦敦的死亡率出现上升,到第三四天,情况更趋严重,发病率和死亡率剧增。根据对包括这次烟雾事件在内的两周时间的统计,在此期间伦敦的死亡人数比往年同期多4 000多人,此外,肺炎、肺癌、流感以及其他呼吸疾病的死亡率也成倍增长。这场灾难后,英国立法机构经过四年的研究,于1956年颁布了第一部《空气卫生法》,但由于没有弄清致害的真正原因,无法采取有力的措施,致使伦敦在1956年、1957年和1962年又连续发生烟雾事件。

6. 光化学烟雾

　　光化学烟雾是在阳光照射下,大气中的氮氧化物、碳氢化合物和氧化剂之间发生一系列光化学反应而生成的蓝色烟雾(有时带些紫色或黄褐色),其主要成分有臭氧、过氧乙酰基硝酸酯、酮类和醛类等。光化学烟雾的刺激性和危害要比一次污染物强烈得多。

　　光化学烟雾在1946年最早在洛杉矶发现,故又叫"洛杉矶烟雾"。这种烟雾经常发生在夏季和早秋季节,每次事件给人造成很大的灾难。光化学烟雾的产生机理在20世纪50年代以前还不很清楚,1956年首先由加利福尼亚工科大学哈根·斯特博士提出了光化学烟雾的理论,他认为洛杉矶型的烟雾事件主要是由于汽车排出来的尾气中的NO_x、HC在强烈的太阳光作用下发生化学反应而造成的。

7. 卤化物

　　卤化物主要是指氟化物和氯化物。氟化物主要是指氟化氢(HF)和四氟化硅(SiF_4),是大气中的主要污染物之一。HF是无色、有强刺激性气味和强腐蚀性的有毒气体,极易溶于水形成氢氟酸。氢氟酸具有很强的腐蚀性,可以腐蚀玻璃。SiF_4是无色、窒息性气体,极易溶于水,遇水分解为氟硅酸。氟化物可由呼吸道、胃肠道或皮肤侵入人体,主要使骨骼、造血细胞、神经系统、牙齿以及皮肤黏膜等受到损害,重者或因呼吸麻痹、虚脱等而死亡。

　　氟化物污染主要来源于建材行业的水泥、砖瓦、玻璃、陶瓷,化工行业的磷肥,冶金行业的铝厂,玻璃纤维生产,火力发电等企业排放的含氟气体。由于HF和SiF_4都极易溶于水,故多数情况下采用水吸收法净化含氟废气。

　　氯化物主要是指氯化氢(HCl)和氯气(Cl_2),也是大气中的主要污染物。氯气通常情况下为有刺激性气味的黄绿色的气体,易溶于有机溶剂,难溶于饱和食盐水。1体积水在常温下可溶解2体积氯气,形成氯水,产生的次氯酸具有漂白性,可使蛋白质变性,且易见光分解。氯化氢是没有颜色而有刺激性气味的气体。它易溶于水,在0 ℃时,1体积的水大约能溶解500体积的氯化氢。氯化氢的水溶液呈酸性,叫作氢氯酸,习惯上叫盐酸。氯化物污染主要来源于盐酸工业、烧碱工业、塑料处理、金属表面清洗过程等。

　　氯气是一种有毒气体,它主要通过呼吸道侵入人体并溶解在黏膜所含的水分里,生成次氯酸和盐酸,对上呼吸道黏膜造成有害的影响;次氯酸会使组织受到强烈的氧化;盐酸可刺激黏膜发生炎性肿胀,使呼吸道黏膜浮肿,大量分泌黏液,造成呼吸困难,所以氯气中毒的明显症状是发生剧烈的咳嗽。症状重时,会发生肺水肿,造成循环衰竭而致死亡。由食道进入人体的氯气会使人恶心、呕吐、胸口疼痛和腹泻。1 L空气中最多可允许含氯气0.001 mg,超过这个量就会引起人体中毒。当空气中氯的浓度达 0.04~0.06 mg/L 时,30~60 min 即可致严重中毒,如空气中氯的浓度达 3 mg/L 时,则可引起肺内化学性烧伤而迅速死亡。

8. 汽车尾气

汽车是重要的交通运输工具,随着汽车数量的激增,汽车尾气造成的环境污染也日益严重。汽车尾气中的有害成分主要有 CO、NO_x、SO_2、HC、颗粒物和臭氧等。

汽车尾气排放的未经燃烧的汽油和燃烧不完全而产生的多种烃类衍生物成分极其复杂,其中有饱和烃、不饱和烃、芳香烃以及这些烃类的含氧衍生物(如醛、酮等),不仅成分种类多,且组成变化也大。

汽车尾气中的颗粒物包括铅化合物、碳颗粒和油雾等。铅化合物是大气的重金属污染物中毒性较大的一种,它来自汽油的抗爆添加剂,这是一种含铅的有机化合物四乙基铅 $[(C_2H_5)_4Pb]$。其毒性比无机铅化合物大百倍,并且随行车和风力扩散。它是引起急性精神性病症的剧毒物质,可以在人体中不断积累,当血液中铅含量超过 0.1 mg 时,可造成贫血等中毒症状。所以现在逐步推广使用无铅汽油。碳颗粒是燃料不完全燃烧的产物,而油雾通常是由于油箱及化油器的逸漏造成的。

学习任务单

1. 大气中的主要污染物有哪些?
2. 大气中的主要颗粒污染物有哪些?各有什么特性?
3. 粉尘的主要性质有哪些?
4. 大气中的主要气态污染物有哪些?各有什么危害?

2.2 大气污染物的来源和产生机理

大气中的污染物来源广泛,主要来源于燃料燃烧、工业生产过程、交通运输过程和生活过程。大气污染物的来源及种类因国家、地区的经济发展、能源结构的差异有很大的不同,且随着时间的变化而变化。就我国的国情来讲,造成大气污染的主要原因是燃料的燃烧,尤其是固体煤炭的燃烧,其产生的污染物约占 70%,而工业生产和机动车排出的污染物分别占 20% 和 10% 左右。

2.2.1 燃料与燃料燃烧

1. 燃料的种类及特性

燃料的种类很多,按燃料的来源可分为天然燃料和加工燃料;按物态可分为固体燃料、液体燃料和气体燃料;按使用多少可分为常规燃料和非常规燃料。

(1)固体燃料

天然固体燃料分为矿物燃料和生物质燃料。生物质燃料主要指林木、秸秆、柴草及粪便,在农村被广泛用作能源。矿物燃料主要是指煤,它是中国能源结构的主体。由于燃煤是造成大气 SO_2 污染的主要原因,因此主要介绍煤炭的组成和性质。

①煤炭的分类　煤炭是由古代植物在地层内经长久炭化衍变而形成的。由于地质年代、形成条件及其环境等不同因素，可以形成多种煤种。一般的形成过程是：植物→泥煤→褐煤→烟煤→无烟煤。世界各国根据煤炭资源情况及工业使用要求，分别提出了不同的分类方案，本书只介绍中国的煤炭分类方法。

中国最早的煤炭分类方案在1956年12月通过，于1958年4月正式实行。新方案（GB/T 5751—2009）于2010年1月1日开始在全国实施。

本分类体系中，先根据干燥无灰基挥发分等指标，将煤炭分为无烟煤、烟煤和褐煤；再根据干燥无灰基挥发分及粘结指数等指标，将烟煤划分为贫煤、贫瘦煤、瘦煤、焦煤、肥煤、1/3焦煤、气肥煤、气煤、1/2中黏煤、弱黏煤、不黏煤及长焰煤。各类煤的名称可用下列汉语拼音字母为代号表示：

WY——无烟煤；YM——烟煤；HM——褐煤。

PM——贫煤；PS——贫瘦煤；SM——瘦煤；JM——焦煤；FM——肥煤；1/3JM——1/3焦煤；QF——气肥煤；QM——气煤；1/2ZN——1/2中黏煤；RN——弱黏煤；BN——不黏煤；CY——长焰煤。

②煤炭的组成　组成煤的元素主要有C、H、O、N、S以及一些非可燃性矿物如灰分和水分等。

碳是煤组成中主要的可燃元素，煤的形成年代越长，含碳量就越高。碳是煤发热量的主要来源，每千克碳完全燃烧时可放出约$3.27×10^4$ kJ的热量。

氢在煤中的含量大多在3%~6%，以两种形式存在，一种是与氧结合成稳定的化合物，不能燃烧，称为结合氢；另一种是与碳、硫等元素结合存在于有机物中，称为可燃氢。

氮和氧是有机物中不可燃的成分，氧在各种煤中的含量差别很大，最高可达40%，随着炭化程度的提高，氧的含量逐渐降低。煤中的氮含量一般不多，只有0.5%~2%，氮在燃烧时会产生氮氧化物（NO_x），造成大气污染。

煤中的硫以有机硫和无机硫的形态存在。有机硫化合物主要是（R-SH）、硫醚（R-S-R）和噻吩类杂环硫化物，无机硫化合物主要是黄铁矿（FeS_2）和硫酸盐。有机硫和黄铁矿硫都能参与燃烧反应，因而总称为可燃硫；硫酸盐硫主要以钙、铁和锰的硫酸盐存在，不参与燃烧反应，称为非可燃硫。煤中的可燃硫是极为有害的，燃烧后可生成二氧化硫和三氧化硫等有害气体，造成大气污染，我国的酸雨主要是由燃煤引起的。

按煤炭硫含量高低，可分为低硫煤（<1.5%）、中硫煤（1.5%~2.4%）、高硫煤（2.4%~4%）和富硫煤（>4%）。中国煤炭中硫含量相差悬殊，低的小于0.2%，最高可达15%，大多数为0.5%~3%。我国高硫煤分布较广，大多数位于西南、中南、华东和西北地区。含硫量超过2%的中、高硫煤约占煤炭储量的25%，目前高硫煤的产量占全国煤炭总产量的20%左右。

灰分是由煤中所含的碳酸盐、黏土矿以及微量的稀土元素所组成。灰分不仅不能燃烧，而且还妨碍可燃物与氧接触，增加燃烧着火和燃尽的困难，使燃烧损失增加。多灰分的劣质煤往往着火困难，燃烧不稳定，煤中的灰分还造成大气和环境污染。

煤中的水分是有害成分，它不利于燃烧，还会降低燃料和燃烧温度，水分多的煤甚至可造成着火困难。

(2)液体燃料

天然液体燃料主要指石油,人工液体燃料指石油加工后的产品、合成的液体燃料以及煤经高压加氢所获得的液体燃料,主要包括汽油、煤油、柴油和重油等。

石油又称原油,是一种黑褐色的黏稠性液体,石油的组成及其物理化学性质随产地不同而有较大的差别,其主要组成是烷烃、烯烃、芳香烃和环烷烃,此外还有少量的硫化物、氧化物、氮化物、水分和矿物。

汽油是原油中最轻质的馏分,按照不同的生产工艺,将产品分为直馏汽油和裂化汽油。直馏汽油是对石油直接进行蒸馏的产品,是 $C_5 \sim C_{11}$ 的烃类混合物。而裂化汽油是指在 500 ℃ 和 700 kPa 的高温高压或催化剂的作用下,使汽油中长碳链分子裂化成短链分子的蒸馏产品。汽油按用途可分为航空汽油和车用汽油,航空汽油的沸点为 40～150 ℃,密度为 710～740 kg/m³,车用汽油沸点为 50～200 ℃,密度为 730～760 kg/m³。

煤油馏分的沸点为 150～280 ℃,密度为 780～820 kg/m³,煤油分白煤油和茶色煤油,白煤油用作家庭燃料或用于小动力设备;茶色煤油普遍用于动力设备。

柴油馏分的沸点为 200～250 ℃,密度为 800～850 kg/m³,柴油主要用于动力设备。

重油从广义上讲是原油加工后各种残渣的总称,根据加工方法的不同分为直馏重油和裂化重油,重油发热量低,燃烧性能不好,对环境污染较大。

燃料乙醇属可再生资源,用它取代部分汽油,意义重大。推广使用这一成熟技术,既能发展替代能源,又能有效地解决玉米等陈化粮的转化问题,促进农业生产的良性循环。乙醇几乎能够完全燃烧,不会产生对人体有害的物质。用乙醇替代等量汽油,可提高汽油的辛烷值,清洁汽车引擎,减少机油替换,降低汽车尾气有害物质的排放。据河南省三市的试点检测结果表明,使用乙醇汽油,一氧化碳下降超过 30%,碳氢化合物下降 10%,苯系物明显减少。乙醇汽油已被视为改善城市空气质量的重要手段。

水煤浆是 20 世纪 70 年代发展起来的一种煤基清洁代油、代煤的新型燃料,是国家科委认定的高新技术,为国家重点发展新产品,也是当今世界研究热点——洁净煤技术中的重要分支。它由 70% 左右的煤、30% 水及少量化学添加剂制成,是一种浆体燃料,可以像油一样泵送、雾化、贮存和稳定燃烧,其热值相当于燃料油的一半,可代替燃料油用于锅炉、电站、工业炉和窑炉,用于代替煤炭燃用,具有燃烧效率高、负荷调整便利、减少环境污染、改善劳动条件和节省用煤等优点。

(3)气体燃料

由可燃气体组成的燃料称为气体燃料。气体燃料属于清洁燃料,是防止大气污染的理想燃料,主要包括天然气、液化石油气(LPG)、裂化石油气和焦炉煤气。

天然气的主要成分是甲烷,其次为乙烷等饱和烃,还有少量的 CO_2、N_2、O_2、H_2S 和 CO 等,其中 H_2S 是有害物,燃烧可生成硫氧化物,污染环境,许多国家都规定了天然气总硫量和硫化氢含量的最大允许值。

液化石油气的主要成分是 C_2、C_3 和 C_4 组分,输送和贮存是液体状态,燃烧是气体状态,它有易运输、贮存、发热高、含硫低、污染轻等特点,广泛用于居民生活和汽车等燃料。

裂化石油气是用水蒸气、空气或氧气等作汽化剂,将石油和重油等油类裂化而得,一般作民用燃料。

焦炉煤气是炼焦生产的副产物,主要成分是 H_2、CH_4 和 CO,还有少量的 N_2、CO_2,发热量为 15 910~17 166 kJ/m^3,广泛用作工业和民用燃料。

2. 燃料的燃烧过程

(1)燃烧及燃烧产物

燃烧是指可燃物质与空气或氧气发生化学反应并伴有光和热量产生的过程。燃料燃烧后产生与燃料组成元素相对应的氧化物。燃烧分为完全燃烧和不完全燃烧。完全燃烧是指燃料中的可燃物质都能和氧气充分反应,最终产物主要是二氧化碳、水蒸气和二氧化硫等;不完全燃烧是指燃料中的部分可燃物质未能和氧充分反应,燃烧产物中存在颗粒污染物和气态可燃物,如炭黑、黑烟、一氧化碳、甲烷及某些有机氧化物等。

(2)燃料完全燃烧的条件

不完全燃烧既浪费能源,又产生较多的污染物,因此保证燃料完全燃烧是十分必要的。燃料完全燃烧必须具备四个条件:适量的空气,足够的燃烧温度,必要的燃烧时间,燃料与空气的充分混合。

①空气 燃料燃烧必须供给适量空气。如果空气供给不足,燃烧就不完全;反之,空气量过大,则会降低炉温,增加锅炉排烟热损失。

②燃烧温度 燃料只有达到着火温度时才燃烧。所谓着火温度是可燃物质在空气中开始燃烧所必须达到的最低温度。各种燃料都有特征着火温度,按固体、液体、气体燃料的顺序上升。不同燃料的着火温度见表 2-2。

表 2-2　　　　燃料的着火温度

燃料	着火温度(℃)
木炭	593~643
无烟煤	713~773
重油	803~853
发生炉煤气	973~1 073
氢气	853~873
甲烷	923~1 023

温度高于着火温度时,若燃烧过程放热速率高于周围的散热速率,则能够维持燃烧,否则,就不能继续燃烧。

③时间 燃料在燃烧室中的停留时间是影响燃烧的另一因素,燃料在高温区的停留时间应大于燃烧所需要的时间。因此,在一定的燃烧反应速度下,停留时间将决定燃烧火焰的大小和形状。反应速度随温度升高而加快,温度越高,燃烧所需时间越短。设计者必须面对这样的问题:燃烧室越小,在可利用时间内氧化一定量燃料的温度就必须越高。

④燃料与空气的混合 燃料和空气的充分混合也是有效燃烧的基本条件。混合不充分,燃烧不完全,将增加污染物数量。对于液体燃料的燃烧,湍流可以加速液体燃料的蒸发,有利于燃烧。对于固体燃料的燃烧,湍流可破坏燃烧产物在燃料颗粒表面形成的边界层,提高表面反应的氧利用率,加速燃烧过程。

适当控制空气与燃料之比、温度、时间和湍流度这四个因素,是实现有效燃烧,使大气污染物排放量减少的必需条件。评价燃烧过程和燃烧设备的优劣,必须认真考虑这些因素。温度、时间和湍流度通常称为燃烧过程的"3T"因素,是有效燃烧的基本条件。

(3)燃烧产生的主要污染物

燃烧过程中可能释放的污染物有硫氧化物、氮氧化物、一氧化碳、烟尘、金属氧化物、碳氢化合物及多环有机物(POM)。污染物的形成与燃料的种类及燃烧条件有密切关系。燃料中的S、N等元素在燃烧过程中通过一系列的化学反应生成硫氧化物和氮氧化物。

①硫氧化物的形成机制　硫氧化物是指SO_2和SO_3,当燃料中的可燃性硫(元素硫、硫化物硫和有机硫)进行燃烧时,就生成了SO_2,另有1%~5%的SO_2被进一步氧化成SO_3。元素硫和硫化物硫在燃烧时直接生成SO_2和SO_3,而有机硫则先生成H_2S、CS_2等含硫化合物,再进一步被氧化形成SO_2。主要的化学反应如下:

元素硫燃烧
$$S+O_2 = SO_2$$
$$SO_2+1/2O_2 = SO_3$$

硫化物硫燃烧
$$4FeS_2+11O_2 = 2Fe_2O_3+8SO_2$$
$$SO_2+1/2O_2 = SO_3$$

有机硫的燃烧
$$CH_3CH_2SCH_2CH_3 \rightarrow H_2S+2H_2+2C+C_2H_4$$
$$2H_2S+3O_2 = 2SO_2+2H_2O$$
$$SO_2+1/2O_2 = SO_3$$

几点说明:①只有可燃性硫才参与燃烧,并在燃烧后产生SO_2及少量的SO_3;②含硫量0.5%~5%的煤,则1 t煤中含硫5~50 kg,可燃硫只占80%~90%;③由于可燃硫中有1%~5%转化为SO_3,则燃煤中的硫转化为SO_2的转化率应为80%~85%。

②氮氧化物的形成机制　通常所说的氮氧化物就是指NO和NO_2,并表示为NO_x,主要来源于化石类燃料的燃烧。

燃烧过程中产生的NO_x分为三类:一类是在高温燃烧时空气中的N_2和O_2反应生成的NO_x,称为热力型NO_x;另一类是通过燃料中有机氮经过化学反应生成的NO_x,称为燃料型NO_x;第三类是火焰边缘形成的快速型NO_x,由于生成量很少,一般不考虑。因此可以认为热力型NO_x和燃料型NO_x生成量之和即燃烧产生的NO_x的总量。

a. 热力型NO_x

热力型NO_x与燃烧温度、燃烧气氛中氧气的浓度及气体在高温区停留的时间有关。实验证明,在氧气浓度相同的条件下,NO的生成速度随燃烧温度的升高而增加。当燃烧温度低于1 300 ℃时,只有少量的NO生成,而当燃烧温度高于15 00 ℃时,NO的生成量显著增加。为了减少热力型NO_x的生成量,应设法降低燃烧温度,减少过量空气,缩短气体在高温区停留的时间。

$$N_2+O_2 = 2NO$$
$$2NO+O_2 = 2NO_2$$

b. 燃料型NO_x

燃料中的氮经过燃烧有20%~70%转化成燃料型NO_x。燃料型NO_x的发生机制目前尚不完全清楚。一般认为,燃料中的氮化合物首先发生热分解形成中间产物,然后再经氧化生成NO,燃料型NO_x主要是NO,在一般锅炉烟道气中只有不到10%的NO氧化成NO_2。

由于炉排炉燃烧温度比较低(1 024~1 316 ℃),所以燃料中的氮只有10%~20%转化成NO_x。而煤粉炉燃烧温度比较高(1 538~1 649 ℃),燃料中的氮有25%~40%转化为NO_x。旋风燃烧炉因炉温高,不仅使燃料中的氮大部分转化为NO_x,而且会使热力型NO_x的生成量增加,该缺陷限制了旋风燃烧炉的推广应用。

③颗粒污染物的形成机制　燃烧过程中产生的颗粒污染物主要是燃烧不完全形成的炭黑、结构复杂的有机物、烟尘和飞灰等。

a. 燃煤粉尘的形成

煤在非常理想的燃烧条件下,可以完全燃烧,即挥发分和固定炭都被氧化成二氧化碳,余下为灰分。如果燃烧条件不够理想,在高温时会发生热解作用,形成多环化合物而产生黑烟。据测定,在黑烟中含有苯并[a]芘、蒽等芳香族化合物,是极其有害的污染物。燃烧的装置不同、条件不同,产生的黑烟差别很大。实践证明,煤粉越细,挥发分及燃烧的火焰越高,燃烧的时间就越短,如果其他燃烧条件满足时,燃烧就越完全,产生的黑烟等污染物就会越少。

黑烟的产生与煤的种类和质量有很大的关系。据研究,出现黑烟由少到多的燃料顺序为:无烟煤→焦炭→褐煤→低挥发分烟煤→高挥发分烟煤。

随烟气一起排出的固体颗粒物一般都称为飞灰,包括未燃尽的煤粒、燃尽后余下的灰粒及燃烧过程中形成的炭黑等。不同燃煤锅炉出口的烟尘浓度见表 2-3。

表 2-3 不同燃煤锅炉出口的烟尘浓度

锅炉类型	链条炉	推动炉排炉	抛煤机炉	煤粉炉	流化床炉
烟尘浓度/(g/m^3)	3～6.5	3～8	4～13	8～50	20～80

b. 气、液燃料燃烧形成的碳粒子

气态燃料燃烧的颗粒污染物为积碳,液态燃料高温分解形成的颗粒污染物为结焦和煤胞。

实验观察表明,积碳由大量粗糙的球形粒子结成,很像穿在一起的珍珠项链,其粒子直径在 10～20 μm 的范围,随火焰形式而明显改变,一般认为积碳的形成有三个阶段,即核化过程、核表面的非均质反应、凝聚过程。是否出现积碳主要取决于核化步骤和中间体的氧化反应,燃料的分子结构也是影响积碳的重要因素。实践证明,如果碳氢燃料与足够的氧化合,则能够有效地防止积碳的生成。

在多数情况下,液态燃料的燃烧尾气不仅会有气相过程形成的积炭,而且也会有液态烃燃料本身生成的碳粒。燃料油雾滴在被充分氧化之前,与炽热的壁面接触会导致液相裂化,接着就发生高温分解,最后出现结焦,由此产生的碳粒叫石油焦,是一种比积碳更硬的物质,这种焦粒的生成反应顺序为烷烃→烯烃→芳烃→沥青。

3. 洁净燃烧技术

洁净燃烧技术主要是通过燃料脱硫控制 SO_2 的排放或通过改变燃烧方式降低 NO_x 生成量。

在中国,煤炭占据能源主导地位的状况已持续了几十年。近年来,随着我国石油、天然气和水能开发量的增加,煤炭在能源构成中的比例有所减少,但其主导地位仍未改变。大量化石燃料的消耗和使用,已构成二氧化硫和酸雨污染的主要成因,严重威胁着社会的发展和人们的健康。

煤脱硫技术可以分为燃烧前脱硫(选煤及煤的转化)、燃烧中脱硫(型煤固硫及循环流化床燃烧脱硫)及燃烧后脱硫(烟气脱硫)。这里主要介绍煤燃烧前和燃烧中的脱硫技术,有关除尘技术和烟气脱硫技术在后面的模块会详细介绍。

(1)洗选煤技术

洗选煤是通过物理或物理化学方法将煤中的含硫矿物和矸石等杂质除去以提高煤质量的工艺过程。它是燃烧前除去煤中的矿物质,降低煤中硫含量的主要手段。煤炭经洗选后,可使原煤中的含硫量降低 40%～90%,灰分含量降低 50%～80%,从而大大地提高了燃烧效率,减少污染物排放。目前世界各国正在研究的洗煤方法可以分为物理方法、化学方法和微生物脱硫法。物理方法主要有重力洗选法、高梯度磁选法和静电分选法等,化学方法包括氧化脱硫法、选择性絮凝法及化学破碎法。

用于洗煤生产的方法目前仍然主要是重力、浮选等传统的选煤方法,这些选煤工艺经过研究改进正向着大型、高效、自动化发展。重力洗选即是利用煤与杂质密度不同进行机械分离的方法,一般又分为跳汰洗选和重介质洗选两类,跳汰洗选过程是使不同密度的矿粒混合物,在垂直运动的水流中按密度分层。密度小的矿粒位于上层,密度大的矿粒位于下层,达到分选矿物的目的;重介质选煤的基本过程是:原煤是由不同密度和粒度组成的混合物,把这种不同密度的混合物放入具有中间密度的重介质中,可分为两种不同密度的产品:即低于介质密度的轻产品和高于介质密度的重产品。前者浮于介质液面,后者沉于介质底部,通过机械或液流的作用将轻产物和重产物排出,其基本原理是阿基米德原理。浮选主要用于处理粒径小于 0.5 mm 的煤粉,利用煤与矸石、含硫矿物的性质不同进行分离。高梯度磁选法是利用煤与黄铁矿的磁性不同(黄铁矿是顺磁性物质,煤是抗磁性物质),将黄铁矿分离除去,脱硫效率约为 60%。化学氧化脱硫法是将煤破碎后与硫酸铁溶液混合,在反应器中加热至 100～130 ℃,硫酸铁与黄铁矿反应生成硫酸亚铁和单质硫,同时通入氧气将硫酸亚铁氧化为硫酸铁。

选煤过程的脱硫效果与煤中无机硫的比例及黄铁矿颗粒的大小有关。当煤中有机硫含量很高或黄铁矿硫分布很细的情况下,无论是重力分选法还是浮选法均达不到环境保护有关标准的要求。

(2)煤炭的转化

煤炭的转化是指将固态的煤转化为气态或液态的燃料,即煤的气化和液化。该过程可以将大部分硫除去,所以转化过程既是燃料加工过程又是净化过程。

煤的液化是指在一定的条件下使煤转化为有机液体燃料的一种转化工艺。该液化工艺分为间接液化、热解、溶剂萃取和催化液化四类。煤的气化是指使煤与氧气和水蒸气结合生成可燃性煤气。煤的气化一般是在气化反应器中进行的,也可以在煤层中实现,即所谓的煤层气化或地下气化,由于煤的气化生产和使用普遍,故主要介绍煤的气化转化。

在氧气不足的条件下,C 与氧气反应可以生成 CO。若将炽热的煤与水蒸气反应,就生成了中热值焦炉煤气,即所谓的水煤气。

煤气化系统多数由煤的预处理、气化、清洗和优化四个步骤组成。预处理包括煤的破碎、筛分及煤粉制团(固定床汽化器)或煤的粉碎(沸腾床汽化器)。将经过预处理的煤送入气化反应器,与氧气和水蒸气反应生成可燃性煤气。从汽化器中出来的煤气中含有:CO、CO_2、H_2、CH_4 以及其他有机物、H_2S 及其他酸性气体、颗粒物和水等。对从气化反应器中出来的粗煤气进行清洗以除去其中的粉尘、焦油和酸性气体,使其成为可供燃烧的煤气。为了提高煤气的热值必须对煤气进行优化,即将其中的 H_2O 与部分 CO 反应生成 H_2 和 CO_2,利用吸收法去除 CO_2,再使 CO 与 H_2 在甲烷反应器中生成 CH_4,就生成了可以替代天然气的高热值煤气。煤的气化方法很多,主要有加氢气化、催化气化、热核气化等。

(3)型煤固硫

型煤是指使用外力将粉煤挤压制成具有一定强度且块度均匀的固体型块。粉煤成型的方法一般分为无胶黏剂成型、胶黏剂成型和热压成型三种。

无胶黏剂成型不需添加任何胶黏剂,只靠外力作用,已广泛用来制取泥煤、褐煤煤球,对于烟煤和无烟煤,使用该法成型困难。

胶黏剂成型法要在粉煤中加入一定的胶黏剂,再压制成型。胶黏剂可采用石灰、工业废液

（纸浆废液、糠醛渣废液、酿酒废液、制糖废液、制革废液等）、黏土类（黄土、红土等）、沥青类和胶黏性煤等，目前已有广泛应用。

热压成型是在快速加热条件下，将粉煤加热到塑性温度范围内，趁热压制成型。由于不需要任何胶黏剂、产品机械强度高等特点，具有一定的发展前景。

在制作型煤时若在粉煤中添加石灰石等廉价的钙系固硫剂，在燃烧过程中，煤中的硫与固硫剂中的钙发生化学反应，从而可将煤中的硫固化。型煤固硫技术是控制二氧化硫污染的经济有效的途径。

4. 燃烧设备简介

燃烧设备是指为使燃料着火燃烧并将其化学能转化为热能释放出来的设备。燃煤锅炉是我国目前最常用的燃烧设备之一。燃料的燃烧一般都在炉内进行，燃料在炉内的燃烧概括起来有四个主要过程：气相中的氧分子扩散到煤粒子的表面；煤中挥发分的扩散；进行化学反应；反应产物转移到气流中。煤的燃烧方式分为层燃、室燃和流态化燃烧。燃烧设备大致可以分为炉排炉、煤粉炉、旋风燃烧炉和流化床锅炉。炉排炉采用层燃方式，煤粉炉和旋风燃烧炉则采用室燃方式；而流化床锅炉采用流态化燃烧方式。

（1）炉排炉

燃料在炉排上燃烧的锅炉叫炉排炉，又称为层燃炉。炉排炉目前在工业上，特别是在取暖锅炉中占有主要的地位。炉排炉按操作方式又分为手工投煤燃烧炉（简称"手烧炉"）和机械投煤燃烧锅炉（简称"机烧炉"）（图2-1）。

① 手烧炉是层燃炉中最简单的一种。因其加煤、拨火、清渣皆靠人工来完成而得名。对煤种适应性广，运行操作容易掌握，但劳动强度大。在我国目前使用的工业锅炉中依然占相当大的比例，尤其在小型炉中（锅炉蒸发量≤2吨/时）使用更多。由于周期性加煤，导致供需的不平衡及燃烧过程的周期性变化，容易形成烟气黑度高和烟尘浓度高的现象交替产生，同时也导致炉子经济性降低（燃烧效率为50%～60%）。为了节能和消烟除尘，在运行中可采用"勤、少、快、均"即勤加煤、少加煤、快加煤、煤层均的操作方法。

图2-1 炉排炉示意图
1—立式手烧炉；2—卧式机烧炉

② 机烧炉是采用机械炉排进行燃烧的锅炉。按照所采用炉排和燃烧方式的不同，机械燃烧的锅炉可分为：链条炉排炉（链条炉）、往复炉排炉（往复炉）、振动炉排炉和抛煤机炉排炉等。机烧炉与手烧炉相比，优点是燃烧完全、锅炉效率高，既节约燃料又减少了对环境的污染。

a. 链条炉是一种结构比较完善的燃烧设备（图2-2），燃料由炉膛的一端进入，落在炉排上，随着炉排的移动，燃料穿过炉膛与热空气相遇，依次经过干燥、预热、燃烧、燃尽。灰渣则随炉排落到炉膛的另一端。链条炉由于机械化程度高（加煤、清渣、除灰等均由机械完成），制造工艺成熟，运行稳定可靠，燃烧率也较高，应用较广。

b. 往复炉是一种利用炉排往复运动来实现给煤、除渣、拨火机械化的燃烧设备（图2-3）。往复炉的炉排按布置方式可分倾斜往复炉排和水平往复炉排，炉排由相间布置的活动炉排片和固定炉排片组成。往复炉排与链条炉排的不同点是，炉排与煤有相对运动，当活动炉排向后下方推动时，部分新煤被推到已经燃着的煤的上方，当活动炉排向前上方返回时又带回一部分已经燃着的煤返到没燃烧的煤的底部，对新煤进行加热。煤在被推动过程中，不断受到挤压，从而破坏焦块与灰壳，同时煤又缓慢翻滚，使煤层得到松动与平整，有助于燃烧。

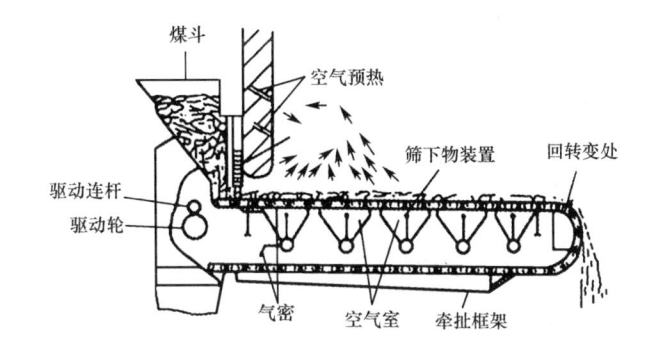

图 2-2 链条炉

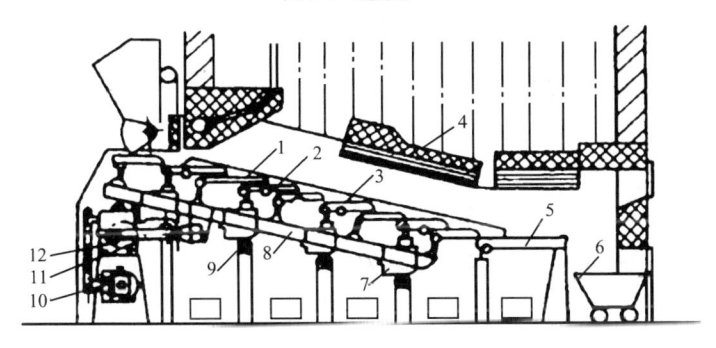

图 2-3 倾斜式往复炉
1—活动炉排片;2—固定炉排片;3—支撑棒;4—炉拱;5—燃尽炉排;
6—渣斗;7—固定梁 8—活动框架;9—滚轮;10—电动机;11—推拉杆;12—偏心轮

c.振动炉排炉由偏心块激振器、横梁、炉排片、拉杆、弹簧板、后密封装置、激振器电机、地脚螺钉、减震橡皮垫、下框架、前密封装置、测梁、固定支点等部件组成。具有结构简单,制造容易,重量轻、金属耗量少、设备投资省、燃烧条件好、炉排面积负荷高、煤种适应能力强等优点,在工业锅炉应用较多。

如图 2-4 所示,燃料从煤斗通过可调节的挡板振动到燃料层,空气通过炉排底部风嘴通入,燃烧后的灰渣排到浅坑里。

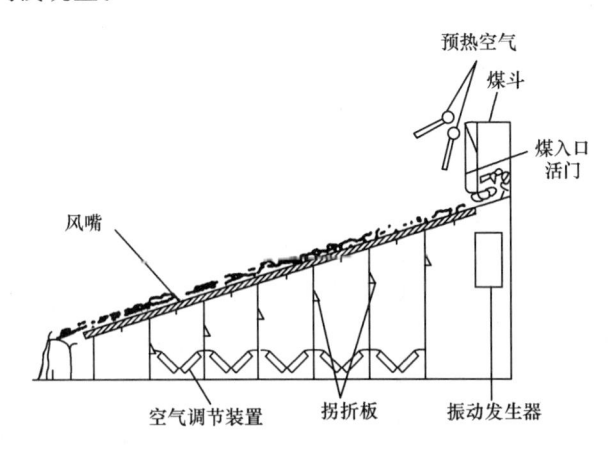

图 2-4 振动炉排炉

d.抛煤机炉排炉 如图 2-5 所示,煤连续地投入炉内燃料层上方的炉膛,煤粉以悬浮状态燃烧,较大的煤粒落到炉排的燃料层上进行层状燃烧。

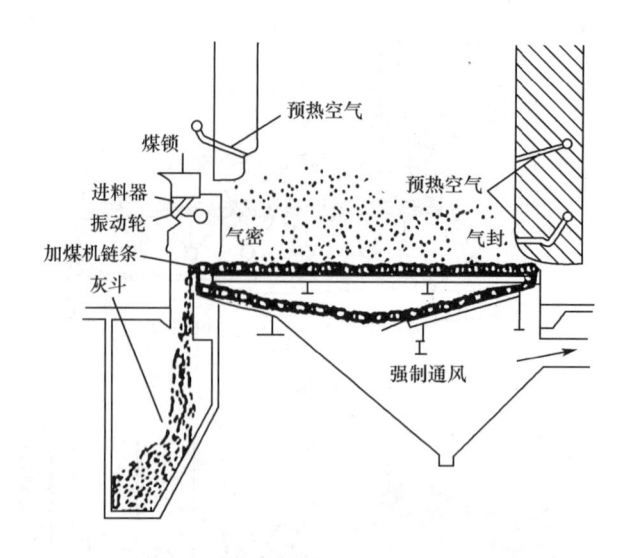

图 2-5　抛煤机炉排炉

通常，抛煤机炉排炉燃用高水分的褐煤、不黏结的烟煤、焦煤粉与高挥发分煤的混合燃料。由于煤的黏结性在悬浮状态中很快受热而被破坏，所以煤粒不会在燃烧着的煤层上黏结在一起，因此抛煤机炉排炉可以燃烧具有一定黏结性的烟煤。

(2) 煤粉炉

煤粉炉是用空气将粉碎至一定粒度的煤粉喷入炉膛，并使煤粉在炉膛中以悬浮状态燃烧的设备。图 2-6 是一种典型的圆柱形煤粉燃烧炉。为使煤粉能完全燃烧，必须保证煤粉在炉膛内有足够的停留时间及煤粉燃烧所需的火焰长度，这不仅要求煤粉具有相当细的粒度，而且还要求炉膛有足够大的容积。烟煤是煤粉炉最常用的燃料。煤粉的燃烧比气体、液体燃料燃烧更为复杂，实际操作中一般是先加入一次空气与煤粉混合喷入炉中，用于挥发分的燃烧，后加入空气直接喷入炉中，使焦炭充分燃烧。实践证明，二次空气加入的方法对煤粉实现完全燃烧是不产生或少产生污染物的重要因素。

(3) 旋风燃烧炉

旋风燃烧炉如图 2-7 所示。碎煤与一次风(总空气量的 20%)混合后以适当的速度从切线方向进入炉膛内，煤粒被离心力抛到炉壁上，并固定在液态熔渣层中燃烧。

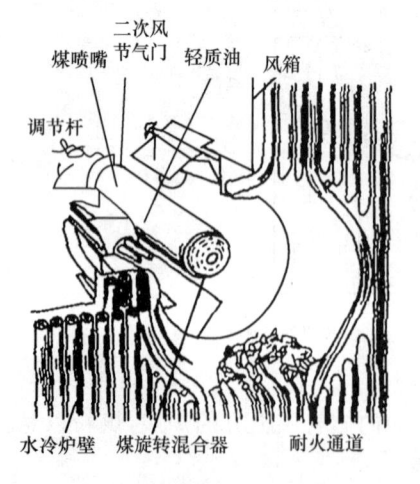

图 2-6　圆柱形煤粉燃烧炉　　　　图 2-7　旋风燃烧炉

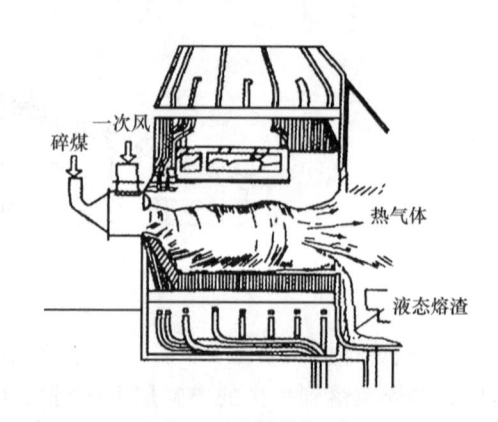

大部分的灰分留在液态熔渣层内,使飞灰大大地减少。燃料颗粒大部分在炉膛内随气流回旋运动时燃烧掉,其余的黏附在熔渣膜上燃烧。

旋风燃烧炉可燃用烟煤、褐煤、贫煤和无烟煤,也可以燃用灰分高达50%、发热量仅有12 560 kJ/kg、挥发分为12%的劣质贫煤。旋风燃烧炉的炉温比煤粉炉高,燃料容易燃烧完全,燃烧效率高。另外,旋风燃烧炉还具有体积小、飞灰少、使用经济等优点。

(4)流化床锅炉

流化床锅炉(Fluid Bed Boiler,FBB)是20世纪60年代初发展起来的一种炉燃烧设备,由于它在SO_2和NO_x控制方面的独特作用,以及在劣质燃料利用方面的优势而得到迅速发展,目前仍处于进一步完善阶段。

流化床锅炉与煤粉炉相比具有以下优点:将石灰石加入床层中能实现炉内脱硫;NO_x排放也比较少,能燃烧各种燃料,热效率高、费用较低。流化床锅炉燃烧系统按流体动力特性可以分为鼓泡流化床和循环流化床;按工作条件又分为常压流化床和加压流化床。

普通常压流化床适用于商业、工业或电站锅炉,图2-8是其简单的示意图。

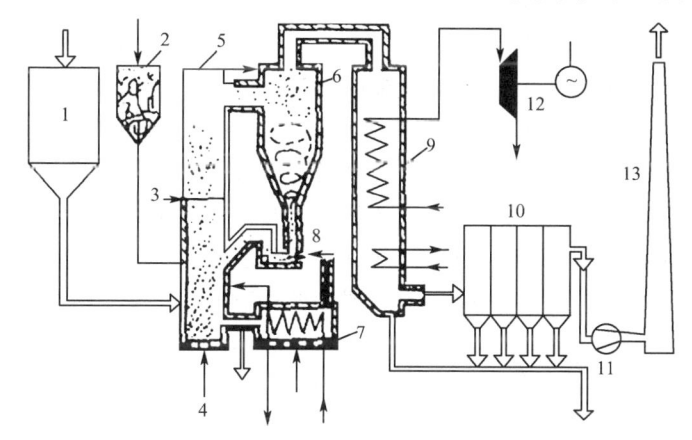

图2-8 流化床锅炉示意图

1—原煤仓;2—石灰石仓;3—二次风;4—一次风;5—燃烧室;6—旋风分离器;7—外置流化床热交换器
8—控制阀;9—对流竖井;10—除尘器;11—引风机;12—汽轮发电机;13—烟囱

煤和石灰石从燃烧室下部进入,二次风从燃烧室中部进入。高速气流使燃料颗粒、石灰石粉和灰分形成流态化的固态物床层,在循环床内强烈扰动,并充满燃烧室。固体颗粒与炉膛水冷壁等受热面接触,进行热传导。燃烧温度控制在815~900 ℃。

加入石灰石,控制钙硫比为2~4,脱硫效率可达70%以上。消耗的石灰石离开床层后或作为固体废物回收利用或再生后重新利用。

2.2.2 部分工业生产废气简介

1. 化学工业废气

化学工业包括二十多个行业的化工生产体系,其中氮肥、磷肥、无机盐、氯碱、有机原料、合成原料、农药、涂料、炼焦等行业的废气排放量大,组成复杂。化工厂废气含有致癌、致畸、恶臭、强腐蚀性、易燃、易爆的组分,对生产装置、人体健康及大气环境造成严重危害。我国众多的化工行业中,中小型企业约占90%,部分大中型化工企业设备陈旧,工艺落后,环保治理措施不力;一般小型化工企业技术落后,能耗物耗高,又无治理设施,排放的污染物严重超过国家规定的排放标准。按污染物性质化工废气可分为三大类:第一类为含无机污染物的废气,主要来自氮肥、磷肥(含硫酸)、无机盐等行业;第二类为含有机污染物的废气,主要来自有机原料及合成材料、农药、燃料、涂料等行业;第三类为既含无机污染物又含有机污染物的废气,主要来自氯碱、炼焦等行业。

2. 电力工业废气

发电厂有许多种,如火力发电厂、水力发电厂、原子能发电厂、地热发电厂、风力发电厂、潮汐发电厂和太阳能发电厂等。这些发电厂由于使用不同的动力能源,所以其排放废气的量和废气中的污染物也不尽相同。其中,水力、原子能、地热、风力、潮汐和太阳能发电厂使用的都是比较干净的能源,所以它们对大气环境的影响比较小;而火力发电厂由于多使用燃煤锅炉,其所排废气的量大,烟气成分复杂,对大气造成的污染严重。火力发电厂燃煤锅炉的烟气是电力行业中最主要的污染源。

3. 钢铁工业废气

钢铁工业开发的主要对象是多种黑色金属和非金属矿物。黑色金属包括铁、锰、铬。钢铁工业二氧化硫排放量仅次于电力工业。钢铁企业的烧结、球团、炼焦、化学副产品、炼铁、炼钢、轧钢、锻压、金属制品与铁合金、耐火材料、碳素制品以及动力等生产环节,拥有排放大量烟尘的各种窑炉。冶炼加工过程中,还会消耗大量的矿石、燃料和其他辅助原料。

钢铁工业废气的主要来源有:①原料、燃料的运输、装卸及加工等过程产生大量的含尘废气;②钢铁厂的各种窑炉在生产过程中产生大量的含尘及有害气体的废气;③生产工艺过程发生化学反应排放的废气,如冶炼、烧焦、化工产品和钢材酸洗过程中产生的废气。钢铁企业废气的排放量非常大,污染面广;冶金窑炉排放的废气温度高,钢铁冶炼过程中排放的多为氧化铁烟尘,其粒度小、吸附力强,加大了废气的治理难度;在高炉出铁、出渣以及炼钢过程中的一些工序,其烟气的产生排放具有阵发性,且又以无组织排放多。钢铁工业生产的废气大多具有回收的价值,如温度高的废气余热回收,炼焦及炼铁、炼钢过程中产生的煤气的利用,以及含氧化铁粉尘的回收利用。

4. 建材工业废气

建材工业是中国重要的材料工业。建材产品包括建筑材料及制品、非金属矿及制品、无机非金属新材料三大门类,广泛应用于建筑、军工、环保、高新技术产业和人民生活等领域。

建材工业的生产工艺特点是,物料处理量大、运输环节多、高温作业。废气污染源属于混合污染源,既向大气中排放粉尘和烟尘、二氧化碳、氮氧化物、硫氧化物等无机污染物,又向环境中排放废热和其他污染物。建材工业的废气主要来源于水泥厂的回转窑、立窑;平板玻璃厂的玻璃熔窑、隧道窑;砖瓦厂的土窑、轮窑、隧道窑;石灰厂的土窑、立窑等。

建材工业排放的废气主要分为以下三类:①高温气体:以原煤为材料,对材料进行烘干,对成品或半成品进行高温烧结或半熔融状态所产生的烟气。②锅炉烟气:工业或民用所需供热、供气、供水的各种燃煤锅炉所产生的烟气。③常温含尘烟气:各种原材料在加工、转运过程中,以及成品包装过程中所产生的含尘气体。

2.2.3 交通与汽车尾气

1. 交通污染概述

交通污染一方面是交通工具,如汽车、火车、飞机、船舶等,其本身在运行过程中产生污染物,对大气造成污染。另一方面交通工具运行动力需要大量的能源,当今世界所生产的全部能源中,20%以上用于交通运输,而且这些能源在较低的效率下运作,污染相当可观。

汽车在陆地交通中占统治地位。近年来,随着我国机动车保有量的迅速增长,机动车排气污染已成为城市交通污染的主要贡献者,而随着我国经济的进一步发展,这种迅猛发展的势头必将继续保持。1979年我国汽车保有量只有200万辆,2008年末全国民用汽车保有量达到6 467万辆,截至2020年底,全国汽车保有量达2.81亿辆。

2. 城市机动车运行使用状况调查

对全国二十多个大、中城市的调查表明,近年来,随着我国城市机动车保有量的增加,城市车流量迅速增长,而交通基础设施和交通管理建设的相对滞后,造成汽车尾气对大气环境的污染日趋严重,主要表现为:

(1)车辆保有量高速增长,城市道路负荷持续增加、许多重要道路车流已趋于饱和,发生交通拥堵的频率和持续的时间明显增加。

(2)调查表明,北京和广州市区的平均车速均仅为23 km/h左右,机动车低速运行的时间段增长;而在早、晚的车量高峰期,北京市区道路平均车速已不足20 km/h。机动车频繁地处于加速、减速、怠速等恶劣的运行工况下,这种恶劣的条件必然导致机动车排放废气的进一步增加。目前,中国国产新出厂汽车单车排放污染程度,同美国、西欧、日本等国家同类汽车相比,约高几倍或几十倍,有些车辆由于维修保养不善,排气污染更为严重。

(3)许多机动车往往在富燃料状态下运行。由于运行工况差,机动车往往工作于富燃料燃烧状况以满足运行工况要求,获得较好的动力性能,这将造成碳氢化合物(HC)和一氧化碳(CO)排放的增加。

(4)城市非机动车负荷大,影响了机动车运行状况。目前,我国城市道路面积远远低于发达国家,城市过街天桥、地下通道等基础设施少,行人穿行马路,加重了交通拥堵;另外,中国是自行车大国,北京市拥有非机动车辆(自行车和三轮车等)达千万辆以上,各种车辆混行,也加重了道路负荷,使机动车运行状况进一步恶化。

(5)公共交通的主导地位尚未完全确立,城市运输效率低下。

3. 机动车尾气污染的特点

(1)氮氧化物超标现象严重

目前,很多大城市如北京、上海,大气中NO_x的浓度都超过标准,不仅城市交通密集区和交通主干道两侧污染物浓度超过国家二级标准,整个城区的平均浓度也超过国家的二级标准。从年际变化来看,城区氮氧化物浓度呈上升趋势,机动车氮氧化物尾气已经成为很多城市的主要污染物质。

(2)机动车的尾气排放直接导致了城市中各种污染物浓度的增加

调查表明,城市大气污染超标严重的区域往往集中于人口稠密、道路网密集、交通繁忙的地区,这反映了城市大气污染同机动车排放具有较高的相关性。广州市对1980年以来城区内机动车保有量和污染物浓度变化进行了相关统计。结果表明,城区大气中NO_x浓度与机动车保有量增长呈明显正相关,相关系数为0.973,CO的相关系数为0.702。以北京和广州为主的很多大城市主要道路两侧的CO平均浓度超标严重,小时浓度超标频率和超标浓度相当惊人,在一些高峰时刻甚至超标数倍以上,这说明机动车的排放直接导致城市污染物浓度的增加,是造成城市环境质量恶化的主要因素。

目前,我国城市机动车尾气污染状况,同居民生活质量的提高和城市可持续发展的目标是不相适应的。考虑到经济发展状况以及人民生活水平的提高,我国机动车保有量在一定时期内仍将保持高速增长。如果不迅速采取措施,对车辆的排放加以控制,城市生态将会遭到更加严重的破坏,城市环境质量也将持续地恶化下去。

(3)城市颗粒物污染不容忽视

目前中国很多城市的颗粒物浓度超标。值得注意的是,机动车排放的颗粒物粒径较小,往往在两微米以下,这部分颗粒虽然对 TSP 的贡献率相对较小,但由于它们能够直接被吸入人体肺部,因此对人体健康的影响更为严重。

(4)城市潜藏着发生光化学烟雾的危险

机动车排放的污染物 HC、NO_x 等一次污染物在大气中会进一步反应形成 O_3、多环芳烃类物质(PAH)、过氧乙酰基硝酸酯(PAN)等二次污染物,这种污染物严重积累后会形成光化学烟雾,对人体健康、城市生态都会造成很大影响。监测数据显示,2019 年全国 337 个地级及以上城市 O_3 浓度同比上升 6.5%,以 O_3 为首要污染物的超标天数占总超标天数的 41.8%,导致全国优良天数比率同比损失 2.3 个百分点。随着汽车排放的 HC、NO_x 的不断增加,潜藏着发生光化学烟雾的危险。

2.2.4 服务行业餐饮与生活油烟

20 世纪 80 年代以来,随着经济的迅速增长和人民生活水平的提高,城市餐饮业不断发展,餐厅、酒楼和宾馆日益增多,由于这些饮食单位大多分布在人口集中的城市闹市区和居民区,厨房在加工食品(包括煎、炒、烹、炸)的过程中,会散发出大量的油烟,不仅严重影响居民身心健康,而且对周边环境造成了污染。饮食业油烟污染已日益引起人们的重视,2001 年 11 月 12 日,国家颁布了《饮食业油烟排放标准(试行)》,于 2002 年 1 月 1 日开始实施。该标准对油烟污染治理的有关要求做了明确的规定,使油烟污染治理成为当前环保工作的一项重要内容。

生活油烟的产生主要来源于食物烹制过程。食物烹制过程中用到的食油包括豆油、菜籽油、色拉油、花生油等植物油和猪油等动物油,前者主要成分为亚麻酸、亚油酸等不饱和脂肪酸,流动性好;后者主要成分为饱和脂肪酸甘油酯,流动性差。食油中主要成分的沸点在 300 ℃左右。

油烟的形成可分为三个阶段:

油加热到 50~100 ℃时,油面有轻微热气上升,所含低沸点分量和水分首先汽化。

油的温度上升到 100~270 ℃时,较高沸点的分量开始汽化,油泡较密,形成肉眼可见的油烟,主要是由直径 10^{-3} cm 以上的小油液滴组成的。

油的温度达到 270 ℃后,高沸点的食用油分量开始汽化,并形成大量"青烟",主要是由直径 10^{-7}~10^{-3} cm 不为肉眼所见的微油滴组成。此时,再往油中加入食品,食品中所含水分急剧汽化膨胀,其中部分冷凝成雾和油烟一起形成可见的油烟雾。

与此同时,气体燃料(液化气)、液体燃料(轻柴油)或固体燃料(固体酒精)热分解生成气相析出型烟气,与之混合时在离开锅灶上升过程中继续与空气分子碰撞,温度迅速回落,饱和蒸气压下降,形成含冷凝物的气溶胶排入大气环境中。油烟形成过程,从形态组成上看主要包括颗粒物和气态污染物两类。其中颗粒物粒径较小,一般小于 10 μm,可分为固体、液体两种,且液体的黏度较大。

食用油和食物在高温条件下发生化学反应,油脂及食物本身所含脂质热氧化分解,食物中碳水化合物、蛋白质、氨基酸等反应的终产物之间相互作用的二次反应产物主要有醛、酮、烃、酯、脂肪酸、醇、芳香族等,总数多达 220 多种,对人体健康有较大危害。

油烟被人吸入后会引起"油烟病",医学上称为"油烟综合征"。该病的一系列症状是:食欲减退、心烦、精神不振、嗜睡、疲乏无力。同时,油烟还刺激人的五官:眼睛受刺激而干涩、发痒、视力模糊、结膜充血,时间长了易患慢性结膜炎;鼻黏膜受刺激会充血、水肿、流涕、嗅觉失灵,可引起慢性鼻炎;咽喉受刺激后会出现咽干、喉痒、干咳,易形成慢性咽喉炎、慢性气管炎、支气管炎等病症。还有研究表明,油烟中含有的多种有毒化学成分对机体还具有肺脏毒性、免疫毒性、遗传毒性、致癌性、致突变性等。

油烟污染严重,然而现在处理油烟的家电产品——吸油烟机却长期停留在只排放不净化的尴尬层面。目前的吸油烟机,主要依靠电机的抽排功能,将油烟从厨房抽出后直接排放到大气中,整个过程不涉及任何"净化"环节,油烟的净化存在难度。

学习任务单

1. 大气污染物的主要来源有哪些?
2. 常用的燃料都有哪些?
3. 煤炭是如何分类的?简述煤炭的组成。
4. 燃料的完全燃烧和不完全燃烧的区别在哪里?燃料完全燃烧的条件是什么?
5. 简述燃烧过程中污染物的生成机制。
6. 洁净燃烧技术都包含了哪些技术?
7. 工业生产过程会向大气中排放哪些污染物?举例说明几个产生大气污染物的过程。
8. 交通运输过程排放了哪些大气污染物?由机动车辆造成的污染有什么特点?
9. 生活油烟是如何形成的?

2.3 大气污染控制设备的性能指标

废气中污染物的去除是通过大气污染控制设备来完成的。大气污染控制设备也称废气治理设备,大气污染控制设备的优劣常采用技术指标和经济指标来评价。技术指标主要包括废气处理量、净化效率和压力损失等。经济指标主要包括设备费、运行费、占地面积或占用空间体积、设备的可靠性和使用年限以及操作和维护管理的难易程度等。在选择使用废气治理设备时,要对上述指标综合考虑。下面主要讨论废气治理设备的技术指标。

2.3.1 废气处理量

废气处理量是衡量废气治理设备处理能力的指标,是指单位时间内废气治理设备处理各种废气的体积流量,一般用废气治理设备的进出口气体流量的平均值来表示废气治理设备的气体处理量。

$$Q = \frac{(Q_1 + Q_2)}{2} \tag{2-2}$$

式中　Q_1——废气治理设备入口气体在标准状态下的体积流量,m^3/s 或 m^3/h。

Q_2——废气治理设备出口气体在标准状态下的体积流量,m^3/s 或 m^3/h。

Q——废气治理设备处理气体在标准状态下的体积流量,m^3/s 或 m^3/h。

由于加工或操作的原因，会造成设备漏风的现象，从而使进口气体量与出口气体量不同，一般用漏风率δ来表示废气治理设备的严密程度，δ为正值表示向外漏，δ为负值表示向内漏。计算公式为

$$\delta = \frac{Q_1 - Q_2}{Q_1} \times 100\% \tag{2-3}$$

式中　δ——漏风率，%。

若进出口气体不是在标准状况下($T = 273$ K，$p = 101.3 \times 10^3$ Pa)，可用下面公式将其换算为标准状况下的体积流量。

$$Q_N = Q \times \frac{T_N}{T} \times \frac{P}{P_N} \tag{2-4}$$

式中　Q_N, T_N, P_N——标准状态下的流量(m^3/s)、温度(K)、压力(Pa)。

　　　Q, T, P——操作状态下的流量(m^3/s)、温度(K)、压力(Pa)。

2.3.2　净化效率

净化效率是表示废气治理设备净化性能的重要技术指标。一般将颗粒污染物的净化处理效率称为除尘效率，对于气态污染物的净化处理效率，根据其处理方法的不同分别称为吸收率、吸附率、转化率、焚烧率等。

1. 废气治理设备的总效率

废气治理设备的总效率是指在同一时间内废气治理设备捕集的粉尘质量占进入废气治理设备的粉尘质量的百分数，用η表示。

以净化粉尘废气污染物为例，若废气治理设备（也称除尘器）进口的气体流量为$Q_1(m^3/s)$，粉尘流入量为$G_1(g/s)$，气体含尘浓度为$C_1(g/m^3)$；出口气体流量为$Q_2(m^3/s)$，粉尘流出量为$G_2(g/s)$，出口气体含尘浓度为$C_2(g/m^3)$，治理设备捕集的粉尘为$G_3(g/s)$。根据净化效率的定义，净化效率表示式为

$$(\text{重量法})\eta = \frac{G_3}{G_1} \times 100\% \tag{2-5}$$

因为：$G_3 = G_1 - G_2$，$G_1 = Q_1 C_1$，$G_2 = Q_2 C_2$，因此有

$$\eta = \frac{G_3}{G_1} \times 100\% = \frac{G_1 - G_2}{G_1} \times 100\% = \frac{Q_1 C_1 - Q_2 C_2}{Q_1 C_1} \times 100\%$$

$$\eta = (1 - \frac{Q_2 C_2}{Q_1 C_1}) \times 100\% \tag{2-6}$$

若装置不漏风，$Q_1 = Q_2$，于是有：

$$(\text{浓度法})\eta = (1 - \frac{C_2}{C_1}) \times 100\% \tag{2-7}$$

式(2-5)要通过称重求得净化效率即除尘效率，故称为重量法。这种方法多用于实验室，得到的结果比较准确。式(2-7)的方法称为浓度法，只要同时测出除尘设备进出口的含尘浓度即可计算出该设备的除尘效率，在实际使用中，重量法受到生产条件的限制，没有得到广泛的应用，浓度法虽然没有重量法准确，但较方便，在现场实测中被广泛应用。

2. 通过率

通过率是指在同一时间内，穿过废气治理设备的粒子质量与进入的粒子质量的比，一般用$P(\%)$表示。

$$P=\frac{G_2}{G_1}\times100\%=100\%-\eta \tag{2-8}$$

例如,废气治理设备Ⅰ的净化效率 $\eta=99.0\%$ 时,则 $P=1.0\%$;另一废气治理设备Ⅱ的净化效率 $\eta=99.9\%$,则 $P=0.1\%$。可见,废气治理设备Ⅰ的通过效率比废气治理设备Ⅱ高10倍。

3. 串联运行时的总净化效率

当进口气体含尘浓度很高,或者要求出口气体中含尘浓度较低时,用一种废气治理设备往往不能满足净化效率的要求。这时,可将两种或多种不同类型和效率的废气治理设备串联起来使用。

当两台废气治理设备串联使用时,η_1 和 η_2 分别表示第一级和第二级废气治理设备的净化效率,则除尘系统的总效率为

$$\eta=\eta_1+\eta_2(1-\eta_1)$$
$$\eta=1-(1-\eta_1)(1-\eta_2) \tag{2-9}$$

即当 n 台废气治理设备串联使用时

$$\eta=1-(1-\eta_1)(1-\eta_2)(1-\eta_3)\cdots(1-\eta_n) \tag{2-10}$$

【**例 2-1**】 某锅炉烟气除尘用两级除尘系统处理,要求的总效率为 98%,其中已知两台除尘器的净化效率分别为 80% 和 85%,问采用以上两个废气治理设备进行串联使用能否达到净化要求?

解:

采用以上两级串联的总效率为 $\eta=1-(1-\eta_1)(1-\eta_2)$
$$=1-(1-0.8)(1-0.85)$$
$$=97\%$$

比较知道 97%<98%,因此不能满足要求。

4. 分级效率

总效率表示废气治理设备的总体效果或平均效果,净化装置对不同粒径的粉尘具有不同的作用效果,为反映这一特性,我们引入分级效率的概念。分级效率 η_d 表示废气治理设备对不同粒径或范围粉尘的净化效果。质量分级效率和浓度分级效率可分别由式(2-11)和(2-12)计算。

$$\eta_d=\frac{G_3 g_{d3}}{G_1 g_{d1}}\times100\% \tag{2-11}$$

$$\eta_d=\frac{Q_1 g_{d1} C_1 - Q_2 g_{d2} C_2}{Q_1 g_{d1} C_1}\times100\% \tag{2-12}$$

若设备不漏风,$Q_1=Q_3$,于是有:

$$\eta_d=(1-\frac{g_{d2} C_2}{g_{d1} C_1})\times100\% \tag{2-13}$$

式中 g_{d1},g_{d2},g_{d3}——分别为废气治理设备进、出口及被废气治理设备捕集的粉尘中,粒径为 d 的粉尘质量分数,%。

如果已知粉尘的粒径分布和各自粒径范围的分级效率,则可由下式计算废气治理设备的平均净化效率。

$$\eta=\sum_{i=1}^{n} g_{d_i} \eta_{d_i} \tag{2-14}$$

式中　g_{d_i}——废气治理设备进口中粒径为 d_i 的粉尘的质量分数，%。
　　　η_{d_i}——粒径为 d_i 的粉尘的分级效率，%。

【例 2-2】　在某锅炉房对某废气治理设备进行测定，测得废气治理设备进口和出口气体中含尘浓度分别为 3.2×10^{-3} kg/m³ 和 4.8×10^{-4} kg/m³，废气治理设备进口和出口粉尘的粒径分布见表 2-4。

表 2-4　　　　　　　　　　分级净化效率表

粉尘的粒径($d/\mu m$)		0～5	5～10	10～20	20～40	>40
质量分数(%)	废气治理设备进口	20	10	15	20	35
	废气治理设备出口	78	14	7.4	0.6	0

计算该废气治理设备的分级效率和净化效率。

解　(1) 计算废气治理设备的分级效率，根据进出口粒径分布情况，分级效率由下式计算：

$$\eta_d = \frac{g_{d1}C_1 - g_{d2}C_2}{g_{d1}C_1} = 1 - \frac{g_{d2}C_2}{g_{d1}C_1}$$

$d_p = 0$～5 μm 粉尘　　$\eta_{0\sim5} = 41.5\%$

$d_p = 5$～10 μm 粉尘　　$\eta_{5\sim10} = 79.0\%$

$d_p = 10$～20 μm 粉尘　　$\eta_{10\sim20} = 92.6\%$

$d_p = 20$～40 μm 粉尘　　$\eta_{20\sim40} = 99.55\%$

$d_p > 40$ μm 粉尘　　$\eta_{>40} = 100\%$

(2) 计算废气治理设备的平均净化效率

$$\eta = \sum_{i=1}^{n} g_{d_i} \eta_{d_i}$$
$$= 20\times41.5\% + 10\times79\% + 15\times92.6\% + 20\times99.55\% + 35\times100\%$$
$$= 85\%$$

2.3.3　压力损失

含尘气体经过废气治理设备后会产生压力降，被称为废气治理设备的压力损失，单位是 Pa。压力损失的大小除了与设备的结构形式有关之外，主要与流速有关。两者之间的关系为

$$\Delta p = \xi \times \frac{\rho u_i^2}{2} \tag{2-15}$$

式中　Δp——废气治理设备的压力损失，Pa。
　　　ξ——净化装置的阻力系数。
　　　ρ——气体的密度，kg/m³。
　　　u_i——装置进口气体流速，m/s。

废气治理设备的压力损失是一项重要的经济技术指标。装置的压力损失越大，动力消耗也越大，废气治理设备的设备费用和运行费用就越高。不同的废气治理设备压力损失有很大不同，如文丘里洗涤除尘器可以达到 9 000 Pa 以上，但大部分除尘器的压力损失在 2 000 Pa 以下。

输送含尘废气需要克服除尘器的压力损失而消耗一定的电量能耗，可以根据除尘器的压力损失与处理风量，按公式(2-16)计算其耗电量为

$$N=\frac{\Delta p \times L \times 9.8 \times t}{10^2 \times 3\,600 \times \eta} \tag{2-16}$$

式中　N——耗电量，kW·h。

　　　L——处理风量，m³/h。

　　　Δp——除尘器阻力，即压力损失，Pa。

　　　t——运行时间，h。

　　　η——风机效率（包括风机、电机和传动效率）。

　　　10^2——kW 与 (kg·m)/s 之间的换算系数。

2.3.4　林格曼烟气黑度和排放浓度

1. 林格曼烟气黑度

林格曼烟气黑度（浓度）是评价排放烟尘浓度的一项重要指标。林格曼黑度就是用视觉方法对烟气黑度进行评价的一种方法。常用的测定装置有：林格曼烟气黑度图、测烟望远镜、光电测烟仪。

19 世纪末，法国科学家林格曼将烟气黑度划分为 6 级，其标准形式由 6 个 14×21 cm 不同黑度的长方形小块组成，其中除全白、全黑分别代表烟气黑度的 0 级和 5 级外，其余 4 个级别是根据黑色条格占整块面积的百分数来确定的，黑色条格的面积占 20% 为 1 级；占 40% 为 2 级；占 60% 为 3 级；占 80% 为 4 级。以上评价烟气黑度的图，称林格曼烟气黑度图，其 6 个级别称林格曼黑度级（图 2-9）。

林格曼烟气黑度的测定通常采用对照法或测烟望远镜观测。对照法即是用林格曼烟气浓度图与烟囱排出的烟气按一定的要求，比较测定；测烟望远镜具有体积小，便于携带，观测方便等特点。观测时，可将烟气与镜片内的黑度图比较测定。上述两种测定方法简单方便，但是最大的缺点是测定结果容易造成人为误差。

为贯彻《中华人民共和国环境保护法》和《中华人民共和国大气污染防治法》，保护环境，保障人体健康，国家环境保护总局制定了国家环境保护行业标准《固定污染源排放烟气黑度的测定　林格曼烟气黑度图法》。2006 年 10 月，国家环境保护总局编制完成标准的征求意见稿，于 2007 年 12 月 7 日发布，2008 年 3 月 1 日实施。此标准规定了测定固定污染源排放烟气黑度的林格曼烟气黑度图法，包括观测条件、观测方法、计算方法以及标准林格曼烟气黑度图的规格。此标准适用于固定污染源排放的灰色或黑色烟气在排放口处黑度的监测，不适用于其他颜色烟气的监测。

（1）林格曼烟气黑度图的使用方法

观察者站在与烟囱距离 40 m 左右的地方，（观察者与烟囱间无障碍物），将林格曼烟气黑度图板竖立在据观察者一定距离处，这个距离的大小取决于观察者的视力，一般以 15 m 为好。放好之后，将烟色与图板的黑度进行对比，从而可以得知烟气的烟尘浓度。观察烟气的部位应选择在烟气黑度最大的地方，该部位应没有冷凝水蒸气存在。每分钟观测 4 次，观察者不宜一直盯着烟气观测，而应看几秒钟然后停几秒钟，每次观测（包括观看和间歇时间）约 15 秒，连续观测烟气黑度的时间不少于 30 分钟。

（2）使用林格曼烟气黑度图时的注意事项

①不要面向太阳；②烟气出口处的背景不应有高大的树木和建筑物；③观察者位置应与烟气流向成直角；④烟尘浓度表应保持清洁，弄脏或褪色时，应更换。

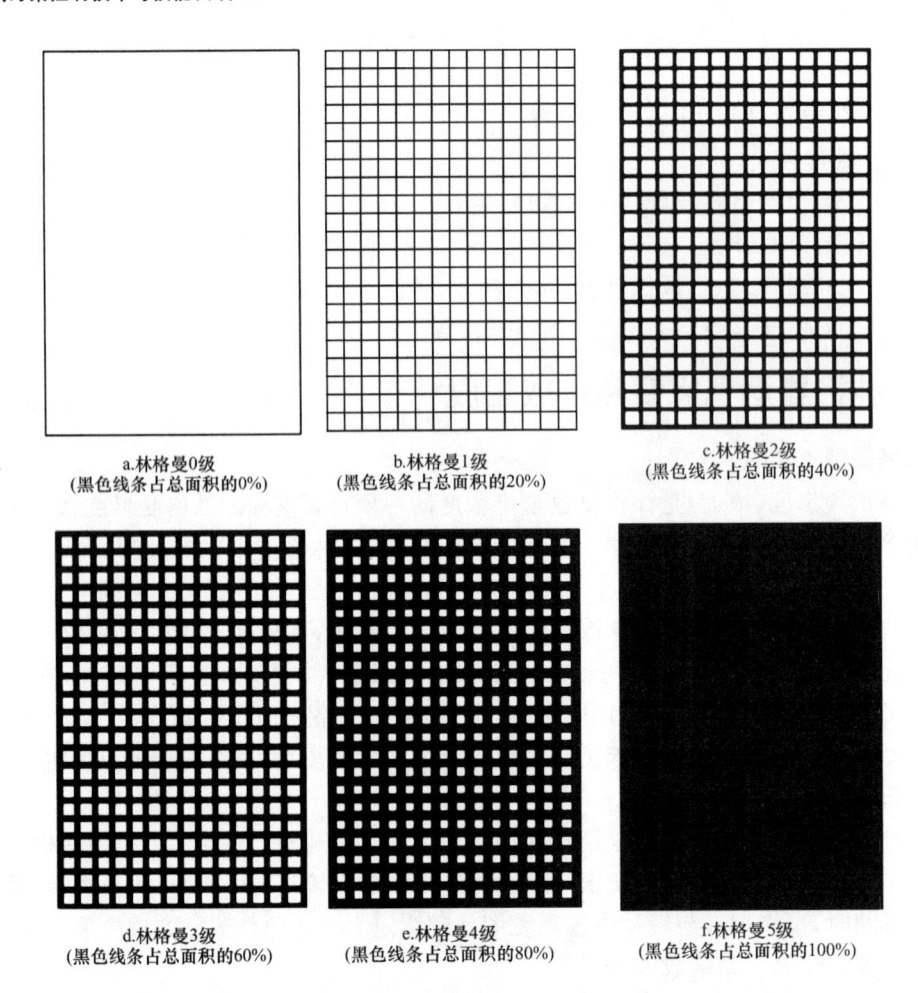

a.林格曼0级
(黑色线条占总面积的0%)

b.林格曼1级
(黑色线条占总面积的20%)

c.林格曼2级
(黑色线条占总面积的40%)

d.林格曼3级
(黑色线条占总面积的60%)

e.林格曼4级
(黑色线条占总面积的80%)

f.林格曼5级
(黑色线条占总面积的100%)

图 2-9　林格曼烟气黑度 0~5 级示意图

在标准状态下,林格曼1级的烟尘浓度相当于 0.25 g/m³,4级相当于 2.3 g/m³,5级相当于 4~5 g/m³。该方法简单方便、便于操作、应用广泛,但易产生误差。

我国《锅炉大气污染物排放标准》(GB 13271—2014)、《工业炉窑大气污染物排放标准》(GB 9078—1996)、《炼焦化学工业污染物排放标准》(GB 16171—2012)、《火电厂大气污染物排放标准》(GB 13223—2011)等国家标准均明确规定各类烟囱(排气筒)排烟的林格曼烟气黑度不得超过林格曼1级。

(3)林格曼烟气黑度和烟尘浓度对比表(表 2-5)

表 2-5　　　　　　　　林格曼烟气黑度和烟尘浓度对比表

级数	烟气特点	黑色小块占总面积(%)	烟尘量(g/m³)
0	全白	0	0
1	微黑	20	0.25
2	灰	40	0.70
3	深灰	60	1.20
4	灰黑	80	2.30
5	全黑	100	4.0~5.0

为了更精确测定烟气黑度,也可以采用光电测烟仪,这是一种能够在仪器内部标定,自动测定烟气黑度等级的仪器。它可以通过光学系统处理,把光信号变成电信号输出,由显示系统显示出烟气的黑度等级。光电测烟仪测试比较客观准确,但需要避免在多云、大风或雨雾天观测。

林格曼烟气黑度图法测定的实际技能实训——请参阅本教材模块7相关内容。

2. 排放浓度

(1)最高允许排放浓度:指处理设施后排气筒中污染物任意1小时浓度平均值不得超过的限值;或指无处理设施排气筒中污染物任意1小时浓度平均值不得超过的限值。一般用 mg/m^3 表示。

(2)最高允许排放速率排放系数:指一定高度的排气筒任意1小时排放污染物的质量不得超过的限值。一般用 mg/m^3 表示。

(3)排放速率:单位时间内向大气中排放污染物的量。一般用 kg/h 表示。

学习任务单

1. 有一个两级除尘系统,第一级为旋风除尘器,第二级为电除尘器,用于处理起始含尘浓度为 $15\ g/m^3$、游离二氧化硅含量8%以下的粉尘。已知旋风除尘器的效率为80%,若达到国家规定的排放标准,选用的电除尘器的效率至少应是多少?

2. 用旋风除尘器处理锅炉烟气,测得除尘器进口烟气温度 450 K,体积流量为 $10\ 800\ m^3/h$,含尘浓度 $9.0\ g/m^3$,静压强为 450 Pa(真空度);除尘器出口气体流量为 $12\ 000\ m^3/h$,含尘浓度为 $500\ mg/m^3$。已知该除尘器的入口面积为 $0.25\ m^2$,阻力系数为 5.0。

(1)该除尘器的漏风率是多少?
(2)计算该除尘器的除尘效率。
(3)计算运行时的压力损失。
(4)是否达到国家二级排放标准,如果没达到,采用袋式除尘器进行二次除尘净化,袋式除尘器的效率至少是多少?

3. 用两级除尘系统处理含粉尘的气体。已知含尘气体流量为 $3.0\ m^3/s$,工艺设备的产尘量为 $22.5\ g/s$,各级除尘器的除尘效率分别为70%和96%。

(1)计算该除尘系统总除尘效率和粉尘排放量,粉尘排放浓度是否达标?
(2)若仅使用第一级除尘,粉尘排放浓度是否达标?

4. 利用计算机办公软件学会自制简易的林格曼烟尘浓度表,实训学会林格曼烟尘浓度表的使用方法及注意事项。

2.4 烟气量的计算

燃料燃烧的产物形成烟气。直接测定烟气的量往往不可能,但可以根据燃料的成分分析计算单位燃料燃烧产生的气体数量。

2.4.1 理论空气量

燃料燃烧所需要的氧,一般是从空气中获得;单位量燃料按燃烧反应方程式完全燃烧所需要的空气量称为理论空气量,它由燃料的组成决定,可根据燃烧方程式计算求得。建立燃烧化学方程式时,通常假定:

1. 空气仅是由氮和氧组成,其体积比为 79.1/20.9＝3.78。
2. 燃料中的固定态氧可用于燃烧。
3. 燃料中的硫主要被氧化为 SO_2。
4. 热力型 NO_x 的生成量较小,燃料中含氮量也较低,在计算理论空气时可以忽略。
5. 燃料中的氮在燃烧时转化为 N_2 和 NO,一般以 N_2 为主。
6. 燃料的化学式为 $C_xH_yS_zO_w$,其中下标 x、y、z、w 分别代表碳、氢、硫和氧的原子数。

由此可得燃料与空气中氧完全燃烧的化学反应方程式:

$$C_xH_yS_zO_w + (x+\frac{y}{4}+z-\frac{w}{2})O_2 + 3.78(x+\frac{y}{4}+z-\frac{w}{2})N_2$$
$$\longrightarrow xCO_2 + \frac{y}{2}H_2O + zO_2 + 3.78(x+\frac{y}{4}+z-\frac{w}{2})N_2 + Q \tag{2-17}$$

式中 Q——燃烧热。

那么,理论空气量:

$$V_a^0 = 22.4 \times 4.78(x+\frac{y}{4}+z-\frac{w}{2})/(12x+1.008y+32z+16w)$$
$$= 107.1 \times 10^{-3}(x+\frac{y}{4}+z-\frac{w}{2})/(12x+1.008y+32z+16w) \tag{2-18}$$

2.4.2 空气过剩系数

燃料完全燃烧时所需的实际空气量取决于所需的理论空气量和"3T"条件的保证程度。在理想的混合状态下,理论量的空气即可保证完全燃烧;但在实际的燃烧装置中,"3T"条件不可能达到理想化的程度,因此为使燃料完全燃烧,就必须供给过量的空气。一般把超过理论空气量而多供给的空气量称为过剩空气量,并把实际空气量 V_a 与理论空气量 V_a^0 之比定义为空气过剩系数 α,即

$$\alpha = \frac{V_a}{V_a^0} \tag{2-19}$$

通常 $\alpha > 1$,α 值的大小取决于燃料种类、燃烧装置形式及燃烧条件等因素。表 2-6 给出了不同燃料和炉型的空气过剩系数。

表 2-6　　　　　　不同燃料和炉型的空气过剩系数

燃煤方式	烟煤	无烟煤	重油	煤气
手烧炉和抛煤机炉	1.3～1.5	1.3～2.0		
链条炉	1.3～1.4	1.3～1.4		
悬燃炉	1.2	1.25	1.15～1.2	1.05～1.1

【例 2-3】 某燃烧装置燃料为重油,成分(按质量)分别为:C:88.3%,H:9.5%,S:1.6%,H_2O:0.5%,灰分:0.1%,试计算标准状态下(0 ℃,101 kPa)1 kg 重油所需的理论空气量。

解：以 1 kg 重油燃烧为基础(表 2-7)，则：

表 2-7　　　　　　　　　　例 2-3 燃烧计算表

可燃成分	可燃成分含量/%	可燃成分的量/mol	理论氧气量/mol
C	88.3	73.58	75.58
H	9.5	95	23.75
S	1.6	0.5	0.5
H_2O	0.5	0	0
灰分	0.1	0	0
合计	100	169.08	97.83

空气中氧气占 21%，因此：

$$理论空气量 = \frac{97.83 \times 22.4/1\,000}{0.21} = 10.44 \text{ m}^3/\text{kg}$$

【例 2-4】 假定煤的化学组成以质量计为：C：77.2%；H：5.2%；N：1.2%；S：2.6%；O：5.9%；灰分：7.9%。试计算这种煤燃烧时的理论空气量。

解：首先由煤的质量组成确定其摩尔组成。为了计算简便，相对于单一碳原子标准化其摩尔组成，见表 2-8。

表 2-8　　　　　　　　　　例 2-4 燃烧计算表

化学成分	w/%	单位质量摩尔组成/[mol·(100 g 煤)$^{-1}$]	摩尔分数/[mol/mol(C)]
C	77.2	77.2÷12=6.43	6.43÷6.43=1.00
H	5.2	5.2÷1=5.2	5.2÷6.43=0.809
N	1.2	1.2÷14=0.085 7	0.085 7÷6.43=0.013
S	2.6	2.6÷32=0.081 2	0.081 2÷6.43=0.013
O	5.9	5.9÷16=0.369	0.369÷6.43=0.057
灰分	7.9	——	——

对于该种煤，其组成可表示为：$CH_{0.809}N_{0.013}S_{0.013}O_{0.057}$

燃料的摩尔质量，即相对于每摩尔碳的质量，包括灰分，为：

$$M_\delta = \frac{100}{6.43} \text{ g/mol} = 15.55 \text{ g/mol(C)}$$

对于这种燃料的燃烧，根据上面的 6 项简化假定，我们有：

$$CH_{0.809}N_{0.013}S_{0.013}O_{0.057} + a(O_2 + 3.78N_2) \rightarrow CO_2 +$$
$$0.404H_2O + 0.013SO_2 + (3.78a + 0.006\,5)N_2$$

其中 $a = 1 + \frac{0.809}{4} + 0.013 - \frac{0.057}{2} = 1.19$

因此，理论空气条件下燃料/空气的质量比为：

$$\frac{m_t}{m_a} = \frac{15.55 \text{ g/mol(C)}}{1.19(32 + 3.78 \times 28) \text{ g/mol(C)}} = 0.094\,8$$

若以单位质量燃料(例如 1 kg)燃烧需要空气的标准体积 V 表示，我们有：

$$V_a^0 = \frac{1.19(1+3.78) \text{ mol} \times 1\,000 \text{ g}}{15.55 \text{ g}} \times \frac{1\,000 \text{ g}}{1 \text{ kg}} \times 22.4 \times 10^{-3} \text{ m}^3/\text{mol} = 8.19 \text{ m}^3/\text{kg(燃料)}$$

一般煤燃烧的理论空气量为 4～9 m³/kg，液体燃料的理论空气量为 10～11 m³/kg。

2.4.3 空燃比

有时也采用空燃比(AF)这一术语。空燃比定义为单位质量燃料燃烧所需要的空气质量,它可以由燃烧方程式直接求得。例如,甲烷在理论空气量下的完全燃烧:

$$CH_4 + 2O_2 + 7.56N_2 \rightarrow CO_2 + 2H_2O + 7.56N_2$$

空燃比:

$$AF = \frac{2 \times 32 + 7.56 \times 28}{1 \times 16} = 17.2$$

随着燃料中氢相对含量的减少,碳相对含量的增加,理论空燃比随之减小。例如汽油(C_3H_{18})的理论空燃比为15,纯碳的理论空燃比约11.5。同时也可以根据燃烧方程式计算燃烧产物的量,即燃料燃烧产生的烟气量。对于纯的化合物,方程式(2-17)中的下标 x、y、z 和 w 为整数或零。然而大多数燃料为可燃质的混合物,x、y 等下标可以取为分数。燃料的通用分子式仅表示各种原子的相对丰度,而不是实际的分子结构,但方程式(2-17)仍然能够适用。对于混合燃料,下标 x、y 等可由燃料的元素分析确定。

2.4.4 烟气体积计算

1. 理论烟气体积

在理论空气量下,燃料完全燃烧所生成的烟气体积称为理论烟气体积,以 V_{fg}^0 表示。烟气成分主要是 CO_2、SO_2、N_2 和水蒸气。通常把烟气中除了水蒸气以外的部分称为干烟气,把包括水蒸气在内的烟气称为湿烟气。所以理论烟气体积等于干烟气体积和水蒸气体积之和。

理论水蒸气体积是由三部分构成的:燃料中氢燃烧后生成的水蒸气体积,燃料中所含的水蒸气体积和由供给的理论空气量带入的水蒸气体积。

2. 烟气体积和密度的校正

燃烧装置产生的烟气的温度和压力总是高于标准状况(273 K、101 325 Pa),在烟气体积和密度计算中往往需要换算成为标准状况。

大多数烟气可以视为理想气体,所以在烟气体积和密度换算中可以应用理想气体状态方程。若设观测状态下(温度 T_S、压力 P_S)烟气的体积为 V_S,密度为 ρ_S,在标准状况下(温度 T_N、压力 P_N)烟气的体积为 V_N,密度为 ρ_N,则由理想气体状态方程式可以得到标准状况下的烟气体积:

$$V_N = V_S \frac{P_S}{P_N} \cdot \frac{T_N}{T_S} \tag{2-20}$$

及标准状况下烟气密度:

$$\rho_N = \rho_S \frac{P_N}{P_S} \cdot \frac{T_S}{T_N} \tag{2-21}$$

应该指出,美国、日本和全球监测系统网的标准状况是指 298 K 和 101 325 Pa,在做数据比较或校对时须加注意。

3. 过剩空气校正

因为实际燃烧过程有过剩空气,所以燃烧过程中的实际烟气体积应为理论烟气体积与过剩空气量之和。用奥萨特仪测定干烟气中 CO_2、O_2 和 CO 的含量,可以确定燃烧设备在运行中烟气成分和空气过剩系数。

以碳在空气中的完全燃烧为例：
$$C+O_2+3.78N_2 \rightarrow CO_2+3.78N_2$$

烟气中仅含有 CO_2 和 N_2，若空气过量，则燃烧方程式变为：
$$C+(1+a)O_2+(1+a)3.78N_2 \rightarrow CO_2+aO_2+(1+a)3.78N_2$$

式中　a——过剩空气中 O_2 过剩的物质的量。根据定义，空气过剩系数为：
$$\alpha=\frac{实际空气量}{理论空气量}=\frac{(1+a)}{1}=1+a$$

要计算 α，必须知道过剩氧的量。

若燃烧是完全的，过剩空气中的氧仅以 O_2 的形式存在，假如燃烧产物以下标 p 表示：
$$C+(1+a)O_2+(1+a)3.78N_2 \rightarrow CO_{2p}+O_{2p}+N_{2p}$$

式中　O_{2p}——过剩氧。

N_{2p}——实际空气量中所含的总氮。

假定空气的体积组成为 20.9% O_2 和 79.1% N_2，则实际空气量中所含的总氧量为：
$$\frac{20.9}{79.1}\varphi(N_{2p})=0.264\varphi(N_{2p})$$

理论需氧量为 $0.264\varphi(N_{2p})-\varphi(O_{2p})$，因此空气过剩系数：
$$\alpha=1+\frac{\varphi(O_{2p})}{0.264\varphi(N_{2p})-\varphi(O_{2p})} \tag{2-22}$$

假如燃烧过程产生 CO，过剩氧量必须加以校正，即从测得的过剩氧中减去氧化 CO 为 CO_2 所需要的氧。

因此：$$\alpha=1+\frac{\varphi(O_{2p})-0.5\varphi(CO_{2p})}{0.264\varphi(N_{2p})-[\varphi(O_{2p})-0.5\varphi(CO_{2p})]}$$

式中　各组分的量（φ）均为奥萨特仪所测得的各组分的体积分数。

例如奥萨特仪分析结果为：$\varphi(CO_2)=10\%$，$\varphi(O_2)=4\%$，$\varphi(CO)=1\%$，那么 $\varphi(N_2)=85\%$，则：
$$\alpha=1+\frac{4-0.5\times1}{0.264\times85-(4-0.5\times1)}=1.18$$

考虑过剩空气校正后，实际烟气体积：
$$V_{fg}=V_{fg}^0+V_a(\alpha-1) \tag{2-23}$$

2.4.5　污染物排放量的计算

通过测定烟气中污染物的浓度，根据实际排烟量，很容易计算污染物的排放量。但在很多情况下，需要根据同类燃烧设备的排污系数、燃料组成和燃烧状况，预测烟气量和污染物浓度。各种污染物的排污系数由其形成机制和燃烧条件决定，本节以重油燃料计算其干烟气中 CO_2 的含量和以天然气为燃料计算其天然气锅炉排污许可排放总量加以说明。

【例 2-5】　对于例 2-3 给定的重油，若燃料中硫全部转化为 SO_x（其中 SO_2 占 97%），试计算空气过剩系数 $\alpha=1.2$ 时烟气中 SO_2 及 SO_3 的体积分数并计算此时干烟气中 CO_2 的含量，以体积分数表示。

解：由例 2-3 可知，理论空气量条件下烟气组成（mol）为：

$$CO_2:73.58, H_2O:47.5+0.278,$$
$$SO_x:0.5, N_2:97.83\times3.78$$

理论烟气量为:
$$[73.58+(47.5+0.278)+0.5+97.83\times3.78]\ \text{mol/kg}(重油)$$
$$=491.7\ \text{mol/kg}(重油)$$

即 $491.7\times\dfrac{22.4}{1\ 000}\ \text{m}^3/\text{kg}(重油)=11.01\ \text{m}^3/\text{kg}(重油)$

空气过剩系数 $\alpha=1.2$ 时,实际烟气量为:
$$11.01+10.44\times0.2\ \text{m}^3/\text{kg}(重油)=13.10\ \text{m}_N^3/\text{kg}(重油)$$

其中 $10.44\ \text{m}_N^3/\text{kg}$ 重油为 1 kg 重油完全燃烧所需理论空气量(见例 2-3)。

烟气中 SO_2 的体积为:
$$0.5\times0.97\times22.4/1\ 000\ \text{m}_N^3/\text{kg}=0.010\ 9\ \text{m}_N^3/\text{kg}$$

SO_3 的体积为:
$$0.5\times0.03\times22.4/1\ 000\ \text{m}_N^3/\text{kg}=3.36\times10^{-4}\ \text{m}_N^3/\text{kg}$$

所以烟气中 SO_2 及 SO_3 的体积分数分别为:
$$\varphi_{SO_2}=\dfrac{0.010\ 9}{13.10}=832\times10^{-6}$$

$$\varphi_{SO_3}=\dfrac{3.36\times10^{-4}}{13.10}=25.6\times10^{-6}$$

当 $\alpha=1.2$ 时,干烟气量为:
$$\left\{[491.7-(47.5+0.278)]\times\dfrac{22.4}{1\ 000}+10.44\times0.2\right\}\ \text{m}^3=12.04\ \text{m}^3$$

CO_2 的体积为:
$$73.58\times\dfrac{22.4}{1\ 000}\ \text{m}_N^3/\text{kg}(重油)=1.648\ \text{m}_N^3/\text{kg}(重油)$$

所以干烟气中 CO_2 的体积分数为:
$$\dfrac{1.648}{12.04}\times100\%=13.69\%$$

【例 2-6】 天然气锅炉二氧化硫和氮氧化物总量指标(或排污许可排放量)标准计算方法:某企业需新建天然气燃气锅炉共 27 台(其中:蒸汽量相当于 2.15 t/h 锅炉 23 台、蒸汽量相当于 1.5 t/h 锅炉 1 台、蒸汽量 20 t/h 蒸吨 3 台),锅炉总吨位=$2.15\times23+1.5\times1+20\times3$ =110.95 t/h;锅炉日运行 24 小时,每年工作 152 天,计算拟新增大气排放总量:SO_2=t/a? NO_x=t/a?

具体计算过程如下:

(1)1 吨天然气锅炉小时燃气耗量

计算公式为:燃气锅炉耗气量(每小时)=燃气锅炉功率×时间/燃料热值/燃气锅炉热值利用率。

1 吨燃气锅炉功率相当于 0.7 MW 功率,天然气燃料的热值(低位发热值)按照 35.53 MJ/Nm^3 计算,锅炉热效率按 90% 核算。

1 吨天然气锅炉 1 小时消耗=0.7 MW×3 600 s / 35.53 MJ/Nm^3×90%=78.8 m^3/t 天然气。由此得:1 吨天然气锅炉燃气耗量在 78.8 m^3。

(2)基准烟气量核算

采用 HJ 953—2018 中"经验公式估算法"进行基准烟气量核算,根据 HJ 953—2018 中"表 5 基准烟气量取值表",燃料为天然气的燃气锅炉基准烟气量计算公示为 $V_{gy}=0.285Q_{net}+0.343$。

天然气发热量为 $Q_{net}=35.53$ MJ/Nm³,因此,锅炉基准烟气量计算即 $V=0.285Q_{net}+0.343=0.285\times 35.53+0.343=10.46905$ Nm³/m³。

(3)本单位所用天然气锅炉总天然气消耗量

本单位需新建天然气燃气锅炉共 27 台(其中:蒸汽量相当于 2.15 t/h 锅炉 23 台、蒸汽量相当于 1.5 t/h 锅炉 1 台、蒸汽量 20 t/h 蒸吨 3 台),锅炉总吨位=2.15×23+1.5×1+20×3=110.95 t/h;锅炉日运行 24 小时,每年工作 152 天,1 吨天然气锅炉每小时燃气耗量在 78.8 m³。则天然气燃料 R 消耗量=110.95×24×152×78.8=3 189.39×10⁴ m³/a。

(4)根据《河北省大气污染防治工作领导小组关于开展燃气锅炉氮氧化物治理工作的通知》[冀气领办(2018)177 号]中新建燃气锅炉排放相关限值:二氧化硫 10 mg/m³、氮氧化物 30 mg/m³ 排放许可浓度标准,按照《排污许可证申请与核发技术规范锅炉》(HJ 953—2018)中,气体燃料锅炉的年许可排放量按照以下公式进行计算。

$$E_{年许可} = \sum_{i=1}^{n} C_i \times V_i \times R_i \times 10^{-5}$$

式中 $E_{年许可}$——锅炉排污单位污染物年许可排放量,吨。

C_i——第 i 个主要排放口污染物排放标准浓度限值,毫克/立方米。

V_i——第 i 个主要排放口基准烟气量,标立方米/千克或标立方米/立方米。

R_i——第 i 个主要排放口所对应的锅炉前三年年平均燃料使用量(未投运或投运不满一年的锅炉按照设计年燃料使用量进行选取,投运满一年但未满三年的锅炉按运行周期年平均燃料使用量选取,当前三年或周期年年平均燃料使用量超过设计燃料使用量时,按设计燃料使用量选取),吨或万立方米。

δ_i——第 i 个主要排放口所对应的大气污染物许可排放量调整系数。

本项目拟新增大气排放总量:

(A)$SO_2=10$ mg/m³×10.469 05 Nm³/m³×3 189.39×10⁴ m³/a×10⁻⁵=3.34 t
(B)$NO_x=30$ mg/m³×10.469 05 Nm³/m³×3 189.39×10⁴ m³/a×10⁻⁵=10.02 t

故本项目拟新增大气排放总量 SO_2:3.34 t/a、NO_x:10.02 t/a。

通过以上计算,该企业的二氧化硫和氮氧化物的总量申请指标(或排污许可排放量)是:$SO_2=3.34$ t/a;$NO_x=10.02$ t/a。

2.4.6 发热量

燃烧过程是放热反应,释放的能量(光和热)产生于化学键的重新排列。单位燃料完全燃烧时发生的热量变化,即在反应物开始状态和反应产物终了状态相同的情况(298 K,1 atm)的热量变化,称为燃料的发热量,单位是 kJ/kg(固体燃料、液体燃料)或 kJ/m³(气体燃料)。

燃料的发热量有高、低位之分,高位发热量(Q_H)指的是燃料完全燃烧,并当燃烧产物中的水蒸气(包括燃料中所含水分生成的水蒸气和燃料中氢燃烧生成的水蒸气)凝结为水时的反应热。低位发热量(Q_L)是指燃烧产物中的水蒸气仍以气态存在时完全燃烧过程所释放的热量。因为当前各种燃烧设备中的排烟温度均远远超过水蒸气的凝结温度,所以,对燃烧设备大都按低位发热量计算。

实际使用的气体燃料是含有多种组分的混合气体。混合气体的发热量可直接用量热计测定,也可由各单一气体的发热量按式(2-24)计算:

$$Q = \sum_{i=1}^{n} Q_i \varphi_i \tag{2-24}$$

Q——标准状态下的高位发热量或低位发热量,kJ/m^3。

Q_i——n 种可燃气体中任一组分 i 标准状态下的高位发热量或低位发热量,kJ/m^3。

某些气体燃料的发热量见表 2-9。

表 2-9　　　　　　　　　几种气体燃料的发热量

燃料名称	天然气	油田气	焦炉气	高炉气	转炉气	发生炉煤气
标准状态下低位发热量/($kJ \cdot m^{-3}$)	35 530~39 710	约为 41 800	17 138~18 810	3 511~4 180	8 360~8 778	4 180~6 270

2.4.7　燃料燃烧产生的主要污染物

燃料的燃烧过程伴随分解和其他的氧化、聚合等过程。燃烧烟气主要由悬浮的少量颗粒物、燃烧产物、未燃烧和部分燃烧的燃料、氧化剂以及惰性气体(主要为 N_2)等组成。燃烧可能释放出的污染物有硫的氧化物、氮的氧化物、一氧化碳、二氧化碳、金属及其重金属盐类、酮、醛和稠环碳氢化合物等。这些都是有害物质,如粉尘含有致癌重金属物质;二氧化硫是酸雨源;超氧化氢 HO_2 具有强烈的刺激作用,毒性比 SO_2、NO 都强,体积分数达到 10^{-4} 时,人就会中毒死亡;二氧化碳和氮氧化物引起温室效应。

气体燃料因含硫量、含尘量低,相对而言是一种清洁的优质燃料。气体燃料不完全燃烧时,氧化物除生成 H_2S 外,还会发生脱氢、缩合、环化和芳香化等一系列化学反应,形成芳香族类化合物,再缩合为炭黑类物质。气体燃料燃烧中出现大气污染物由少到多的顺序是:天然气→液化石油气→发生炉煤气→焦炉煤气→高炉煤气。

液体燃料燃烧产生的主要污染物是 CO、NO_x 和 HCl(包括未燃的碳氢化合物和燃烧过程生成炭黑类碳氢化合物)。重油燃烧时,除上述三种污染物外,还有 SO_2。液体燃料产生炭黑由少到多的顺序是:柴油→中油→重油→煤焦油。

煤燃烧生成的大气污染物有 CO_2、CO、NO_x、SO_2、炭黑和飞灰。CO_2 是煤中碳完全燃烧的产物,CO 则是不完全燃烧的产物。炭黑是在不完全燃烧时,因热解而生成的炭粒以及生成由碳、氢、氧、硫等组成的有机化合物,其中有苯并芘等致癌物质。此外,煤燃烧还会带来汞、砷等微量重金属污染,氟、氯卤素污染和低水平的放射性污染。

由于燃料的组成不同,燃烧条件不同,燃烧方式不一样,燃烧生成的产物也有差异。温度对各种燃烧产物的绝对量和相对量都有影响。

学习任务单

1. 计算甲烷的理论空燃比(用质量比表示);计算 H 和 C 的理论空燃比;以 H 和 C 的分子个数比为自变量,写出燃料的理论空燃比的计算方程(假定燃料只含有 C、H 两种元素)。

2. 已知重油的元素分析结果如下:C:85.5%,H:11.3%,O:2.0%,N:0.2%,S:1.0%,试计算:

(1)燃油 1 kg 所需的理论空气量和产生的理论烟气量。
(2)干烟气中 SO_2 的浓度和 CO_2 的最大浓度。
(3)当空气过剩系数为 10% 时,所需的空气量和产生的烟气量。

3.燃料油的元素质量组成为:C 86%;H 14%。在干空气条件下燃烧,烟气分析结果(干烟气)为:O_2 1.5%;CO 600×10^{-6}(体积分数)。试计算燃烧过程的空气过剩系数。

4.某企业需新建天然气燃气锅炉共计 2 台,(其中:蒸汽量相当于 2 t/h 锅炉 1 台、蒸汽量相当于 1 t/h 锅炉 1 台),锅炉日运行 12 小时,每年工作 300 天,日前需申请新建天然气锅炉二氧化硫和氮氧化物总量控制指标,请参照本节例 2-6 计算拟新增大气排放总量:SO_2 = 吨/年?NO_x = SO_2 = 吨/年?

2.5 烟囱高度的计算

2.5.1 烟囱高度计算

当今工厂的烟囱已从单纯的排气装置发展成为集排气装置、控制污染保护环境为一体的设备。烟囱的主要尺寸及工艺参数(如烟囱高度、出口直径、喷出速度等)的设计除保证正常排气功能外,还应满足减少对地面污染的需要。

气态污染物通过烟囱(或排气筒)排入大气,并在大气中稀释扩散,其最大着地浓度与烟囱有效高度的平方成反比。为更好保护环境,国家环境保护部门规定了各种污染物的地面浓度限值。在设计烟囱高度时,必须保证在考虑环境背景值的情况下,地面实际最大浓度不能超过当地规定的最大允许浓度或大气质量标准限值。但因为烟囱的造价近似地与烟囱高度的平方成正比,所以,在实际工程建设中,应合理确定烟囱高度,使其既满足保护环境的要求,又较为节省投资,这是一个要解决的现实问题。

烟囱高度的计算方法目前应用最为普遍的是按正态分布模式导出的简化公式。由于对地面浓度的要求不同,烟囱高度也有不同的计算方法。

1.按最大着地浓度设计的烟囱高度

该法是在本底污染物环境计算值的情况下,保证地面最大浓度不超过《环境空气质量标准》规定的法定限值来确定烟囱的高度。设国家大气质量标准中规定的污染物浓度为 c_0,该区的背景浓度为 c_b,在设计烟囱高度下,排放污染物所产生的地面最大浓度为 $c_{\max} \leqslant c_0 - c_b$,则烟囱的最低高度可表示为:

$$H_s = \sqrt{\frac{2q}{\pi \overline{u} e (c_0 - c_b)} \times \frac{\sigma_z}{\sigma_y}} - \Delta H \tag{2-25}$$

利用式(2-25)计算时,通常设 σ_z/σ_y 为 0.5~1,不随距离而变。

2.按绝对最大着地浓度设计的烟囱高度

地面最大浓度与有效源高的平方成反比,同风速成反比。因此在给定的有效源高 H 最大浓度就出现在风速最小的情况下,然而由于有效源高($H = H_s + \Delta H$)中抬升高度 ΔH 与风速可成反比,即风速愈小,有效源高愈高,使地面最大浓度愈小,因此在某一风速时,由于风速所引起的稀释和有效源高的作用达到了平衡,使地面最大浓度达到最大值。地面最大浓度极值称为绝对地面最大浓度,用 C_{absm} 表示。出现绝对最大浓度时的风速称为危险风速,以 $\bar{u}_c$ 表示。

一般烟流抬升公式可简化为: $\Delta H = \dfrac{B}{\bar{u}}$,此时:

$$H = H_s + \frac{B}{\bar{u}} \tag{2-26}$$

式中 B 为抬升高度公式中除 $\bar{u}$ 以外一切量的计算值。

令 $\dfrac{dc_{\max}}{d\bar{u}} = 0$,解得危险风速:

$$\bar{u}_c = \frac{B}{H_s} \tag{2-27}$$

根据式(2-26)和(2-27)得:

$$H_s = \frac{H}{2} \tag{2-28}$$

再将 $\bar{u}_c$ 代入式(2-25)得:

$$C_{\text{absm}} = \frac{q}{2\pi e H_s B} \times \frac{\sigma_z}{\sigma_y} = \frac{q}{2\pi e H_s^2 \bar{u}_c} \times \frac{\sigma_z}{\sigma_y} \tag{2-29}$$

$$H_s = \sqrt{\frac{q}{2\pi \bar{u} e (c_0 - c_b)} \times \frac{\sigma_z}{\sigma_y}} \tag{2-30}$$

在危险风速下,烟流抬升高度和烟囱几何高度相等,$H = \Delta H$,有效源高为烟囱几何高度。

3. P 值法

P 值法是为防止空气污染,限制污染物的排放量而提出的一种控制理论。它规定每一个污染源的污染物排放量必须小于允许排放量,否则这个污染源是不合格的。对于不合格的污染源,必须更新设计烟囱高度,或采用其他方法使污染物排放量小于允许值。P 值法中,关于高架连续点源的允许排放量模式,是由正态分布下高架连续点源模型稍加变换而得到的。

$$H_s = \sqrt{\frac{q \times 10^6}{P}} - \Delta H \tag{2-31}$$

式中 q——允许排放量,t/h。

P——允许排放指标,t/(h·m²),按所在行政区及功能区查表。

按上述模式可求出有效源高 H,再计算烟囱抬升高度 ΔH,便可确定出烟囱的实际高度 H_s,因此 P 值法是实际工作中比较简便的实用方法。

P 值法是通过控制污染物排放量来实现大气环境质量管理的,它比控制排放口浓度的方法先进得多。此外,模型的形式简单,容易记忆,便于应用。

2.5.2 烟囱设计中的几个问题

1. 上述烟囱高度计算公式皆是在烟流扩散范围内温度层结相同的条件下,按锥形烟流的高斯模式导出的。对于设计的高烟囱(大于 200 m),若所在地区上部逆温出现频率较高时,则应按有上部逆温的扩散模式校核地面污染物浓度。实际观察表明,当混合层厚度在 760~1 065 m,有上部逆温存在时,所造成的地面最大污染物浓度可能达到锥形扩散的 3 倍,最大浓度可持续 2~4 h。在这种情况下,用增加烟囱高度来减少地面污染物浓度的方法是不经济的。对于设计的中小型烟囱,当辐射逆温很强时,则应按漫烟型扩散模式校核地面污染物浓度。

2. 烟流抬升高度对烟囱高度的计算结果影响很大,所以应选用抬升公式的应用条件与设计条件相近的抬升公式。否则,可能产生较大的误差。在一般情况下,最好采用国标 GB 3840—1991 推荐的公式。

3. 关于气象参数的取值方法有两种,一种是取多年的平均值,另一种是取保证频率值。例如,若已知烟囱高度处的风速大于 3 m/s 的频率为 80%,取 $\bar{u}=3$ m/s 可以保证在 80% 情况下污染物浓度不超过标准,而平均地面最大浓度可能比标准更低,如 $\frac{\sigma_z}{\sigma_y}$ 值在 0.5～1.0 变化。

4. 为防止烟流因受周围建筑物的影响而产生的烟流下洗现象(如图 2-10 所示),烟囱高度不得低于它所附属的建筑物高度的 1.5～2.5 倍,对于排放生产性粉尘的烟囱,其高度自地面算起不得小于 15m,排气口高度应比生产主厂房最高点高出 3 m 以上;为防止烟囱本身对烟流产生的下洗现象,烟囱出口烟气流速不得低于该高度处平均风速的 1.5 倍。

5. 为了利于烟气抬升,烟囱出口烟气流速不宜过低,一般宜在 20～30 m/s,当设计的几个烟囱相距较近时,应采用集合(多管)烟囱,以便增大抬升高度;烟气温度不宜过高,排烟温度一般在 100 ℃以上。

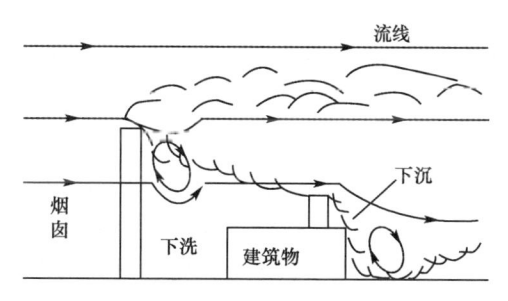

图 2-10 烟流下沉或下洗现象示意图

2.5.3 厂址的选择

厂址选择是一个复杂的综合性课题。本节不是对厂址选择的综述,而是仅从充分利用大气对空气污染物的扩散稀释能力,防止空气污染的角度,来介绍厂址选择中的几个问题。随着人们环境保护意识的不断提高,往往要求每一个拟建厂对环境质量可能产生的影响,事先做出预评价,其中包括空气污染的预评价。在不同的地区,由于风向、风速、温度层结及地形等多种因素的影响,大气对污染物的稀释作用相差很大。在同一地区,工厂的位置与周围居民区、农作物区的布局不同时,空气污染造成的危害可能相差很大。因此,厂址的选择就显得十分的重要。

1. 厂址选择中对背景浓度的考虑

进行厂址选择时,首先要对当地背景浓度进行调查。背景浓度又称本底浓度,是该地区已有的污染物浓度水平。在背景浓度已超过《环境空气质量标准》规定浓度限值的地区,就不宜再建新厂。有时背景浓度虽然没有超过环境空气质量标准,但再加上拟建厂造成的污染物浓度后,若超过环境空气质量标准,短时间内又无法克服的,也不宜建厂。除此而外,在进行厂址的选择时,还要考虑长期平均浓度的分布。

2. 厂址选择中对气象条件的考虑

从防止大气污染的角度考虑,厂址应选在大气扩散稀释能力强,排放的污染物被输送到城市或居民区可能性最小的地方。

(1) 对风向和风速的考虑

为能一目了然,风的资料通常都画成风向玫瑰图(也称风玫瑰图),即在8个或16个方位上给出风向或风速的相对频率或绝对值,用线的长短表示,然后连接各端点即成,即风向、风速玫瑰图。图2-11为某地的风向玫瑰图。

风玫瑰图可以按多年(5~10年或更长)的年平均值画出,也可按某月或某季的多年平均值画出。山区地形复杂,风向和风速随地点和高度有很大变化,则可以做出不同测点和不同高度的风玫瑰图。

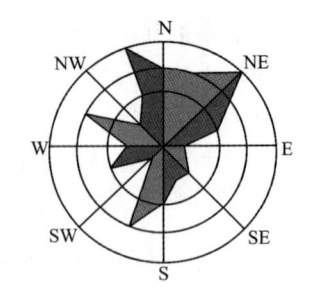

图2-11 某地的风玫瑰图

在空气污染分析工作中,常常把静风(风速小于1.0 m/s)和微风(风速在1~2 m/s)的情况进行单独分析。因为这时的大气通风条件很差,容易引起高的污染浓度。此时,不但要统计出静风的频率,有条件时还要统计静风的持续时间,并绘出静风的持续时间、频率。

因为在选择厂址时要考虑工厂与环境(包括居住区、作物区和其他企业单位)的相对位置及关系,所以要考虑风向。通常按风向频率玫瑰图考虑,其规则是:

a. 污染源相对居住区来说,应设在最小频率风向的上侧,使居住区受害时间最少。

b. 应尽量减少各工厂的重复污染,不宜把各污染源配置在与最大频率风向一致的直线上。

c. 烟囱及无组织排放量大或废气毒性大的工厂,应使其与居住的距离更远些。

d. 污染物应位于农作物和经济作物抗害能力最弱的生长季节的主导风向的下侧。各种作物对不同有害气体的抗性不同,可合理调整工厂附近作物区的布局,以减少损失。

由于污染危害的程度是和受污染的时间和污染物浓度有关。所以居住区、作物生长区等希望能设在受污染时间短污染物浓度又低的位置。故确定工厂和居民区的相对位置时,要考虑风向、风速两个因素。为此定义污染系数为:

$$污染系数 = 风向频率/该风向的平均风速$$

某风向污染系数小,表示从该风向吹来的风所造成的污染小,因此,选择厂址的一般原则选在污染系数最小的方位。表2-10是一个风向、风速的实测例子,图2-12是按表2-10的数据画出的污染系数玫瑰图。由表2-11可看出,若仅考虑风向,工厂应设在居住区东面(最小风频方向),但从污染系数考虑工厂应设在西北方向。

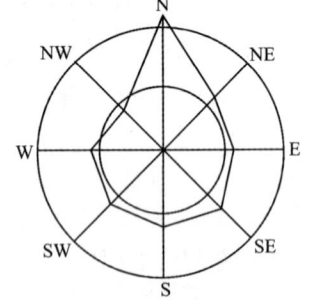

图2-12 污染系数玫瑰图

表2-10　　　　某地污染系数计算表

风向	N	NE	E	S	SE	SW	W	NW
风向频率/%	14	8	7	15	12	17	15	13
平均风速/m·s^{-1}	3	3	3	5	4	6	6	6
污染系数	4.7	2.7	2.3	3	3	2.8	2.5	2.1

(2) 对大气稳定度考虑

由于一般污染物的扩散是在距地面几百米范围内进行的,所以离地面几百米范围内的大气稳定度对污染物的扩散稀释过程有重要影响,选厂时必须加以注意。一般气象台站没有近地层大气温度层结的详细资料,但可以根据帕斯奎尔或帕斯奎尔-特纳尔方法,对某地的大气稳定度进行分类,统计出每个稳定度级别所占的相对频率,并画出相应的图表。还应特别注意统计逆温的资料,如发生时间、持续时间、发生的高度、平均厚度及逆温强度等。出现近地层 200~300 m 以下的逆温层,对中小型工厂而言,往往是不利的条件;而对大型工厂,排放的烟气热量很大,往往具有更大的有效烟囱高度,对污染反而是有利的。如果能突破经常出现的逆温层高度而在逆温层以上扩散,这对防止污染是很有帮助的。如果经常出现上部逆温,对中、小型工厂在几千米范围内的扩散影响不大,但对大型工厂则往往是形成污染的主要因素。

(3) 混合层厚度的确定

混合层厚度是影响污染物铅直扩散的重要气象参数。由于温度层结的昼夜变化,混合层厚度也随时间改变。受太阳直射的影响,下午混合层厚度最大,表征了一天最大的铅直扩散能力。

霍尔萨维斯提出了用干绝热曲线上升法确定混合层厚度。在温度高度图上,从下午地面最高温度作干绝热线 γ_d 与早晨 7 点钟的温度曲线 γ 的交点的高度,即最大混合层厚度 D,如图 2-13 所示。

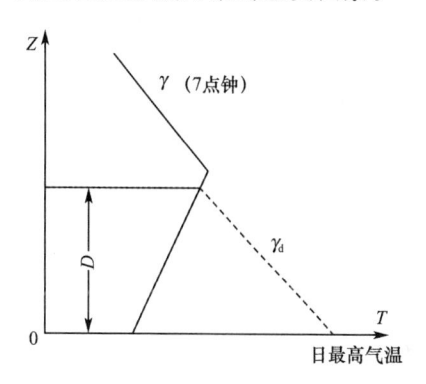

图 2-13 确定最大混合层厚度示意图

最大混合层厚度可以看成气团做绝热上升运动的上限高度,具体地指示出污染物在铅直方向能够被热力湍流所扩散的范围。此法用于污染气候常年平均状况的研究是有效的。大范围内的平均污染物浓度,可以认为与混合层高度和混合层内的平均风速的乘积成反比。因此通常定义为通风系数。它表示单位时间内通过与平均风向垂直日最高气温的单位宽度混合层的空气量。通风系数越大,污染物浓度越小。

除风和稳定度外,其他气象条件也要适当考虑。例如降水会溶解和冲洗空气中的污染物,降水多的地方空气往往较清洁。低云和雾较多的地方容易造成更大的污染。有的地方降雨时伴有固定的盛行风向,被污染的雨水被风吹向下风方向,在工厂设置中也应考虑这些问题。

3. 厂址选择中对地形的考虑

山谷较深,走向与盛行风向交角为 45°~135°时,谷风风速经常很小,不利于扩散稀释,若烟囱有效高度又不能超过经常出现静风及小风的高度时,则不宜建厂。

排烟高度不可能在下坡风厚度及背风坡湍流区高度时,在这种地区不宜建厂。四周山坡上有居民区及农田,排烟有效高度又不能超过其高度时,不宜建厂。四周地形很深的谷地不宜建厂。烟流虽能越过山头,仍会在背风面造成污染,因此居民区不宜设在背风面的污染区。

在海陆风较稳定的大型水域或与山地交界的地区不宜建厂。必须建厂时,应该使厂区与生活区的连线与海岸平行,以减少海陆风造成的污染。

由于地形对空气污染的影响是非常复杂的,这里给出的几条只是最基本的考虑,对具体情况必须做具体分析。在地形复杂的地方建厂,一般应进行专门的气象观测和现场扩散实验,或者进行风洞模拟实验,以便对当地的扩散稀释条件做出准确的评价,确定必要的对策或防护距离。

学习任务单

1. 某市远郊农村平原开阔地上已建成一火力发电厂。该电厂的烟囱高度 120 m，考虑到当时当地的气象所造成的烟气抬升高度，烟囱的有效高度 $H=307$ m。根据我国 1991 年颁布的制定地方大气污染排放标准的技术方法(GB/T 13201—91)所规定的该发电厂地区的 SO_2 容许排放指标 $P=21$ t/(m^2·h)。试问从该电厂烟囱排放 SO_2 的最大容许量为多少？

2. 处于某市东部远郊平原地区的某燃煤电厂，烟囱有效高度为 137 m，当地当时的 SO_2 允许排放控制系数 $P=34$ t/(m^2·h)，试问该电厂 SO_2 容许排放量为多少；若该电厂增加一组发电机组，新增的发电机组燃煤锅炉 SO_2 排放量为 0.6 t/h，则新建排烟烟囱的有效高度应为多少？

3. 烟囱高度的计算方法有哪几种？它们各自的特点是什么？

4. 从大气环境的角度出发，厂址的选择应考虑哪些方面的问题？

模块 3　颗粒污染物的控制技术与设备

知识目标
1. 重点掌握各类除尘器的工作原理、结构性能、适用条件。
2. 了解各类除尘器的适用范围,掌握各类除尘设备的选择技巧。
3. 学会部分除尘设备的技术设计,基本掌握各类除尘器的操作规程。

技能目标
1. 培养处理各种含尘气体的技能及解决废气净化工艺过程中易出现问题的能力。
2. 学会各类除尘设备的基本操作规程和运行维护方法。
3. 参照工程实例,进行有关除尘设备及整个系统设施的工程设计。

能力训练任务
1. 能熟练地掌握各类除尘器的工作原理及运行维护等知识。
2. 能对解决废气净化工艺过程中出现的问题进行判断与解决。
3. 结合技能实训内容进行相关实训装置的工艺设计。

在燃料燃烧或工业生产中会向空气中排放大量的含尘气体,这些含尘气体如果不经净化处理直接排入大气,就会对大气环境造成严重的污染。从废气中将颗粒物分离出来并加以捕集、回收的过程称为除尘;从含尘气体中分离并捕集粉尘粒子或雾滴的颗粒污染物控制设备统称为除尘器。它是净化颗粒物的主要装备,有时也可以用于回收有价值的粉状物料。除尘器按其除尘机理和结构,可分为如下四大类:

(1)机械式除尘器　它是利用机械力(重力、惯性力和离心力等)的作用使粉尘从气体中分离并沉降的装置。它包括重力沉降室、惯性除尘器和旋风除尘器三种类型。

(2)湿式除尘器　亦称湿式洗涤器,它是利用液滴或液膜洗涤含尘气流,使粉尘与气流分离沉降的装置。湿式洗涤器既可用于气体除尘,亦可用于气体吸收或降温除湿。

(3)过滤式除尘器　它是使含尘气流通过织物或填料层进行过滤分离的装置。主要有袋式除尘器和颗粒层除尘器等。

(4)静电除尘器　它是利用高压电场使尘粒荷电,在库仑力作用下使粉尘与气流分离沉降的装置。

按除尘过程中是否用液体而把除尘器分为干式除尘器和湿式除尘器两大类。另外,根据除尘器效率的高低又可分为低效、中效和高效除尘器。如电除尘器、袋式除尘器和文丘里除尘器是三种高效除尘器;旋风、多管为中效除尘器;而重力、惯性力除尘器为低效除尘器。

除了应用以上原理外还可以利用声波、磁力、泳力、冷凝、蒸发、凝聚等来去除粉尘和净化气体。如声波除尘器、高梯度磁力除尘器和陶瓷过滤除尘器等,但目前应用较少。

3.1 机械式除尘器

机械式除尘器利用机械力(重力、惯性力和离心力等)的作用使粉尘从气体中分离并沉降。它包括重力沉降室、惯性除尘器和旋风除尘器三种类型。机械式除尘器构造简单、投资少、动力消耗低,除尘效率一般为40%~90%,是国内常用的除尘设备。在排气量比较大或除尘要求比较高的情况下,这类设备可作为预处理用,以减轻第二级除尘设备的负荷。

3.1.1 重力沉降室

1. 重力沉降室的原理

重力沉降室是利用重力作用使粉尘自然沉降的一种最古老、最简单的除尘设备。其基本工作原理是:含尘气体进入沉降室后,气体流速大大降低,尘粒依靠自身重力作用而自然沉降,并与气流分离。沉降室在实际运行时,在室内部加设各种挡尘板,以提高除尘效率。

重力沉降室按气流运动方向可分为水平气流沉降室和垂直气流沉降室两种。

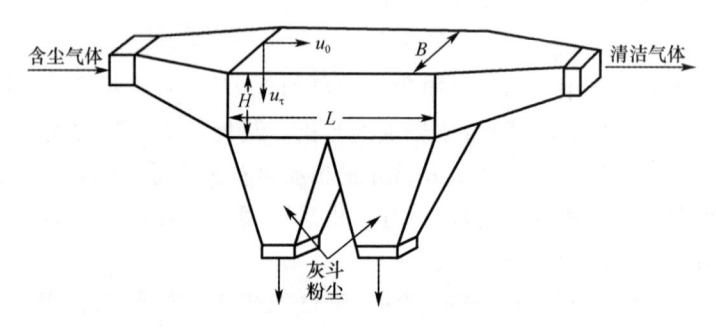

(1)水平气流沉降室

水平气流沉降室其基本结构如图3-1所示。含尘气流进入重力沉降室后,由于突然扩大了过流面积,流速迅速下降,此时气流处于层流状态,其中较大的尘粒在重力的作用下沉降于灰斗中,气体沿水平方向继续前进,从而达到除尘目的。一般,当气体流速为1.5~2.0 m/s时,可除去粒径在43 μm以上的尘粒。

图 3-1 水平气流沉降室

图3-2为含尘气体在水平流动理想情况下的尘粒重力沉降。如果要使尘粒在沉降除尘器内从气流中分离出来,必须在通过沉降除尘器的时间内,从进入沉降除尘器时的位置,降落到沉降除尘器的底部。

在沉降室内,尘粒一方面以沉降速度 u_t 下降,另一方面则以气体流速 u 在沉降室内向前运动,由于气流通过沉降室的时间 t 为

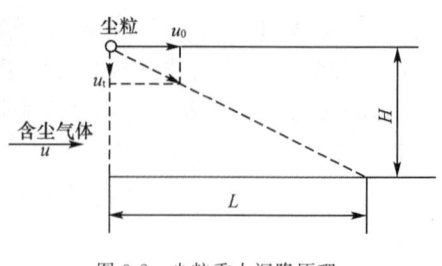

图 3-2 尘粒重力沉降原理

$$t = \frac{L}{u} \tag{3-1}$$

式中 L——沉降室长度,m。

u——沉降室内气体流速,m/s。

而尘粒从沉降室顶部降落到底部所需要时间为

$$t_s = \frac{H}{u_t} \tag{3-2}$$

式中 H——沉降室高度，m。

u_t——尘粒的沉降速度，m/s。

要使尘粒不被气流带走，则必须使 $t \geqslant t_s$，即

$$L \geqslant \frac{uH}{u_t} \tag{3-3}$$

粒子的沉降速度 u_t 可以用下式求得

$$u_t = \frac{d^2 g(\rho_p - \rho_g)}{18\mu} \tag{3-4}$$

式中 d——尘粒的直径，m。

ρ_p——尘粒的密度，kg/m^3。

ρ_g——气体的密度，kg/m^3。

μ——气体的黏度，$Pa \cdot s$。

g——重力加速度，$9.18\ m/s^2$。

当介质为空气时 $\rho_p \gg \rho_g$，则有

$$u_t = \frac{d_p^2 \rho_p g}{18\mu} \tag{3-5}$$

提高重力沉降室的捕集效率可以采取以下措施：

①降低沉降室内气流速度 u。

②降低沉降室的高度 H。

③增大沉降室长度 L。

但 u 过小或 L 过长，都会使沉降室体积庞大，造成经济不合理。因此在实际工作中用降低 H 的办法较为合适，因此采用多层沉降室是较好的选择。

(2)垂直气流沉降室

垂直气流沉降室是一种风选器，可除去沉降速度大于气流上升速度的粉尘。图3-3为两种常见垂直气流沉降室。(a)为扩散式，是最简单的一种，含尘气体进入沉降室后，大颗粒沉降在入口处周围；(b)为挡板式，在出口处加一挡板，使气流偏转方向后再流出，以帮助粉尘沉降。

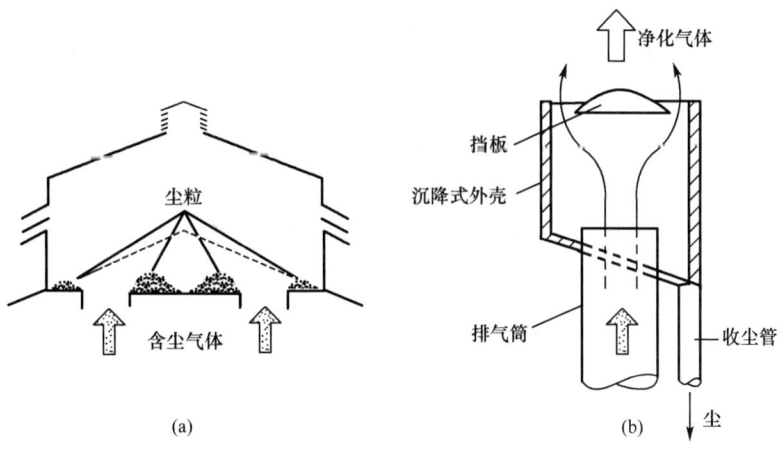

图 3-3 垂直气流沉降室

2. 重力沉降室的结构形式及尺寸

(1) 重力沉降室的结构形式

常见的重力沉降室有单层和多层两种类型。为提高除尘效率,一般在重力沉降室的室内加设各种挡尘装置,如图 3-4 所示,根据实验,加设"人"字形挡墙和平行隔板结构形式的除尘效率高,一般比空沉降室除尘效率高 15%。也可以加设喷水装置提高除尘效率。如以电厂锅炉烟尘为试样,在进口气速为 0.538 m/s 时,除尘效率为 77.6%,加设喷水装置后除尘效率达 88.3%。

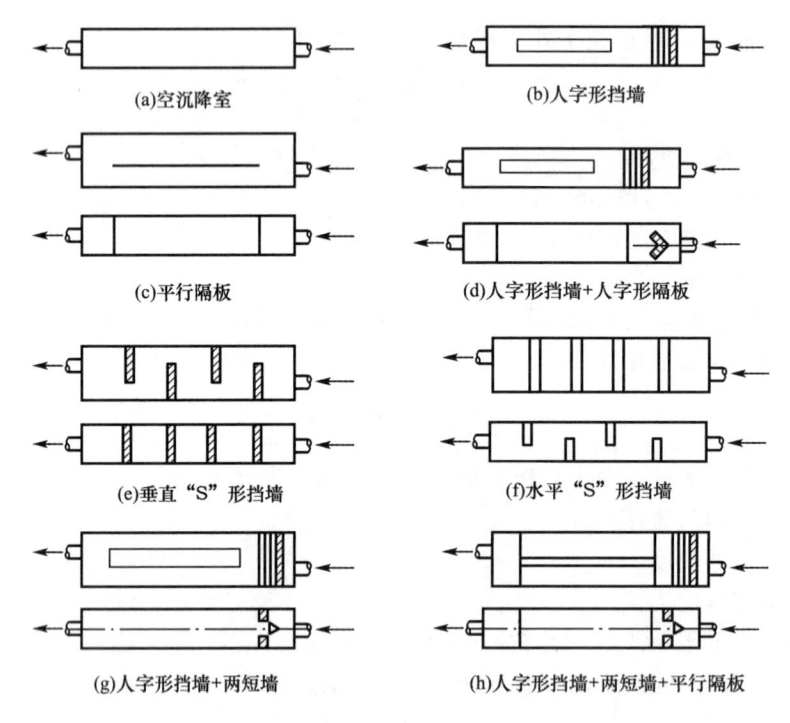

(a) 空沉降室　　　　(b) 人字形挡墙
(c) 平行隔板　　　　(d) 人字形挡墙+人字形隔板
(e) 垂直"S"形挡墙　(f) 水平"S"形挡墙
(g) 人字形挡墙+两短墙　(h) 人字形挡墙+两短墙+平行隔板

图 3-4 重力沉降室的结构形式

多层重力沉降室可有效提高捕集效率和容积利用率,分层越多效果越好,如图 3-5 所示。

重力沉降室具有构造简单、造价低、耗能小、便于维护管理的特点,而且可以处理高温气体,处理最高烟气温度一般为 350~550 ℃,其阻力一般为 50~130 Pa。重力沉降室体积较大,除尘效率较低,一般为 40%~70%,且只能去除大于 40~50 μm 的大颗粒,故一般作为预除尘器或一级除尘器使用。

(2) 重力沉降室的尺寸

重力沉降室的外形尺寸可由下式近似确定:

$$L = \frac{Hu}{u_t} \tag{3-6}$$

$$H = 0.5\sqrt{F} \sim \sqrt{F} \tag{3-7}$$

$$F = \frac{Q}{u} = BL \tag{3-8}$$

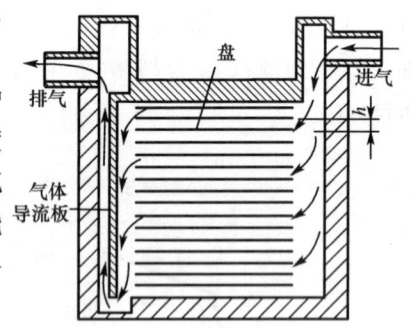

图 3-5 多层重力沉降室

式中　L——长度,m。

　　　B——宽度,m。

　　　H——高度,m。

　　　F——有效截面积,m²。

　　　u——沉降室内气体流速,m/s。

　　　u_t——尘粒沉降速度,m/s。

　　　Q——气体流量,m³/s。

3. 重力沉降室的设计步骤

设计步骤,首先根据需要确定该沉降室能 100% 捕集的最小尘粒的粒径,并根据粉尘的密度计算出该尘粒的沉降速度 u_t,再选取沉降室内气流速度 u,根据现场情况确定沉降室高度 H(或宽度 B),然后按公式计算沉降室长度 L 和宽度 B(或高度 H)。

(1)沉降室长度 $$L \geqslant \frac{uH}{u_t} \tag{3-9}$$

(2)沉降室宽度 $$B = \frac{Q}{uH} \tag{3-10}$$

(3)除尘器对各种尘粒的分级效率 $$\eta = \frac{u_t L}{uH} \times 100\% \tag{3-11}$$

4. 重力沉降室设计时的注意事项

(1)沉降室内烟气流速宜取 0.4～1.0 m/s。

(2)沉降室的长、宽、高尺寸要适宜,若沉降室过高,其上部的尘粒沉降到底部时间较长,烟尘往往未降到底部就被烟气带走。流通截面确定后,宽度增加,高度就可以降低,加长沉降室,可以使尘粒充分沉降。

(3)沉降室内可合理设置挡板或隔板(采用水平隔板降低沉降室高度形成多层沉降室),有利于提高除尘效率,为了防止沉积在沉降室底部的尘粒再次被气流带走,沉降室也可加设底部水封池或喷雾等措施,以提高除尘效果。但此时由于烟气中的二氧化硫溶于水,使水封池的水呈酸性,烟气带水进入金属烟道和引风机易引起腐蚀,设计时应采取相应的预防措施。废水经适当处理才能排放。

(4)沉降室一般只能捕集大于 40～50 μm 的尘粒,而且除尘效率较低。故沉降室一般仅在除尘要求不高或多级除尘中的预处理等场合应用。

3.1.2 惯性除尘器

惯性除尘器是利用惯性力的作用,使含尘气体与挡板撞击或者急剧改变气流方向,借助尘粒本身的惯性使其与气流分离的装置。

1. 惯性除尘器的原理

惯性除尘器的工作原理如图 3-6 所示。当含尘气流进入装置后,遇到挡板 B_1 时,气流改变方向,但较大的粒子由于惯性力作用会保持原有的运动方向,最终撞在挡板上沉入灰斗。随气流一起运动的粒径比较小的粒子,遇到挡板 B_2 后会发生旋转,靠离心力作用,更细小的粒子被去除,净化后气流从顶部排出。因此,惯性除尘器的除尘是惯性力、离心力和重力共同作用的结果。

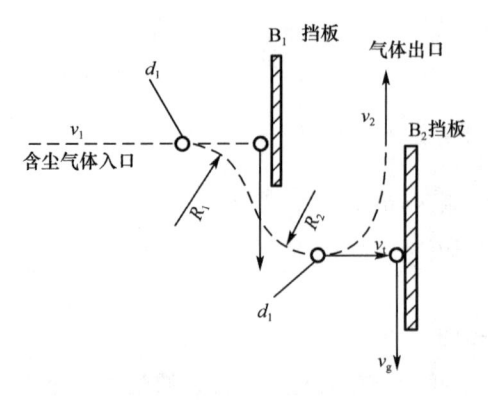

图 3-6　惯性除尘器的工作原理

2. 惯性除尘器的形式、特点和适应范围

惯性除尘器分为碰撞式和回转式两种。碰撞式惯性除尘器(图 3-7)是在气流流动的方向上增设挡板,当含尘气流流经挡板转变方向时,尘粒借助惯性力撞击在挡板上,靠重力的作用沿挡板下落进入灰斗。挡板可以是单级,也可以是多级。多级挡板交错布置,可设置 3～6 排。在实际工作中多采用多级式,增加撞击的机会,以提高除尘效率。

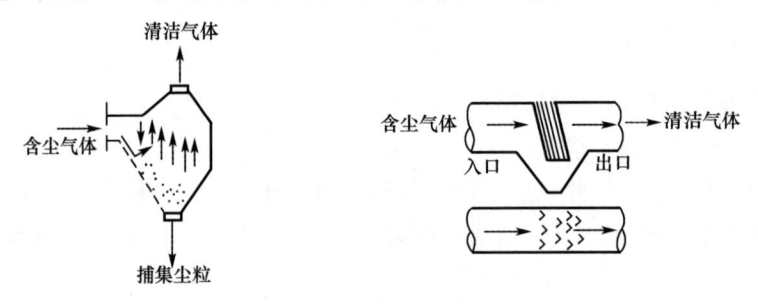

图 3-7　碰撞式惯性除尘器

回转式惯性除尘器又分为弯管型、百叶窗型和多层隔板塔型三种(图 3-8)。它主要是让含尘气体多次改变运动方向,从而产生惯性力的作用而把粉尘分离出来。

(a)弯管型　　(b)百叶窗型　　(c)多层隔板塔型

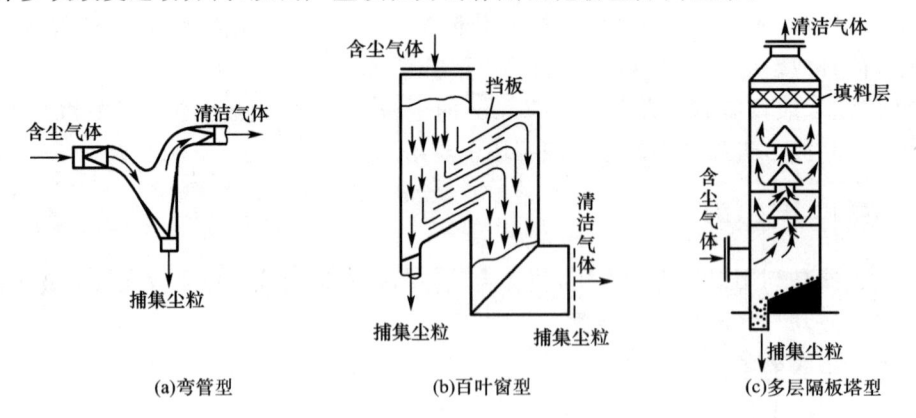

图 3-8　回转式惯性除尘器

影响惯性除尘器的因素主要是气流速度、转弯角度和次数。含尘气体的速度越高,方向转变的曲率半径越小,转变次数越多,则净化效率越高。但同时阻力也会增加。

惯性除尘器结构相对比较简单,其除尘效率虽然比重力除尘器要高,但由于气流方向转变的原因,净化效率不会很高,因此也多用于一级除尘或高效除尘器的预除尘,用来捕集 10～20 μm

以上的粗尘粒,压力损失为 100~1 000 Pa。

惯性除尘器用于净化密度和粒径较大的金属或矿物粉尘,对于黏结性和纤维性粉尘,易产生堵塞,不宜采用。

3.1.3 旋风除尘器

旋风除尘器是利用气流在旋转运动中产生的离心力来清除气流中尘粒的设备。由于旋风除尘器具有结构简单、体积小、维修管理简单、可耐高温、制造容易、造价和运行费用较低,对大于 10 μm 的粉尘有较高的净化效率等优点,所以在工业生产中得到广泛的应用。

1. 旋风除尘器的工作过程与原理

如图 3-9 所示,旋风除尘器由进气管、筒体、锥体、灰斗和排气管组成。进气管与筒体相切,筒体顶部中央安装排气管,筒体下部是锥体,锥体下部是集尘室。含尘气体由除尘器入口沿切线方向进入后,沿外壁由上向下作旋转运动,称为外旋流。旋转下降的外旋流因受锥体收缩的影响渐渐向中心汇集,到达锥体底部后,转而向上旋转,形成一股自下而上的旋转气流,这股旋转向上的气流称为内旋流。向下的外旋流和向上的内旋流的旋转方向是相同的。外旋流转变为内旋流的区域称为回流区,部分气流进入除尘器后直接进内旋流,未经除尘直接随内旋流排出除尘器,这部分气流称为上旋流。气流做旋转运动时,尘粒在离心力的作用下向外壁移动,到达外壁的粉尘在下旋气流和重力的共同作用下沿壁面落入灰斗而被去除。

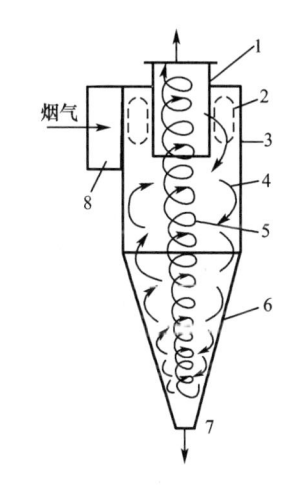

图 3-9 旋风除尘器除尘原理示意图
1—排气管;2—上旋流;3—筒体;4—外旋流;
5—内旋流;6—锥体;7—灰斗;8—进气管

2. 旋风除尘器的性能及影响因素

外旋流中的尘粒同时受离心力和向心力作用,粒径越大,粉尘获得的离心力越大。因此,在其他条件一定的情况下,必定有一个临界粒径。对粒径等于临界粒径的尘粒,由于所受的离心力和所受的向心力相等,它将在内、外旋涡的交界面上旋转。由于各种随机因素的影响,处于这种状态的尘粒被分离或进入内旋涡被带出的可能性各有 50%,我们把能够被旋风除尘器除掉 50% 的尘粒粒径称为分割粒径,用 d_c 表示。显然,d_c 越小,除尘器的除尘效率越高。

分割粒径 d_c 是反映旋风除尘器性能的重要指标。尘粒的密度越大,气体进口的切向速度越大,排出管直径越小,除尘器的分割粒径越小,除尘效率也就越高。

影响旋风除尘器性能的主要因素有:

(1)筒体直径

由离心力计算可知,在相同的转速下,筒体的直径越小,尘粒受到的离心力越大,除尘效率就越高。如果筒体直径过小,处理的风量会显著降低,同时,流体阻力也增大,易造成返混,使效率下降。因此筒体的直径一般不小于 150 mm。同时,为了保证除尘效率,筒体的直径也不宜大于 1 100 mm。在需要处理大风量气体时,往往采用除尘器的并联组合或采用多管型旋风除尘器。

(2) 入口形式

旋风除尘器的入口形式大致可分为切向进入式(图 3-10)和轴向进入式(图 3-11)。

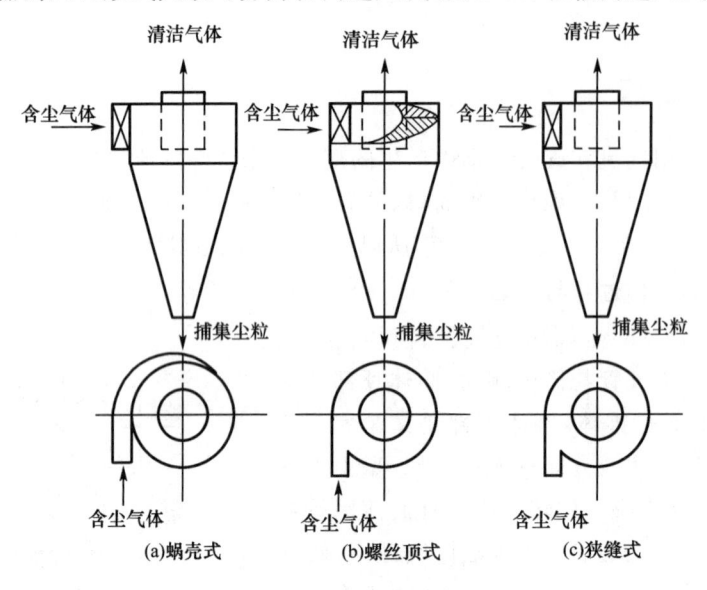

图 3-10 切向进入式

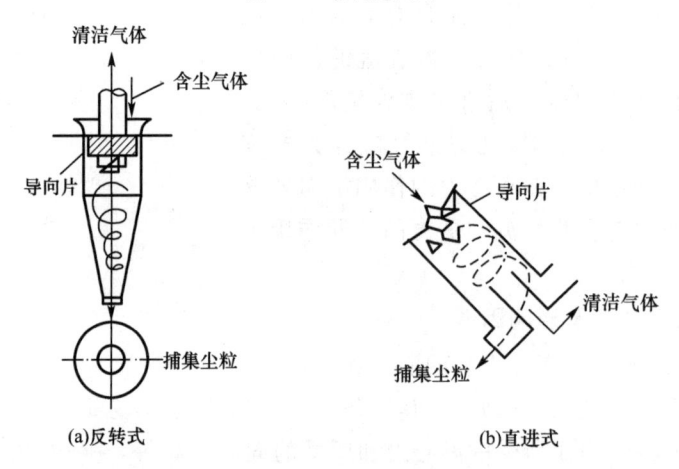

图 3-11 轴向进入式

小型旋风除尘器或多管除尘器多采用轴向进入式;单筒旋风除尘器多采用切向进入式。

轴向进入式分为直进式和反转式。直进式的除尘效率与切向进入式比较无显著差别;反转式除尘效率较低。

(3) 筒体及锥体长度

增加旋风除尘器的筒体高度和锥体高度,可以增加气体在除尘器内的旋转圈数,有利于尘粒的分离。但筒体与锥体的高度过大,会使阻力增加,从而造成结构尺寸不合理,实际上筒体和锥体的适宜总高度一般不大于 5 倍筒体直径。

(4) 排气口尺寸

旋风除尘器的排气管口均为直筒形。排气管的插入深度与除尘效率有直接关系。插入过深,效率提高,但阻力增大;插入过浅,效率降低,阻力减小。这是由于短浅可能会造成排气管短路,造成尘粒来不及分离就从排气管排出的现象。

减小排气管直径可以利用减小内旋涡直径的办法,这样有利于提高除尘效率,但减小排出管直径会加大出口阻力。一般排气管直径为筒体直径的 0.4~0.65 倍。

(5)入口速度

提高旋风除尘器的入口风速,会使粉尘受到的离心力增大,分割粒径变小,除尘效率提高。但入口风速过大时,旋风除尘器内的气流运动过于强烈,会把有些已分离的粉尘重新带走,除尘效率反而下降。同时,旋风除尘器的阻力也会急剧上升。因此进口速度应控制在 12~25 m/s 为宜。

(6)除尘器底部的严密性

无论旋风除尘器是在正压还是负压下操作,旋风式除尘器由于气流旋转的作用,其底部总是处于负压状态。如果除尘器的底部不严密,从外部漏入的空气就会把落入灰斗的一部分粉尘重新卷入内旋涡并带出除尘器,使除尘效率显著下降。因此保证不漏风是进行正常排尘、维护旋风除尘器高效正常运行的重要条件。收尘量不大的除尘器,可在排尘口下设置固定灰斗,保证一定的灰封,定期排灰。

(7)粉尘的性质

当粉尘的密度和粒径增大时,除尘器效率明显提高。而气体温度和黏度增大时,除尘器效率下降。

(8)旋风除尘器尺寸比例变化的影响

旋风除尘器的尺寸比例变化对除尘器性能的影响见表 3-1。

表 3-1　　旋风除尘器的尺寸比例变化对除尘器性能的影响

比例变化	性能趋向 压力损失	性能趋向 效率	投资趋向
增大旋风除尘器直径	降低	降低	提高
加长筒体	稍有降低	提高	提高
增大入口面积(流量不变)	降低	降低	—
增大入口面积(速度不变)	提高	降低	降低
加长锥体	稍有降低	提高	提高
扩大锥体的排出孔	稍有降低	提高或降低	—
缩小锥体的排出孔	稍有提高	提高或降低	—
加长排出管伸入器内的长度	提高	提高或降低	提高
增大排气管直径	降低	降低	提高

3. 旋风除尘器的结构形式

旋风除尘器的结构形式有很多,主要有:

(1)回流式旋风除尘器

在回流式旋风除尘器内,含尘气流由一端进入旋转运动把尘粒分离,净化后的气流又旋转返回至和进气口相同端排出。它有筒式、旁路式和扩散式等几种形式。

①筒式旋风除尘器　这种除尘器制造方便,阻力较小,但除尘效率低,对于 10 μm 左右粒子的分离效率一般低于 60%,故虽曾广泛应用,但目前已逐渐被其他高效旋风除尘器所代替。

②旁路式旋风除尘器　旁路式旋风除尘器如图 3-12 所示。入口距顶盖有一段距离,排出管的插入深度可以较浅,筒体上具有螺旋线形的灰尘隔离室。含尘气流进入除尘器后形成以

排出管下缘为界面的上、下两股旋转气流,并在进口管和顶盖之间形成一个迅速旋转的灰环。上部灰环中的尘粒(包括部分较细的粒子)能够通过设在顶盖处的入口进入旁路隔离室,然后直接进入下涡旋而得到清除。这不仅提高了除尘总效率,同时也提高了除尘器对不同尘粒浓度的适应性。但是,由于灰尘隔离室容易堵塞,因此要求被处理烟气中的尘粒要有较好的流动性。旁路式旋风除尘器在通用图中有两种形式:XLP/A 型呈半螺旋形;XLP/B 型呈全螺旋形。

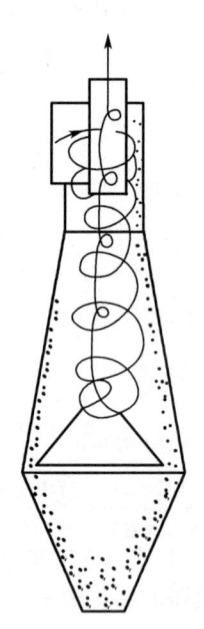

③扩散式旋风除尘器　扩散式旋风除尘器如图 3-13 所示。其主要结构特点是将原来的圆锥体改为倒圆锥体,并在倒圆锥体下部设置一表面光滑的圆锥状反射屏。在一般的旋风除尘器中有一部分气流随尘粒一起进入灰斗,当气流自下向上流向排出管时产生内涡旋,由于内涡旋的吸引力作用,使已分离的尘粒被上旋气流重新卷起,并被出口气流夹带而走。在扩散式分离器内,含尘气流经蜗壳进入除尘器后,由上而下的气流旋转到达反射屏。此时,已净化的气流大部分形成上旋气流从排出管排出,小部分气流与已被分离出来的尘粒一起,沿着倒圆锥体壁螺旋向下,经反射屏周边与器壁的环形隙进入灰斗,再由反射屏中心外孔向上与上旋气流汇合而排出。由于反射屏的作用,防止了返回气流重新卷起粉尘,提高了除尘效率。当取消反射屏后除尘效率明显下降,例如,在进口气速为 21 m/s、进口气体含尘浓度为 50 g/m³ 时,无反射屏的除尘效率仅 81%～86%,采用 60°反射屏时,除尘效率为 93%～95%。反射屏的锥角一般采用 60°,试验证明,它比 45°锥角的反射屏除尘效率高、压力损失小。

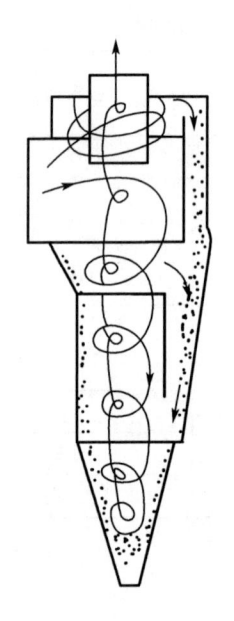

图 3-12　旁路式旋风除尘器　　　　图 3-13　扩散式旋风除尘器

(2)直流式旋风除尘器

直流式旋风除尘器的基本特点是:含尘气流由除尘器一端进入做旋转运动,把尘粒从气流中分离出来。净化后的气体则继续旋转,并由除尘器的另一端排出。这类除尘器内没有上升的内旋气流,减少了返混和二次飞扬,除尘阻力损失较小,但效率有所下降。在设计时常采用合适的稳流体填充旋转气流的中心负压区,防止中心涡流和短路,以提高除尘效率,如图 3-14 所示。

(3)多管旋风除尘器

多管旋风除尘器是由若干个结构和尺寸相同的小型旋风除尘器(又叫旋风子)组合在一个壳体内并联使用的除尘设备。由于多管旋风除尘器是由多个旋风子组成,因此,处理风量大。而且由于旋风子的直径较小,除尘效率较高。能够有效捕集 $5\sim 10~\mu m$ 的粉尘,如图 3-15 所示。

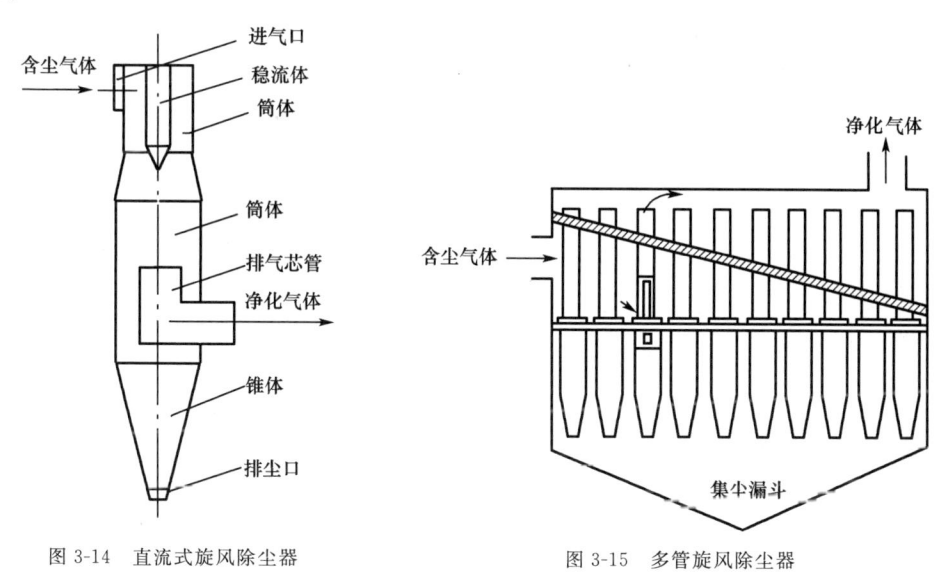

图 3-14　直流式旋风除尘器　　　　图 3-15　多管旋风除尘器

4. 旋风除尘器的选择

旋风除尘器的结构形式很多,在选用旋风除尘器时,常根据工艺提供或收集到的设计资料来确定其型号和规格,一般常用计算方法和经验法。由于除尘器结构形式繁多,影响因素复杂,难以求得准确的通用计算公式。所以,在实际工作中通常采用经验法来选择除尘器的型号和规格。

(1)基本步骤

①根据含尘浓度、粒度分布、密度等烟气特征,除尘要求,允许的阻力和制造条件等因素全面分析,合理地选择旋风除尘器的型号。特别应当指出,锅炉排烟的特点是烟气流量大,而且烟气流量变化也很大。在选用旋风除尘器时,应使烟气流量的变化与旋风除尘器适宜的烟气流速相适应,以期在锅炉工况变动时能取得良好的除尘效果。

②根据使用时允许的压力降确定进口气速 u_i。如果制造厂已提供各种操作温度下进口气速与压力降的关系,则根据工艺条件允许的压力降就可选定气速 u_i。若没有气速与压降的数据,则根据允许的压力降公式(3-12)计算进口气速。

若没有提供允许的压力损失数据,一般取进口气速为 $12\sim 25~\mathrm{m/s}$。

$$u_i = \left(\frac{2\Delta p}{\rho \xi}\right)^{\frac{1}{2}} \tag{3-12}$$

③确定旋风除尘器的进口截面积 A,进口宽度 B 和进口高度 H。进口截面积 A 可由下式计算

$$A = BH = \frac{Q}{u_i} \tag{3-13}$$

式中　A——进口截面积,m^2。

B——进口宽度,m。

H——进口高度,m。

Q——旋风除尘器处理的烟气量,m³/s。

④确定型号 由进口截面积 A、进口宽度 B 和高度 H 确定出筒体直径,由筒体直径 D 确定规格型号。几种旋风除尘器的主要尺寸比例参见表3-2。

表3-2 几种旋风除尘器的主要尺寸比例

项目		XLP/A	XLP/B	XLT/A	XLT
入口宽度 B		$(A/3)^{1/2}$	$(A/2)^{1/2}$	$(A/2.5)^{1/2}$	$(A/1.75)^{1/2}$
入口高度 H		$(3A)^{1/2}$	$(2A)^{1/2}$	$(2.5A)^{1/2}$	$(1.75A)^{1/2}$
筒体直径 D		上 3.85B	3.33B	3.85B	4.9B
		下 0.7D	—	—	—
排出管直径 d_p		0.6D	0.6D	0.6D	0.58D
筒体长度 L		上 1.35D	1.7D	2.26D	1.6D
		下 1.00D			
锥体长度 $H_{锥}$		上 0.5D	2.3D	2.0D	1.3D
		下 1.0D			
排尘口直径 d_1		0.296D	0.43D	0.3D	0.145D
压力损失/Pa	12 m/s①	700(600)②	500(420)	860(770)	440(490)
	15 m/s	1 100(940)	890(700)③	13 500(600)	670(770)
	18 m/s	1 400(1 260)	1 450(1 150)④	1 950(1 150)	990(1 110)

注:①进口风速。

②"( )"内的数值是出口无蜗壳式的压力损失。

③进口风速为16 m/s时的压力损失。

④进口风速为20 m/s时的压力损失。

(2)旋风除尘器选择的要求

①旋风除尘器适用于净化密度和粒径大于 5 μm 的尘粒。对细微尘粒,其除尘效率较低,但高效旋风除尘器对细微尘粒也有一定的净化效果。

②一般用于净化非纤维性粉尘及温度在 400 ℃ 以下的非腐蚀性的气体。

③旋风除尘器对入口粉尘浓度变化的适应性强,可处理高含尘浓度的气体。

④旋风除尘器不适宜用于黏结性强的粉尘,当处理相对湿度较高的含尘气体时注意避免因结露而造成的黏结。

⑤设计或运行时必须采用气密性好的卸灰装置或其他防止旋风除尘器底部漏风的措施,以防底部漏风,效率下降。

⑥由于风量波动对旋风除尘器的除尘效率和压力损失影响较大,故旋风除尘器不宜用于气量波动大的情况。

⑦当旋风除尘器内的旋转气速较高时,应注意加耐磨衬,防止磨损。

⑧性能相同的旋风除尘器一般不宜两级串联使用。

⑨在并联使用旋风除尘器时,要尽可能使每台除尘器的处理气量相等。

(3)国内主要旋风除尘器的类型代号

国内旋风除尘器的类型代号一律采用汉语拼音字母,以表示除尘器的工作原理和构造形式特点,对需要在类型代号后列入系列规格的,一律用阿拉伯数字表示,如除尘器额定风量(以 m^3 为单位)、除尘器系列规格的袋数、配用锅炉的蒸发量和外筒直径(以 dm 为单位)等。

①编制规定

第一位字母表示除尘器按工作原理分类,暂分为以下四大类:

X——旋风式,S——湿式,L——过滤式,D——静电式。

第二、三位字母以表示除尘器的构造形式为主。为避免同其他除尘器类型代号重复,必要时也可包括或表示工作原理方面的特点。类型代号一般不多于三个字母。

②代号字母举例

a. 构造类型方面:L——立式,W——卧式,S——双级,T——筒式,C——长锥体,Z——直锥体,P——旁路,N——扭底板,X——下排烟。

b. 工作原理方面:P——平旋,M——水膜,G——多管,K——扩散,Z——直流。

c. 在除尘系统安装位置方面:根据除尘器在除尘系统安装位置的不同分为:吸入式(除尘器安装在通风机之前),用"X"汉语拼音字母表示;压入式(除尘器安装在通风机之后)用"Y"字母表示。为了安装方便,又于 X 型和 Y 型中各设有 S 型和 N 型两种,S 型的进气按顺时针方向旋转,N 型进气按逆时针方向旋转。

d. 国内外常用的旋风除尘器的类型代号:

XCX/G 型除尘器:X——旋风、C——长锥体、X——斜底板、G——用于锅炉除尘。

XLT 型除尘器:X——旋风、L——立式、T——筒式。

XLK 型除尘器:X——旋风、L——立式、K——扩散。

XZD/G 型除尘器:X——旋风、ZD——锥形底板、G——用于锅炉除尘。

XND/G 型除尘器:X——旋风、ND——扭底板、G——用于锅炉除尘。

XWD 型除尘器:X——旋风、W——卧式、D——多管。

XZY 型除尘器:X——旋风、Z——直流、Y——带引射器。

XPX 型除尘器:X——旋风、P——平旋、X——下排烟。

XLP 型除尘器:X——旋风、L——立式、P——旁路。

SG 型除尘器:S——三角形进口、G——用于锅炉除尘。

XS 型除尘器:X——旋风、S——大小双旋风。

双级涡旋除尘器(暂无代号)。

3.1.4 常用机械式除尘器的性能参数

机械式除尘器的性能参数见表 3-3。

表 3-3　　　　机械式除尘器的性能参数

除尘器类型	最大烟气处理量(m^3/h)	可除去最小粒径(μm)	除尘效率(%)	压力损失(Pa)	最高烟气温度(℃)
重力沉降室	根据实际情况决定最大处理量	40	80~90	50~130	550~850
惯性除尘器	127 500	10	90	750~1 500	<400
旋风除尘器	85 000	10	50~60	250~1 500	350~550
旋流除尘器	30 000	2	90	<2 000	<250
串联旋风除尘器	170 000	5	90	750~1 500	300~550

3.1.5 机械式除尘器的运行维护管理

机械式除尘器的运行维护包括：稳定运行参数、防止漏风、预防关键部位磨损、避免积灰。机械式除尘器构造简单，没有运动部件（卸灰阀除外），运行维护相对容易，但是一旦出现磨损、漏风、堵塞等故障时将严重影响除尘效率。

（1）稳定运行参数

对机械式除尘器而言，如果运行参数偏离设计参数太远则难以达到预期的除尘效果。

除尘器入口气体流速是个关键参数。对于尺寸一定的旋风除尘器，入口气体流速增大，不仅处理气体量可提高，还可有效地提高分离效率，但阻力也随之增大。一般常用的入口气体流速在 10~15 m/s，气体含尘浓度高和颗粒粗的粉尘入口速度应选小些，反之可选大些。在实际生产中，由于处理气体量总会有变动，所以还希望除尘器有较好的操作弹性，弹性范围是处理气量在 60%~120% 内变动，此时除尘器的效率波动不致过大。对沉降室而言，除尘器入口速度降低可以提高除尘效率，但处理气体流量相应减少。

处理气体的温度对旋风除尘器也有重要的影响，因为气体温度升高，气体黏度变大，使颗粒受到的向心力加大，于是分离效率会下降；另一方面是气体的密度变小，使压降也变小。所以高温条件下运行的旋风除尘器，应有较大的入口气体流速和较小的截面气体流速，这在机械式除尘器的运行管理中也应予以注意。

含尘气体的入口含尘浓度对分离过程也有不可忽视的影响。浓度高时，大颗粒粉尘对小颗粒粉尘有明显的携带作用，并表现为效率提高。对机械式除尘器而言，排气口气体的含尘浓度不会随入口气体的含尘浓度的增加成比例增加。

（2）防止漏风

除尘器一旦漏风将严重影响除尘效率。据估算，旋风除尘器灰斗或卸灰阀漏风 1%，除尘效率将下降 5%；惯性除尘器灰斗或卸灰阀漏风 1%，除尘效率将下降 10%。沉降室入口或出口的漏风对除尘效率的影响并不大，但如果沉降室本体漏风对除尘效率就会有较大影响。机械式除尘器漏风有三种部位：除尘器进、出口连接法兰处；除尘器本体；除尘器卸灰装置。

引起漏风的原因如下：

①除尘器进、出口法兰处的连接件使用不当引起的漏风。例如螺栓没有拧紧，垫片不够均匀，法兰面不平整等。

②除尘器的本体磨损严重引起的漏风。对旋风除尘器和惯性除尘器而言，本体磨损是经常发生的，特别是灰斗。因为含尘气流的旋转或冲击使除尘器本体磨损特别严重。

③机械式除尘器卸灰装置引起的漏风。卸灰阀多采用机械自动式，如重锤式等。这些卸灰阀严密性较差，稍有不当，即产生漏风。这是除尘器运行维护的重要环节。

（3）防止关键部位磨损的技术措施

①防止排灰口堵塞。防止排灰口堵塞的方法主要是选择优质的卸灰阀，使用中加强对卸灰阀的调整和检修。

②防止过多的气体倒流入排灰口。使用卸灰阀要严密，以减轻磨损。

③应经常检查除尘器有无磨损而漏气的现象，以便及时采取措施。

④尽量避免焊缝和接头。必须有的焊缝应磨平，法兰连接应仔细装配好。

⑤在粉尘冲击部位使用可以更换的抗磨板，或增加耐磨层，如铸石板、陶瓷板等。也可以用耐磨材料制造除尘器。例如，以陶瓷制造多管除尘器的旋风子；用比较厚或优质的钢板制造

除尘器的圆锥部分。

⑥前面曾经提到粉尘负荷和磨损速度有关。对旋风除尘器而言,除尘器壁面的切向速度和入口气流速度应当保持在临界范围以下,这样可以减少磨损。

(4)避免除尘器堵塞和积灰

机械式除尘器的堵塞和积灰主要发生在排灰口附近,其次发生在进气、排气的管道内。引起排灰口堵塞通常有两个原因:一是大块物料或杂物滞留在排灰口形成障碍物,之后其他粉尘在周围堆积,形成堵塞;二是灰斗内粉尘结露、结块、堆积过大,不能及时顺畅排出。不论哪一种情况,排灰口堵塞严重都会增加磨损,降低除尘效率和加大设备的压力损失。

预防排灰口堵塞的措施:

①气口增加栅网,栅网既不增加压力损失,又能防止杂物吸入。

②灰口上部增加手掏孔,手掏孔的位置应在易堵部位。手掏孔的大小,以 150 mm×150 mm 的方孔为宜。手掏孔盖的法兰处应注意加垫片并涂密封膏,避免任何漏风的可能。

平时检查维护可用小锤敲打易堵处的壁板听其声音,以检查是否有堵塞现象。

③排气口堵塞及预防:排气口堵塞现象多是设计不合理造成的。避免和预防堵塞的第一个环节是从设计中考虑,设计时要根据粉尘性质和气体特点使除尘器进、出口光滑,避免容易形成堵塞的直角、斜角。加工制造设备时要打光突出的焊瘤、结疤等。运行维护机械式除尘器要时常观察压力、流量的异常变化,并根据这些变化找出原因,及时消除。

学习任务单

1. 填空题

(1)提高重力沉降室的捕集效率可以采取(　　　)、(　　　)、(　　　)等措施。

(2)旋风除尘器由(　　　)、(　　　)、(　　　)、(　　　)组成。

(3)在相同的转速下,筒体的直径越小,尘粒受到的离心力越大,除尘效率(　　　)。

2. 简答题

(1)重力沉降室有何特点?适应条件是什么?

(2)画图并说明惯性除尘器的除尘机理及适应条件。

(3)简述旋风除尘器的工作过程与原理。

(4)影响旋风除尘器效率的因素有哪些?

3. 计算题

拟采用重力沉降室除去常压炉气中的球形尘粒。降尘室的宽和长分别为 2 m 和 6 m,气体处理量为 1 m³/s(标),炉气温度为 427 ℃,相应的密度 $\rho=0.5$ kg/m³,黏度 $\mu=3.4\times10^{-5}$ Pa·s,固体密度 $\rho_s=4\,000$ kg/m³,操作条件下,规定气体速度不大于 0.5 m/s,试求:

(1)重力沉降室的总高度 H。

(2)理论上能完全分离下来的最小颗粒尺寸。

(3)粒径为 40 μm 的颗粒的回收百分率。

(4)欲使粒径为 10 μm 的颗粒完全分离下来,需在重力沉降室内设置几层水平隔板?

4. 参照模块 7"旋风除尘器的性能测定"内容中的工艺流程进行相关除尘设备或整套系统的工艺设计。

3.2 过滤式除尘器

过滤式除尘器是使含尘气体通过过滤材料或滤层,将粉尘分离和捕集的装置。

以过滤材料分类,过滤式除尘器主要有两类:一类是以纤维编织物为滤料的表面过滤器,如袋式除尘器;另一类是以填料层(玻璃纤维、硅石、矿石等)为滤料的内部过滤器,如颗粒层除尘器。

3.2.1 袋式除尘器

1. 袋式除尘器的原理

袋式除尘器是利用纤维编织物的过滤作用将含尘气体中的尘粒阻留在滤袋上,对含尘气体进行过滤的除尘装置。除尘机理包括筛滤效应、惯性碰撞效应、钩住效应、扩散效应和静电效应。图 3-16 是袋式除尘器的除尘原理示意图,当含尘气体通过洁净的滤袋时,由于滤材本身的网孔较大,一般为 $20\sim50~\mu m$,除尘效率不高,大部分微细粉尘会随着气流从滤袋的网孔中通过,只有粗大的尘粒能被阻留下来,靠惯性碰撞和拦截,细小的颗粒靠扩散、静电等作用被纤维捕获,并在网孔中产生"架桥"现象。随着含尘气体不断通过滤袋的纤维间隙,纤维间粉尘"架桥"现象不断加强,一段时间后,滤袋表面积聚成一层粉尘,称为粉尘初层。形成初层后,气体流通的孔道变细,即使很细的粉尘,也能被截留下来。在以后的除尘过程中,粉尘初层便成了滤袋的主要过滤层,它允许气体通过而截留粉尘颗粒,而滤布只不过起着支撑骨架的作用,随着粉尘在滤布上的积累,除尘效率和阻力都相应增加。当阻力达到一定程度时,滤袋两侧的压力差很大时,不仅会导致将已附在滤料层上的细粉尘挤过去,使除尘效率明显下降,而且会使除尘器阻力过大,系统的风量显著下降,以致影响生产系统的排风。因此,除尘器阻力达到一定值后,要及时进行清灰,但清灰时必须注意不能破坏粉尘初层,以免降低除尘效率。

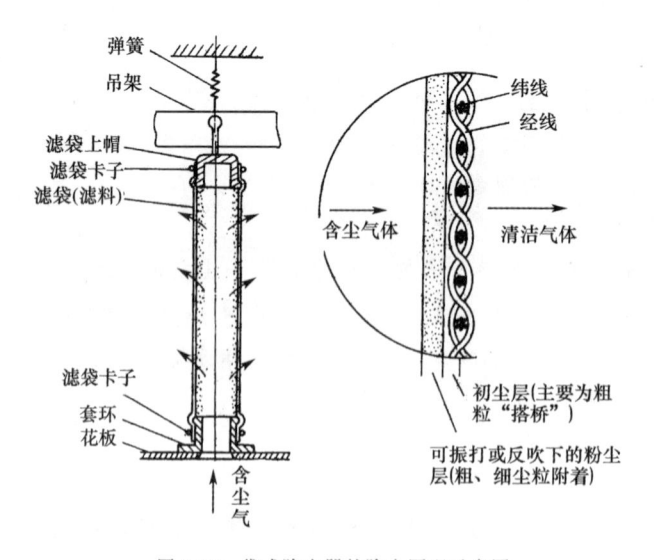

图 3-16 袋式除尘器的除尘原理示意图

2. 袋式除尘器的结构形式和分类

(1) 袋式除尘器的结构形式

由结构特点将袋式除尘器划分为四种形式,即上进风式和下进风式、圆袋式和扁袋式、吸入式和压入式、内滤式和外滤式。

① 上进风式和下进风式　上进风式是指含尘气流入口位于袋室上部,气流与粉尘沉降方向一致。下进风式是指含尘气流入口位于袋室下部,气流与粉尘沉降方向相反。为了安装、操作方便,减少积灰对正常运行的影响,多采用下进气方式。

② 圆袋式和扁袋式　圆袋式是指滤袋为圆筒形,而扁袋式是指滤袋为平板形、梯形、楔形以及非圆筒形的其他形状。

③ 吸入式和压入式　吸入式是指风机位于除尘器之后,除尘器为负压工作。压入式是指风机位于除尘器之前,除尘器为正压工作。

④ 内滤式和外滤式　内滤式是指含尘气流由袋内流向袋外,利用滤袋内侧捕集粉尘,粉尘滞留袋内,这种方式可以采用敞开式外壳。外滤式是指含尘气流由袋外流向袋内,利用滤袋外侧捕集粉尘,除尘器外壳必须密闭。

(2) 袋式除尘器的分类

根据清灰方法的不同,一般将袋式除尘器分为五类:机械振动类、反吹风类、喷嘴反吹类、脉冲喷吹类和联合清灰类等。

① 机械振动类　如图 3-17 所示,是利用机械装置使滤袋产生振动而清灰的袋式除尘器。常用以凸轮机构传动进行振打式清灰,振打频率不超过 60 次/min;目前用电动摇动器传动的微振幅清灰方法也有采用,其频率均高于 700 次/min。

② 反吹风类　如图 3-18 所示,是利用阀门迫使或逐排切换气流,在反向气流作用下,迫使滤袋缩瘪或鼓胀而清灰的袋式除尘器。反吹气流一般由高压风机或压气机提供,根据工作过程中的工作状态又分为二态反吹、三态反吹。

图 3-17　振打式清灰袋式除尘器　　图 3-18　反吹风袋式除尘器

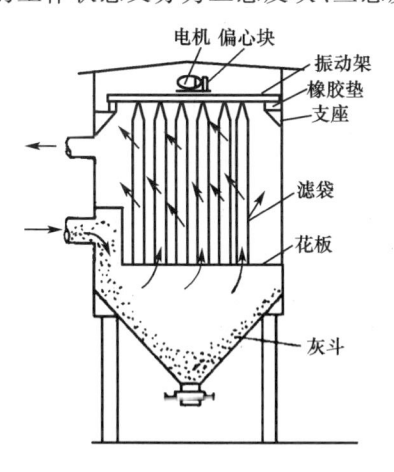

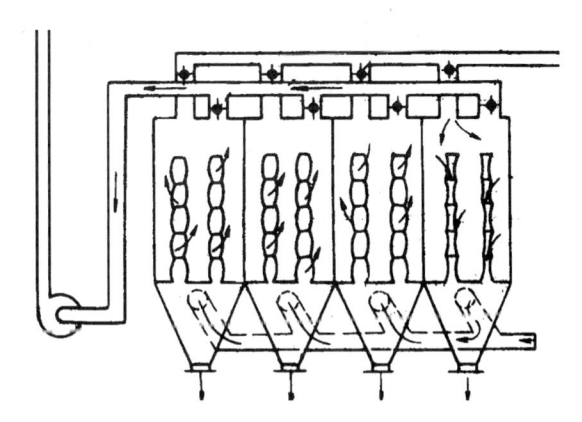

二态反吹袋式除尘器,是指清灰过程只有"过滤""反吹"两种工作状态。三态反吹袋式除尘器(图 3-19),是指清灰过程具有"过滤""反吹""沉降"三种工作状态。

③ 喷嘴反吹类　这种除尘器的外壳为圆筒形,如图 3-20 所示,是指喷嘴为条口形或圆形,经回转运动,依次与各个滤袋净气出口相对,进行反吹清灰。气环反吹袋式除尘器,是指喷嘴为环缝形,套在滤袋外面,经上下移动进行反吹清灰。

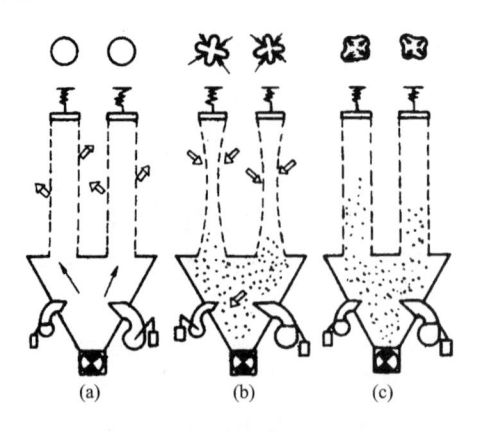

图 3-19 三态反吹袋式除尘器

④**脉动喷吹类** 这种除尘器有多种形式,如中心喷吹、环隙喷吹等。脉冲喷吹袋式除尘器如图 3-21 所示,以压缩空气为清灰动力,利用脉冲喷吹机构在瞬间内放出压缩空气,诱导数倍的二次空气高速射入滤袋,使滤袋急剧鼓胀,是依靠冲击振动和反向气流而清灰的袋式除尘器。

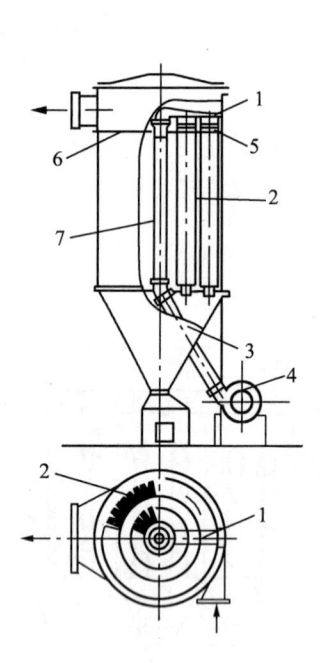

图 3-20 回转反吹袋式除尘器
1—悬臂风管;2—滤袋;3—灰斗;
4—反吹风机;5—反吹风口;6—花板;
7—反吹风管

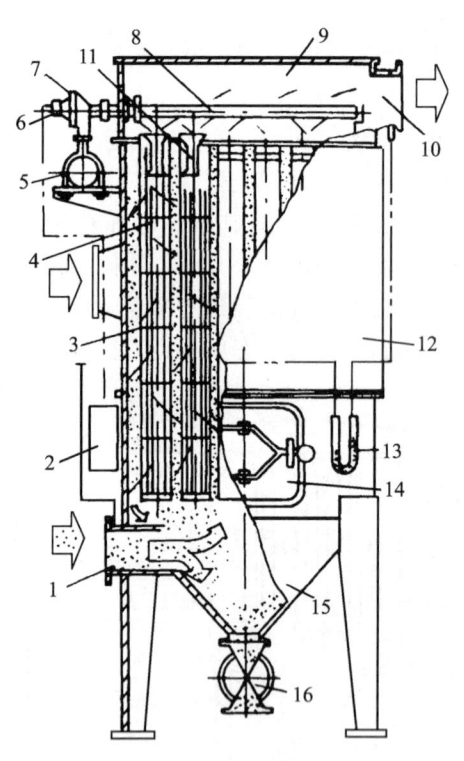

图 3-21 脉动喷吹袋式除尘器
1—进风口;2—控制仪;3—滤袋;4—滤袋框架;5—气包;6—排气阀;
7—脉冲阀;8—喷吹管;9—净气箱;10—净气出口;11—文氏管;
12—除尘箱;13—U 形压力计;14—检修门;15—灰斗;16—卸灰阀

⑤**联合清灰类** 指机械振动和反吹两种清灰方法并用进行清灰。另外,还有其他清灰方式的联合使用。

3. 袋式除尘器的性能及影响因素

袋式除尘器属于高效除尘器,具有净化效率高,处理气量大等优点,但也存在过滤速度低,设备体积庞大,滤袋损耗大,压力损失大,运行费用较高等缺点。通常用于干燥、要求较高的场合。

影响袋式除尘器效率的因素有过滤风速、压力损失、滤料的性质、清灰方式、运行工况参数和粉尘的性质等。

(1) 过滤风速

袋式除尘器的过滤风速是指气体通过滤布时的平均速度。在工程上是指单位时间内通过单位面积滤布的含尘气体的流量。它代表了袋式除尘器处理气体的能力,是一个重要的技术经济指标。其计算公式为

$$u_f = \frac{Q}{60A} \tag{3-14}$$

式中 u_f——过滤风速,$m^3/(m^2 \cdot min)$。
Q——气体的体积流量,m^3/h。
A——过滤面积,m^2。

过滤速度是反映过滤除尘器处理能力的主要技术经济指标。在实际运行中它是由滤料种类、粉尘粒径及清灰方式而确定的,一般选用范围为 $0.6 \sim 1.0 \, m/min$。提高过滤风速可以减少过滤面积,提高滤料的处理能力。但风速过高会把滤袋上的粉尘压实,使阻力加大,同时由于挤压作用,会使细微粉尘透过滤料,而使除尘效率下降。风速过高还会引起频繁清灰。风速低,阻力也低,除尘效率高,但处理量下降。因此,过滤风速的选择要综合考虑各种影响因素。

(2) 压力损失

袋式除尘器的压力损失是重要的技术经济指标之一,它不仅决定除尘器的能量消耗,同时也决定装置的除尘效率和清灰的时间间隔。袋式除尘器的阻力与它的结构形式、滤料特性、粉尘性质和浓度、气体的温度和黏度因素有关。

袋式除尘器的压力损失 Δp 是由清洁滤料的压力损失 Δp_f 和过滤层的压力损失 Δp_d 组成的,即

$$\Delta p = \Delta p_f + \Delta p_d \tag{3-15}$$

清洁滤料的压力损失 Δp_f 与过滤风速 u_f 成正比,即

$$\Delta p_f = \xi_f \mu u_f \tag{3-16}$$

式中 ξ_f——清洁滤料的阻力系数,m^{-1}。
μ——气体黏度,$Pa \cdot s$。

过滤层的压力损失可表示为

$$\Delta p_d = am\mu u_f = \xi_d \mu u_f \tag{3-17}$$

式中 a——粉尘层的平均比阻力,m/kg。
m——滤料上的粉尘负荷,kg/m^2。

于是通过积有粉尘的滤料的总阻力为

$$\Delta p = \Delta p_f + \Delta p_d = (\xi_f + am)\mu u_f \tag{3-18}$$

从式 3-18 知,袋式除尘器的压力损失与过滤速度和气体黏度成正比,而与气体密度无关。

(3) 滤料结构与性质

过滤材料简称滤料,袋式除尘器的滤料是滤布,它是袋式除尘器的主要部件,其费用一般占设备费用的 $10\% \sim 15\%$。滤料的性能直接影响着除尘器的效率、阻力等。选用滤料时必须考虑含尘气体和粉尘的特性,如气体的组成、温度、湿度,粉尘的大小、含水率、黏结性等。一般

要求滤料应具有耐磨、耐腐、阻力低、成本低及使用寿命长等优点。滤料的特性除了与纤维本身的性质有关之外，还与滤料的表面结构有关系。例如，表面光滑的滤料，容尘量小，清灰容易，但除尘效率低，适用于含尘浓度低、黏性大的粉尘，采用的过滤风速也不能太高；厚滤料和表面起绒的滤料，容尘量大，粉尘能深入滤料内部，能保证高效率，可以采用较高的过滤风速，但过滤阻力较大，应注意及时清灰。

袋式除尘器采用的滤料种类较多，按滤料的材质分为天然纤维、无机纤维和合成纤维等；按滤料的结构分为滤布和毛毯两类；按编织方法分为平纹、斜纹和缎纹等。斜纹编织滤料的综合性能较好。

目前，中国生产的滤料有三大类，即玻璃纤维滤料、聚合物滤料和覆膜滤料。

玻璃纤维类滤料具有耐高温（280 ℃）、耐腐蚀、表面光滑、不易结露、不缩水等优点，在工业生产中广泛应用。目前国内生产的玻璃纤维滤料有三种：①普通玻璃纤维滤布，价格较低，清灰容易，但除尘效率低，粉尘排放量略大，可在排放要求不高、粉尘低的场合使用；②玻璃纤维膨体纱滤布，捕捉粉尘能力好，除尘效率高，价格适中，适宜在反吹风清灰方式的袋式除尘设备中使用；③玻璃纤维针刺毯滤布，具有透气性好、系统阻力小的特点，除尘效率更高，但价格较贵。

聚合物类滤料主要包括聚酰胺纤维（尼龙）、聚酯纤维（涤纶 729，208）、聚苯硫醚（PPS）纤维、聚丙烯腈纤维（奥纶）、聚乙烯醇纤维（维尼纶）、聚酰亚胺纤维（P84）、芳香族聚酰胺纤维（诺梅克斯）、聚四氟乙烯纤维（特氟纶）等。它具有强度高、抗折性能好、透气性好、收尘效率高等优点，适宜在低于 130 ℃废气温度的袋式除尘设备中使用。表 3-4 列出了常用的聚合物类滤料及其特性。

表 3-4　　　　　　　　　常用的聚合物类滤料及其特性

滤料名称	滤料特性
聚酰胺纤维（尼龙）	优点：耐磨性、耐碱性能好，易清灰 缺点：耐酸性、耐温性能差（85 ℃以下）
聚酯纤维（涤纶 729，208）	优点：耐酸性能好，阻力小，过滤效率高，清灰容易，可在 130 ℃以下长期使用，是目前国内使用最普遍的一种滤料 缺点：耐磨性一般，耐碱性能较差
聚丙烯腈纤维（奥纶）	优点：耐酸碱性能好，过滤效率高，可在 120 ℃以下长期使用 缺点：耐磨性，抗有机溶剂性能一般
聚乙烯醇纤维（维尼纶）	优点：耐酸碱性能好，过滤效率高，可在 110 ℃以下长期使用 缺点：耐磨性一般，抗有机溶剂性能差
芳香族聚酰胺纤维（诺梅克斯）	优点：耐磨性、耐酸碱性、耐温性能好，可在 200 ℃以下长期使用 缺点：耐磨性一般，价格较高
聚四氟乙烯纤维（特氟纶）	优点：耐磨性、耐酸碱性、耐腐蚀性、耐温性能好，可在 200 ℃以下长期使用，机械强度高，可在较高的过滤风速（2.4 m/min）下工作，除尘效率高 缺点：价格昂贵

玻璃纤维覆膜过滤材料是在玻璃纤维基布上，覆上多微孔聚四氟乙烯薄膜制成的新型过滤材料，它集中了玻璃纤维的高强低伸、耐高温、耐腐蚀等优点和聚四氟乙烯多微孔薄膜的表面光滑、憎水、透气、化学稳定性好等优良特性。它几乎能截留含尘气流中的全部粉尘，而且能在不增加运行阻力的情况下保证气流的流通量，是理想的烟气过滤材料。

（4）清灰方式

机械清灰和逆气流反吹清灰属于间歇式清灰方式，即将除尘器分为若干个过滤室，逐室切断气路，依次清灰。这种清灰方式由于没有粉尘外逸现象，因此除尘效率高。气环反吹清灰和脉冲喷吹清灰属于连续清灰方式,清灰时可以不切断气路,连续不断地对滤袋的一部分进行清灰。这种清灰方式压力损失稳定,适于处理高浓度含尘气体。

4. 袋式除尘器的选型

(1)选定除尘器形式、滤料及清灰方式

首先考虑对排放标准、除尘效率和处理量的要求,同时考虑占地面积,设备投资操作与维修管理费用等,其次根据含尘气体的性质选择合适滤袋。

(2)计算过滤面积

根据气体处理量的大小,选择适当的过滤速度,计算过滤面积。若面积太大,则设备投资大;若面积过小,则过滤阻力大,操作费用高,滤布使用寿命短。

除尘器的过滤面积按下式计算

$$A = \frac{Q}{60u} \quad (3-19)$$

式中　A——除尘器的过滤面积,m^2。

Q——除尘器的处理气体量,m^3/h。

u——除尘器的过滤风速,m/min。

过滤风速是指单位时间内,单位面积滤布上气体的通过量(m/min)。过滤风速是除尘器选型的主要因素,不同应用场合需要选用不同的值。其中主要的考虑因素为含尘气流的浓度、气体温度、粉尘特性、含水量、所选用的滤料等。过滤风速选用范围:涤纶滤料一般为0.6~1.0 m/min,玻璃纤维滤料一般为0.4~0.5 m/min。

(3)滤袋袋数的确定

$$n = \frac{A}{\pi DL} \quad (3-20)$$

式中　A——除尘器的过滤面积,m^2。

D——单个滤袋的直径,m。

L——单个滤袋的长度,m。

滤袋的直径由滤布的规格确定,一般为100~300 mm,滤袋的长度一般取3~5 m,有时长10~12 m。滤袋的排列形式有三角形排列和正方形排列。

(4)压力损失的选择

采用一级除尘时,压力损失一般为980~1 470 Pa;采用二级除尘时,压力损失一般为500~800 Pa。

(5)选择过滤材料

在选择过滤材料时,要根据气体的温度、湿度等物理、化学性质;粉尘的粒度、化学组成、酸碱性、吸湿性、荷电性、爆炸性、腐蚀性等,选择适当的滤布。

①一般在含水量较小、无酸性时可以根据含尘气体温度来选用。当温度低于130 ℃时,常用500~550 g/m² 涤纶针刺毡;当温度低于250 ℃时,宜选用芳纶诺梅克斯针刺毡,有时采用800 g/m² 玻璃纤维针刺毡和800 g/m² 双重玻璃纤维织物,或氟美(FMS)高温滤料(含氟气体不能用玻璃纤维材质)。

②当含水分量较大、粉尘浓度也比较大时,宜选用防水、防油滤料(或称抗结露滤料)或覆膜滤料(基布应是经过防水处理的针刺毡)。

③当含尘气体含酸、碱性且气体温度低于 190 ℃时,常选用莱通(Ryton 聚苯亚胺)针刺毡。若气体温度低于 240 ℃,耐酸碱性要求不太高时,可选用聚酰亚胺针刺毡。

④当含尘气体为易燃易爆气体时,选用防静电涤纶针刺毡;当含尘气体既有一定的水分又为易燃、易爆气体时,选用防水、防油、防静电("三防")涤纶针刺毡。

5. 袋式除尘器的运行与维护管理

(1)正常负荷运行

袋式除尘器在正常负荷运行中要定期进行检查和适当的调节,以延长滤袋的寿命,降低运行费用,用最低的运行费用维持最佳运行状态。

①利用测试仪表掌握运行状态　袋式除尘器的运转状态,可由测试仪表指示的系统压差、入口气体温度、主电机的电压、电流等数值及其变化而判断和了解以下所列各项情况:滤袋的清灰过程是否发生了堵塞,滤袋是否出现破损或发生脱落现象;有没有粉尘堆积现象以及风量是否发生了变化;滤袋上有无产生结露;清灰机构是否发生故障,在清灰过程中有无粉尘泄漏情况;风机的转数是否正常,风量是否减少;管道是否发生堵塞和泄漏;阀门是否活动灵活,有无故障;滤袋室及通道是否有泄漏;冷却水有无泄漏等。

②控制风量的变化　风量增加可能引起滤速增大,导致滤袋泄漏破损、滤袋张力松弛等情况。如果风量减少,使管道风速变慢,粉尘在管道内沉积,从而又进一步使风量减少,将影响粉尘抽吸。因此,最好能预先估计风量的变化。

引起系统风量变化的原因有:入口的含尘量增多,或者是黏性较大的粉尘;开、闭吸尘罩或分支管道的阀门不当;对某一个分室进行清灰,某一个分室处于检修中;除尘器本体或管道系统有泄漏或堵塞的情况;风机出现故障。

③控制清灰的周期和时间　袋式除尘器的清灰是影响除尘性能和运转状况的重要因素。最佳状况应该是既能保证有效清灰的最少时间,又能确定适当清灰周期,使平均阻力接近水平线。这样将使清灰周期尽可能长,清灰时间尽可能短,从而能在最佳的阻力条件下运转。清灰周期和清灰时间对除尘器性能的影响情况包括:清灰周期过长,会缩短滤袋寿命,增加能耗;清灰时间过长,会产生泄漏,易成为滤袋堵塞的原因,使滤袋的寿命缩短,使驱动部分的寿命缩短。清灰周期过短,易发生泄漏,使滤袋的寿命缩短;清灰时间过短,刚开始除尘作业,阻力立即增高,影响运行。

④维护正常阻力　袋式除尘器借助压力计判断压差大小,反映正常运转时的压差数值。如压差增高,意味着滤袋堵塞、滤袋上有水汽冷凝、清灰机构失效、灰斗积灰过多以致堵塞滤袋、风量增多等。而压差降低则可能意味着出现了滤袋破损或松脱、入风侧管道堵塞或阀门关闭、箱体或各分室之间有泄漏现象、风机转速减慢等情况。最好能装设警报装置,在超过压差允许范围时即发出警报,以便及时检查并采取措施。

(2)维护管理

为了保持设备有效进行,必须重视维护管理工作,发现问题及时处理。

①箱体维护管理　袋式除尘器的箱体是固定的,其外部长年经受风吹雨打,内部受到所处理气体的污染,条件是相当苛刻的。外部维护主要是检查油漆、漏雨、螺栓及周边密封情况。对于高温、高湿气体来说,为了防止结露和确保安全,一般在外部有岩棉、玻璃棉、聚苯酯之类的保温层。保温层被雨水打湿后,会加快箱体的腐蚀。所以,放在露天场所的除尘器,每当下雨时要予以充分注意。内部维护,箱体内侧处于一个容易结露、附着粉尘以及气体溶解后可能造成腐蚀的环境之中。钢板之间及钢板与角钢之间的焊接部分、安装滤袋的花板边缘等都是

易被腐蚀的部位。因此,箱体内部的维修主要是要注意选择能耐腐蚀的涂料,及时涂装在易腐蚀或已腐蚀的部位。在一般情况下,因净化气体多呈酸性,所以选用环氧树脂类的耐酸涂料较多。进行缝隙维修时,箱体缝隙一般垫有橡皮、胶垫、石棉垫等,防止气体泄漏。随着时间的延长,有的密封垫会老化变质、损坏脱落,造成漏风加剧。在维修时,发现上述现象要认真对待,或更换,或堵漏,要尽量避免漏风。在已有的堵漏材料中,环氧树脂和防漏胶泥都是较好的材料。如因粉尘冲刷形成孔洞,则必须补焊。

②阀门维护管理　运转中的维修项目包括:动作状况,阀门开闭是否灵活、准确;漏水、冷却排水量,排水温度,冬季注意保温,防止水冻结;驱动装置(气缸或电动缸)的动作状况,气源配件的动作状况;阀门的密闭性。

停止时的维修项目:变形及破损;阀门的密闭性及动作灵活状况;电控部分的连接及安装除尘设备安全阀的目的是发生爆炸时,安全阀动作将爆炸压力分散于大气中去,以防止全部装置被破坏。安全阀动作的可能性虽然很少,但必须定期手动开、闭,反复检查其动作情况。安全阀在压力降低后,应能自动地恢复原位而关闭,可使系统继续运转下去。

③清灰机构维护　袋式除尘器的类别不同,清灰机构也不同。清灰机构的作用在于把滤袋上的粉尘有效地清除下来,保证袋式除尘器的正常运行。一般来说,用安装在控制盘或除尘器箱体上的压力计的读数表示清灰效果的好坏。阻力超过规定值,表明滤袋挂灰太多,此时应对清灰机构进行必要的调节或检修。

振打清灰方式:振打清灰一般是分室清灰,清灰时把阀门关闭,气流停止通过,由机械振动的作用进行清灰,清灰间隔用定时器进行自动控制。因此,对控制盘、各分室阀门、机械振动装置、滤袋的安装等进行维护。

反吹风清灰方式:用这种清灰方式一般在滤袋上每间隔一定距离缝入金属环,以减少滤袋的皱曲,防止滤袋磨损。反吹风清灰方式,由于对滤袋施加反向压力,而达到清灰的目的。

脉冲喷吹清灰方式:这种清灰方法运动部件很少,金属构件的维护工作少。但是,脉冲控制系统很容易结露、堵塞、动作不灵敏,需要注意维护。

④滤袋及吊挂机构　滤袋是除尘器的心脏,对其性能影响很大,所以应经常注意检查。经验证明,滤袋维修是维修工作最主要部分。运行中的滤袋状况,可由压力计的读值和变化反映出来。对大型袋式除尘器每天都要把阻力值记录下来,及时分析和检查滤袋的破损、劣化及堵塞等情况并采取必要的措施。

3.2.2　颗粒层除尘器

颗粒层除尘器是利用颗粒状物料(如硅石、砾石、焦炭等)作为填料层的一种内滤式除尘装置。在除尘过程中,气体中的粉尘粒子主要是在惯性碰撞、截留、扩散、重力沉降和静电力等多种力的作用下分离出来的。它具有结构简单、过滤能力不受灰尘比电阻的影响、能够净化易燃易爆的含尘气体、维修方便、耐高温、耐腐蚀、效率高等优点。过滤效率随颗粒层厚度和其上沉积的粉尘厚度的增加而提高,压力损失也随之增大。因此广泛应用于高温烟气的除尘。

颗粒层除尘器的种类很多,按床层位置可分为垂直床层与水平床层颗粒层除尘器;按床层的状态可分为固定床、移动床和流化床颗粒层除尘器;按床层数一般分为单层式和多层式颗粒层除尘器;按清灰方式分为振动式反吹清灰、带梳耙反吹清灰及沸腾式反吹清灰颗粒层除尘器等。

颗粒层除尘器的结构形式主要有移动床颗粒层除尘器和梳耙式颗粒层除尘器。

1. 移动床颗粒层除尘器

根据其气流方向与颗粒滤料移动的方向可分为平行流式和交叉流式。目前采用更多的是后者。洁净的颗粒滤料装入料斗进入颗粒床层中,通过传送带使颗粒床层中的滤料均匀、稳定地向下移动。含尘气流经过气流分布扩大斗使气流均匀分布于床层中,经过颗粒层的过滤使气体得到净化。

2. 梳耙式颗粒层除尘器

颗粒层除尘器中最常用的是单层梳耙式颗粒层除尘器,如图 3-22 所示。过滤时含尘气体以低速切向进入下部预分离器(旋风筒),粗粉尘被分离下来进入灰斗。气体经中心管进入过滤室,自下而上通过过滤层,粉尘便被阻留在硅石颗粒表面或颗粒层空隙中,气体通过净化室和换向阀从出口排出。随着床层内粉尘的沉积,阻力加大,过滤速度下降,达到一定程度时,需及时进行清灰。此时,控制机构操纵换向阀,关闭净气排气口,同时打开反吹风入口,反吹气流按相反方向进入颗粒床层,同时梳耙旋转搅动颗粒层,使其中沉积粉尘被反吹风吹走,颗粒层也被梳平。被反吹风带走的粉尘通过中心插入管进入旋风筒,此时由于流速的突然降低及气流急剧转变,粉尘块在惯性力和重力的作用下,掉入灰斗。含少量粉尘的反吹气流,经含尘烟气进口,汇入含尘烟气总管,进入并联的其他筒体内进一步净化。

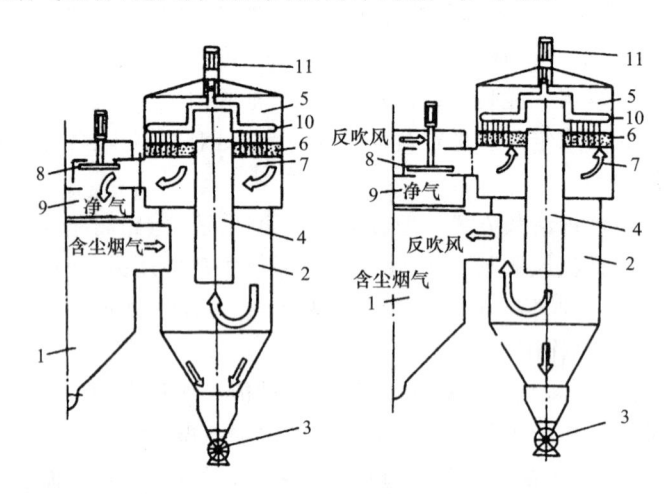

图 3-22 单层梳耙式颗粒层除尘器
1—含尘气体总管;2—旋风筒;3—卸灰阀;4—插入管;5—过滤室;6—过滤床层
7—干净气体室;8—换向阀;9—干净气体总管;10—梳耙;11—电动机

实践证明,颗粒的粒径越大,床层的孔隙率也越大,颗粒层厚度越小,粉尘对床层的穿透越强,除尘效率越低,但阻力损失也比较小;反之,颗粒的粒径越小,床层的孔隙率越小,颗粒层厚度越大,除尘的效率就越高,阻力也随之增加。颗粒层厚度一般为 100~200 mm,颗粒常用表面粗糙的硅石(颗粒粒径为 1.5~5 mm),其耐磨性和耐腐蚀性都很强。

选择合适的颗粒粒径配比和最佳的床层厚度是保持颗粒层除尘器良好性能的重要因素。对单层旋风颗粒层除尘器,颗粒粒径以 2~5 mm 为宜,其中小于 3 mm 粒径的颗粒应占 1/3 以上。

颗粒层除尘器的性能还与过滤风速有关,一般颗粒层除尘器的过滤风速取 30~40 m/min,除尘器总阻力为 1 000~1 200 Pa,对 0.5 μm 以上的粉尘,过滤效率可达 95% 以上。

3.2.3 应用实例

实例:用于水泥厂处理预分解炉窑尾废气的玻璃纤维滤袋式除尘器。

除尘器滤袋选用硅油处理玻璃纤维袋,可处理高温(<280 ℃)含尘气体。这种除尘器除尘效率高、稳定,且不受烟气性质影响,即不需要在除尘器前进行调质处理;运行中,可分室隔离检修,结构简单,操作维护简便安全。

1. 污染源状况

某水泥厂,年产量达到 43 万吨。分解炉窑尾废气排出高温含尘烟气经空气冷却器冷却,然后由高温风机送至玻璃纤维袋式除尘器,过滤后的洁净气体经烟囱排入大气,收集的粉尘由回灰铰刀送至生料均化库,与生料均化后,再次入窑煅烧。

2. 工艺流程

该窑产生废气温度 350~400 ℃,废气量 150 000~160 000 m^3/h,废气中污染物为生料粉,含尘量 60~70 g/m^3,废气密度(标况)为 0.7~1.4 kg/m^3。

3. 设备

(1)废气处理设备:CXS-Z-16 玻璃纤维袋式除尘器,总过滤面积 5 520 m^2;处理风量 160 000 m^3/h;滤袋规格 ϕ250 mm×10 000 mm;滤袋数量 704 条;经除尘后,粉尘排放浓度≤150 mg/m^3;除尘效率>99%。

(2)气体降温设备是多管强制风冷却器:HL 72-1400;散热面积 1 400 m^2;降温 150~170 ℃。

4. 效果

投入运行一年内,设备运行可靠,除尘效率高,废气排放浓度低于 150 mg/m^3,维修工作量小,年回收生料 15 660 吨,回收价值 46.98 万元。

学习任务单

1. 填空题

(1)(　　)是使含尘气体通过滤料或滤层,将粉尘分离和捕集的装置。

(2)影响袋式除尘器效率的因素有(　　)、(　　)、(　　)、(　　)。

(3)袋式除尘器采用的滤料按滤料的材质分为(　　)、(　　)、(　　)等;按滤料的结构分为(　　)和(　　)两类;按编织方法分为(　　)、(　　)、(　　)等。

(4)中国生产的滤料有三大类,即(　　)、(　　)、(　　)。

(5)袋式除尘器的清灰方式有(　　)、(　　)、(　　)、(　　)、(　　)等。

(6)根据结构特点将袋式除尘器划分为四种形式:即(　　)、(　　)、(　　)、(　　)。

(7)根据清灰方法的不同,一般将袋式除尘器分为五类:(　　)、(　　)、(　　)、(　　)、(　　)等。

2. 简答题

(1)说明机械振打、脉冲喷吹和反吹风清灰袋式除尘器的清灰原理,分析各自的优缺点。

(2)选择过滤材料时应考虑哪些因素,如何进行选择?

(3)简述颗粒层除尘器的除尘机理。
(4)影响袋式除尘器除尘效率的因素有哪些？
(5)在选择滤料时应考虑气体哪些特性？对滤料有何要求？

3. 计算题

用脉冲喷吹袋式除尘器处理含尘气体，气体流量为 1.35 m³/s，滤袋直径为 120 mm，滤袋长度为 2 m，试计算所需滤袋数量。

4. 技能实训

参照本书 7.4 节"袋式除尘器的性能测试"内容中袋式除尘器的基本参数进行设备结构设计，有条件的可以在实训室进行整个除尘系统制作。

3.3 静电除尘器

静电除尘器是利用静电力从气流中分离悬浮粒子（尘粒或液滴）的装置，简称电除尘器（ESP）。静电除尘器与其他除尘器的根本区别在于：除尘过程的分离力（主要是静电力）直接作用在粒子上，而不是作用在整个气流上。因此，具有能耗低、气流阻力小的特点。由于作用在粒子上的静电力相对较大，所以静电除尘器也可有效地捕集亚微米级粒子。

静电除尘器具有除尘性能好、除尘效率高、气体处理量大、适用范围广、能耗低、运行费用少等优点。电除尘器的主要缺点是一次性投资费用高、占地面积大，应用范围受粉尘比电阻限制，难以适应操作条件的变化，此外对制造、安装质量要求较高。

3.3.1 静电除尘的原理

静电除尘的基本原理包括电晕放电、尘粒的荷电、荷电尘粒的迁移和捕集、粉尘的清除等基本过程。

1. 电晕放电

静电除尘器实质上是由两个极性相反的电极组成的，其中一个是表面曲率很大的线状电极，即电晕极；另一个是管状或板状电极，即集尘极。一般情况下，电晕极接高压直流电源的负极，集尘极接高压直流电源的正极，两极之间形成高压电场。电极间的空气离子在电场的作用下，向电极移动，形成电流。当电压升高到一定值时，电晕极表面出现青紫色光晕，并发出嘶嘶声，大量的电子从电晕线不断逸出，这种现象称为电晕放电。发生电晕放电时，在电极间通过的电流称为电晕电流。

在产生电晕放电的基础上，当两极间的电压继续升高到某一点时，电流迅速增大，电晕极产生一个接一个的火花，这种现象称为火花放电。在火花放电之后，如果进一步升高电压，电晕电流会急剧增加，电晕放电更加激烈。当电压升至某一值时，电场击穿，出现持续的放电，产生强烈的弧光并伴有高温，这种现象就是电弧放电。由于电弧放电会损坏设备，使电除尘器停止工作，因此在电除尘器操作中应避免这种现象。

如果在电晕极上加的是负电压，则产生的是负电晕；反之，则产生正电晕。因为产生负电晕的电压比产生正电晕的电压低，而且电晕电流大，击穿电压高，所以工业应用的电除尘器均采用负电晕放电的形式。但是，负电晕要求气体中必须有电负性气体（二氧化硫、氨气、水蒸气等)存在才能持续发生。正电晕产生的臭氧量小,常用于空气调节的小型电除尘器。

2. 尘粒的荷电

尘粒的荷电机理有两种,一种是电场荷电,另一种是扩散荷电。电场荷电是指电晕电场中的电子在电场力的作用下作定向运动,与尘粒碰撞后使尘粒荷电的方式。扩散荷电是指电子由于热运动与粉尘颗粒表面接触,使粉尘荷电的方式。

尘粒的荷电方式与粒径有关,对于粒径大于 0.5 μm 的尘粒以电场荷电为主,小于 0.2 μm 的尘粒以扩散荷电为主。由于工程中应用的电除尘器所处理粉尘的粒径一般大于 0.5 μm,而且进入电除尘器的粉尘颗粒大多凝聚成长团,所以尘粒的荷电方式主要是电场荷电。

3. 荷电尘粒的迁移和捕集

在电晕区内,荷正电的极少数尘粒子沉降在电极上。在负离子区内,大量荷负电的粉尘颗粒在电场力的驱动下向集尘极运动,到达极板失去电荷后便沉降在集尘极上。

当尘粒所受的静电力和尘粒的运动阻力相等时,尘粒向集尘极做匀速运动,此时的运动速度就称为驱进速度,用 ω 表示。粒子驱进速度与粒子荷电量、气体黏度、电场强度及粒子的直径有关,表 3-5 给出了一些粉尘的有效驱进速度。

表 3-5　　　　　　　　　　各种粉尘的有效驱进速度

粉尘种类	驱进速度(m/s)	粉尘种类	驱进速度(m/s)
锅炉飞灰	0.08~0.122	镁砂	0.047
水泥	0.094 5	氧化锌	0.04
铁矿烧结灰尘	0.06~0.20	氧化铅	0.04
氧化亚铁	0.07~0.22	石膏	0.195
焦油	0.08~0.23	氧化铝熟料	0.13
石英石	0.03~0.055	氧化铝	0.084

4. 被捕集粉尘的清除

集尘极表面的灰尘沉积到一定厚度后,为了防止粉尘重新进入气流,需要将其除去,使其落入灰斗中。比电阻大的粉尘还容易出现反电晕,影响除尘效率,因此必须及时清灰。

电晕极的清灰一般采用机械振动的方式。集尘极清灰方法在干式和湿式除尘器中是不同的。

在干式除尘器中,沉积在集尘极上的粉尘是由机械撞击或电极振动产生的振动力清除的。现代的电除尘器大多采用电磁振打或锤式振打清灰,两种常用的振打器是电磁型和挠臂型。近年来还使用了振片式声波清灰器,它是一种增强型振片式声波清灰器,通过喇叭的声阻抗匹配产生低频高能声波,辐射到电除尘器内的积灰区域,使灰尘在声波作用下产生震荡,脱离其附着的表面,处于悬浮流化状态,在重力或气流的作用下进入灰斗或被清除。

湿式电除尘器的清灰一般是用水冲洗集尘极板,使极板表面经常保持一层水膜,粉尘落在水膜上时,被捕集并顺水膜流下,从而达到清灰的目的。湿法清灰的主要优点是已除去的粉尘不会重新进入气相造成二次扬尘,同时也会净化部分有害气体,如 SO_2、HF 等;其主要缺点是极板腐蚀较为严重,含水污泥需要处理,产生二次污染。

3.3.2 静电除尘效率的影响因素

影响静电除尘效率的主要因素有粉尘特性、烟气特性、结构因素和操作因素等。

1. 粉尘特性

粉尘特性主要包括粉尘的粒径分布、真密度、堆积密度、黏附性和比电阻等,其中最主要的是粉尘的比电阻。从图3-23可以看出,粉尘的比电阻小于 10^4 $\Omega \cdot cm$,导电性能好,且随着比电阻的减小,除尘效率下降,而电流消耗大大增加。在比电阻在 $1\times10^4 \sim 2\times10^{10}$ $\Omega \cdot cm$ 时,除尘效率较高,电流消耗比较稳定。在比电阻大于 2×10^{10} $\Omega \cdot cm$ 时,随着比电阻的增大,发生反电晕,除尘效率急剧下降。因此,粉尘的比电阻过高或过低均不利于除尘,最适合于电除尘捕集的粉尘,其比电阻的范围大约是 $1\times10^4 \sim 2\times10^{10}$ $\Omega \cdot cm$。

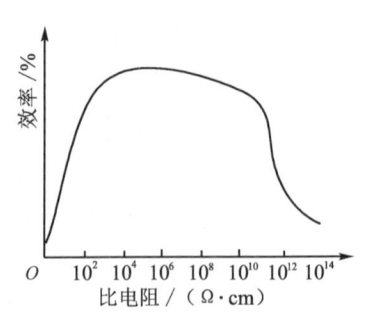

图 3-23　粉尘的比电阻与除尘效率

影响粉尘比电阻的因素很多,但最主要是气体的温度和湿度。所以,对于比电阻值相对偏高的粉尘,往往可以通过改变烟气的温度和湿度来调节,具体的方法就是向烟气中喷水,这样可以同时达到增加烟气湿度和降低烟气温度的双重目的。为了降低烟气的比电阻,也可以向烟气中加入 SO_3、NH_3 以及 Na_2CO_3 等化合物,以使尘粒的导电性增加。

2. 烟气特性

烟气特性主要包括烟气温度、压力、成分、湿度、含尘浓度、断面气流速度和分布等。

①烟气的温度和湿度　含尘气体的温度对除尘效率的影响主要表现为对粉尘比电阻的影响。在低温区,由于粉尘表面的吸附物和水蒸气的影响,粉尘的比电阻较小;随着温度的升高,粉尘的比电阻增加。高温区,由于粉尘内部的导电,也会使比电阻下降。

当温度低于露点时,湿度会严重影响除尘器的除尘效率。原因是随着湿度增加,沉积的粉尘容易结块黏结在集尘极和电晕极上,难于振落,而使除尘效率下降。

②含尘浓度　由于电晕放电在除尘电场中产生大量的电子,使进入其间的粉尘荷电。荷电粉尘形成的空间电荷会对电晕极产生屏蔽作用,从而抑制了电晕放电。所以随着含尘浓度的提高,电晕电流逐渐减少,出现电晕阻止效应。当含尘浓度增加到某一数值时,电晕电流基本为零,这种现象被称为电晕闭塞,此时的电除尘器失去除尘能力。

为了避免产生电晕闭塞,进入电除尘器气体的含尘浓度应小于 30 g/m^3。当气体含尘浓度过高时,除了选用曲率大的芒刺形电晕极外,还可以在电除尘器加设预处理装置,进行多级除尘。

③除尘器断面气流速度　降低除尘器的断面气流速度,增加了粉尘在荷电区的停留时间,使粉尘荷电的机会增多,除尘效率也会提高。随着气流速度的增大,除尘效率也就大幅度下降。

④断面气流分布　电除尘器断面气流速度分布均匀与否,对除尘效率有很大的影响。如果断面气速分布不均匀,在流速较低的区域,就会存在局部气流停滞,造成低速区的效率增加,不能弥补高速区造成的效率下降。因此保证气流速度均匀是保证高效率除尘的基本条件。气流速度过大,还会造成二次扬尘。除尘器断面上的气流速度差异越大,除尘效率越低。

3. 结构因素

结构因素主要包括电晕线的几何形状、直径、数量和线间距;集尘极的形式、极板断面形状、极间距、极板面积、电场数、电场长度;供电方式、振打方式(方向、强度、周期)、气流分布装置、外壳严密程度、灰斗形式和出灰口锁风装置等。最重要的结构因素为极间距,一般要求极间距要距离合适,保持均匀。

4. 操作因素

为保证其高效率,必须使供电功率高、供电压力大、供电电流稳定。供电压力大小一般通过控制火花频率来实现,一般要求最佳火花频率在 30～150 次/min。由于随着集尘极和电晕极上堆积粉尘厚度的不断增加,运行电压会逐渐下降,使除尘效率降低,因此,必须通过清灰装置使粉尘剥落下来,以保持较高的除尘效率。

3.3.3 静电除尘器的结构形式和主要部件

1. 静电除尘器的结构形式

静电除尘器的结构形式很多,可以根据不同的特点,分为不同的类型。根据集尘极的形式可以分为管式和板式两种;根据气流的流动方式,分为立式和卧式两种;根据粉尘在电除尘器内的荷电方式及分离区域布置的不同,分为单区和双区电除尘器。

(1)管式和板式电除尘器

结构最简单的管式电除尘器(图 3-24)为单管电除尘器。它是在圆管的中心放置电晕极,而把圆管的内壁作为集尘极,集尘极的截面形状可以是圆形或六角形。管径一般为 150～300 mm,管长 2～5 m,电晕线用重锤悬吊在集尘极圆管中心。含尘气体由除尘器下部进入,净化后的气体由顶部排出。管式电除尘器的电场强度高且变化均匀,但清灰较困难。多用于净化含尘气量较小或含雾的气体。

板式电除尘器(如图 3-25 所示)是由多块一定形状的钢板组合成集尘极,在一系列平行金属板间(作为集尘极)的通道中设置电晕极。极板间距一般为 200～400 mm,极板高度为 2～5 m,极板总长度可根据对除尘效率高低的要求而定。通道数视气量而定,少则几十,多则几百。板式电除尘器由于它的几何尺寸灵活而在工业除尘中广泛应用。

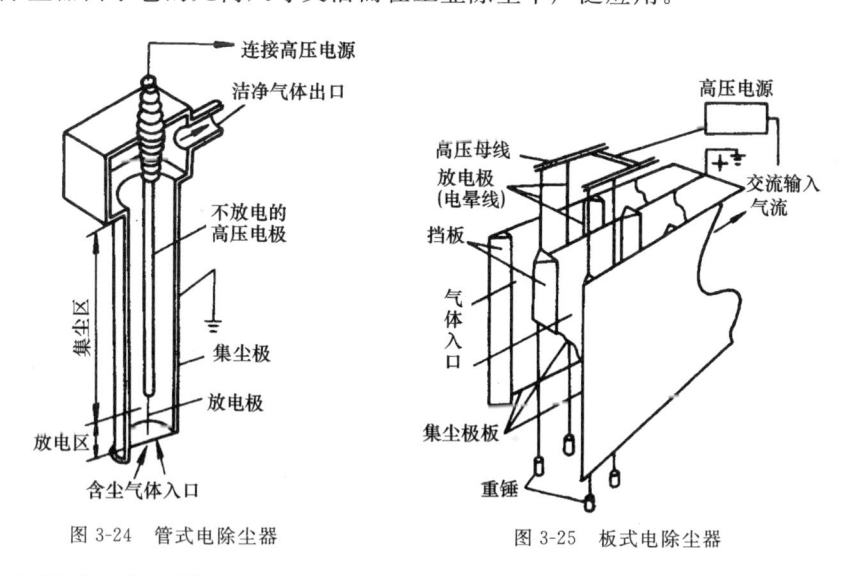

图 3-24 管式电除尘器　　图 3-25 板式电除尘器

(2)立式和卧式电除尘器

立式电除尘器通常做成管式,垂直安装。立式电除尘器能使含尘气流在自下而上流动过程中完成净化过程。立式电除尘器的优点是占地面积小,在高度较高时,可以将净化后的烟气直接排入大气而不另设烟囱,但检修不如卧式方便。

卧式电除尘器多为板式,在卧式电除尘器中,气体在其中水平通过,含尘气流净化过程是在气流水平运动过程中完成的。每个通道内沿气流方向每隔3 m左右(有效长度)划分单独电场,常用的是2~4个电场。卧式电除尘器安装灵活、维修方便,适用于处理烟气量大的场合。

(3)单区和双区电除尘器

在单区电除尘器中,集尘极和电晕极都装在同一区域内。尘粒的荷电和捕集在同一电场中进行,即电晕和集尘极布置在同一电场区内。单区电除尘器应用广泛,通常用于工业除尘和烟气净化。

在双区电除尘器内,集尘极系统和电晕极系统分别装在两个不同的区域内。尘粒的荷电和捕集分别在两个不同的区域内进行。安装电晕极的电晕区主要完成对尘粒的荷电过程,而在装有高压极板的集尘区主要是捕集荷电粉尘,双区电除尘器可以防止反电晕的现象,一般用于空调送风的净化系统。

(4)干式和湿式电除尘器

干式电除尘器,它是通过振打的方式使电极上的积尘落入灰斗中,含尘气体的电离、粒子荷电、集尘及振打清灰等过程,均是在干燥状态下完成的。这种清灰方式简单,便于粉尘的综合利用,有利于回收有经济价值的粉尘。但易造成二次扬尘,降低除尘效率。目前,工业上应用的电除尘器多为干式电除尘器。

湿式电除尘器是采用溢流或均匀喷雾的方式使集尘极表面经常保持一层水膜,用以清除被捕集的粉尘。这种方式不仅除尘效率高,而且避免了二次扬尘。由于没有振打装置,运行比较稳定。其主要缺点是对设备有腐蚀,产生二次污染,污水处理复杂。

2. 静电除尘器的主要部件

静电除尘器的结构由除尘器主体、供电装置和附属设备组成。除尘器的主体包括电晕极、集尘极、清灰装置、气流分布装置和灰斗等。

(1)电晕极

电晕极包括电晕线、电晕极框架吊杆及支撑套管、电晕极振打装置。

电晕极是产生电晕放电的电极,应具有良好的放电性能(起晕电压低、击穿电压高、电晕电流大等),具有较高的机械强度和耐腐蚀性能。

对电晕线的一般要求为:起晕电压低、电晕电流大、机械强度高、能维持准确的极距以及清灰等。

电晕极有多种形式,如图3-26所示。其中最简单的是圆形导线,圆形导线的直径越小,起晕电压越低、放电强度越高,但机械强度也较低,振打时容易损坏。工业电除尘器中一般使用直径为2~3 mm的镍铬线作为电晕极,上部自由悬吊,下端用重锤拉紧。也可以将圆导线做成螺旋弹簧形,适当拉伸并固定在框架上,形成框架式结构。

星形电晕极是用直径为4~6 mm的普通钢材经冷拉而成的(有的扭成麻花状)。它利用四个尖角边放电,放电性能好,机械强度高,采用框架方式固定。适用于含尘浓度较低的场合。

芒刺形和锯齿形电晕极属于尖端放电,放电强度高。在正常情况下比星形电晕极产生的电晕电流大一倍,起晕电压比其他的形式低。此外,由于芒刺或锯齿尖端放电产生的电子流和离子流特别集中,在尖端伸出方向,增强了电风,这对减弱和防止因烟气含尘浓度高时出现的电晕闭塞现象是有利的。因此芒刺形和锯齿形电晕极适合于含尘浓度高的场合,如在多电场的电除尘器中用在第一电场和第二电场中。

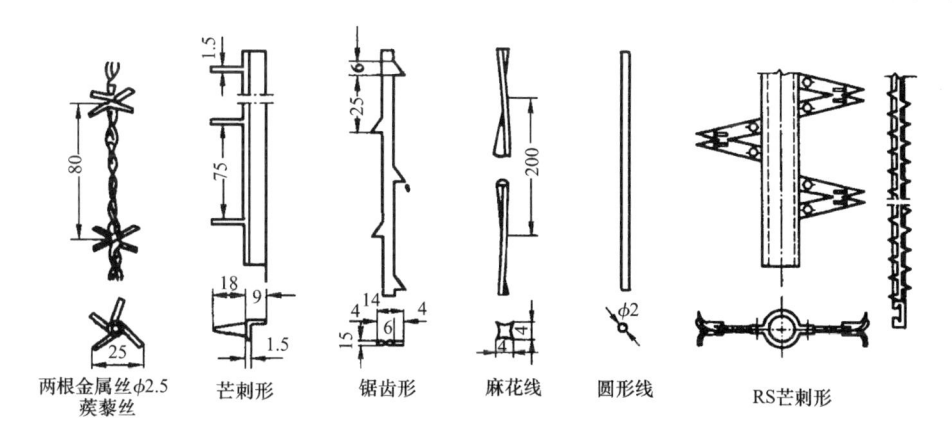

图 3-26 电晕极的形式

相邻电晕极之间的距离对放电强度影响较大。极距太大会减弱电场强度;极距过小也会因屏蔽作用降低放电强度。实验表明,最优间距为 200～300 mm。

(2)集尘极

集尘极的结构形式对粉尘的二次飞扬、金属消耗量和造价有很大的影响,直接影响除尘效率。对集尘极的基本要求是:易于粉尘在板面上的沉积;振打时二次扬尘少;单位集尘面积金属用量少;极板较高时,不易产生变形;气流通过极板空间时阻力小等。

集尘极板的形式有平板形、Z 形、C 形、波浪形、曲折形等。平板形极板对防止二次扬尘和使极板保持足够刚度的性能较差。Z 形极板是将极板加工成槽沟的形状。当气流通过时,紧贴极板表面处会形成一层涡流区,该处的流速较主气流流速要小,因而当粉尘进入该区时易沉积在集尘极表面。同时由于板面不直接受主气流冲刷,粉尘重返气流的可能性以及振打清灰时产生的二次扬尘都较少,有利于提高除尘效率。

极板之间的间距对电除尘器的电场性能和除尘效率影响较大。在通常情况下,极板间距一般取 200～350 mm。

集尘极和电晕极的制作和安装质量对电除尘器的性能有很大影响。极板的挠曲和极距的不均匀会导致工作电压降低和除尘效率下降。安装前极板、极线必须调直,安装时要严格控制极距,安装偏差要在±5%以内。

(3)清灰装置

及时清除集尘极和电晕极上的积灰,是保证电除尘器高效运行的重要环节。干式电除尘器的清灰方式有机械振打、电磁振打及压缩空气振打等;湿式电除尘器采用喷雾或溢流方式,在集尘极表面上形成一层水膜,使沉积在集尘板上的粉尘和水一起流到除尘器的下部而排出。

(4)气流分布装置

电除尘器内气流分布的均匀性对除尘效率的影响很大,它与除尘器进口的管道形式及气流分布装置有密切关系。在气流进口处,由于气流截面的变化会造成气流分布不均匀,为此需要设置 1～3 块平行的气流分布板。在除尘器出口处常设一块分布板。气流分布板一般为多孔薄板,孔形分为圆孔或方孔,也有百叶窗式孔板。电除尘器正式运行前,必须进行测试调整。

(5)除尘器外壳

除尘器外壳必须保证严密,尽量减少漏风。漏风量增加,风机负荷加大,电场内风速过高,除尘效率下降。特别是处理高温、湿烟气时,冷空气漏入会使烟气温度降至露点以下,导致除尘器内构件粘灰和腐蚀。电除尘器的漏风率控制在 3%以下。

(6)供电装置

电除尘器的供电装置主要包括升压变压器、整流变压器和控制装置。其工作原理是电网输入的交流电流源给电除尘器电场供电。输入整流变压器的交流电压称为一次电压,输入整流变压的交流电流称为一次电流;整流变压器输出的直流电压称为二次电压,整流变压器输出的直流电流称为二次电流。

3.3.4 静电除尘器的选型

1. 静电除尘器性能参数的确定

到目前为止,静电除尘器的选择和设计仍然主要采用经验公式类比方法,主要是根据需要处理的含尘气体流量和净化要求,确定集尘极面积、电场断面面积、电场长度、集尘极和电晕极的数量和尺寸等。静电除尘器有平板形和圆筒形,对于平板形静电除尘器的有关选择和设计计算如下:

(1)集尘极面积

$$A=\frac{Q}{\omega}\ln(\frac{1}{1-\eta}) \tag{3-21}$$

$$\eta=1-\exp(-\frac{A}{Q}\omega)$$

式中　A——集尘极面积,m^2。
　　　Q——处理气体流量,m^3/s。
　　　η——集尘效率。
　　　ω——微粒的有效趋进速度,m/s。

(2)电场断面面积

$$F=Q/u \tag{3-22}$$

式中　F——电场断面面积,m^2。
　　　Q——处理气体流量,m^3/s。
　　　u——除尘器断面气流速度,m/s。

对于一定结构的静电除尘器,当气体流速增加时,除尘效率降低,因此气体流速不宜过大;但如果过小,又会使除尘器体积增加,造价提高。

(3)集尘室的通道个数　由于每两块集尘极之间为一通道,则集尘室的通道个数 n 可由下式确定:

$$n=\frac{Q}{bhu} \tag{3-23}$$

式中　b——集尘极间距,m。
　　　h——集尘极高度,m。

(4)电场长度

$$L=\frac{A}{2nh'} \tag{3-24}$$

式中　L——集尘极沿气流方向的长度,m。
　　　h'——电场高度,m。

(5)工作电压　根据实际需要,工作电压一般取 60~72 kV。
(6)工作电流　一般在 100~300 mA。

2. 静电除尘器的选择

静电除尘器的形式和工艺配置,一般根据处理含尘气体的性质及处理要求来决定,其中最重要的因素是粉尘比电阻。

如果粉尘的比电阻适中($1\times10^5\sim2\times10^{10}$ Ω·cm),则采用普通干式电除尘器。对于比电阻高的粉尘,宜采用特殊型电除尘器,如宽极距型和高温电除尘器等。如仍然采用普通型电除尘器,则应在含尘气体中加入适量的调理剂(如 NH_3、H_2O 等),以降低粉尘的比电阻。对于比电阻低的粉尘,由于在电场中产生跳跃,一般的干式电除尘器难以收集,由于电场的作用,粉尘通过电除尘器后凝聚成大的颗粒团,容易产生反荷电现象,一般难以捕集,不宜采用电除尘器净化。

湿式电除尘器既能捕集比电阻高的粉尘,也能捕集比电阻低的粉尘,而且具有较高的除尘效率。其缺点是会带来污水处理及通风管道和除尘器的腐蚀问题。对于处理含煤粉的气体,采用湿式清灰方式,既可以解决高浓度粉尘可能出现的电晕闭塞、反电晕现象,还能减少使用静电除尘器带来的煤尘爆炸隐患。

3.3.5 静电除尘器的运行与维护管理

1. 正常运行

应做好下列监测与检查工作:

(1)应监视控制柜、盘等表针,指示灯,信号报警装置等有无异常。
(2)对槽形板振打装置每班至少振打一次。
(3)每班班中和交接班时对设备进行定期巡回检查,做好记录。
(4)发生故障时,应按运行规程规定进行处理,对发现的缺陷,应及时填写记录,通知检修人员,及时消除。
(5)正常运行中发生电场内的振打系统故障,又因故不能停炉处理,一般应停止该电场运行。

2. 静电除尘器的维护管理

(1)维护

①每周对保温箱内进行一次清扫。在清扫过程中同时检查电晕极支撑绝缘套管是否有破损、爬电等现象,如果有破损,则应及时更换。如果除尘器经常在低温下工作,绝缘套管的内壁则可能会因烟气冷凝而积灰,此时可用压缩空气从绝缘套管上盖的活动孔盖中进行吹扫。

保温箱内的管状电加热器是用来维持箱内温度高于烟气露点温度 20~30 ℃的,所以进行保温箱的维护还应对管状加热器进行仔细检查,看其工作是否正常,如果发现箱内壁有锈蚀现象,则说明加热器工作不能满足要求,一则是箱内的恒温控制器控制点过低,再则是电加热器的功率过小。安装在寒冷地区的电除尘器,有时因保温箱密闭性不好,也可能出现上述问题,维护时均需进行适当处理。

②每周应检查一次各振打传动装置的减速器油位,并适当补充润滑油。
③若除尘器工作三个月以上,则应利用停车机会对除尘器内部构件进行检查维护,其维护内容如下:

a.检查各层气流分布板的情况:孔是否被粉尘堵住,如果部分孔被粉尘堵住,则应仔细检查其振打装置的工作状况,检查振打锤锤头与砧板撞击的位置,必要时应测定分布板积灰处的振动加速度值,检查每块分布板的连接是否适当,有无错开产生气流短路的现象,通入气流,检查分布板是否往复摆动,必要时应焊以限位板。

b.检查两极间距:仔细检查每个电场每个通道的偏差是否在 10 mm 以内,每根电晕线与极板距离的偏差是否在 5 mm 以内,电晕线是否有松动现象,极板是否因受热而弯曲,如有上述缺陷应及时进行处理。

c. 检查极板板面的积灰情况:如发现个别极板积灰过厚,则应分析该块极板的振打情况,必要时应测定该块极板的振动加速值,并进行适当处理。

d. 检查电晕线的挂灰程度:如发现个别电晕线挂灰过多,则应分析其原因,并进行适当处理。

e. 检查极板的锈蚀情况:如发现极板锈蚀,则应检查门、顶盖、法兰连接处等是否严密,如有漏风要进行处理。

f. 检查两极振打装置 振打锤在轴上的固定是否松动,锤头连接是否松动,振打锤是否有松动、脱落现象以及砧板的磨损程度,振打轴轴承的磨损程度。

④每周检查一次排灰装置的运行情况,每半年更换一次减速器的润滑油。

⑤每两个月对电缆头、低压控制柜、支座瓷瓶进行一次清扫。

⑥每年检查一次除尘器壳体、检查门等处与地线的连接情况,必须保证其电阻值小于 4 Ω。

⑦每周检查一次电晕极振打的传动装置,若电晕极振打传动装置采用中部振打的方式,则应检查挡灰板是否积灰,挡灰板与传动轴间的密封是否完好,绝缘电瓷轴是否破损等。

⑧检查每个电场集尘极振打装置的振打周期,并根据极板板面的积灰情况进行调节。

⑨每半年检查一次除尘器保温层,如果发现破损,应及时修理,记录烟气温度和壳体保温层外壁的温度值。

⑩每年测定一次除尘器进、出口处的烟气量、含尘浓度和压力降,从而分析除尘器性能的变化。

⑪除尘器应备有下列零件的备件:电晕线占总根数的 5%;电晕极悬吊绝缘套管一套;电晕极振打瓷连杆一套;振打锤 10%;振打轴轴承 50%;恒温控制器四个。

(2) 管理

①专业化管理 电除尘器是燃煤电厂的主要投资设备之一,采用了国内外的先进技术,必须建立专业化组织机构来统筹管辖电除尘器设备的运行、检修和管理工作,相应配以必要的干部、技术人员和适宜的班组技术力量。建立现代化的专业管理机构是保证电除尘器持久稳定和高效运行的首要条件。多年实践证明,凡是电除尘器运行状况好的,基本上均设有专业管理组织机构。

②制定必要的规章制度 必须制定必要的规章制度,使从事运行、检修和管理人员有章可循。遵照有关规程,结合本厂实际,编写本厂的电除尘器运行规程和检修规程、运行岗位责任制、设备巡视制、设备缺陷管理制、检修设备专责制、检修人员定期检查制、运行定期工作制和电气设备定期清扫制等规程和管理制度。在设备一投入运行时就开始严格贯彻执行,投运一年后进行第一次大修,结合设备系统的变化和改进情况,对原有规程和管理制度根据实际情况进行修订。

③加强正常运行中的运行和检修管理工作 运行中保证设备高效运行的关键是值班人员应认真负责地操作、调整,严格执行规程和定期工作制度。工作人员要视表计指示情况和锅炉负荷、煤种和粉尘情况进行相应的调整。要及时根据信号报警及表计指示,正确判断、调整和处理,以免损坏设备。加强维修管理工作,及时消除运行中发生的缺陷,不断改进有问题的部件与系统。

④严格遵守运行中的定期工作制度和管理制度。

⑤加强运行维护管理人员的培训。

3.3.6 应用实例

实例:静电除尘器用于钢铁厂治理烧结机尾气。

某钢铁厂年产钢铁 647 万吨,其炼铁分厂由原料车间、烧结车间和炼铁车间组成。烧结车间有 2 台 450 m² 鲁奇型烧结机,年产烧结矿 980 万吨。生产的主要原料是铁精矿粉、焦粉、石灰石、蛇纹石、生石灰、硅砂等。

1. 污染源状况

废气主要来自烧结机头部、尾部、冷却机、运输机以及一些扬尘点。烧结机尾气系统废气中的有害物主要是粉尘,其平均粒径为 40~90 μm,容积密度 1.0~2.0 g/cm³,真密度 3.6~4.7 g/cm³,含尘密度 5~15 g/m³(标况)。

每台烧结机尾除尘系统总风量为 13 625 m³/min(温度为 120~140 ℃)。

2. 工艺流程

烧结机尾气经除尘管道输送到电除尘器净化后,由 50 m 高的烟囱排入大气。电除尘器捕集的粉尘经加湿后,进入配料室的烧结粉槽,作为烧结原料使用。

3. 设备运行参数

电除尘器有效断面积 210 m²,处理风量 1 500 m³/min,工作电压最大 60 kV,三个电场,电场风速为 1.2 m/s,58 列气体通路,极板间距 300 mm,集尘极为 CSV 型,有效集尘面积 16 000 m²,尺寸 480 mm×12 250 mm×1.2 mm,电动回转锤式振打清灰装置,一电场的电晕级为扁钢芒刺形,二、三电场为角钢芒刺形,脱钩振打清灰。

风机风量 15 000 m³/min(140 ℃),风压 2 940 Pa。

4. 效果

该除尘系统投入运转以来,排放浓度均在 100 mg/m³(标况)以下。当入口浓度为 4 g/m³(标况)左右时,实测效率均在 97% 以上。

5. 常见问题

烧结机尾气有时产生阵发性的黄色烟尘外逸,使除尘器出现"瞬时超标"的现象,与第三场振打有关;电晕极脱钩振打易出现振打不到位等机械故障,而且结构比摇臂锤式复杂,需要经常调整和维修;刮板运输机易出现故障。

学习任务单

1. 填空题

(1)( )是含尘气体通过高压电场时,通过电晕放电使含尘气流中的尘粒带电,利用电场力使粉尘从气流中分离出来并沉积在电极上的过程。利用静电除尘的设备称为( )。

(2)静电除尘的基本原理包括( )、( )、( )、( )等基本过程。

(3)静电除尘器的结构形式很多,根据集尘极的形式可以分为( )和( )两种;根据气流的流动方式,分为( )和( )两种;根据粉尘在电除尘器内的荷电方式及分离区域布置的不同,分为( )和( )电除尘器。

(4)静电除尘器的结构由除尘器主体、( )和( )组成。除尘器的主体包括( )、( )、( )、( )和( )等。

2.简答题

(1)静电除尘器有哪些优缺点?

(2)简述静电除尘器的除尘机理。

(3)试述影响静电除尘器除尘效率的因素。

(4)选择电除尘器时应考虑哪些因素?

(5)在电除尘中,粉尘比电阻过高和过低时对除尘效率有何影响?电除尘器处理粉尘最适宜的比电阻范围是多少?若粉尘的比电阻过高,应采取哪些措施调整其比电阻?

(6)什么是"电晕闭塞",对电除尘有什么危害,应如何防止出现"电晕闭塞"?

3.计算题

(1)含石膏粉尘废气,流量 150 000 m^3/h,含尘浓度 67.2 g/m^3,用电除尘器处理,要求净化后,气体含尘浓度为 200 mg/m^3,试计算电除尘器集尘极板的面积。

(2)利用一板式电除尘器捕集烟气中的粉尘,该除尘器由四块集尘极板组成,板高和板长均为 3.66 m,板间距为 0.25 m,烟气的体积流量为 7 200 m^3/h,常压操作,粉尘粒子的驱进速度为 12.2 cm/s。试确定:

①烟气流速分布均匀时的除尘效率。

②由于烟气分布不均匀,某一通道内烟气量占烟气总量的50%,其他两通道的烟气量各占25%时除尘器的除尘效率。

3.4 湿式除尘器

湿式除尘器是通过含尘气体与液滴或液膜的接触,利用水滴和颗粒的惯性及其他作用捕集颗粒或使粒径增大,使尘粒从气流中分离出来的设备,也叫洗涤式除尘器。湿式除尘器既能净化废气中的固体颗粒污染物,也能脱除气态污染物(气体吸收),同时还能起到对气体降温的作用。湿式除尘器具有设备投资少、构造简单、净化效率高、运行安全的特点。尤其适宜净化高温、易燃、易爆及有害气体。缺点是容易受酸碱性气体腐蚀,管道设备必须防腐;要消耗一定量的水,粉尘回收困难,污水和污泥要进行处理;使烟气抬升高度减小,冬季烟筒会产生冷凝水;在寒冷地区要考虑设备的防冻等。

采用湿式除尘器可以有效去除 0.1~20 μm 的液滴或固体颗粒,其压力损失在 250~1 500 Pa(低能耗)和 2 500~9 000 Pa(高能耗)。

3.4.1 湿式除尘器的除尘原理

惯性碰撞和拦截是湿式除尘器捕获尘粒的主要机理,其次是扩散和静电作用等。尘粒和水滴之间的惯性碰撞是最基本的捕集作用,对尺寸在 0.3 μm 以上的尘粒而言,尘粒与水滴的碰撞效率取决于尘粒的惯性。气流在运动过程中如果遇到障碍物(如水滴)会改变气流方向,绕过物体进行流动。粒径和重量较大的尘粒具有较大的惯性,会脱离气流的流线保持直线运动,从而与水滴相撞。如果从脱离流线到停止运动,尘粒移动的距离大于尘粒脱离流线的点到水滴的距离,尘粒就会和水滴碰撞而被捕集。对于气流中密度较小的粉尘,由于其惯性作用力较小,能随气流一起绕过水滴,当其流线至水滴表面的距离小于粉尘的半径时,粉尘由于接触水滴而被拦截。

3.4.2 常见的湿式除尘器

1. 旋风洗涤除尘器

旋风洗涤除尘器与干式旋风除尘器相比，由于附加了水滴的捕集作用，除尘效率明显提高。在旋风洗涤除尘器中，含尘气体的螺旋运动产生的离心力将水滴甩向外壁形成壁流，减少了气流带水量，增加了气流间的相对速度，不仅可以提高惯性碰撞效率，而且采用更细的喷雾，壁液还可以将离心力甩向外壁的粉尘立刻冲下，有效地防止了二次扬尘。

旋风洗涤除尘器含尘气体入口气速为 15~45 m/s，气流压力损失为 500~750 Pa，除尘效率一般可达 90%~95%。

旋风洗涤除尘器适用于净化大于 5 μm 的粉尘。常用的旋风洗涤除尘器有立式旋风水膜除尘器和中心喷雾旋风除尘器。

(1) 立式旋风水膜除尘器

立式旋风水膜除尘器的除尘过程是含尘气体从筒体下部进风口沿切线方向进入后旋转上升，使尘粒受到离心力作用被抛向筒体内壁，同时被沿筒体内壁向下流动的水膜所黏附捕集，并从下部锥体排出除尘器。

立式旋风水膜除尘器是一种运行简单、维修管理简便、应用比较广泛的洗涤式除尘器，其构造如图 3-27 所示。在圆筒形的筒体上部，沿筒体切线方向安装若干个喷嘴，水雾沿切线喷向器壁，在器壁上形成一层很薄的不断向下流动的水膜。含尘气体由筒体下部切向导入，旋转上升，气流中的尘粒在离心力的作用下被甩向器壁，从而被液滴和器壁上的液膜捕集，最终沿器壁向下注入集水槽，经排污口排出。净化后的气体由顶部排出。

立式旋风水膜除尘器的除尘效率随气体的入口速度增加和筒体直径减小而提高。但入口气速过高，会使阻力损失大大增加，有可能还会破坏器壁的水膜，使除尘效率下降，同时出现带水的现象。因此入口气速一般控制在 15~22 m/s。为减少尾气对液滴的夹带，净化气体出口气速应在 10 m/s 以下。入口含尘浓度不宜过大，最大允许浓度为 2 g/m³。若用于处理含尘浓度大的废气时，应设置预除尘装置。水气比取 0.4~0.5 L/m³ 为宜，一般情况下除尘效率为 90%~95%，设备压力损失为 500~750 Pa。

图 3-27　立式旋风水膜除尘器

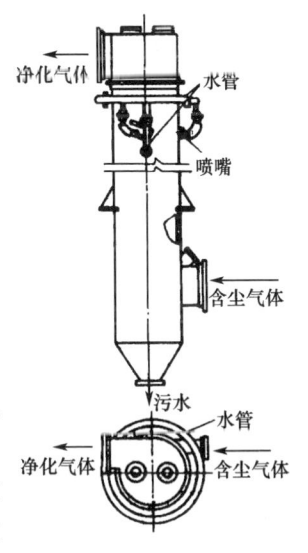

(2) 中心喷雾旋风除尘器

图 3-28 所示中心喷雾旋风除尘器示意图。含尘气流由除尘器下部沿切线方向进入，水通过轴向安装的多头喷嘴喷入，尘粒在离心力的作用下被甩向器壁，水由喷雾多孔管喷出后形成水雾，利用水滴与尘粒的碰撞作用和器壁水膜对尘粒的黏附作用而除去尘粒。入口处的导流板可以调节气流入口速度和压力损失。如需进一步控制，则要靠调节中心喷雾管入口处的水压。

中心喷雾旋风除尘器的结构简单，设备造价低，操作运行稳定可靠。由于塔内气流旋转运动的路程比喷雾塔长，尘粒与液滴之间相对运动速度大，因而使粉尘被捕获的概率大。中心喷雾旋风除尘器对粒径在 0.5 μm 以下粉尘的捕集效率可达 95% 以上。

2. 重力喷雾洗涤器

重力喷雾洗涤器又称喷雾塔或洗涤塔，是湿式洗涤器中最简单的一种，图 3-29 所示的是重力喷雾洗涤器示意图。在逆流式喷雾塔内，含尘气体向上运动，通过喷淋液体所形成的液滴空间时，由于尘粒和液滴之间的碰撞、拦截和凝聚等作用，使较大、较重的尘粒靠重力作用沉降下来，与洗涤液一起从塔底排走。为保证塔内气流分布均匀，常采用孔板型气流分布板。为了防止气体出口夹带液滴，常在塔顶安装除雾器。被净化的气体排入大气，从而实现除尘的目的。

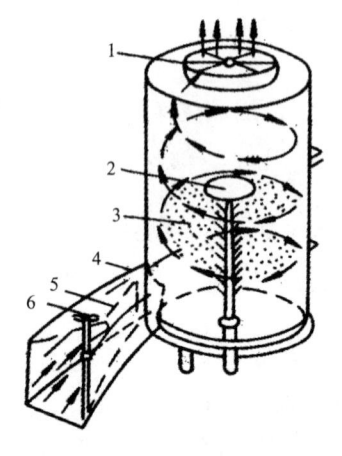

图 3-28 中心喷雾旋风除尘器
1—旋流板脱水器；2—中心隔板；3—喷嘴；
4—含尘气体入口；5—导流板；6—调节杆

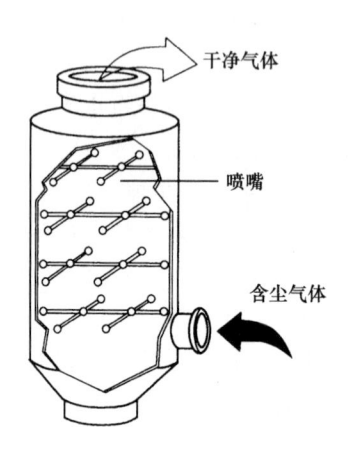

图 3-29 重力喷雾洗涤器示意图

一般按照尘粒与水流流动方式的不同将重力喷雾洗涤器分为逆流式、并流式和横流式。

通过喷雾洗涤器的水流速度与气流速度之比为 0.015～0.075，气体入口速度范围一般为 0.6～1.2 m/s，耗水量为 0.4～1.35 L/m^3。

喷雾洗涤器的压力损失较小，一般在 250 Pa 以下。对于粒径 10 μm 以下尘粒的捕集效率低，因而多用于净化大于 50 μm 的尘粒。重力喷雾洗涤器具有结构简单、阻力小、操作方便等特点，经常与高效洗涤器联合使用捕集粒径较大的颗粒。但其耗水量大、设备庞大、占地面积大、除尘效率低。因此常被用于电除尘器入口前的烟气调质，以改善烟气的比电阻，也可用于处理含有害气体的烟气。

3. 自激喷雾除尘器

(1) 冲击水浴除尘器

冲击水浴除尘器如图 3-30 所示：连续进气管的喷头掩埋在器内的水室里，含尘气流经喷头喷出，冲击水面，气流急剧改变方向；粒径较大的尘粒惯性速度大，与水碰撞而被捕集；粒径较小的尘粒随气流以细流的方式穿过水层，激发出大量泡沫和水花，进一步使尘粒被捕集，达到二次净化的目的。

(2) 自激式除尘器

自激式除尘器由洗涤除尘室、排泥装置和水位控制系统组合而成。如图 3-31 所示，在洗涤除尘器内设置了 S 形通道，使气流冲击水面激起的泡沫和水花充满整个通道，从而使尘粒与液滴的接触机会大大增加。含尘气流进入除尘器后，转弯向下冲击水面，粗大的尘粒在惯性的作用下冲入水中被水捕集直接沉降在泥浆斗内。未被捕集的微细尘粒随着气流高速通过 S 形通道,激起大量的水花和水雾,使粉尘与水滴充分接触,通过碰撞和截留,使气体得到进一步的净化,净化后的气体经挡水板脱水后排出。

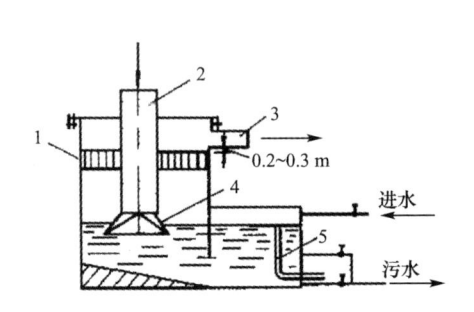

图 3-30　冲击水浴除尘器
1—挡水板;2—进气管;3—排气管;4—喷头;5—溢流管

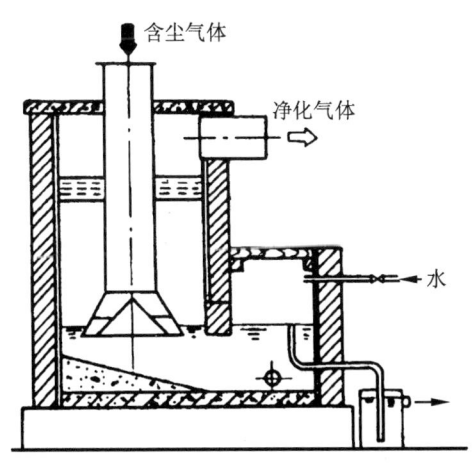

图 3-31　自激式除尘器

自激式除尘器入口风速一般取 15～20 m/s,进气室的下降流速 3～4 m/s,S 通道内的气流速度为 18～35 m/s,除尘效率可达 95%,设备压力损失达 1 000～1 600 Pa,耗水量为 0.04 L/m³。

自激式除尘器结构紧凑、占地面积小、施工安装方便、负荷适应性好、耗水量少。缺点是价格较贵、压力损失大。

4. 文丘里洗涤器

文丘里洗涤器如图 3-32 所示,它是一种高效湿式洗涤器,常用在高温烟气降温和除尘上。水在喉管处注入并被高速气流雾化,尘粒与液滴之间相互碰撞使尘粒沉降。

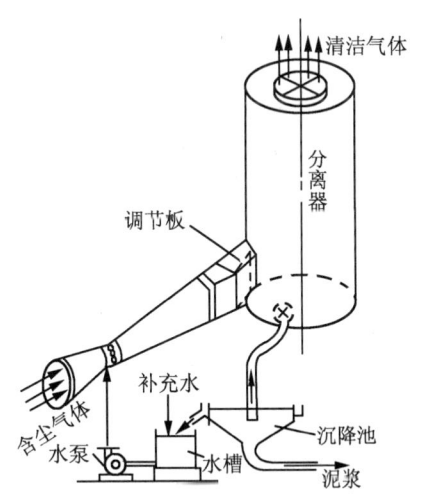

文丘里洗涤器一般包括文丘里管(简称文氏管)和脱水器两部分。文氏管由进气管、收缩管、喷嘴、喉管、扩散管、连接管组成。脱水器也叫除雾器,上端有排气管,用于排除净化后的气体;下端有排尘管接沉淀池,用于排除泥浆。文丘里洗涤器的除尘包括雾化、凝聚和脱水三个过程,前两个过程在文氏管内进行,后一个过程在脱水器内进行。含尘气体由进气管进入收缩管,气速逐渐增加,气流的压力逐渐变成动能,进入喉管时,流速达到最大值,从喉管加入的水被高速气流冲击雾化成细小雾滴,在收缩管和喉管中

图 3-32　文丘里洗涤器

气液两相之间的相对流速增大,从喷嘴喷出来的水滴,在高速气流冲击下雾化,气体湿度达到饱和,尘粒表面附着的气膜被冲破,使尘粒被水湿润。尘粒和水滴、尘粒和尘粒之间发生激烈的凝聚,形成较大颗粒,在扩散管中,气流的速度减小,压力回升,以尘粒为凝聚核的作用加快,凝聚成较大的含尘水滴,更易被除去,并被脱水器捕集分离,使气体得以净化。因此,要想提高尘粒与水滴的碰撞效率,喉管的气体速度必须较大,在工程上一般保证气速为 50～80 m/s,而

水的喷射速度应控制在 6 m/s。除尘效率还与水气比有关,运行中要保持适当的水气比,以保证高的除尘效率。

由于文丘里洗涤器对细粉尘有很高的除尘效率,而且对高温气体有良好的降温效果。因此,常用于高温烟气的降温和除尘,如炼铁高炉、炼钢电炉烟气以及有色冶炼和化工生产中的各种炉窑烟气的净化方面都常使用。文丘里洗涤器结构简单、体积小、布置灵活、投资费用低;缺点是压力损失大。

5. 泡沫除尘器

泡沫除尘器又称泡沫塔洗涤器,简称泡沫塔。在泡沫设备中与气体相互作用的液体,呈运动着的泡沫状态,使气液之间有很大的接触面积,尽可能地增强气液两相的湍流程度,保证气液两相接触表面有效更新,达到高效净化气体中尘、烟、雾的目的。

泡沫除尘器可分为溢流式和淋降式两种。如图 3-33 所示在圆筒形溢流式泡沫塔内,设有一块或多块多孔筛板,洗涤液加到顶层塔板上,并保持一定的原始液层,多余液体沿水平方向横流过塔板后进入溢流管。待净化的气体从塔的下部导入,均匀穿过塔板上的小孔而分散于液体中,鼓泡时产生大量泡沫。泡沫塔的效率,包括传热、传质及除尘效率,主要取决于泡沫层的高度和泡沫形成的状况。气体速度较小时,鼓泡层是主要的,泡沫层高度很小;增加气体速度,鼓泡层高度便逐渐减少,而泡沫层高度增加;气体速度进一步提高,鼓泡层便趋于消失,几乎全部液体在泡沫状态;气体速度继续提高,则烟雾层高度显著增加,机械夹带现象严重,对传质产生不良影响。一般除尘过程,气体最适宜的操作速度范围为 1.8~2.8 m/s。当泡沫层高度为 30 mm 时,除尘效率为 95%~99%;当泡沫层高度增至 120 mm 时,除尘效率为 99.5%,压力损失为 600~800 Pa。

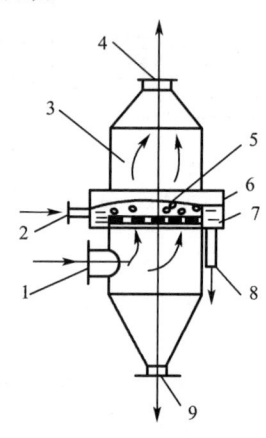

图 3-33 泡沫塔洗涤器
1—烟气入口;2—洗涤液入口;3—泡沫洗涤器;
4—出气口;5—筛板;6—水堰;7—溢流槽;
8—溢流管;9—污泥出口

6. 填料洗涤除尘器

填料洗涤除尘器是在除尘器中填充不同形式的填料,并将洗涤液喷洒在填料表面上,以覆盖在填料表面上形成液膜,捕集含尘气体中的粉尘。它适用于易清洗、流动性好的粉尘,并有冷却气体和吸收气体中有害成分的作用。

(1)填料塔

根据洗涤液与含尘气体相互接触时的流动方向的不同,可分为错流、顺流和逆流式填料塔。

错流式填料塔(图 3-34)的特点是含尘气体由侧向进入,通过四层筛网所夹持的填料层。填料层厚度一般小于 0.6 m,最厚为 1.8 m,为保证填料能充分被洗涤液所覆盖形成液膜,填料层斜度需大于 10°。当处理含尘浓度较高的气体时,除了在填料层上部设有喷水装置外,同时在气体入口处,顺气流方向设置喷嘴。其液气比一般为 0.15~0.5 L/m³,每米厚度填料的压力损失为 160~400 Pa。当入口含尘气体浓度为 10~12 g/m³ 时,捕集大于 2 μm 的粉尘效率可达 99%。

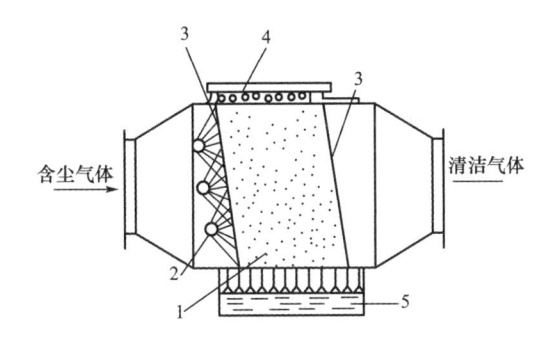

图 3-34 错流式填料塔
1—填料；2—喷嘴；3—支撑筛板；3—喷水装置；4—泥浆槽

顺流式填料塔(图 3-35)的特点是含尘气体与洗涤液的流动方向相同。其液气比一般为 1~2 L/m³，每米厚度填料的压力损失为 800~1 600 Pa。

逆流式填料塔(图 3-36)的含尘气体与洗涤液的流动方向相反。气体的空塔速度为 1~2 m/s，液气比为 1.3~3.6 L/m³，每米厚度填料的压力损失为 400~800 Pa。

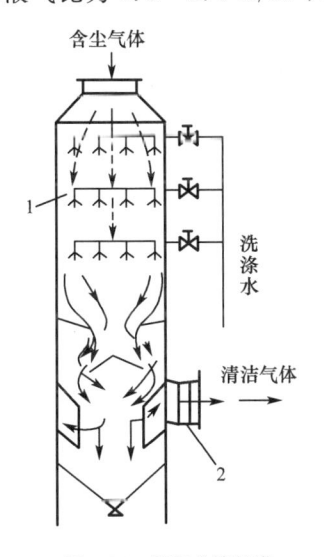

图 3-35 顺流式填料塔
1—喷水装置；2—除雾器

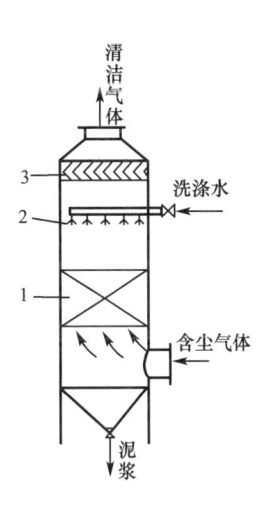

图 3-36 逆流式填料塔
1—填料层；2—喷水装置；3—除雾器

填料塔常用的填料如图 3-37 所示，材质通常为陶瓷、塑料和金属。填料层的断面气体流速一般为 0.3~1.5 m/s。对于拉西环，当气体流速为 0.5~1.5 m/s 时，每米厚度填料的压力损失为 250~600 Pa。

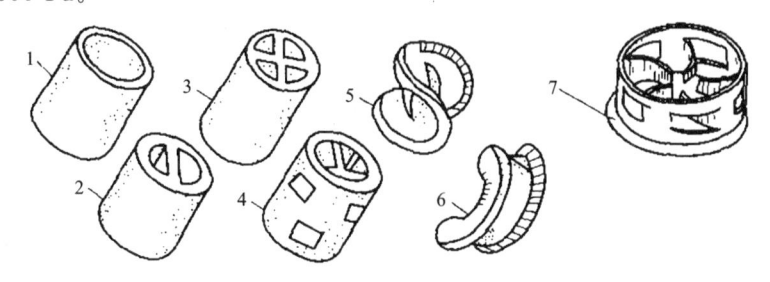

图 3-37 填料塔常用的填料
1—拉西环；2—φ环；3—十字环；4—鲍尔环；5—弧鞍形填料；6—矩鞍形填料；7—阶梯环

(2)湍球塔

湍球塔是一种可浮动填料洗涤除尘器。它将流化床的原理应用到气液传质设备中,使填料处于流化状态,因而使过程得到强化。塔内栅板上装有一定数量的球形填料。球形填料在一定气速下流态化,形成湍动旋转并相互碰撞。气体、液体在球形填料流态化带动下,也处于湍动状态。气、固、液三相湍动,因而能有效地把气体中的粉尘捕集下来。如图 3-38 所示。

湍球塔所用的球形填料材质使用较多的是高密度聚乙烯球和聚丙烯球,湍球塔除尘效率较高,一般对于粒径为 2 μm 细尘的除尘效率可达 99%以上。

3.4.3 湿式除尘器的运行与维护管理

1. 启动前的检查

(1)引风机、排灰系统的电动机和其他所有转动部分的润滑冷却情况。

(2)除尘器本体及烟道连接的引风机、调节阀门或挡板、排灰装置及人孔、手孔等的气密性是否良好。

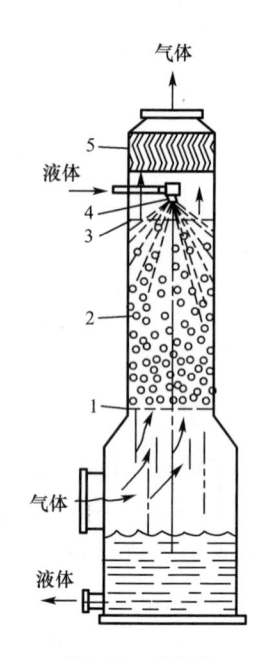

图 3-38 湍球塔
1—筛板;2—球形填料;
3—筛板;4—喷嘴;5—除沫器

(3)对于水浴式与水膜式除尘器,要保证液位控制系统的准确。

(4)对于喷淋洗涤器,要求喷淋均匀无死角,液滴细密,耗水量少。

(5)文丘里洗涤器雾化后的液滴要保证布满整个喉管截面。

(6)在运行中应十分注意烟气离开冷却装置的温度,先供给洗涤水,然后通入烟气开始运转。

2. 风量调整

由于启动时的烟气密度较大,为使引风机不超载,应先关小挡板的开度再启动,然后逐渐开大到设计额定风量。

3. 维护管理

湿式除尘器在运行过程中,必须随时注意定期检查,若有异状,应及时分析和排除故障。在运行中应经常注意观察:锅炉的出力;烟色;烟气的压力损失;集尘量;进出口烟气的温度;一切用水设备的耗水量、水压、水温和废水的 pH;在运行过程中,除注意烟尘的性质和烟气温度外,还应给以合适的液气比运转和注意压力损失;文丘里洗涤器装置的供水压力一旦发生变化,则单位耗水量就会有所增减。当单位耗水量小于最佳值时,除尘效率下降;当单位耗水量大于最佳值时,虽然由于喉管速度的增加在一定程度上对提高雾化有利,但是,在烟气流量一定的条件下,压力损失和净化后烟气含湿量也随单位耗水量的增加而增加。因此,对供水系统的稳压装置,必须经常注意检查;各部水压要稳定,水源要可靠,除尘、冲灰水系统要分开,避免互相干扰、互相影响;及时消除漏风现象;定期检查(检修)内衬、排灰系统等设备情况,及时消除缺陷。

3.4.4 应用实例

实例：文丘里洗涤器处理某热电厂 1 号炉烟尘。

1. 工程简介

某热电厂 1 号锅炉额定蒸发量 170 t/h，主蒸汽温度 510 ℃，主蒸汽压力 10 MPa，给水温度 215 ℃，排烟温度 155 ℃，锅炉效率 90%。用文丘里洗涤器除尘，后接倒锥式水膜除尘器。处理烟气量 320 000 m³/h，烟气温度 155 ℃，每台锅炉配除尘器 4 台。

2. 运行情况

除尘器漏风率为 0.95%～2.19%；当喉管气速 56～57 m/s，单位水耗 0.126～0.327 kg/m³ 时（标况），文氏管压力损失 281～373 Pa，除尘器总压力损失 457～589 Pa，除尘效率 95.6%～98.63%；若保持文氏管在较佳的单位水耗（0.210 kg/m³）工况下，喉管气速 44.8～63.0 m/s 时，除尘效率为 94.63%～97.6%，喉管气速取 55 m/s 合适。

3. 常见问题

由于烟气中二氧化硫含量大，废水 pH 较低（约为 4），对设备有一定腐蚀性；排烟温度较低，当单位水耗 0.126～0.327 kg/m³ 时（标况），除尘器出口烟温为 54.5～76 ℃，正常工况下，温度为 60 ℃ 左右，不利于烟气扩散，会造成厂区落灰现象；不同程度存在烟气带水现象，在气温较低的季节运行，若采用机翼型叶片引风机，容易造成风机叶片积灰振动，严重时出口烟道及风机机壳内也会积灰。

学习任务单

1. 填空题

(1) 文氏管由（　　　　）、（　　　　）和（　　　　）三部分组成。

(2) 根据气液分散的情况，分为（　　　　）洗涤器，包括重力喷雾洗涤器、自激式喷雾洗涤器、文丘里洗涤器和机械诱导喷雾洗涤器；（　　　　）洗涤器，包括填料床洗涤器、旋风水膜除尘器；液层洗涤器，包括泡沫洗涤器。

(3) 文丘里洗涤器是一种（　　　　）湿式洗涤器，常用在高温烟气降温和除尘上。

2. 简答题

(1) 湿式除尘器有哪些特点？

(2) 简述湿式除尘器的除尘原理。

(3) 简述文丘里洗涤器的除尘机理。

(4) 试述各类湿式除尘器的适用条件。

3.5　除尘装置的选择

除尘器的种类和形式很多，具有不同的性能和使用范围。正确地选择除尘器并合理进行维护和管理，是保证除尘设备正常运转的关键，因此除尘器的选择非常重要。

3.5.1 除尘装置的选择

正确选择与使用各种除尘器,不仅可以提高产品质量和降低生产成本,而且也是控制粉尘污染的重要措施。而错误的选择往往会引起除尘器的性能恶化,甚至不能使用。如未充分了解掌握粉尘的分散性、凝聚性和湿润性等特点,可因黏结而使设备除灰不良,严重影响设备的连续运转;忽视含尘气体的腐蚀成分(二氧化硫、氯化氢等)的流向、温度和循环状况,可使设备的耐用年限大大缩短。

各种除尘器的除尘效率、设备费及操作费各不相同,选择除尘器时应对各种除尘器的性能有深刻理解,在调查研究的基础上,根据粉尘的不同性质,主要从净化效率、处理能力、动力消耗与经济性等几个方面考虑,以组成最佳、最经济的除尘系统。

1. 选择时应考虑的主要因素

影响除尘器性能的因素很多,主要应考虑如下几点:

(1)含尘气体的种类、成分、温度、湿度、密度、毒性、腐蚀性、爆炸性等物理、化学性质。
(2)粉尘的种类、成分、密度、浓度、粒径分布、比电阻、腐蚀性、吸水性等物理、化学性质。
(3)除尘器的净化效率、压力损失、废气排放标准及环境质量标准等。
(4)除尘器的投资、运行费用;维护管理情况、安装位置以及收集物的处理与利用等。

2. 常用除尘器的类型与性能

常用除尘器的类型与性能见表 3-6。

表 3-6 常用除尘器的类型与性能

形式	除尘作用力	除尘器种类	粉尘粒径(μm)	粉尘浓度(g/Nm³)	温度(℃)	压力损失(Pa)	粒径50(μm)	粒径5(μm)	粒径1(μm)	初投资	年成本	能耗(kW/m³)
干式	惯性、重力	惯性除尘器	>15	<10	<400	200~1000	96	16	3	<1	<1	—
干式	离心力	中效旋风除尘器 高效旋风除尘器	>5	<100	<400	400~2000	94 96	27 73	8 27	1 15	1.0 1.5	0.8~1.6 1.6~4.0
干式	静电力	电除尘器 高效电除尘器	>0.05	<30	<400	100~200	>99 100	99 >99	86 98	9.5 15	3.8 6.5	0.3~1.0
干式	惯性除尘器 袋式除尘器	振打清灰 气环清灰 脉冲清灰 高压反吹清灰	>0.1	3~10	<300	800~2000	>99 100 100 100	>99 >99 >99 >99	99 99 99 99	6.6 9.4 6.5 6.0	4.2 6.9 5.0 4.0	3.0~4.5
湿式	惯性、扩散与凝聚	自激式洗涤器 高压喷雾洗涤器 文氏管洗涤器	0.05~100	<100 <10 <10	<400 <400 <800	800~10000	100 100 100	93 96 >99	40 75 93	2.7 2.6 4.7	2.1 1.5 1.7	4.5~6.3

3. 除尘器的选择步骤

除尘器的选择步骤如图 3-39 所示。

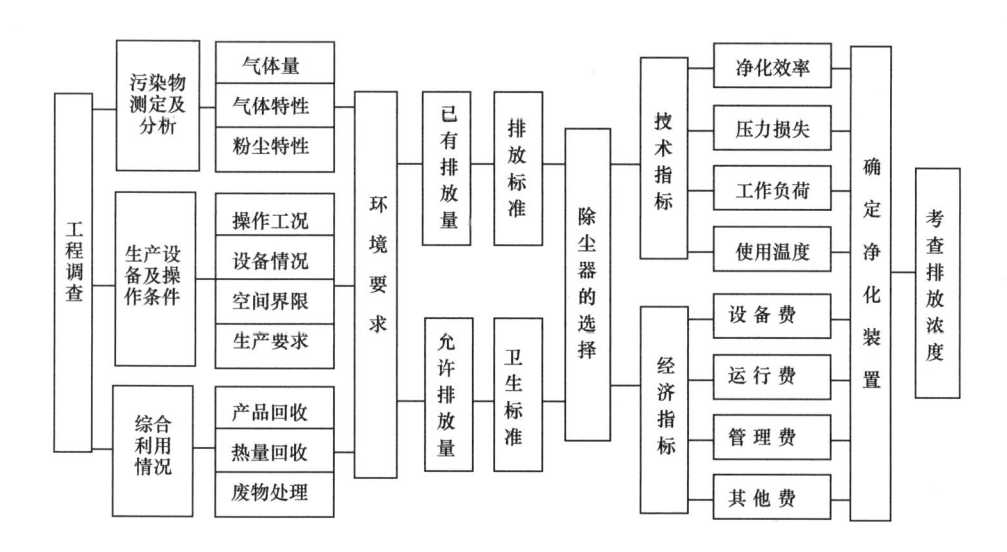

图 3-39　除尘器的选择步骤

3.5.2　各类除尘器的适用范围

1. 机械式除尘器

机械式除尘器造价比较低,维护管理方便,并耐高温、耐腐蚀性,适宜含湿量大的烟气。但对粒径在 10 μm 以下的尘粒去除率较低,当气体含尘浓度高时,这类除尘器可作为初级除尘,以减轻二级除尘的负荷。

重力沉降室适宜尘粒粒径较大,要求除尘效率较低,场地足够大的情况;惯性除尘器适宜排气量较小,要求除尘效率较低的地方,一般可直接装在风管上;旋风除尘器适宜要求除尘效率较低的地方,主要用于 1~20 t/h 的锅炉烟气的处理。多管旋风除尘器是目前应用较广泛的一种机械式除尘器。

2. 过滤式除尘器

过滤式除尘器能除掉微细的尘粒,适用于要求除尘效率较高、排放量较大的场合。对处理气量变化的适应性强,最适宜处理有回收价值的细小颗粒物。但袋式除尘器的投资比较高,允许使用的温度低,操作时气体的温度需高于露点温度,不宜处理高湿、易黏结的粉尘。

袋式除尘器广泛应用于各种工业生产的除尘过程,大型反吹风袋式除尘器,适用于冶炼厂、铁合金、钢铁厂等除尘系统的除尘;大型低压脉冲袋式除尘器,适用于冶金、建材、矿山等行业的大风量烟气净化;回转反吹风袋式除尘器,适用于建材、粮食、化工、机械等行业的粉尘净化;中小型脉冲袋式除尘器,适用于建材、粮食、制药、烟草、机械、化工等行业的粉尘净化;单机袋式除尘器,适用于各局部扬尘点如输送系统、库顶、库底等部位的粉尘净化。

颗粒层除尘器适于处理高温、高浓度含尘气体,如高温冶炼烟气等,也能处理比电阻较高的粉尘,当气体温度和气量变化较大时也能适用。其缺点是体积较大,清灰装置较复杂,压力损失较高。

3. 电除尘器

电除尘器具有除尘效率高、压力损失低、运行费用较低的优点。电除尘器的缺点是投资大、设备复杂、占地面积大,对操作、运行、维护管理都有较高的要求。另外,对粉尘的比电阻也有要求。目前，电除尘器主要用于处理气量大，对排放浓度要求较严格，又有一定维护管理水平的大企业，如燃煤发电厂、建材、冶金等行业。

4. 湿式除尘器

湿式除尘器结构比较简单，投资少，除尘效率比较高，能除去小粒径粉尘；并且可以同时除去一部分有害气体，广泛应用于冶金、建材和烟气脱硫方面。其缺点是用水量比较大，泥浆和废水需进行处理，设备及构筑物易腐蚀，寒冷地区要注意防冻。

学习任务单

1. 简答题

(1) 选择除尘装置的原则是什么？

(2) 简述各类除尘器的适用条件和范围。

2. 社会实践活动

到火力发电厂、水泥厂、钢铁厂、供热公司等有除尘设备的工厂进行现场实习（或通过网络了解你所在家乡有关排放大气污染的企业废气粉尘污染治理情况），并按下列要求完成实习报告（字数在800字以上，具体题目名称可自定）。

(1) 了解生产工艺情况及污染源的特性。

(2) 了解除尘设备的运行、使用情况。

(3) 了解有关除尘设备的维护维修知识和技能并进行对比分析

(4) 废气处理设施运行、维护与管理措施，其主要配套设备（如除尘器、风机、水泵等）的故障排查与消除？

模块 4　气态污染物的净化技术

知识目标

1. 了解气态污染物存在形态,掌握气态污染物的净化基本方法。
2. 熟悉气态污染物各类净化技术工艺流程、设备结构及操作要点。
3. 掌握低浓度 SO_2、NO_x 和 VOCs 的主要净化技术和适用范围。
4. 了解汽车尾气净化的基本知识。

技能目标

1. 了解各种气态污染物的净化方法及净化基本原理、净化工艺、净化设备。
2. 了解低浓度 SO_2、NO_x 和 VOCs 以及汽车尾气的净化方法,能够对各种气态污染物提出可行的控制和处理方法。
3. 掌握气态污染物净化设备(吸收塔和吸附塔)的操作方法,分析对比其相关特性。
4. 参照本书中相关技能实训内容进行工程技能实训。

能力训练任务

1. 熟悉吸附塔的技术工艺流程、操作步骤和选型要点,能根据不同气态污染物选择合适的吸收液。
2. 掌握基本的脱硫脱硝工艺流程,并能分析各类脱硫剂优缺点,结合7.5节"吸收法净化二氧化硫废气"的内容进行脱硫塔的工艺设计。

4.1　气态污染物综合净化技术

4.1.1　吸收法

1. 吸收原理

利用吸收剂将混合气体中的一种或多种组分有选择地吸收分离过程称作吸收。具有吸收作用的物质称为吸收剂,被吸收的组分称为吸收质,吸收操作得到的液体称为吸收液或溶液,剩余的气体称为吸收尾气。

(1)吸收平衡

若某容器中盛有液体(图4-1),在液体上面有一定的气体空间,液体中溶解某种气体,达到平衡状态时,同一时间里溶解于液体中的气体分子数等于从液体中解脱出来的气体分子数。

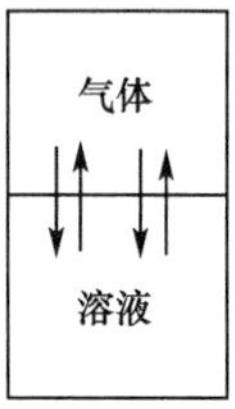

气体组分能溶于吸收剂中是吸收操作的必要条件。溶解于吸收剂中

图 4-1　气液平衡

的气体量与气体、液体本身性质有关,还与液体温度及气体的分压有关。在一定温度下,气体的分压越大,溶解于吸收剂中的气体量就越多。亨利定律表明了气体中某种组分的分压与液体中含有该组分的浓度之间的平衡关系,用公式表示为

$$p_A = k_A x_A \tag{4-1}$$

式中　p_A——物质 A 在气相中的平衡分压。

　　　k_A——亨利常数。

　　　x_A——物质 A 在液相中的摩尔分数。

(2) 吸收过程

吸收法净化气态污染物的过程就是利用混合气体中各成分在吸收剂中的溶解度不同,或与吸收剂中的组分发生选择性化学反应,从而将有害组分从气流中分离出来的过程。根据吸收过程中发生化学反应与否,将吸收分为物理吸收和化学吸收。物理吸收是指在吸收过程中不发生明显的化学反应,单纯是被吸收组分溶于液体的过程,如用水吸收 HCl 气体。化学吸收是指吸收过程中发生明显化学反应,如用氢氧化钠溶液吸收 SO_2。

由于化学反应增大了吸收的传质系数和吸收推动力,加大了吸收速率,因此对于流量大、成分比较复杂、吸收组分浓度低的废气,大多采用化学吸收。吸收法是分离、净化气体混合物最重要的方法之一,被广泛用于净化含 SO_2、NO_x、HF、HCl 等成分的废气。

(3) 吸收法的特点

吸收法的优点是几乎可以处理各种有害气体,适用范围很广,并可回收有价值的产品。缺点是工艺比较复杂,吸收效率有时不高,吸收液需要再次处理,否则会造成废水的污染。

2. 吸收工艺

(1) 预处理

①烟气除尘　在吸收前应设置高效除尘器除去烟尘,可以采用干式的电除尘器或布袋除尘器,最好选用湿式除尘器,这样既冷却了高温烟气,又起到除尘作用。

②烟气预冷却　烟气温度高不利于提高吸收效率。冷却烟气的方法有:设置间接冷却器、直接增湿冷却或用预洗涤塔除尘、增湿、降温等。

(2) 吸收流程

根据吸收剂与废气在吸收设备中的流动方向,可将吸收工艺分为逆流操作、并流操作和错流操作。逆流操作是指被吸收气体由下向上流动,而吸收剂则由上向下流动,在气、液逆向流动的接触中完成传质过程。并流操作是指被吸收气体与吸收剂同时由吸收设备的上部向下部流动。错流操作是指被吸收气体与吸收剂呈交叉方向流动。在实际吸收工艺流程中一般采用逆流操作。

根据吸收剂的再生与否,将吸收过程分为非循环过程(图 4-2)和循环过程(图 4-3),非循环过程中对吸收剂不进行再生,而循环过程中吸收剂可以循环使用。

(3) 后处理

①除雾　在洗涤器内易生成"水雾""酸雾"或"碱雾",随气流排放对烟囱造成腐蚀,产生结垢,排放后对环境造成污染。因此需经折流式除雾器、旋风除雾器或丝网除雾器之一进行除雾后再排放。

②再加热　高温烟气净化后,温度会下降很多,易出现"白烟"现象。另一方面,由于烟气温度低,使热力抬升作用减少、扩散能力降低,容易造成局部污染,因此烟气加热后再排放是必

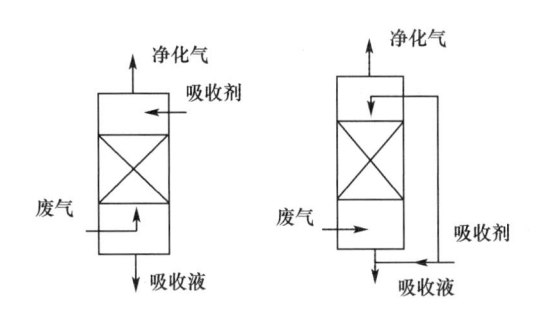

图 4-2 非循环过程气体吸收流程

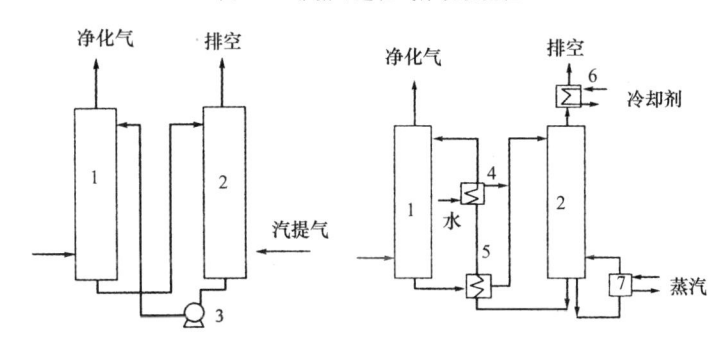

图 4-3 循环过程气体吸收流程
1—吸收塔；2—解吸塔；3—泵；4—冷却器；5—换热器；6—冷凝器；7—再沸器

要的。处理的方法是：使吸收净化后的烟气与一部分未净化的高温烟气混合，以升高净化后气体的温度，相当于降低了洗涤器的净化效率；设置尾部燃烧炉，在炉内燃烧天然气或重油，产生高温燃烧气，再与净化气混合后排放。目前国外的湿式排烟脱硫装置大多采用此法。

③液体的后处理　吸收了气态污染物的富液若直接排放，不仅浪费资源，而且会造成环境污染。因而吸收净化气态污染物工艺流程的设置，必须考虑富液的合理处理。处理的目的一是恢复其原有的吸收能力，二是加工成副产品回收。处理方法包括物理分离、化学反应等。以后将针对不同的流程加以论述。

④设备、管道的结垢和堵塞　结垢和堵塞是吸收操作不可避免的问题之一。许多气态污染物的吸收净化过程，会产生一些固体物质，必然会出现设备结垢和堵塞问题。解决的方法一般从工艺设计、设备结构、操作控制等方面解决。工艺设计方面采取的措施包括：控制溶液或料浆中水分的蒸发量，控制溶液的 pH，控制溶液中易于结晶物质不要过饱和，保持溶液有一定的晶种，严格控制进入吸收系统的粉尘量等。设备结构上，优先选择不易结垢和堵塞的吸收器，如减少吸收器内部构件，增加其内部的光滑度。操作控制上，通过提高流体的流动性和冲击性等减少结垢的发生。

3. 常用吸收剂、吸收剂的选择及再生

(1) 常用的吸收剂

水是常用的吸收剂，用水可以吸收 SO_2、HF、NH_3、HCl 及煤气中的 CO_2 等能溶于水的组分；碱金属和碱土金属的盐类、铵盐等能与酸性气体发生化学反应，除去 SO_2、HF、HCl、NO_x 等组分；硫酸、硝酸等属于酸性吸收剂，可以用来吸收 SO_3、NO_x 等；有机吸收剂可以吸收有机废气，如聚乙烯醚、二乙醇胺等。

表 4-1 列出了工业上净化有害气体所用的吸收剂。

表 4-1　　　　　　　　　常见气体的吸收剂

有害气体	吸收过程中所用的吸收剂	有害气体	吸收过程中所用的吸收剂
SO_2	H_2O,NH_3,$NaOH$,Na_2CO_3,Na_2SO_3,$Ca(OH)_2$,$CaCO_3$/CaO,碱性硫酸铝,MgO,ZnO,MnO	Cl_2	$NaOH$,Na_2CO_3,$Ca(OH)_2$
		H_2S	NH_3,Na_2CO_3,二乙醇胺,环丁砜
NO_2	H_2O,NH_3,$NaOH$,Na_2SO_3,$(NH_4)_2SO_3$	含 Pb 废气	CH_3COOH,$NaOH$
HF	H_2O,NH_3,Na_2CO_3	含 Hg 废气	$KMnO_4$,$NaClO$,浓 H_2SO_4,$KH-I_2$
HCl	H_2O,$NaOH$,Na_2CO_3		

(2) 吸收剂的选择

一般来说,选择吸收剂的基本原则如下:

①有比较适宜的物理性质,如黏度小、低的凝固点、适宜的沸点、比热容不大、不起泡等;同时有低的饱和蒸气压,以减少吸收剂的损失;对有害成分的溶解度要大,以提高吸收效率,减少吸收液用量和设备尺寸。

②具有良好的化学性质,如不易燃、热稳定性高、无毒性;同时吸收剂对设备的腐蚀性小,以减少设备费用。

③廉价易得,最好能就地取材,易于再生重复使用。

④有利于有害物质的回收利用。

(3) 吸收剂的再生

吸收剂处理的方式有:①通过再生回收副产品后重新使用,如亚硫酸钠法吸收 SO_2 气体,吸收液中的亚硫酸氢钠经加热再生,重新使用;②直接把吸收液加工成副产品,如用氨水吸收 SO_2 得到的亚硫酸铵经氧化变为硫酸铵化肥。

4. 吸收设备

(1) 吸收设备的分类

目前工业上常用的吸收设备可分为表面吸收器、鼓泡式吸收器和喷洒式吸收器三大类,这三大类吸收设备的部分典型设备结构示意图和特点见表 4-2。

表 4-2　　　　　　　　　部分典型吸收设备的结构和特点

设备类型	设备结构	设备特点
表面吸收器	填料塔示意图 1—除雾器;2—填料层;3—喷水装置	优点:吸收效果比较可靠;对气体变动的适用性强;可用耐腐蚀材料制作,结构简单制作容易;压力损失较小(490 Pa/m塔高) 缺点:当气流过大时发生液泛而不易操作;吸收液中含固体或吸收过程中产生沉淀时,使操作发生困难;填料数量多、质量大、检修不方便

（续表）

设备类型	设备结构	设备特点
鼓泡式吸收器	鼓泡塔示意图 1—雾沫分离器；2—气体分布管	优点：塔不易堵塞，压力损失小 缺点：受气流速度影响大，当气流速度过小时，不能发挥应有的效能；当气流速度过大时，吸收效率降低
鼓泡式吸收器	板式吸收塔示意图 1—进液管；2—筛板	优点：结构简单，空塔速度高；气体处理量大；增加塔板数可提高净化效率或者处理浓度较高的气体 缺点：安装要求严格；操作弹性小，气量急剧变化时不能操作；压力损失较大（980～1 960 Pa/板）
喷洒式吸收器	喷洒塔示意图	优点：结构简单、造价低廉、压力损失小，可兼作冷却除尘设备 缺点：喷嘴易堵塞，不适于用污浊液体作吸收剂

(续表)

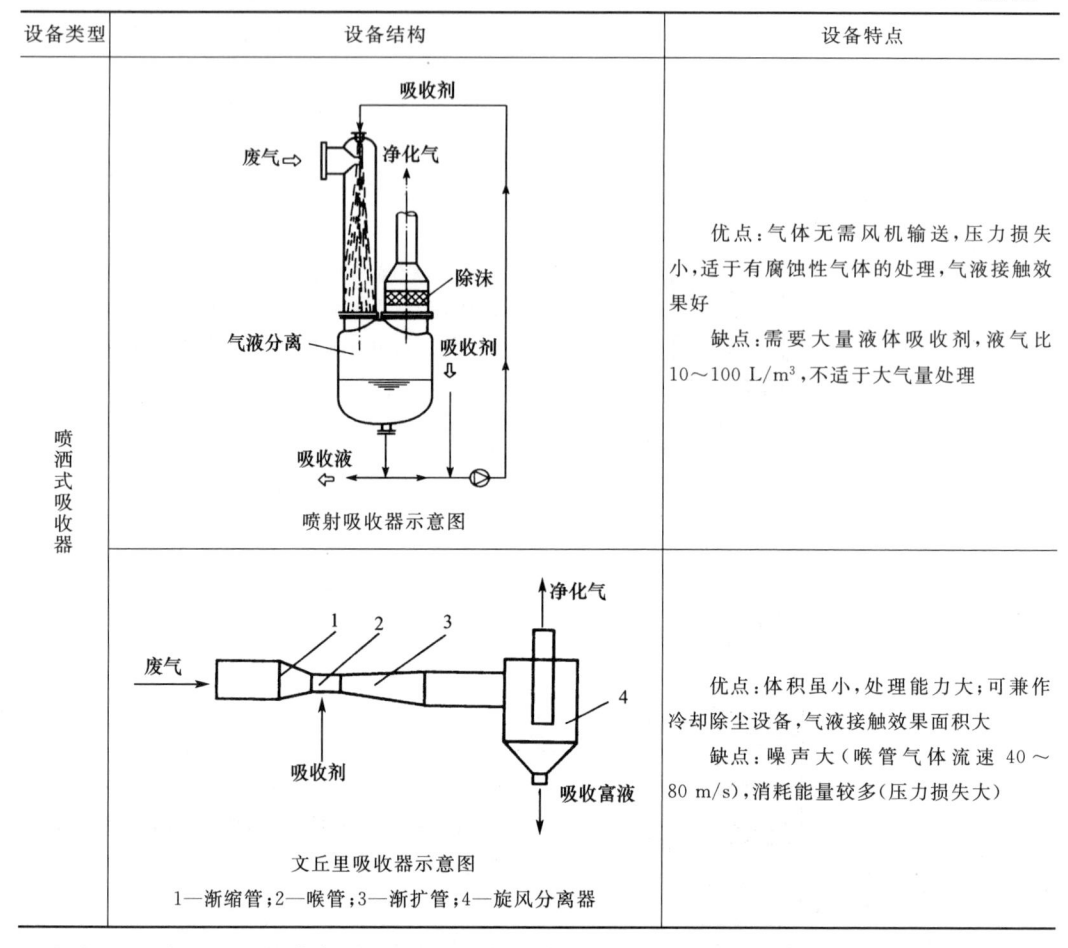

设备类型	设备结构	设备特点
喷洒式吸收器	喷射吸收器示意图	优点：气体无需风机输送，压力损失小，适于有腐蚀性气体的处理，气液接触效果好 缺点：需要大量液体吸收剂，液气比 10~100 L/m³，不适于大气量处理
	文丘里吸收器示意图 1—渐缩管；2—喉管；3—渐扩管；4—旋风分离器	优点：体积虽小，处理能力大；可兼作冷却除尘设备，气液接触效果面积大 缺点：噪声大（喉管气体流速 40~80 m/s），消耗能量较多（压力损失大）

①表面吸收器 凡能使气液两相在固定的接触面上进行吸收操作的设备均称为表面吸收器。常见的表面吸收器包括填料塔、液膜吸收器、水平液面的表面吸收器等。净化气态污染物普遍使用的是填料塔，特别是逆流填料塔。

填料塔是一种塔体内装有环形、波纹形或其他形状的填料，吸收剂自塔顶向下喷淋于填料上，气体沿填料间隙上升，通过气液接触使有害物质被吸收的净化设备。

典型的逆流填料塔的工作原理如下：废气由塔底进入塔体，自下而上穿过填料层，最后由塔顶排出。吸收剂由塔顶通过分布器均匀地喷淋到填料层中，并沿着填料层向下流动从塔底排出塔外。在废气上升的同时，与吸收剂在填料层中充分接触，污染物浓度逐渐降低，而塔顶喷淋的总是新鲜的吸收液，因而吸收传质的平均推动力大，吸收效果好。

②鼓泡式吸收器 鼓泡式吸收器内均有液相连续的鼓泡层，分散的气泡在穿过鼓泡层时有害组分被吸收。常见的设备有鼓泡塔、湍球塔和各种板式吸收塔。净化气态污染物中应用较多的是鼓泡塔和板式吸收塔。

简单的连续鼓泡式吸收塔工作时，是气体由下面的多孔板进入，通过支撑板上面的液体时形成鼓泡层。

板式吸收塔内沿塔高装有塔板，两相在每块塔板上接触。塔板分为错流式、穿流式、气液并流式等几种。在错流式板式吸收塔内，气体和液体以错流的方式运动，塔板上装有专门的溢流装置，使液体从上一块塔板流到下一块塔板，而气体不通过溢流装置从塔底进入，从塔顶排出。在穿流式板式吸收塔内,气体从塔底进入,从塔顶排出,液体流动的方向则相反。气液两相在塔板上的接触是以完全混合的方式进行的。在气液并流式板式吸收塔内,气、液的流动方向是一致的。

③喷洒式吸收器　在该类塔中,气体是连续相,液体则以液滴形式分散于气体中形成气液接触界面。常用的有喷洒塔、喷射吸收器、文丘里吸收器等。

在喷洒塔中,经喷嘴喷洒的高压液体分散于气体中,气体由塔底进入,经气体分布系统均匀分布后和液滴逆流接触,净化后气体经除沫由塔顶排出,液气比为 $0.2 \sim 2.0 \ L/m^3$。

喷射吸收器的工作原理是:吸收剂由顶部压力喷嘴高速喷出,形成射流,产生的吸力将气体吸入后流经吸收管。液体被喷成细小雾滴和气体充分混合,完成吸收过程,然后气液进行分离,净化气体经除沫后排出。

文丘里吸收器是由文丘里管和气液分离器组合而成的。文丘里管由渐缩管、喉管和渐扩管组成。气体在渐缩管被逐渐加速,在喉管处形成负压,吸收剂被吸入并分散成雾滴,形成气液接触界面。气体流经渐扩管时压力逐渐上升,细小的雾滴凝聚成较大液滴,后经气液分离器分离除去,净化后气体从分离器顶部排出。液气比 $0.3 \sim 1.5 \ L/m^3$,适于吸收剂用量小的吸收操作。

(2)吸收设备的选择

吸收设备是实现气相和液相传质的设备,选择时要充分了解生产任务的要求,以便于选择合适的吸收设备。一般可从物料的性质、操作条件和对吸收设备自身的要求三个方面来考虑。

①物料的性质　对于易起泡沫、高黏性的物料系统易选择填料塔;对于有悬浮固体、有残渣或易结垢的物料,可选用大孔径板式塔、十字架形浮阀塔或泡罩塔;对于有腐蚀性的物料宜选用填料塔,也可以选择无溢流板式塔;对于在吸收过程中有大量的热量交换的系统,宜选用填料塔。

②操作条件　对气相处理量大的系统宜用板式塔,而气相处理量小的用填料塔;对于有化学反应的吸收过程或处理系统的液气比较小时,选用板式塔有利;对要求操作弹性较大的系统,宜用浮阀塔或泡罩塔;对于传质速率由气相控制的系统宜选用填料塔。

③对吸收设备的要求　一般要求是:吸收设备处理废气能力大;净化效率高;气液比值范围宽,操作稳定;压力损失小;结构简单,造价低,易于加工制造、安装和维修等。

4.1.2　吸附法

1. 吸附原理

在用多孔性固体物质处理气体混合物时,气体中的某一组分或某些组分可被吸引到固体表面并聚集其上,此现象称为吸附。被吸附的气体组分称为吸附质,多孔固体物质称为吸附剂。

(1)吸附平衡

当吸附质与吸附剂长时间接触后,终将达到吸附动态平衡。动态平衡是指单位时间内被固体表面吸附的分子数与逸出的分子数相等。吸附质分子不断从气相向吸附剂表面凝聚的同时,有的被吸附的吸附质分子也会从固体表面脱离返回气相主体,该过程称为脱附。

(2)吸附法的特点

吸附法净化气态污染物的优点:净化效率高;能回收有用组分;设备简单,流程短,易于实现自动控制;无腐蚀性,不会造成二次污染。

可以使用吸附法净化的气态污染物有：低浓度的 SO_2 烟气、NO_x、H_2S、含氟废气、酸雾、含铅及含汞废气、沥青烟及碳氢化合物等。

(3) 吸附类型

根据吸附过程中吸附剂和吸附质之间作用力的不同，可将吸附分为物理吸附和化学吸附。

在吸附过程中，当吸附剂和吸附质之间的作用力是范德华力（或静电引力）时称为物理吸附。特点：①吸附剂和吸附质之间不发生化学反应；②吸附过程进行极快，参与吸附的各相之间迅速达到平衡；③物理吸附是一种放热过程，其吸附热较小，相当于被吸附气体的升华热；④吸附过程可逆，无选择性。

当吸附剂和吸附质之间的作用力是化学键力时称为化学吸附。特点：①吸附剂和吸附质之间发生化学反应，并在吸附剂表面生成一种化合物；②化学吸附过程一般进行缓慢，需要很长时间才能达到平衡；③化学吸附也是放热过程，但吸附热比物理吸附热大得多；④具有选择性，常常是不可逆的。

在实际吸附过程中，物理吸附和化学吸附一般同时发生，低温时主要是物理吸附，高温时主要是化学吸附。

2. 吸附工艺

(1) 间歇式吸附流程

一般由单个吸附器组成，如图 4-4 所示，适用于废气排放量较小、污染物浓度较低、间歇式排放废气的净化。当排气间歇时间大于吸附剂再生所需要的时间时，可在原吸附器内进行吸附剂再生；当排气间歇时间小于再生所需要的时间时，可将吸附器内的吸附剂更换，对失效吸附剂集中再生。

(2) 半连续式吸附流程

该流程是应用最普遍的一种吸附流程，可用于净化间歇排放气，也可以用于连续排放气的净化。流程可由两台或三台吸附器并联组成，如图 4-5 所示。在用两台吸附器并联时，其中一台进行吸附，一台则进行再生，适于再生周期小于吸附周期的情形。当再生周期大于吸附周期时，则需要三台吸附器并联使用，其中一台进行吸附，一台进行再生，而第三台则进行冷却或其他操作，以备使用。

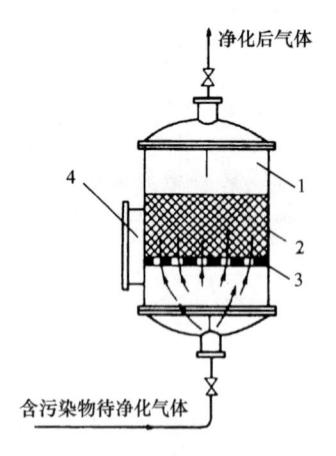

图 4-4 间歇式吸附流程图
1—固定床吸附器；2—吸附剂；
3—气流分布板；4—人孔

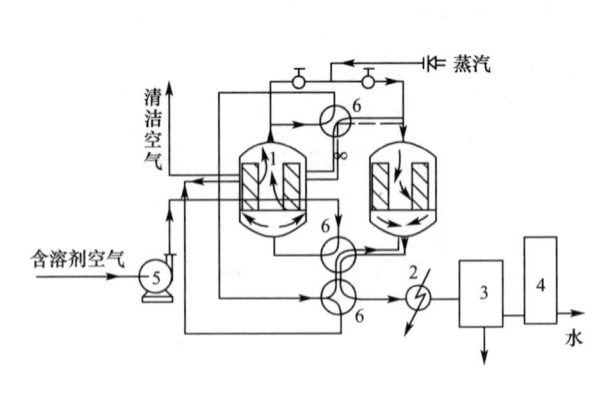

图 4-5 半连续式吸附流程图
1—吸附塔；2—冷却器；3—分离器；
4—废水处理装置；5—风机；6—换向阀

(3)连续式吸附流程

当废气是连续性排放时,应使用连续式吸附流程,如图4-6所示。该流程一般由连续性操作的流化床吸附器和移动床吸附器等组成,其特点是吸附与吸附剂的再生同时进行。

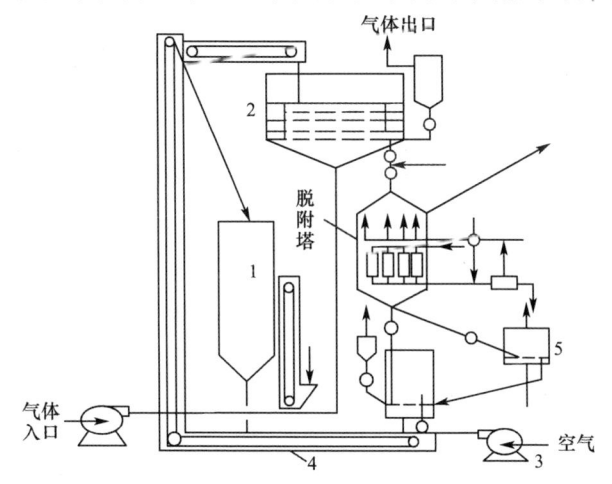

图 4-6 连续式流化床吸附流程图
1—料斗;2—流化床吸附器;3—风机;4—皮带传送机;5—再生塔

3. 吸附剂

(1)常用吸附剂的种类

工业上常用的吸附剂主要有以下几种:

①活性炭 活性炭是许多具有吸附性能的碳基物质的总称,主要成分是C。活性炭比表面积一般可达 600~1 000 m²/g,具有优异的广泛的吸附能力。可用于混合气体中有机溶剂蒸气的回收、气体脱臭、废水、废气的净化处理。使用时,要注意活性炭的可燃性,其使用温度一般不超过 200 ℃。

②活性氧化铝 活性氧化铝是一种极性吸附剂、无毒,对水的吸附容量很大,常用于高湿度气体的干燥。它还用于多种气态污染物,如 H_2S、SO_2、含氟废气、NO_x 以及气态碳氢化合物等废气的净化。活性氧化铝机械强度好,可在移动床中使用,并可作催化剂的载体。循环使用后其性能变化很小,使用寿命较长。

(2)吸附剂的选择

对吸附剂的基本要求是:大的比表面积和孔隙率、良好的选择性、易于再生、机械强度大、化学稳定性强、热稳定性好、原料来源广泛、价格低廉。

不同的吸附剂其适用范围不同,工业上常用吸附剂的适用范围见表4-3。

表 4-3　　　　　　　　　不同吸附剂的应用范围

吸附剂	应用范围
活性炭	苯、甲苯、二甲苯、甲醛、乙醇、乙醚、煤油、汽油、光气、乙酸乙酯、苯乙烯、CS_2、CCl_4、$CHCl_3$、$CHCl_3$、H_2S、Cl_2、CO、SO_2、NO_x
活性氧化铝	H_2S、SO_2、HF、烃类
硅胶	H_2S、SO_2、烃类
分子筛	H_2S、SO_2、Cl_2、NO_x、NH_3、Hg、烃类
褐煤、泥煤	SO_2、SO_3、NO_x、NH_3

(3)吸附剂的再生

吸附剂的容量有限,当吸附剂达到饱和或接近饱和时,必须对其进行再生操作。常用的再生方法有升温再生、降压再生、吹扫再生、置换脱附和化学转化再生等。

①升温再生:根据吸附剂的吸附容量在等压下随温度升高而降低的特点,使热气流与床层接触直接加热床层,使吸附质脱附,吸附剂恢复吸附性能。加热方式有过热水蒸气法、烟道气法、电加热和微波加热法等。

②降压再生:再生时压力低于吸附操作的压力,或对床层抽真空,使吸附质解吸出来,再生温度可与吸附温度相同。

③吹扫再生:向再生设备中通入不被吸附的吹扫气,降低吸附质在气相中的分压,使其解吸出来。操作温度越高、通气温度越低,效果越好。

④置换再生:采用可吸附的吹扫气,置换床中已被吸附的物质,吹扫气的吸附性越强,床层解吸效果越好。

⑤化学再生:向床层中通入某种物质使其与被吸附的物质发生化学反应,生成不易被吸附的物质而解吸下来。

影响吸附剂再生的因素与影响气体吸附的因素相同,主要有温度、压力、吸附质的性质和气相组成、吸附剂的化学组成和结构等。当影响吸附的因素主要是温度和压力等操作条件时,一般是通过降低温度和增大压力来提高吸附量,对这类吸附剂进行再生时可以采用升温再生法、降压再生法和吹扫再生法;当影响吸附的因素主要是吸附质的性质和气相组成或吸附剂的化学组成和结构等时,通常采用置换再生或化学再生法。

在实际工作中,一方面要求吸附容量大、吸附效率高,另一方面又要求易于再生,这是一对对立统一的矛盾,因为吸附能力越强,就可能越不易再生。因此在选择吸附剂时要考虑吸附容量和再生两方面的因素。

4. 吸附设备

目前常用的吸附设备主要有固定床吸附器、移动床吸附器和流化床吸附器三大种类,其设备结构和特点见表 4-4。

表 4-4　　　常用吸附设备的结构和特点

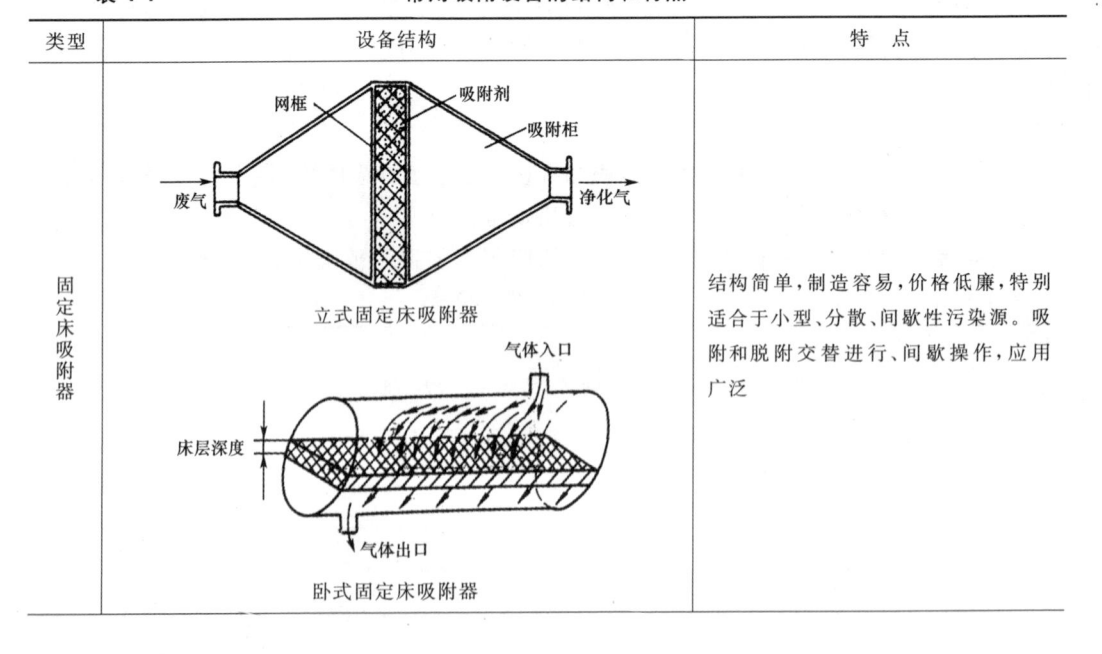

类型	设备结构	特　点
固定床吸附器	立式固定床吸附器 卧式固定床吸附器	结构简单,制造容易,价格低廉,特别适合于小型、分散、间歇性污染源。吸附和脱附交替进行、间歇操作,应用广泛

(续表)

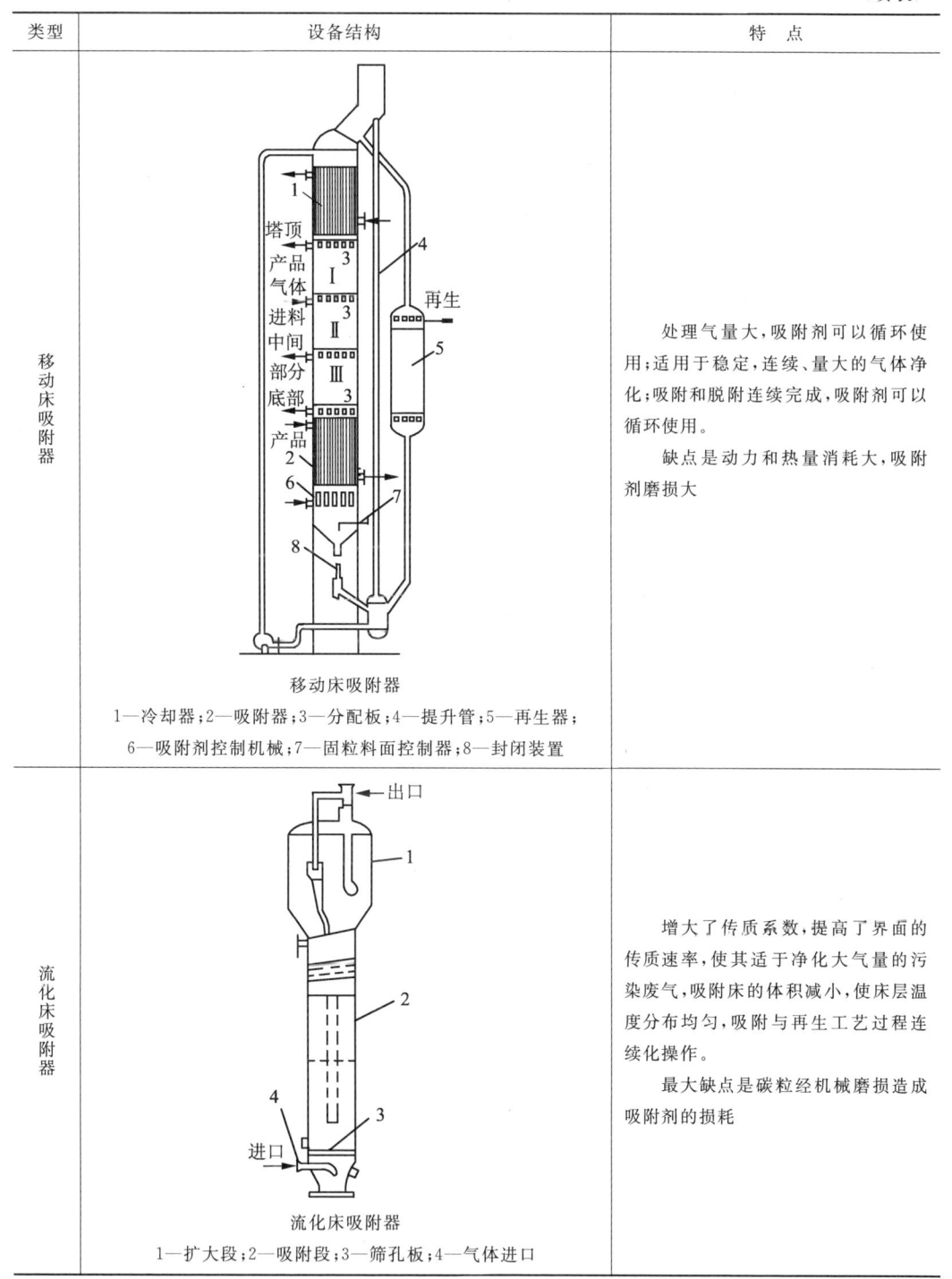

类型	设备结构	特 点
移动床吸附器	移动床吸附器 1—冷却器；2—吸附器；3—分配板；4—提升管；5—再生器；6—吸附剂控制机械；7—固粒料面控制器；8—封闭装置	处理气量大，吸附剂可以循环使用；适用于稳定、连续、量大的气体净化；吸附和脱附连续完成，吸附剂可以循环使用。 缺点是动力和热量消耗大，吸附剂磨损大
流化床吸附器	流化床吸附器 1—扩大段；2—吸附段；3—筛孔板；4—气体进口	增大了传质系数，提高了界面的传质速率，使其适于净化大气量的污染废气，吸附床的体积减小，使床层温度分布均匀，吸附与再生工艺过程连续化操作。 最大缺点是碳粒经机械磨损造成吸附剂的损耗

(1) 固定床吸附器

立式固定床吸附器的吸附剂床层高度在 $0.5 \sim 2.0$ m 的范围内，吸附剂填充在栅板上。为了防止吸附剂漏到栅板的下面，在栅板上放置两层不锈钢网。使吸附剂再生的常用方法是从栅板的下方将饱和蒸汽通入床层。为了防止吸附剂颗粒被带出，在床层上方用钢丝网覆盖。在处理腐蚀性流体混合物时可采用由耐火砖和陶瓷等防腐蚀材料制成的具有内衬的吸附器。

卧式固定床吸附器的壳体为圆柱形,封头为椭圆形,一般用不锈钢或碳钢制成。吸附剂床层深度一般为 0.5~1.0 m。卧式固定床吸附器的优点是流体阻力小,从而减少动力消耗。其缺点是由于吸附剂床层横截面积大,易产生气流分配不均匀现象。

(2)移动床吸附器

移动床吸附器设备中的固体吸附剂在吸附床中不断移动,固体吸附剂由上向下移动,而气体则由下向上流动,形成逆流操作。移动床吸附器的结构,主要由吸附剂冷却器、吸附剂加料装置、吸附剂卸料装置、吸附剂分配板和吸附剂脱附器等部件组成。

吸附剂冷却器是一种立式列管换热器,经脱附后的吸附剂从设备顶部的料斗进入冷却器,进行冷却降温后经分配板进入吸附段。

吸附剂加料装置一般分为机械式和气动式两类。常见的机械式加料器有闸板式、星形轮式、盘式,其中最简单的是闸板式。

吸附剂卸料装置是用来控制吸附剂移动速度的装置。最常见的卸料装置是由两块固定板和一块移动板组成的,移动板借助于液压机械来完成在两块固定板间的往复运动。

吸附剂分配板的作用是使吸附剂颗粒沿设备的截面均匀地分布。常见的有带有胀接短管的管板形式和排列孔数逐渐减少的孔板系列分配板,吸附剂脱附器为胀接在两块管板中的直立管束。吸附剂和水蒸气沿管程移动,并在管隙间通入加热介质(如水蒸气等)。

移动床吸附的工作原理是:吸附剂从设备顶部进入冷却器,降温后经分配板进入吸附段,借重力作用不断下降,并通过整个吸附器。净化气体从分配板下面引入,自下而上通过吸附段,与吸附剂逆流接触,净化后的气体从顶部排出。当吸附剂下降到气体段时,由底部上来的脱附气与其接触进一步吸附,将较难脱附的气体置换出来,最后进入脱附器对吸附剂进行再生。

(3)流化床吸附器

在流化床吸附器设备中流体以不同的流速通过细颗粒固定床层时,就出现如图 4-7 所示的流化态。

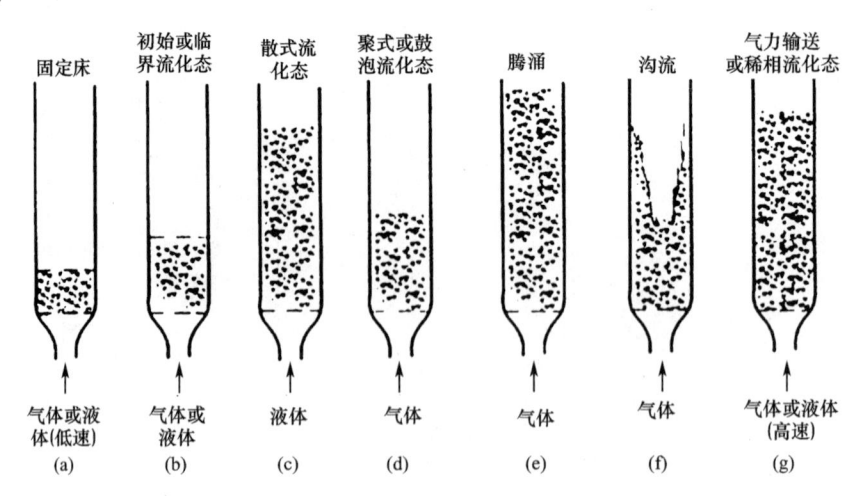

图 4-7 流化态示意图

气体以很小的流速从下向上穿过吸附剂床层时,固体颗粒静止不动。随着气体流速的逐渐增大,固体颗粒会慢慢地松动,但仍然保持互相接触,床层高度也没有变化,此时是固定床操作。随着气速的继续增大,颗粒作一定程度的移动,床层膨胀,高度增加,称为临界流化态。

当气速大于临界气速时,颗粒便悬浮于气体之中,并上下浮沉,呈现流化状态。按照流化体系的不同,将流化床吸附器分为气固、液固流化床和气、液、固三相流化床。典型的气固流化床吸附器,它由带有溢流装置的多层吸附器和移动式脱附器所组成。在脱附器的底部直接用蒸气对吸附剂进行脱附和干燥,吸附和脱附过程在单独的设备中分别进行。废气从进口管以一定的速度进入锥体,气体通过筛板向上流动,将吸附剂吹起,在吸附段完成吸附过程。吸附后的气体进入扩大段,由于气流速度降低,固体吸附剂又回到吸附段,而净化后的气体从出口管排出。

由于流化床操作过程中,气体与吸附剂混合非常均匀,床层中没有浓度梯度,因此,当使用一个床层不能达到净化要求时,可以使用多床层来实现。

5. 影响吸附的因素及适用范围

(1)影响吸附的因素

影响吸附的因素很多,主要有操作条件、吸附剂和吸附质的性质、吸附质的浓度等。

①操作条件的影响　操作条件主要是指温度、压力、气体流速等。对物理吸附而言,在低温下对吸附有利;对于化学吸附过程,提高温度对吸附有利。从理论上讲,增加压力对吸附有利,但压力高增加能耗而且在操作方面要求更高,在实际工作中一般不提倡。气体流速要控制在一定的范围之内,固定床吸附器的气体流速一般控制在 $0.2\sim 0.6 \, \text{m}^3/\text{s}$ 范围内。

②吸附剂性质的影响　衡量吸附剂吸附能力的是"有效表面积",即吸附质分子能进入的表面积。被吸附气体的总量随吸附剂表面积的增加而增加。吸附剂的孔隙率、孔径、颗粒度等均影响比表面积的大小。

③吸附质性质的影响　除吸附质分子的临界直径外,吸附质的相对分子质量、沸点和饱和性等也对吸附量有影响。如用同一种活性炭吸附结构类似的有机物时,其相对分子质量越大、沸点越高,吸附量就越大。而对于结构和相对分子质量都相近的有机物,其不饱和性越高,则越易被吸附。

④吸附质浓度的影响　吸附质在气相中的浓度越大,吸附量也就越大。但浓度大必然使吸附剂很快饱和,再生频繁。因此吸附法不宜净化污染物浓度高的气体。

(2)适用范围

吸附法净化气态污染物主要适用于以下方面:

①吸附法常用于浓度低、毒性大的有害气体。

②吸附法处理的气体量不宜过大,当处理的气量小时,吸附法更为灵活方便。如防毒面具,就是一个小型吸附器。

③吸附法净化有机溶剂蒸气,具有较高的效率,而且还有利于其资源化。

4.1.3 催化转化法

1. 催化转化原理

催化转化法净化气态污染物是利用催化剂的催化作用,将废气中的有害物质转变为无害物质或易于去除物质的方法。能够利用催化转化法净化的气态污染物有 SO_2、NO_x、CO 等,特别适用于汽车排放废气中 CO、碳氢化合物及 NO_x 的净化。

(1)催化转化反应

设有反应 A+B→AB,当受催化剂 k 的作用时,至少有一个中间反应发生,而 k 是中间反应物之一,即 A+k=kA,最终产物仍为 AB,k 则恢复到初始的化学状态,即 kA+B→AB+k。

显然催化剂的存在,改变了反应历程,那么反应历程的这种改变又是怎样加速整个反应过程的呢?目前较流行的多位活化络合物理论认为,这是由于催化剂表面存在许多具有一定形状的活性中心,能对具有适应这一形状结构的反应物分子进行化学吸附,形成多位活化络合物,使得原分子的化学结构松弛,从而降低了反应物活化能。因为任何化学反应的进行都需要一定的活化能,而活化能的大小直接影响反应速度的快慢,它们之间的关系可用 Arrhenius 方程表示

$$K = f \cdot \exp(-E_a/RT) \tag{4-2}$$

式中　K——反应速度常数,单位随反应级数不同而不同。

　　　f——频率因子,单位与 K 相同。

　　　E_a——活化能,kJ/mol。

　　　R——气体常数,J/(K·mol)。

　　　T——绝对温度,K。

由式(4-2)看出反应速度是随活化能的降低而呈指数加快的。

(2)催化转化的特点

其一,催化剂只能加速化学反应速度,对于可逆反应而言,其对正、逆反应速度的影响是相同的,因而只能缩短达到平衡的时间,而不能使平衡移动,也不能使热力学上不可能发生的反应发生。其二,催化作用有特殊的选择性,这是由催化剂的选择性决定的。

2. 催化转化工艺

(1)废气预处理

废气中含有的固体颗粒或液滴,会覆盖在催化剂活性中心上而降低其活性,废气中的微量致毒物,会使催化剂中毒,要除去。如烟气中 NO_x 的非选择性还原法治理流程,常需在反应器前设置除尘器、水洗塔、碱洗塔等,以除去其中的粉尘及 SO_2 等。

(2)废气预热

废气预热是为了使废气温度在催化剂活性温度范围内,使催化达到预期的去除效果。如选择性催化还原法去除 NO_x,废气的预热温度必须达 200 ℃。

废气预热可利用净化后气体的热焓,但在污染物浓度较低,反应热效应不足以将废气预热到反应温度时,需用辅助燃料产生高温燃气与废气混合以升温。

(3)催化反应的温度

用来调节催化反应的各项工艺参数中,温度是一项很重要的参数。它对脱除污染物的效果及提高转化率有很大影响。控制一个最佳的温度,可在最少的催化剂用量下达到满意的脱除效果,因而这是催化法的关键。

首先,某一催化反应有一对应的温度范围,否则会导致很多副反应。

其次,从动力学与平衡关系两个方面来看,对不可逆反应来说,提高反应温度可加快反应速度,提高污染物的转化率,从而有利于污染物脱除。但温度过高会造成催化剂失活,增加副反应,故应将温度控制在催化剂活性温度范围以内。

(4)废热和副产品的回收利用

废热与副产品的回收利用关系到治理方法的经济效益。对于副产品的回收利用还关系到治理方法的二次污染,进而关系到治理方法有无生命力,因此必须予以重视。废热常用于废气的预热。

3. 催化剂

催化剂是能够改变化学反应速度,而本身的化学性质在化学反应前后不发生变化的物质。

(1)催化剂的组成

工业用固体催化剂中,主要包含活性物质,除此之外还有助催化剂和载体。

活性物质是催化剂组成中对改变化学反应速度起作用的组分。活性物质也可以作催化剂单独使用,如将 SO_2 氧化为 SO_3 时所用的 V_2O_5 催化剂。表 4-5 列出了净化气态污染物所用的几种常见催化剂。

表 4-5　　　　　　　　　　几种常见催化剂的组成

活性物质	载体	用途
V_2O_5 含量 6%~12%	SiO_2(助催化剂 K_2O 或 Na_2O)	有色金属冶炼烟气制酸;硫酸厂尾气回收制酸
Pt、Pd(含量 0.5%)	Al_2O_3-MgO	硝酸工业及化工生产尾气中 NO_x 的净化
$CuCrO_2$	Al_2O_3、Ni、NiO	
Pt、Pd、Rh	Al_2O_3、Ni、NiO	碳氢化合物的净化
CuO、Cr_2O_3、Mn_2O_3	Al_2O_3	
稀土金属氧化物	Al_2O_3	
碱土、稀土和过渡金属化合物	Al_2O_3	汽车尾气的净化

助催化剂是存在于催化剂基本成分中的添加剂。这类物质单独存在时本身没有催化活性,当它与活性组分共存时,就能显著地增强催化剂的催化活性。如将 SO_2 氧化为 SO_3 时,在所用的 V_2O_5 催化剂中加入 K_2SO_4,可以使 V_2O_5 的催化活性大大提高。

载体是承载活性物质和助催化剂的物质。其基本作用是提高活性组分的分散度,使催化剂具有较大的表面积,且可以改善催化剂的活性、选择性等催化性能。载体还能使催化剂具有一定的形状和粒度,能增强催化剂的机械强度。常用的载体材料有硅藻土、硅胶、分子筛、氧化铝等。

(2)催化剂的性能

催化剂的性能主要是指催化剂的活性、选择性及稳定性等。

①催化剂的活性　催化剂的活性是衡量催化剂催化性能大小的标准。活性大小的表示方法分为两类:一类工业上用来衡量催化剂生产能力的大小;另一类实验室里用来筛选催化剂活性物质。

②催化剂的选择性　如果化学反应可能同时向几个平行方向发生,催化剂只对其中的某一个反应起加速作用的性能,称为催化剂的选择性。一般可用原料通过催化剂的床层后,得到的目标产物量与参加反应的原料量的比值来表示。

③催化剂的稳定性　催化剂在化学反应过程中保持活性的能力称为催化剂的稳定性,稳定性应包括热稳定性、机械稳定性和抗毒性,通常用使用寿命来表示催化剂的稳定性。

(3)催化剂的选择

通常对催化剂的要求包括:①具有极高的净化效率,使用过程中不产生二次污染;②有较高的机械强度;③具有较高的耐热性和热稳定性;④抗毒性强,具有尽可能长的寿命;⑤化学稳定性好、选择性高。

一般来说,贵金属催化剂的活性较高,选择性高,不易中毒,但价格昂贵。非贵金属催化剂的活性较低,有一定的选择性、价格便宜,但易中毒、热稳定性也差。在大气污染控制中,目前使用较多的是铂、钯等贵金属,其次是含锰、铜、铬、钴、镍等的金属氧化物,以及稀土元素,目前在延长使用寿命、提高活性等方面的研究有了一定的进展,有的已投入使用。

(4)催化剂的制备方法

制备催化剂的方法是将活性组分负载于载体上。目前常用的负载方法大致可以分为三种,即浸渍法、混捏法和共沉淀法,其中最常用的是浸渍法。将活性组分制成溶液,浸渍已成型的载体,再经过干燥和灼烧制得催化剂的方法称为浸渍法。混捏法是将活性组分原材料与载体的原材料采用物理的方法混捏在一起,处理成型后再制得催化剂的方法。共沉淀法是采用化学共沉淀的方法获得载体和活性组分的混合物,再制成催化剂的方法。

4. 催化转化设备

(1)反应器类型

催化转化法净化气态污染物所采用的气固催化反应器主要有固定床反应器和流化床反应器。这里只介绍固定床反应器。

固定床反应器的主要优点:一是反应速率较快,二是催化剂用量较少,三是操作方便,四是催化剂不易磨损。缺点:传热性能差。

按照反应器的结构可将固定床反应器分为管式、搁板式和径向反应器等。按反应器的温度条件和传热方式又分为等温式、绝热式和非绝热式反应器。绝热式反应器又分为单段式和多段式。

①单段式绝热反应器 结构如图4-8所示。原料气从圆筒体上部通入,经过预分布装置,均匀地通过催化剂层,反应后的气体经下部引出。在催化燃烧、净化汽车排放气以及喷漆、电缆等行业中,控制有机溶剂污染大多采用单段式绝热反应器。

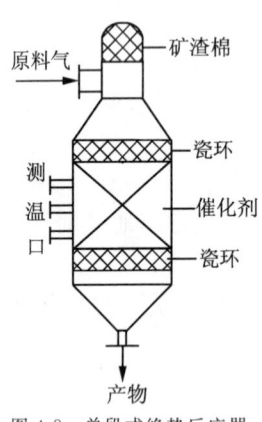

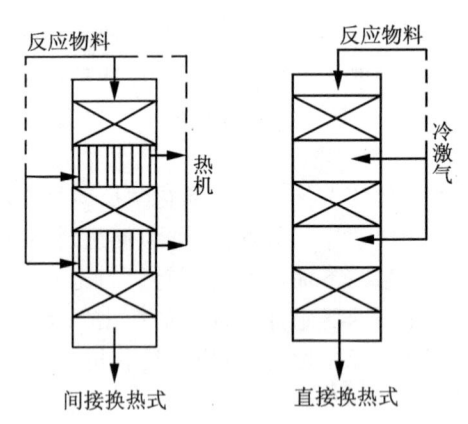

单段式绝热反应器结构简单、造价低廉、气体阻力小,床层内温度分布不均匀。适于气体中污染物浓度低、反应热效应小、反应温度波动范围宽的情况。

②多段式绝热反应器 多段式绝热反应器是将多个单层绝热床串联起来,如图4-9所示。热量由两个相邻床层之间引入或引出,使各单层绝热床的反应能控制在比较合适的温度范围内。

图 4-8 单段式绝热反应器

图 4-9 多段式绝热反应器

(2)反应器的选择

在工程上,必须结合实际情况,如工艺要求、物质条件等来设计反应器或选择合适类型的反应器。固定床反应器在设计和选型时,应遵循的一般原则为:

①根据催化反应热的大小及催化剂的活性温度范围,选择合适的结构类型,保证床层温度控制在许可的范围内。

②床层阻力应尽可能小。

(3)在满足温度条件前提下,应尽量使催化剂装填系数大,以提高设备利用率。

(4)反应器应结构简单、便于操作且造价低廉、安全可靠。

由于催化净化气态污染物所处理的废气量大、污染物含量低、反应热效小,要想使污染物达到排放标准,应有较高的催化转化效率。因此选用单段式绝热反应器对实现污染物催化转化有利。目前在 NO_x 催化转化、有机废气催化燃烧及汽车尾气净化中,大都采用了单段式绝热反应器。

4.1.4 燃烧法

1. 燃烧法原理

燃烧法是对含有可燃性有害组分的混合气体进行氧化燃烧或高温分解,使有害组分转化为无害物的方法。燃烧法的工艺简单、操作方便,现已广泛应用于石油工业、化工、食品、喷漆、绝缘材料等主要含有碳氢化合物(HC)废气的净化。燃烧法还可以用于 CO、恶臭、沥青烟等可燃有害组分的净化。有机气态污染物燃烧后生成 CO_2 和 H_2O,因此该方法不能回收有用的物质,但可以利用燃烧时放出的热。

2. 燃烧工艺

(1)直接燃烧

直接燃烧是把废气中可燃的有害组分当作燃料直接燃烧,从而达到净化的目的。该方法只能用于净化可燃有害组分浓度较高或燃烧热值较高的气体。如果可燃组分的浓度高于燃烧上限,可以混入适量的空气进行燃烧;如果可燃组分的浓度低于燃烧下限,可以加入一定量的辅助燃料维持燃烧。

在石油和化学工业中,主要是"火炬"燃烧。图 4-10 是火炬燃烧设备流程图,它是将废气直接通入烟囱,在烟囱末端进行燃烧。当气流混合良好和氢碳比在 0.3 以上时有助于燃烧彻底。若燃烧时火焰呈蓝色,说明操作良好;若火焰呈橙黄色,并拖着一条黑烟尾巴,说明操作不良。对于不完全的燃烧反应,可以在烟囱顶部喷入蒸气加以消除。

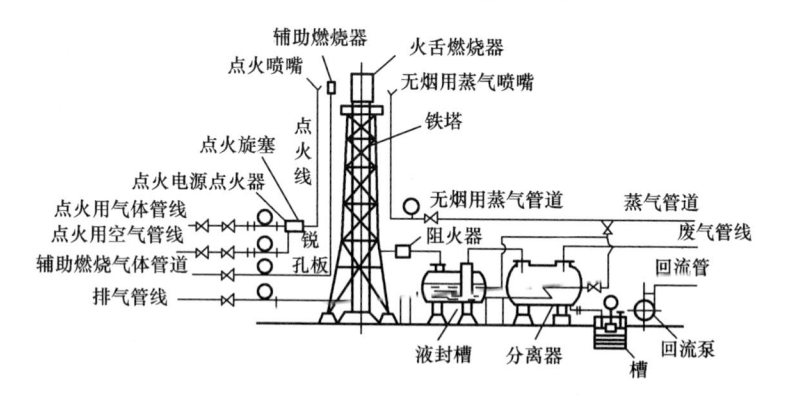

图 4-10 火炬燃烧设备流程图

(2)热力燃烧

热力燃烧指利用辅助燃料燃烧放出的热量将混合气体加热到要求温度,使可燃有害组分在高温下分解成为无害物质,以达到净化的目的。热力燃烧所使用的燃料一般为天然气、煤气、油等。

①热力燃烧过程　热力燃烧过程可分三个步骤,首先是辅助燃料燃烧,其作用是提供热量,以便对废气进行预热;第二步是废气与高温燃气混合并使其达到反应温度;最后是废气中可燃组分被氧化分解,在反应温度下充分燃烧。

②热力燃烧条件和影响因素　温度和停留时间是影响热力燃烧的重要因素。对于大部分物质来说,温度在 740~820 ℃,停留时间在此期间 0.1~0.3 s 内可反应完全;大多数的碳氢化合物在 590~820 ℃ 范围内即可完全氧化,但 CO 和碳粒则需要较高的温度和较长的停留时间才能燃烧完全。不同的气态污染物,在燃烧炉中完全燃烧所需的温度和停留时间不同。

(3) 催化燃烧

催化燃烧是指在催化剂存在的条件下,废气中可燃组分能在较低的温度下进行燃烧。目前,催化燃烧法已应用于金属印刷、绝缘材料、漆包线、炼焦、油漆、化工等多种行业中有机废气的净化。催化燃烧法的最终产物为 CO_2 和 H_2O,无法回收废气中原有的组分,因此操作过程中能耗大小及热量回收的程度将决定催化燃烧法的应用价值。

①催化燃烧的基本工艺流程　催化燃烧的基本工艺流程如图 4-11 所示,主要由预热器、换热器、反应器、鼓风机及预处理设备组成。

催化燃烧工艺流程有分建式和组合式两种。在分建式流程中,预热器、换热器、反应器均作为独立设备分别设立,其间用管路连接,一般用于处理气流量较大的场合。组合式流程是将预热器、换热器、反应器组合安装在同一设备中,即所谓的催化燃烧炉,一般适用于气流量较小的场合。无论是分建式还是组合式工艺,其流程的组成具有下列共同点:进入催化燃烧装置的气体首先要经过预处理,除去粉尘、液滴及有害组分,避免催化床层的堵塞和催化剂中毒;进入催化床层的气体必须预热,使其达到起燃温度,只有达到起燃温度催化反应才能进行;由于催化反应放出大量的热,因此燃烧尾气的温度很高,对这部分热量必须加以回收利用。

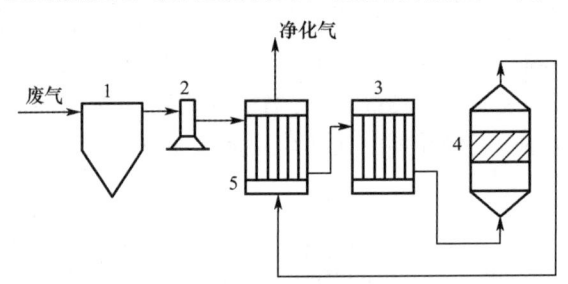

图 4-11　催化燃烧的基本工艺流程
1—预处理设备;2—鼓风机;3—预热器;4—反应器;5—换热器

②催化燃烧的催化剂和载体　将贵金属铂 Pt、钯 Pd 为活性组分制成的催化剂用于燃烧的最多,因为这些催化剂的活性好,使用寿命长。但由于贵金属资源稀少,价格昂贵,研究较多的为稀土催化剂。

催化燃烧的催化剂主要有以 Al_2O_3 为载体的催化剂和以金属(如镍铬合金、镍铬铝合金、不锈钢等)为载体的催化剂两大类,一般多做成不定型颗粒状、球状、蜂窝状、丝网状、蓬体球状等多种不同的形状。前者现已使用的有蜂窝陶瓷钯催化剂、蜂窝陶瓷铂催化剂、$\gamma\text{-}Al_2O_3$ 粒状催化剂、$\gamma\text{-}Al_2O_3$ 稀土催化剂等;后者已经使用的有镍铬丝蓬体球钯催化剂、铂钯/镍铬带状催化剂、不锈钢丝网钯催化剂等。

目前已研制使用的催化剂见表 4-6。

表 4-6　　　　　　　　　　　　　催化燃烧使用的催化剂

催化剂	活性组分含量(%)	90%转化温度(℃)	最高使用温度(℃)
Pt-Al$_2$O$_3$	0.1～0.5	250～300	650
Pd-Al$_2$O$_3$	0.1～0.5	250～300	650
Pd-Ni、Cr 丝或网	0.1～0.5	250～300	650
Pd-蜂窝陶瓷	0.1～0.5	250～300	650
Mn、Cu-Al$_2$O$_3$	5～10	350～400	650
Mn、Cu、Cr-Al$_2$O$_3$	5～10	350～400	650
Mn-Cu、Cr-Al$_2$O$_3$	5～10	350～400	650
Mn、Fe-Al$_2$O$_3$	5～10	350～400	650
锰矿石颗粒	25～35	300～350	650
稀土元素催化剂	5～10	350～400	700

(4) 各类燃烧类型的特点

各类燃烧类型的特点见表 4-7。

表 4-7　　　　　　　　　　　　　各类燃烧类型的特点

燃烧类型	直接燃烧	热力燃烧	催化燃烧
特点	①直接燃烧不需要预热，燃烧的温度在 1 100 ℃ 左右，可烧掉废气中的碳粒；②燃烧状态是在高温下滞留短时间的有焰燃烧，能回收热能；③适于净化可燃有害组分浓度较高或燃烧热值较高的气体 缺点：只用于高于爆炸下限的气体	①需要进行预热，温度范围控制在 540～820 ℃，可以烧掉废气中的碳粒；②燃烧状态是在较高温度下停留一定时间的有焰燃烧；③适于各种气体的燃烧，能除去有机物及超细颗粒物；④热力燃烧设备结构简单，占用空间小，维修费用低 缺点：操作费用高，易发生回火，燃烧不完全产生恶臭	①需要预热，温度控制在 200～400 ℃，为无焰燃烧，安全性好；②燃烧温度低，辅助燃料消耗少；③对可燃性组分的浓度和热值限制较小，但组分中不能含有尘粒、雾滴和易使催化剂中毒的气体 缺点：催化剂的费用高

3. 燃烧设备

燃烧设备是指为使燃料着火燃烧并将其化学能转化为热能释放出来的设备。燃烧法所用的燃烧设备都应满足燃烧能及时、连续、稳定地着火，燃烧充分，热效率高，运行安全可靠，便于控制，部分燃烧设备的结构和特点见表 4-8。

表 4-8　　　　　　　　　　　　　部分燃烧设备的结构和特点

燃烧类型	燃烧设备	特　点
直接燃烧	火炬燃烧器示意图	优点：安全简单、成本低 缺点：①燃烧后产生大量的烟尘对环境造成二次污染；②不能回收热能而造成热辐射，在实际操作中应尽量减少火炬燃烧

(续表)

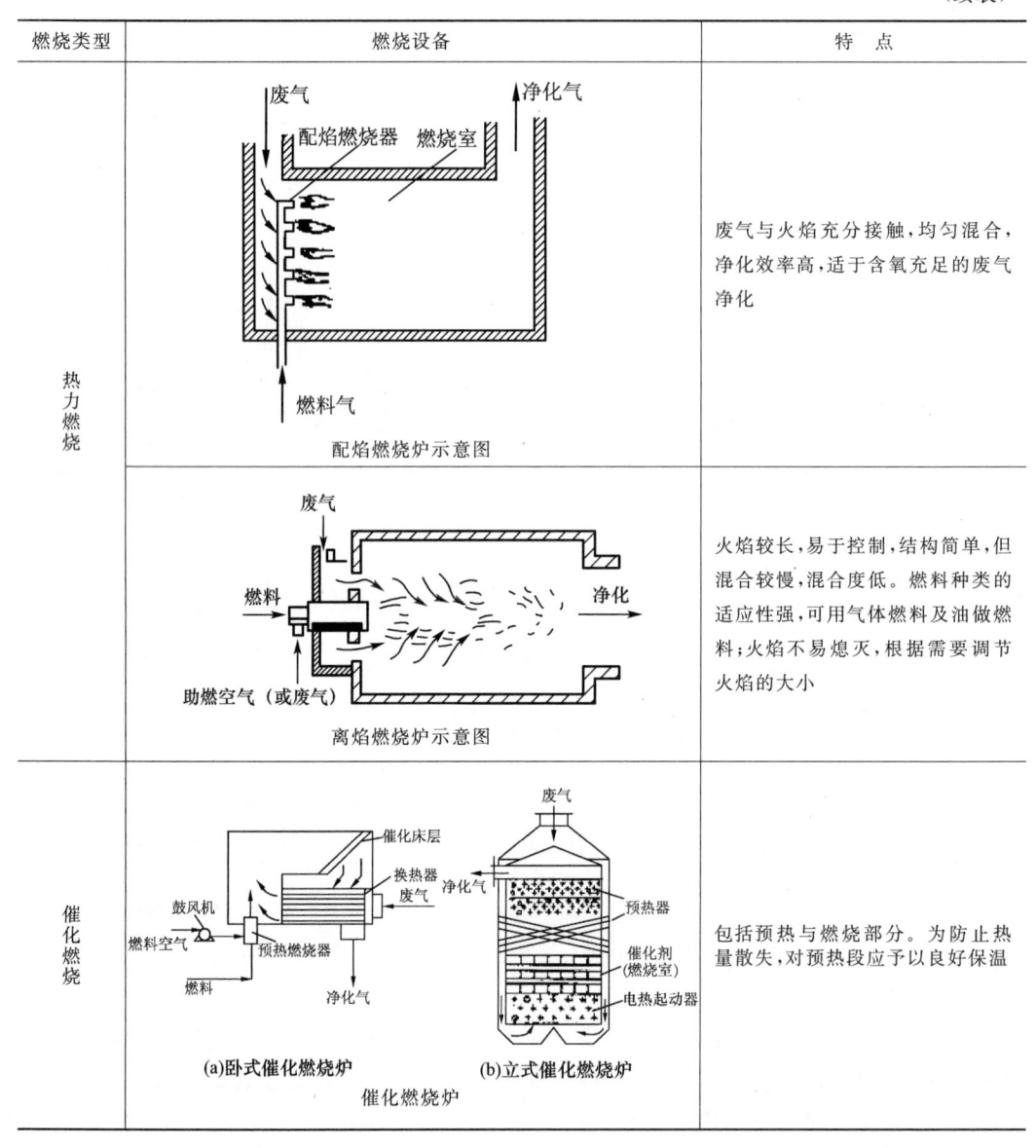

燃烧类型	燃烧设备	特 点
热力燃烧	配焰燃烧炉示意图	废气与火焰充分接触,均匀混合,净化效率高,适于含氧充足的废气净化
	离焰燃烧炉示意图	火焰较长,易于控制,结构简单,但混合较慢,混合度低。燃料种类的适应性强,可用气体燃料及油做燃料;火焰不易熄灭,根据需要调节火焰的大小
催化燃烧	催化燃烧炉 (a)卧式催化燃烧炉 (b)立式催化燃烧炉	包括预热与燃烧部分。为防止热量散失,对预热段应予以良好保温

(1)直接燃烧设备

浓度较高的废气可采用窑炉等设备进行直接燃烧,甚至可以通过一定装置将废气导入锅炉进行燃烧。

(2)热力燃烧设备

热力燃烧可以在专用的燃烧设备中进行,也可以在普通的燃烧炉中进行。进行热力燃烧的专用设备称为热力燃烧炉。热力燃烧炉的主体结构包括燃烧器和燃烧室两部分。燃烧器的作用是使辅助燃料燃烧生成高温燃气;燃烧室的作用是使高温燃气与废气湍流混合达到反应所需的温度,并使废气在其中的停留时间达到要求。热力燃烧炉又分为配焰燃烧炉和离焰燃烧炉两类。

配焰燃烧炉是将燃烧分配成许多小火焰,布点成线。废气被分配成许多小股,并与火焰充分接触,这样可以使废气与高温燃气迅速达到完全的湍流混合。配焰燃烧方式的最大缺点是容易造成火焰熄灭。因此,当废气中缺氧或含有焦油及颗粒物等情况时不宜使用配焰燃烧炉。

(3)催化燃烧设备

催化燃烧设备主要包括预热与燃烧部分,为使燃烧气体温度均匀分布,对预热部分除设置加热装置外,还要保持一定长度的预热区,并对预热部分采取良好的保温措施。

4.1.5 冷凝法

1. 冷凝原理和特点

(1)冷凝原理

冷凝法是利用物质在不同温度下具有不同的饱和蒸气压的性质,采用降低系统的温度或提高系统的压力,使处于蒸气状态的污染物冷凝并从废气中分离出来的方法。适于净化浓度大的有机溶剂蒸气。还可以作为吸附、燃烧等净化高浓度废气时的预处理,以便减轻这些工艺的负荷。

在气液两相共存体系中,蒸气态物质由于凝结变为液态物质,液态物质由于蒸发变为气态物质。当凝结与蒸发的量相等时即达到了平衡状态。相平衡时液面上的蒸气压力即该温度下与该组分相对应的饱和蒸气压。若气相中组分的蒸气压小于其饱和蒸气压时,液相组分可继续蒸发;若气相中组分的蒸气压大于其饱和蒸气压时,蒸气就将凝结为液体。

同一物质饱和蒸气压的大小与温度有关,温度越低,饱和蒸气压值就越小。对于含有一定浓度的有机物废气,若将其温度降低,废气中有机物蒸气的浓度不变,但与其相应的饱和蒸气压值随温度的降低而降低。当降到某一温度时,与其相应的饱和蒸气压值低于废气组分分压,该组分就凝结为液体。在一定压力下,一定组分的蒸气被冷却时,刚出现液滴时的温度称为露点温度。冷凝法就是将气体中的有害组分冷凝为液体,从而达到了分离净化的目的。

(2)冷凝法的特点

冷凝法适宜净化高浓度废气,特别是有害组分单纯的废气,可以作为燃烧与吸附净化的预处理,来净化含有大量水蒸气的高温废气;所需设备和操作条件比较简单,回收物质纯度高。但用来净化低浓度废气时,需要将废气冷却到很低的温度,成本较高。

冷凝法常用于含有机蒸气、重金属蒸气或高湿气体的预处理,它可以回收有用物质,处理流程简单,操作方便,但由于净化效率低的原因,不能作为一种独立的方法使用,一般用作其他方法的预处理。

2. 冷凝工艺

冷凝法处理有害气体多采用降温的方法;加压方法需要专门的设备,操作耗能较高,一般较少采用。降温冷凝的工艺包括直接冷凝和间接冷凝两种,如图4-12和图4-13所示。

从工艺过程产生的带有害蒸气的废气,在接触器或换热器中与冷凝剂直接接触或换热,使气体温度降低,造成蒸气态有害物质的冷凝,冷凝液加以回收,处理后气体还带有一定量有害组分,需要进一步处理达标后排放。

3. 冷凝设备

冷凝法采用的冷凝设备主要有表面冷凝器和接触冷凝器两大类。

表面冷凝亦称间接冷却,通过冷却壁把废气与冷却液分开,依靠间壁传递热量,因而被冷凝的液体很纯,可直接回收利用。表面冷凝设备有列管式、针翅管空冷式、淋洒式及螺旋板冷凝器等,其中螺旋板冷凝器传热性能好,传热系数比列管式高(图4-14)。

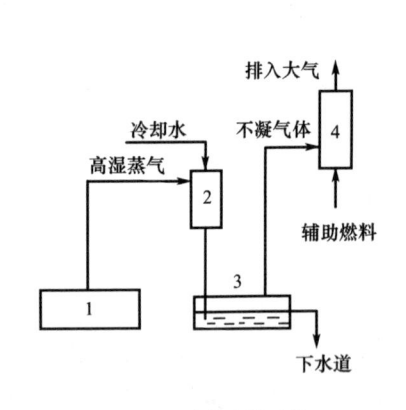

图 4-12　直接冷凝工艺
1—反应槽；2—接触器；3—气液分离器；4—燃烧器

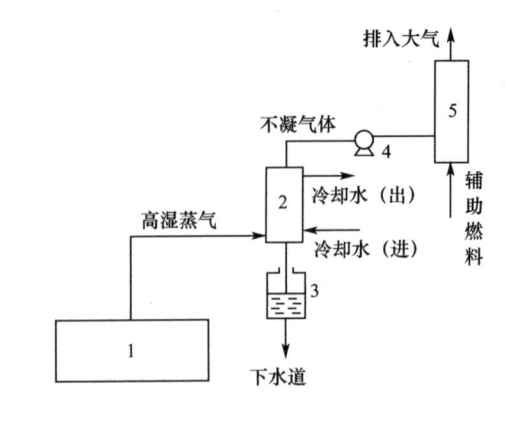

图 4-13　间接冷凝工艺
1—反应槽；2—换热器；3—储液槽；4—风机；5—燃烧器

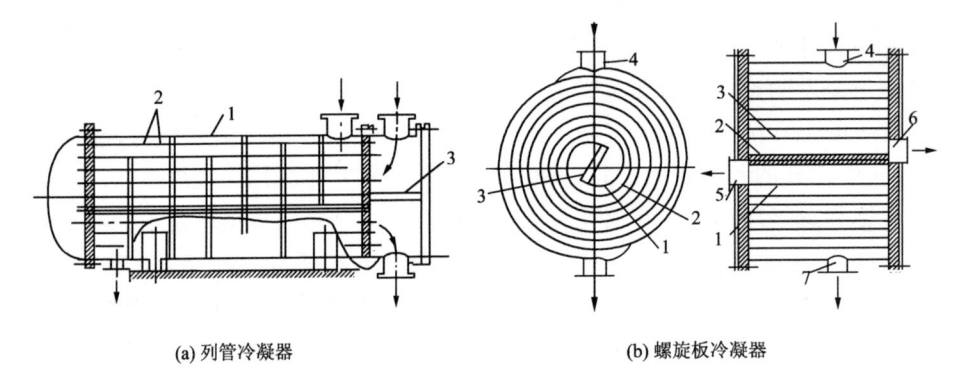

(a) 列管冷凝器　　(b) 螺旋板冷凝器

图 4-14　表面冷凝器
(a)1—外壁；2—列管；3—隔板；(b)1—内卷板；2—外卷板；
3—隔板；4—气体进口；5—气体出口；6—冷凝介质进口；7—冷凝介质出口

接触冷凝是被冷却的气体与冷却液直接接触冷凝的方法。它有利于传热，但冷凝液需进一步处理，否则可能造成二次污染。常用的接触冷凝器有喷射式、喷淋式、填料式、筛板塔（图 4-15），几乎所有吸收设备都可做接触冷凝器。

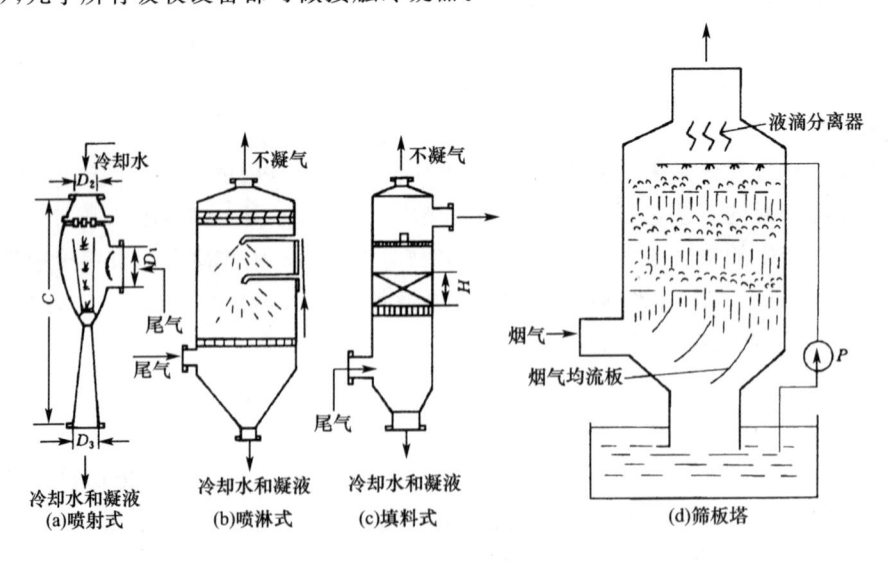

(a) 喷射式　　(b) 喷淋式　　(c) 填料式　　(d) 筛板塔

图 4-15　接触冷凝器

接触冷凝器的热计算可用热量衡算来解决。有害蒸气的冷凝潜热及废气和冷凝液进一步释放的潜热,都被冷却水所吸收。管道、水池及有关设备要根据冷凝量决定尺寸。

4.1.6 应用实例

某集团公司现有 30 000 m³ 储油罐一组,该储油罐灌装口在一定的温度和有风条件下,特别是逆风条件下易造成有机废油气逸出产生异味污染,油料在装卸作业和汽车倒运过程中因为诱导作用,有机废油气污染是非常严重的,对当地居民和职工的正常工作、生活造成很大的影响,对当地大气环境造成严重的污染,同时还造成了原材料的大量损失。需要安装有机废气治理回收设备,治理后烟气排放浓度符合国家排放标准。

由于该储油罐挥发有机废气成分复杂,治理难度大,单一的治理技术难以达到排放标准,综合考虑确定的治理工艺为:储油罐—冷凝反应器—油水分离器—多组分洗涤塔—除雾器—异味吸附塔—达标排放,工艺流程如图 4-16 所示。

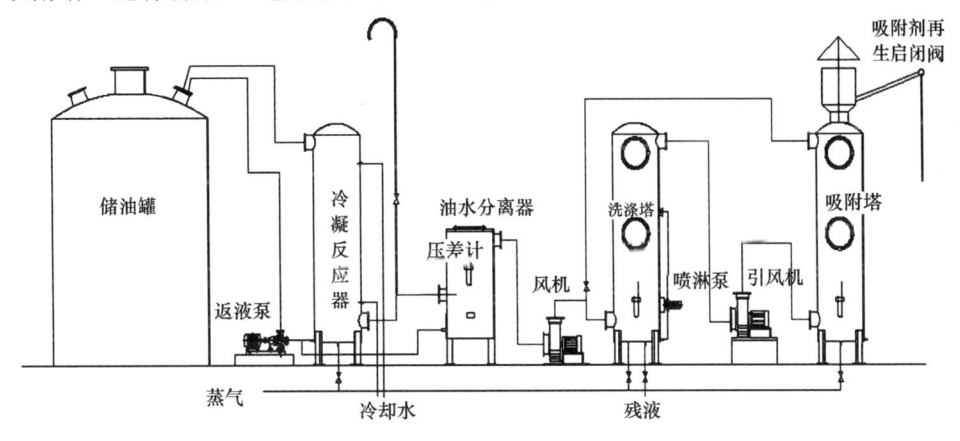

图 4-16 储油罐塔顶有机废气净化系统示意图

从储油罐中溢出的挥发性热油气,首先进入冷凝反应器冷却、降温,使呈气雾状的油气在冷凝反应器中凝结,凝结后的油液聚集到冷凝反应器底部。

凝结在冷凝反应器底部的液体在风机的作用下进入油水分离器,在油水分离器中被液体捕集,最后由返液泵回输到储油罐中。

另有一部分冷凝点更低、挥发性更强的油气,不能在常温下凝结,需要通过洗涤塔,在洗涤塔中喷入洗油吸收液,通过吸收、除雾,最后,将气体中的难凝物质洗涤干净。

经过冷凝、分离、洗涤等工艺过程后,气体中还会有异味产生,为此,在最后又设置了由活性炭构成的一级吸附塔。活性炭是一种多孔结构的物质,其微孔表面积是其体积的 400 多倍,具有极强的吸附能力,是目前国内外普遍采用的净化技术。经过活性炭吸附净化后的气体可以做到达标排放,吸附剂达到吸附接近饱和时关闭吸附剂再生启闭阀对其进行再生操作。本工程项目应用了气态污染物净化措施中的吸收法、吸附法、冷凝法等技术。

学习任务单

1.填空题

(1)根据吸收原理,吸收分为(　　)吸收和(　　)吸收两种,当 NaOH 吸收 SO₂ 时为(　　)吸收。

(2)吸收流程配置时应考虑的因素包括（　　）、（　　）、（　　）、（　　）、（　　）、（　　）等。

(3)吸收液完成吸收后,处理的方式有两种,一是（　　）,二是（　　）。

(4)非循环过程是指对（　　）不进行再循环,而循环过程是指将（　　）循环使用。

(5)根据吸收剂与废气在吸收设备中的流动方向,可将吸收工艺分为（　　）、（　　）和（　　）。

(6)工业上最常用的吸附剂是（　　）。

(7)（　　）吸附器适宜净化大气量污染废气,（　　）吸附器适用于小型、分散、间歇性的污染源。

(8)常用吸附剂的再生方法有（　　）、（　　）、（　　）。

(9)吸附装置有（　　）、（　　）和（　　）几种类型。

(10)吸附工艺流程有（　　）、（　　）和（　　）三种形式。

(11)催化剂的组成包括（　　）、（　　）、（　　）。

(12)催化剂的性能由（　　）、（　　）、（　　）等来描述。

(13)适合利用催化法净化的污染物是（　　）、（　　）、（　　）等。

(14)火炬燃烧属于（　　）燃烧。在操作良好时,火焰呈（　　）色,在操作不良时,火焰呈（　　）色。

(15)燃烧法分为（　　）、（　　）和（　　）。

(16)催化燃烧设备有（　　）和（　　）两大类。

(17)直接燃烧设备有（　　）、（　　）、（　　）等。

(18)热力燃烧控制的温度和停留时间分别为（　　）和（　　）。

(19)冷凝法用于（　　）、（　　）、（　　）等气体的净化。

(20)冷凝法常用设备为（　　）和（　　）。

(21)冷凝法操作主要通过控制（　　）来实现。

2.简答题

(1)吸收剂选择的要求有哪些?

(2)吸收后烟气排放前为什么加热?

(3)吸附操作应注意的事项有哪些?主要控制的参数包括什么?

(4)简述吸附法适用的范围。

(5)防止催化剂中毒的措施有哪些?

(6)催化剂中毒的原因是什么?

(7)热力燃烧设备的操作步骤有哪些?

(8)进入催化燃烧器的气体通过预处理可除去哪些有害成分?

(9)冷凝法的基本原理是什么?

(10)冷凝法的特点和用途有哪些?

3.气态污染物净化设备简易设计训练

(1)到学校图书馆、资料室查阅吸收塔和吸附塔的有关资料。

(2)上网浏览网站谷腾环保网、土木在线网;手机App软件"环评云助手",微信公众号"环境工程"等有关气态污染物净化治理的论文、治理设计方案、图纸资料等。

(3)结合本教材相关技能实训内容,进行1~2种气态污染物净化技能实训,或进行整体净化设施的工艺设计。

4.2 低浓度 SO_2 的净化技术

酸雨主要是人类燃烧燃料向大气排放二氧化硫所造成的,因此控制酸雨只能从减少二氧化硫的排放着手。

通过燃料燃烧和工业生产过程所排放的二氧化硫废气,有的浓度较高,如有色冶炼厂的排气,称为高浓度 SO_2 废气;大部分含硫废气(90%来源于燃烧)浓度较低,如火电厂的锅炉烟气,SO_2 浓度为 0.1%~0.5%,属低浓度 SO_2 废气。对于高浓度 SO_2 废气,目前采用接触氧化法制取硫酸,技术成熟且有很好的经济效益。对于烟气量较大、浓度较低的 SO_2 废气,工业回收不经济,必须采取必要的脱硫措施。

目前,燃煤脱硫技术有 100 多种,按燃烧阶段脱硫可分为三类:燃烧前脱硫、燃烧过程中脱硫及燃烧后脱硫。

(1)燃烧前脱硫技术为在燃料进入燃烧设备之前所进行的去除硫分处理,主要包括燃料的替换、洗选加工、形态转换等技术。

(2)燃烧过程中脱硫技术是在燃烧过程中采用各种技术手段,将煤中的硫分固定在炉渣中,从而减少二氧化硫向大气的排放。

(3)燃烧后脱硫又称烟气脱硫,按其脱硫的基本方法分为化学吸收法、催化法和吸附法等。

4.2.1 燃烧前脱硫

煤燃烧前脱硫即"煤脱硫",主要通过各种方法对煤进行净化,去除原煤中所含的硫分、灰分等杂质。煤脱硫技术有物理法、化学法和微生物法三种。

1. 煤炭物理脱硫技术

目前我国最多采用的煤燃烧前脱硫方法是物理选煤方法。物理选煤主要是利用清洁煤、灰分、黄铁矿的比重不同,以去除部分灰分和黄铁矿硫。在物理选煤技术中,应用最广泛的是跳汰选煤,其次是重介质选煤和浮选,近期研究较多的技术是高梯度强磁法和微波辐射法选煤技术。我国物理选煤技术能达到 45%~55% 全硫脱除率和 60%~80% 硫铁矿硫脱除率,但不能脱除煤中的有机硫。

(1)跳汰选煤

跳汰分选是利用比重分选矿物(专业术语称"重选")的一种方法。跳汰粒级接近的矿物在介质(水、空气)中上下振动(跳动)时会按照比重的不同分层,比重大的在下层,比重小的在上层,达到分选矿物的目的。这是各种密度、粒度和形状的物料在不断变化的流体作用下的运动过程。

重选时所用的介质,如水、空气简称重介。跳汰机的种类繁多,用处各有不同。按入选粒度不同,跳汰机可分为块煤跳汰机(粒度大于 13 mm)、末煤跳汰机(粒度小于 13 mm)、混合跳汰机(粒度为 50 mm 或 100 mm 的混煤)及泥煤跳汰机(粒度小于 0.5 mm 或 1 mm 的煤泥)等。按跳汰机在流程中的位置不同,可分为主选机和再洗机。按跳汰机分选产品的数目又可分为一段跳汰机、两段和三段跳汰机。按排矸方式不同,可分为顺排矸和逆排矸跳汰机。目前工业上应用最多的是侧鼓卧式风阀跳汰机和筛下空气室跳汰机。

(2) 重介质选煤

重介质选煤的基本原理是阿基米德原理。如果颗粒的密度大于悬浮液密度,则颗粒将下沉;颗粒的密度小于悬浮液密度时,颗粒上浮;颗粒的密度等于悬浮液密度的颗粒处于悬浮状态。当颗粒在悬浮液中运动时,除受到重力和浮力作用外,还将受到悬浮液体的阻力作用。对最初相对悬浮液做加速运动的颗粒,最终将以其最终速度相对悬浮运动。颗粒越大,相对最终速度越大、分选速度越快、分选效率越高。可见重介质选煤是严格按密度分选的,颗粒粒度和形状只影响分选的速度。目前国内外普遍采用磁铁矿粉与水配置的悬浮液作为选煤的分选介质。

国内外选煤用的重介质分选机主要有分选大于 6 mm 或 13 mm 的块煤斜轮重介质分选机和立轮重介质分选机以及分选煤末用的重介质旋流器。

(3) 浮选选煤

浮选是在气-液-固三相界面的分选过程,包括在水中的矿粒黏附到气泡上,然后上浮到煤浆液面并被收入泡沫产品的过程。矿粒能否黏附到气泡上取决于水对该矿粒的润湿性。煤对水有较强的润湿性,具有天然的可浮性,而煤中的灰分和黄铁矿的润湿性和可浮性较弱,可通过浮选设备把精煤选出。浮选主要用于处理粒度小于 0.5 mm 的煤粉。原煤的性质和工艺因素对浮选的结果都产生重要的影响。其中最重要的是煤的变质程度或氧化程度、粒度组成、密度组成、矿浆浓度、药剂浓度、浮选机充气搅拌的影响。

(4) 高梯度强磁法

高梯度强磁分离煤脱硫技术是一种物理选煤新技术。借助于磁场对磁性矿物的作用,它可有效地脱除煤中的无机硫和其他灰分矿物质,并能保持较高的精煤回收率。这一技术的应用,不但使煤中的含硫矿物质得以脱除,提高燃煤热效率,而且还可回收黄铁矿资源。高梯度强磁分离煤脱硫的基本原理是磁分离,是根据各种物质之间磁性的差异进行选分的一种分离方法。在复杂组分的煤中,有机硫一般与可燃有机物结合在一起,呈抗磁性。而无机硫具有较强的顺磁性,其粒度一般在几十微米至几百微米不等。经高梯度磁分离,这些较强磁性的矿物质被富集成磁性尾料,同时产生精煤产品。

(5) 微波辐射法

当微波照射煤时,煤中黄铁矿中的硫最容易吸收微波,有机硫次之,煤基质基本上不吸收。煤微波脱硫的原理是煤和浸提剂组成的试样在微波电磁场作用下,产生极化效应,从而削弱煤中硫原子和其他原子之间的化学亲和力,促进煤中硫与浸提剂发生化学反应生成可溶性硫化物,通过洗涤从煤中除去。此法可以去除煤中的无机硫、有机硫。微波辐射法可达到 50% 以上的脱硫率,但目前仍处于实验室阶段,如能取得突破性进展,直接用于煤的脱硫,必将带来可观的经济、社会效益。

2. 煤炭化学脱硫技术

化学脱硫方法又包括碱法脱硫、气体脱硫、热解与氢化脱硫、氧化法脱硫等。

(1) 碱法脱硫

在煤中加入 KOH、NaOH 或 Ca(OH)$_2$ 和苛性碱,在一定反应温度下使煤中的硫生成含硫化合物,该法具有一定的腐蚀性,但在合适的条件下可脱去全部的黄铁矿硫和 70% 的有机硫。

(2) 气体脱硫

在高温下,用能与煤中黄铁矿硫或有机硫反应的气体处理煤,生成挥发性含硫气体,从而脱去煤中的硫,脱硫率可达 86%。

（3）热解与氢化脱硫

采用炭化酸浸提和氢化脱硫三个步骤，将硫转化为硫化钙，进而转化为可溶的硫氢化钙，分离后达到脱硫目的。在用烟煤进行的实验室试验中可脱除80%的黄铁矿硫和50%的有机硫。在煤中加入甲醇和乙醇，利用醇中的氢键和偶极引力，增加对煤中有机物的溶解能力，来达到脱硫目的，该法主要用于脱有机硫，脱硫率可达57.8%。

（4）氧化法脱硫

在酸性或氢氧化铵存在条件下，将硫化合物在含氧溶液中氧化成易于脱除的硫和硫酸盐，从而使硫和煤分离。在酸性溶液中只能脱除黄铁矿硫，脱除率达90%，在碱性溶液中还可脱掉30%～40%的有机硫。

煤的化学法脱硫技术可获得超低灰分、低硫分煤，但由于化学选矿法工艺条件要求苛刻，流程复杂，投资和操作费用昂贵，而且发生化学反应后对煤质有一定的影响，在一定程度上限制了它的推广和应用。

3. 煤炭微生物脱硫技术

煤炭微生物脱硫是在细菌浸出金属的基础上应用于煤炭工业的一项生物工程新技术。煤炭中无机硫大多以黄铁矿（FeS_2）的形态存在。在微生物的作用下，无机硫被氧化、溶解而脱除。无机硫的脱除机理如下：首先是微生物附着在黄铁矿表面发生氧化溶解作用，生成硫酸和Fe^{2+}；进而Fe^{2+}被氧化为Fe^{3+}；由于Fe^{3+}具有氧化性，又与其他的黄铁矿发生化学氧化作用，自身被还原成Fe^{2+}，同时生成单质硫；单质硫在微生物作用下被氧化成硫酸而除去。目前已知能脱除无机硫的微生物有氧化亚铁硫杆菌、氧化硫杆菌以及能在70 ℃高温下生长发育的古细菌。这些细菌从铁和硫等无机物氧化中获得能量，并能固定空气中的CO_2而繁殖，属自氧菌。它们在自然界的温泉、硫化物矿床等含铁、硫丰富的酸性环境中生息，一般生长缓慢，较难得到大量菌体。有资料报道，利用此类细菌在实验室烧瓶试验条件下，脱除煤中90%的无机硫需1～2周时间。国外学者对煤炭微生物脱硫技术进行了大量的基础性和应用性开发研究，在无机硫脱除机理、菌种筛选培育、反应器的设计开发等方面都取得了有实用价值的成果，并进行了半工业性试验。国内学者进行了实验室规模的研究。今后应注重脱硫微生物的改良，尤其是应在探明有机硫脱除机理的基础上，培育出能脱除有机硫的优良菌种，进一步提高微生物脱硫效率，并考虑二次产物的妥善处置。微生物脱硫技术是一种投资少、能耗低、污染少的好方法，对于减少燃煤SO_2的产生量、拓宽煤炭的应用范围具有重要意义。

4.2.2　燃烧过程中脱硫

在我国，采用煤燃烧过程中脱硫的技术主要有三种：一是型煤固硫，二是循环流化床燃烧脱硫技术，三是炉内喷钙尾气增湿固硫技术。

燃烧过程中脱硫的原理是在煤燃烧过程中加入石灰石或白云石粉作脱硫剂，$CaCO_3$、$MgCO_3$受热分解生成CaO、MgO，与烟气中的SO_2反应生成硫酸盐，随灰分排出。石灰石粉在氧化性气体中的脱硫反应为：

$$CaCO_3 \xrightarrow{加热} CaO + CO_2 \qquad CaO + SO_2 + 1/2O_2 \rightarrow CaSO_4$$

1. 型煤固硫技术

（1）工业型煤固硫的工作原理

将不同的原料经筛分后按一定的比例配煤，粉碎后同经过预处理的黏结剂和固硫剂混合，经机械设备挤压成型及干燥,即可得到具有一定强度和形状的成品工业固硫型煤。型煤用固硫剂按化学形态可分为钙系、钠系及其他三大类。石灰石粉、大理石粉、电石渣等是制造工业固硫型煤较好的固硫剂。固硫剂的加入量视煤炭含硫量的高低而定,如石灰石粉加入量一般为2%~3%。应用废液作黏结剂和固硫剂,资源丰富,既可降低成本,又可减少污染。如碱性纸浆黑液既可做黏结剂,也有一定的固硫作用,其固硫成分为Na_2CO_3和$NaOH$。此外,电石渣[$Ca(OH)_2$,CaO]、硫矿渣(Fe_2O_3,SiO_2)、盐泥、糖泥、钙渣、烟道灰等,也可用作工业固硫型煤的黏结剂和固硫剂。

石灰石的主要成分是碳酸钙($CaCO_3$),大理石的主要成分是方解石和白云石($CaCO_3$,$MgCO_3$),它们均含有大量的$CaCO_3$,属于钙系脱硫剂。在型煤高温燃烧时,其中的固硫剂被煅烧分解为CaO和MgO,烟气中的SO_2即被CaO和MgO吸收,生成$CaSO_3$和$MgSO_3$。由于炉膛内有足够的氧气,一小部分生成的$CaSO_3$和$MgSO_3$会进一步氧化生成$CaSO_4$和$MgSO_4$。反应温度、钙硫比以及原煤的粒度等是影响固硫效率的主要因素。在锅炉炉膛温度下,烟气脱硫主要生成$CaSO_4$和$MgSO_4$。一般情况下,钙系固硫剂的固硫效率随钙硫比的增加而增加,电石渣是制作工业固硫型煤较好的固硫剂。

(2) 工业固硫型煤的特点

① 反应活性高。型煤的反应活性越大,说明燃烧性能越好,既节约了煤炭,又减少了烟尘的排放量。

② 燃烧性能比原煤好。

③ 型煤固灰及固硫能力比原煤好。型煤的烟尘排放量比原煤减少54%~80%,SO_2排放量减少40%~75%。

2. 循环流化床燃烧脱硫技术

流化床技术首先是作为一种化工处理技术于20世纪20年代由德国人发明的,将流化床技术应用于煤的燃烧的研究始于20世纪60年代。由于流化床燃烧技术具有煤种适应性宽、易于实现炉内脱硫和低NO_x排放等优点而受到国内外研究单位和生产厂家的高度重视,并能在能源和环境等诸方面显示鲜明的发展优势。如今,流化床燃烧作为更清洁、更高效的煤炭利用技术之一,正受到世界各国的普遍关注。

(1) 循环流化床燃烧脱硫的工作原理

循环流化床锅炉是指利用高温除尘器使飞出的物料又返回炉膛内循环利用的流化燃烧方式。在流化床中形成了两种截然不同的床层,底部是由大颗粒物料形成的密相层,上部是由细物料组成的气流床,因此称为多物料循环流化床。由于它能使飞扬的物料循环回到燃烧室中,因此所采用的流化速度比常规流化床要高,对燃烧粒度、吸附剂粒度的要求也比常规流化床要低。当飞扬的物料飘出气流床后便被一个高效初级旋风分离器从烟气中分离出来,并使其流进外置式换热器中,有一部分物料从换热器中再回到燃烧室中,而大部分飞扬的物料流至外置式换热器的换热段,被冷却后再循环至燃烧室中。在多物料循环流化床中将石灰石等廉价的原料与煤粉碎成同样的细度,与煤在炉中同时燃烧,在800~900 ℃时,石灰石受热分解出CO_2和CaO,与SO_2反应生成硫酸盐,达到脱硫的目的。

(2) 循环流化床燃烧(CFBC)的特点

循环流化床燃烧的特点包括:① 不仅可以燃用各种类型的煤,而且可以燃烧木材和固体废物,还可以实现与液体燃料的混合燃烧;② 由于流化速度较高,使燃料在系统内不断循环,实现均匀稳定的燃烧;③ 由于采用循环燃烧的方式,燃料在炉内停留时间较长,使燃烧效率高达

99%以上,锅炉效率可达90%以上;④燃烧温度较低,NO_x生成量少;⑤由于石灰石在流化床内反应时间长,使用少量的石灰石(钙硫比小于1.5)即可使脱硫效率达90%;⑥燃料制备和给煤系统简单,操作灵活。

由于循环流化床锅炉比传统的燃烧锅炉和常规流化床锅炉有较大的优越性,因此越来越受到重视,有望成为重要的煤洁净燃烧技术。

我国自20世纪60年代初开始研究和开发循环流化床燃烧锅炉,目前已有多个发电机组运行。但是,目前我国CFBC锅炉使用时大多数未加脱硫剂。

3. 炉内喷钙尾气增湿固硫技术

(1)固硫原理

炉内喷钙尾气增湿固硫工艺,也称炉内喷钙和氧化钙活化工艺,分成两个主要阶段:炉内喷钙阶段和炉后活化阶段。在第一阶段,将磨细到325目左右的石灰石粉用高压空气喷射到炉膛上部,炉膛温度为900~1 250 ℃,石灰石中$CaCO_3$分解成CaO和CO_2,烟气中的SO_2与CaO发生反应生成$CaSO_4$,未发生反应的CaO与飞灰、烟气(含有SO_2)一起排出炉膛。该反应是气固两相反应,反应条件较差,固硫效率和钙的利用率都不高,固硫率为20%~40%。为改善反应条件,在第二阶段,在炉后烟道上设置一个增湿活化反应器,烟气进入活化反应器中喷水增湿,烟气中未反应的CaO与水反应生成低温下有较高活性的$Ca(OH)_2$,再与烟气中剩余的SO_2发生化学反应,首先生成$CaSO_3$,部分发生氧化反应生成$CaSO_4$。在高温情况下,这些颗粒成为固体粉末,从增湿活化反应器排出的烟气进入除尘器,经除尘器净化后的烟气排入大气。

第一阶段主要反应为

$$CaCO_3 \longrightarrow CaO + CO_2 \text{(石灰石分解)}$$
$$CaO + SO_2 \longrightarrow CaSO_3 \text{(脱硫反应)}$$

第二阶段主要反应为

$$CaO + H_2O \longrightarrow Ca(OH)_2$$
$$Ca(OH)_2 + SO_2 \longrightarrow CaSO_3 + H_2O$$
$$SO_2 + H_2O \longrightarrow H_2SO_3$$
$$2CaSO_3 + O_2 \longrightarrow 2CaSO_4$$

(2)炉内喷钙尾气增湿固硫的特点

炉内喷钙尾气增湿固硫工艺具有如下特点:①工艺流程简单,易于在老锅炉上安装喷钙、活化设备;②脱硫效率较高,石灰石利用率较高,当燃烧含硫量为1.5%的煤炭,钙硫比为2.0时,其脱硫效率可达70%以上;③投资少,该工艺脱硫装置占电厂总投资的0.5%,属于最低投资的脱硫技术之一;④干式排灰容易处理,可做建材或铺路;⑤该工艺不排放废水,不需要水处理设备,不造成二次污染。

(3)应用情况

该工艺是由丹麦Tampella公司和IVO公司共同开发的,于1986年首先在丹麦的Inkoo电厂运行。目前,在我国的南京下关等发电厂也安装了该脱硫设备,并已投入运行。

该工艺运行中遇到的主要问题是:①该脱硫工艺适用于低、中硫煤;②炉内温度对脱硫效率有影响,炉膛上部温度较低,使烟气温度下降,不利于CaO的活化,使脱硫效率下降;③炉膛温度过高,生成的$CaSO_3$受热分解,释放出SO_2,也会降低脱硫效率。

4.2.3 燃烧后脱硫

1. 石灰/石灰石-石膏法

石灰/石灰石-石膏法是采用石灰石、石灰或白云石等作为脱硫剂,脱除废气中 SO_2 的方法。石灰石以其来源广泛、原料易得、价格低廉得到广泛应用。到目前为止,在各种脱硫方法中,仍以石灰/石灰石-石膏法运行费用最低。在国内外正在使用的脱硫装置中,该法占整个脱硫系统装机容量的 80% 以上。

石灰/石灰石-石膏法烟气脱硫技术最早是由英国皇家化学工业公司提出的,该方法脱硫的基本原理是用石灰或石灰石浆液吸收烟气中的 SO_2,先生成亚硫酸钙,然后将亚硫酸钙氧化为硫酸钙,副产品石膏可抛弃也可以回收利用。

(1)工艺原理

用石灰石或石灰浆液吸收烟气中的二氧化硫,分为吸收和氧化两个工序,先吸收生成亚硫酸钙,然后再氧化为硫酸钙,因而分为吸收和氧化两个过程。

吸收过程在吸收塔内进行,主要反应如下:

石灰浆液作吸收剂:$Ca(OH)_2 + SO_2 \longrightarrow CaSO_3 + H_2O$

石灰石浆液作吸收剂:$CaCO_3 + SO_2 + (1/2)H_2O \longrightarrow CaSO_3 \cdot (1/2)H_2O + CO_2$

$$CaSO_3 \cdot (1/2)H_2O + SO_2 + (1/2)H_2O \longrightarrow Ca(HSO_3)_2$$

由于烟道气中含有氧,还会发生副反应

$$2CaSO_3 \cdot (1/2)H_2O + O_2 + 3H_2O \longrightarrow 2CaSO_4 \cdot 2H_2O$$

氧化过程在氧化塔内进行,主要反应如下:

$$2CaSO_3 \cdot (1/2)H_2O + O_2 + 3H_2O \longrightarrow 2CaSO_4 \cdot 2H_2O$$

$$2Ca(HSO_3)_2 + O_2 + 2H_2O \longrightarrow 2CaSO_4 \cdot 2H_2O + 2SO_2$$

(2)工艺流程

传统的石灰/石灰石-石膏法的工艺流程如图 4-17 所示。将配好的石灰浆液用泵送入吸收塔顶部,经过冷却塔冷却并除去 90% 以上的烟尘,含 SO_2 烟气从塔底进入吸收塔,在吸收塔内部,烟气与来自循环槽的浆液逆向流动,经洗涤净化后的烟气经过再加热装置通过烟囱排空。石灰浆液在吸收 SO_2 后,成为含有硫酸钙和亚硫酸氢钙的混合液,将此混合液在母液槽中用硫酸调整 pH 至 4 左右,送入氧化塔,并向塔内送入 490 kPa 的压缩空气进行氧化,生成的石膏经增稠器使其沉积,上层清液返回循环槽,石膏浆经离心机分离得成品石膏。

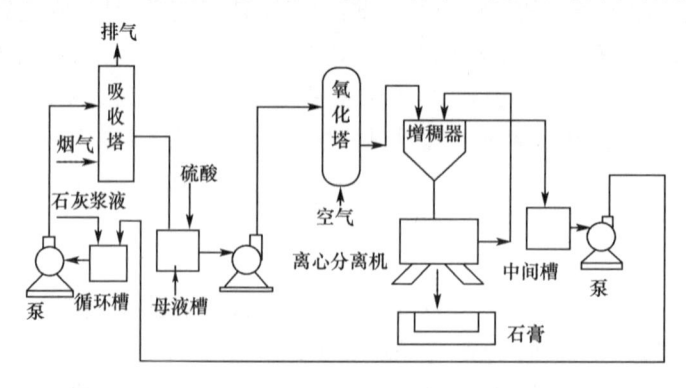

图 4-17 石灰/石灰石-石膏法的工艺流程

(3)主要设备

①洗涤器　该法中洗涤器的流动构型和物料平衡影响气体-液体-固体流的关系,洗涤器应具有气液相间的相对速度高、持液量大、气液接触面大,压力降小等特点,以提高吸收效率,减少结垢和堵塞。除填料塔外,还有道尔型洗涤器、盘式洗涤器和流动床洗涤器等。几种常见的洗涤器结构及特点见表4-9。

表 4-9　　几种常见的洗涤器结构及特点

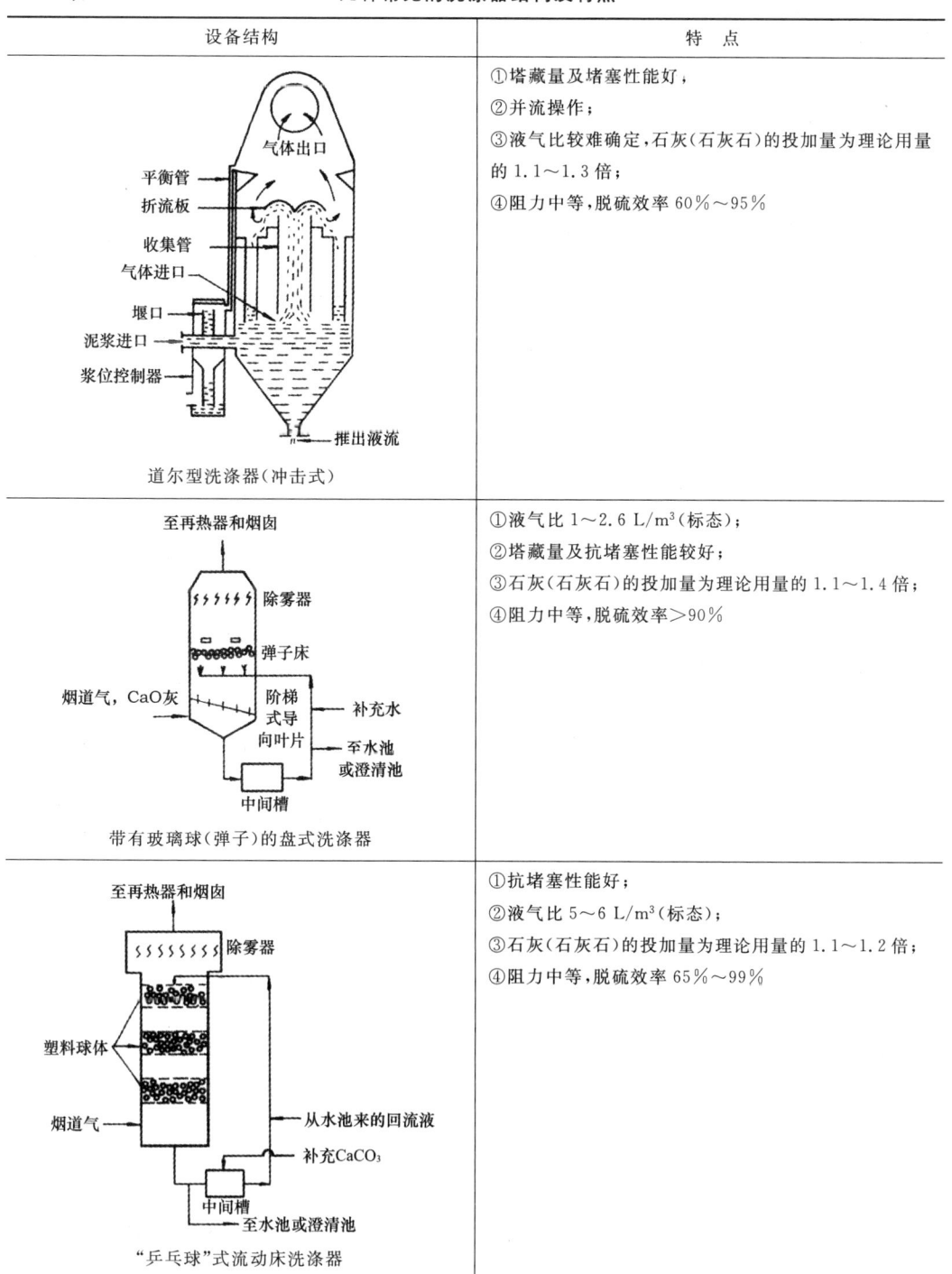

设备结构	特　点
道尔型洗涤器(冲击式)	①塔藏量及堵塞性能好; ②并流操作; ③液气比较难确定,石灰(石灰石)的投加量为理论用量的1.1~1.3倍; ④阻力中等,脱硫效率60%~95%
带有玻璃球(弹子)的盘式洗涤器	①液气比1~2.6 L/m³(标态); ②塔藏量及抗堵塞性能较好; ③石灰(石灰石)的投加量为理论用量的1.1~1.4倍; ④阻力中等,脱硫效率>90%
"乒乓球"式流动床洗涤器	①抗堵塞性能好; ②液气比5~6 L/m³(标态); ③石灰(石灰石)的投加量为理论用量的1.1~1.2倍; ④阻力中等,脱硫效率65%~99%

②氧化塔　为提高氧化速度,需吹入微细的气泡加快反应进行,本法在氧化塔中采用回转圆筒式雾化器,回转筒的转速为 500~1 000 r/min,空气被导入圆筒内侧形成薄膜,并与液体摩擦被撕裂成微细气泡,其氧化效率约为 40%,较多孔板式高出 2 倍以上,而且没有被浆料堵塞的缺点。

(4) 改进工艺措施

为了克服石灰/石灰石-石膏法的结垢和堵塞,提高 SO_2 的脱除率,开发了加入缓冲剂的石灰/石灰石-石膏法。该方法对原有流程不做任何修改。常用的缓冲剂有己二酸、硫酸镁等。

①己二酸　成分是二羧基有机酸 $HOOC(CH_2)_4COOH$,其酸度介于碳酸和亚硫酸之间,在原有的石灰/石灰石-石膏流程中加入己二酸,可起到缓冲吸收液 pH 的作用。

己二酸的缓冲机理是:在洗涤液贮罐内,己二酸与石灰/石灰石反应,形成己二酸钙,在吸收器内,己二酸钙与已被吸收的 SO_2(以 H_2SO_3 形式)反应生成 $CaSO_3$,己二酸得以再生,并返回洗涤液贮罐,重新与石灰/石灰石反应。己二酸的存在抑制了气液界面上由于 SO_2 溶解而导致 pH 降低,从而使液面处的浓度提高,大大地加速了液相传质速率,提高了 SO_2 的吸收效率。因洗涤液中己二酸钙较易溶解,避免了石灰/石灰石-石膏法的结垢和堵塞现象,同时也降低了钙硫比。

在实际应用中,己二酸可在浆液循环回路的任何位置加入,加入量取决于操作条件,如 pH 等。其合适的用量为 1 t 石灰石加入 1~5 kg 己二酸。如某电站的烟气脱硫系统,日消耗己二酸 0.6~3.0 t,石灰石的利用率由 65% 提高到 80%,消除了结垢,减少了固体排放量。

②硫酸镁　克服石灰石结垢和提高 SO_2 去除率的另一种方法是添加硫酸镁,加入硫酸镁的目的是为改进溶液的化学性质,使 SO_2 以可溶性盐形式被吸收,并减少了系统的能源消耗量。

随着工艺的发展,技术的进步,一些新型的石灰/石灰石-石膏法工艺为防止传统的吸收塔和氧化塔结垢和堵塞,将氧化系统组合到吸收塔底的浆池槽内,利用大容积浆池完成石膏的结晶过程,即就地强制氧化。循环的吸收剂在氧化池内的设计停留时间越长,石灰石的反应越彻底,氧化空气采用罗茨风机或离心风机鼓入,一般氧化 1 mol SO_2 需要 1 mol O_2。

2. 双碱法

石灰/石灰石-石膏法的最主要缺点是容易结垢,造成吸收系统的堵塞,为克服这一缺点,人们尝试用易溶的吸收剂代替石灰石或石灰,由此发展了双碱法脱硫技术。双减法是先用碱式清液做吸收剂,然后将吸收 SO_2 后的吸收液用石灰石或石灰进行再生,再生后的吸收液可循环使用,副产品石膏可回收利用,由于在吸收和吸收液的再生处理中使用了不同的碱,故称为双碱法,也有称间接石灰/石灰石-石膏法。其优点是解决了直接湿式石灰/石灰石-石膏法的结垢问题;另外,副产品石膏的纯度较高,应用更广泛。典型的方法有钠碱双碱法、碱性硫酸铝-石膏法等。

(1) 钠碱双碱法

钠碱双碱法是以 Na_2CO_3 或 NaOH 溶液为第一碱吸收烟气中的 SO_2,然后再用石灰石或石膏法作为第二碱处理吸收液,将吸收 SO_2 后的溶液再生,再生后的吸收液循环使用,而 SO_2 则以石膏的形式析出,获得副产品亚硫酸钙和石膏。由于采用了溶解度较高的钠碱吸收液,从而避免了吸收过程的结垢和堵塞,可回收纯度较高的副产品石膏。

①化学原理和工艺流程

a. 吸收反应

$$2NaOH + SO_2 \longrightarrow Na_2SO_3 + H_2O$$

$$Na_2SO_3+SO_2+H_2O \longrightarrow 2NaHSO_3$$
$$Na_2CO_3+SO_2 \longrightarrow Na_2SO_3+CO_2$$

b. 用石灰再生 Na_2SO_3 和 $NaHSO_3$ 的反应

$$Na_2SO_3+Ca(OH)_2 \longrightarrow 2NaOH+CaSO_3\downarrow$$
$$Ca(OH)_2+2NaHSO_3 \longrightarrow Na_2SO_3+CaSO_3 \cdot 1/2H_2O+3/2H_2O$$
$$2NaHSO_3+CaCO_3 \longrightarrow Na_2SO_3+CaSO_3 \cdot 1/2H_2O+1/2H_2O+CO_2\uparrow$$

再生中由于有氧气存在，Na_2SO_3 可能部分被氧化成 Na_2SO_4。

双碱法工艺流程分吸收、再生两个主要工序，工艺流程见图 4-18 所示。

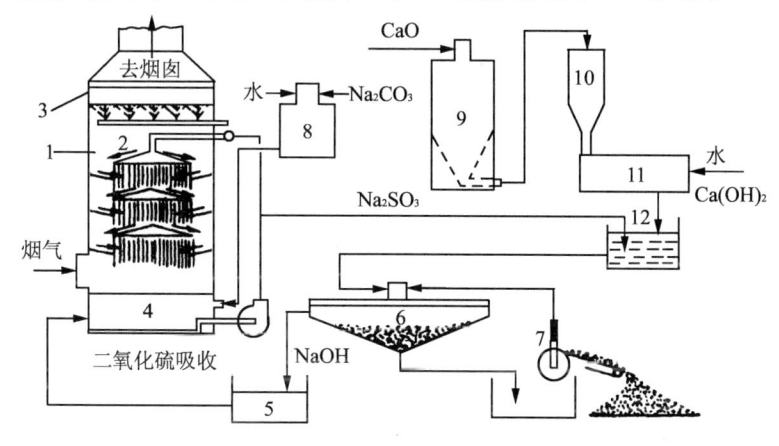

图 4-18 双碱法烟气脱硫工艺流程图

1—吸收塔；2—喷淋装置；3—除雾装置；4—吸收液槽；5—缓冲器；6—浓缩池；
7—过滤机；8—Na_2CO_3 吸收液槽；9—石灰仓；10—中间仓；11—熟化器；12—石灰反应器

烟气在洗涤塔内经循环吸收液洗涤后排空。吸收剂中的 Na_2SO_3 吸收 SO_2 后转化为 $NaHSO_3$，部分吸收液用泵送至混合槽，用 $Ca(OH)_2$ 或 $CaCO_3$ 进行处理，生成的半水亚硫酸钙在增稠器中沉积，含有亚硫酸钠的上清液返回吸收系统，沉积的 $CaSO_3 \cdot 1/2H_2O$ 送真空过滤分离出滤饼，重新浆化为含 10% 固体的料浆，加入硫酸降低 pH 后，在氧化器内用空气氧化获得石膏。

②操作要点

a. 吸收液浓度　如果采用较高的碱液浓度，可以减小设备，减少吸收液用量，所需设备投资与操作费小。一般控制浓度范围为 0.15~0.4 mol/L。

b. 结垢问题　在双碱法系统中引起的结垢一是硫酸根离子与溶解的钙离子产生石膏的结垢，二是吸收了烟气中的 CO_2 所形成的碳酸盐的结垢。前一种结垢只要保持石膏浓度在其临界饱和度值 1.3 以下，即可避免；而后一种结垢只要控制洗涤液 pH 在 9 以下，即不会发生。

c. 硫酸盐的去除　硫酸盐在系统中的积聚会影响洗涤效率，可以采用硫酸盐苛化的方法予以去除；也可以采用硫酸酸化使其变换为石膏而除去。

该法吸收效率高，脱硫率在 90% 以上，不易出现结垢和堵塞，缺点是由于亚硫酸钠的氧化形成硫酸钠，降低了产品质量。

(2) 碱式硫酸铝-石膏法

碱式硫酸铝-石膏法(图 4-19)采用碱式硫酸铝溶液作为吸收剂吸收 SO_2，吸收 SO_2 后的吸收液经过氧化后用石灰石再生，再生过的碱式硫酸铝溶液循环使用，主要产物为石膏。早在

20世纪30年代英国ICI公司就用碱式硫酸铝溶液吸收SO_2,后来日本同和矿业公司改进了工艺,开发了碱式硫酸铝-石膏法,故又称为同和法。

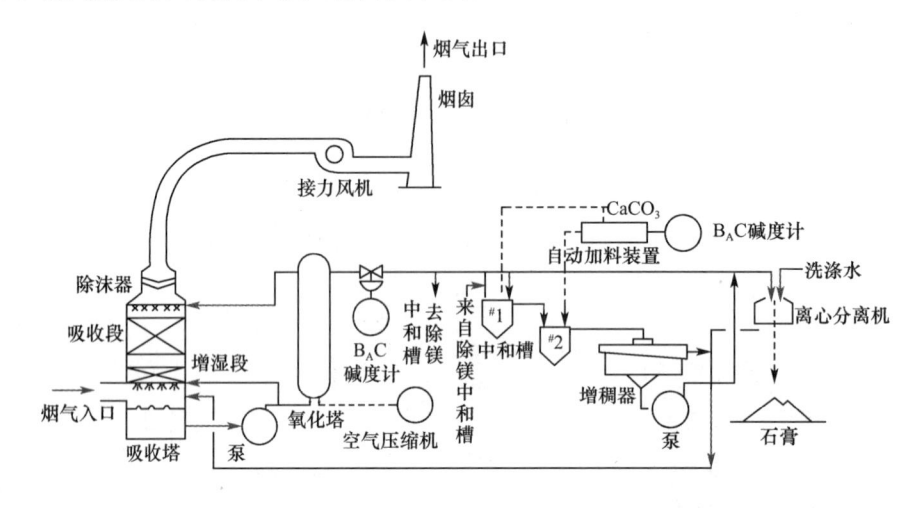

图 4-19　碱式硫酸铝-石膏法工艺流程

① 化学原理

a. 吸收剂的制备　碱式硫酸铝水溶液的制备可用粉末硫酸铝即$Al_2(SO_4)_3 \cdot 16\sim18H_2O$溶于水,添加石灰石或石灰粉中和,沉淀出石膏,即得所需碱度的碱式硫酸铝。其主要反应为

$$2Al_2(SO_4)_3 + 3CaCO_3 + 6H_2O \longrightarrow Al_2(SO_4)_3 \cdot Al_2O_3 + 3CaSO_4 \cdot 2H_2O + 3CO_2$$

碱式硫酸铝中能吸收SO_2的有效成分为Al_2O_3,它在溶液中的含量常用碱度表示,碱性硫酸铝可用$Al_2(SO_4)_3 \cdot xAl_2O_3$表示。例如纯$Al_2(SO_4)_3$中$Al_2O_3$含量为零,其碱度为0;$0.8Al_2(SO_4)_3 \cdot 0.2Al_2O_3$的碱度为20%;而纯$Al_2O_3$的碱度则为100%。

b. 吸收　在吸收塔中,碱式硫酸铝溶液吸收SO_2的反应式为

$$Al_2(SO_4)_3 \cdot Al_2O_3 + 3SO_2 \longrightarrow Al_2(SO_4)_3 \cdot Al_2(SO_3)_3$$

c. 氧化　在氧化塔中,利用压缩空气将吸收SO_2后生成的$Al_2(SO_4)_3 \cdot Al_2(SO_3)_3$浆液氧化,反应式为

$$Al_2(SO_4)_3 \cdot Al_2(SO_3)_3 + \frac{3}{2}O_2 \longrightarrow 2Al_2(SO_4)_3$$

d. 中和　在中和槽中,加入石灰石作为中和剂,再生出碱式硫酸铝吸收剂,同时沉淀出石膏,其反应式为

$$2Al_2(SO_4)_3 + 3CaCO_3 + 6H_2O \longrightarrow Al_2(SO_4)_3 \cdot Al_2O_3 + 3CaSO_4 \cdot 2H_2O + 3CO_2$$

② 工艺流程

碱式硫酸铝-石膏法工艺流程如图4-19。该工艺过程主要由吸收剂的制备系统、吸收系统、氧化系统、中和再生系统组成。

吸收SO_2后的吸收液送入氧化塔,塔底鼓入压缩空气,使$Al_2(SO_3)_3$氧化。氧化后的吸收液大部分返回吸收塔循环使用,只引出小部分送至中和槽,加入石灰石再生,并副产石膏。

其主要设备为吸收塔和氧化塔。吸收塔为双层填料塔,塔的下段为增湿段,上段为吸收段,顶部安装除沫器。氧化塔为空塔,在塔底装置特殊设计的喷嘴,压缩空气和吸收液同时经过该喷嘴喷入塔内,如图4-20所示。

碱式硫酸铝-石膏法的优点是处理效率高,液气比小,氧化塔的空气利用率较高,设备材料较易解决。

③影响因素

a. 吸收液碱度　一般来说,吸收液碱度越高,吸收效率也越高。但碱度在50%以上时容易生成絮状物,将妨碍吸收操作,碱度过低则会降低吸收液的吸收能力。因此工业生产中常常将碱度控制在20%~30%,中和后的吸收剂碱度控制为25%~35%。

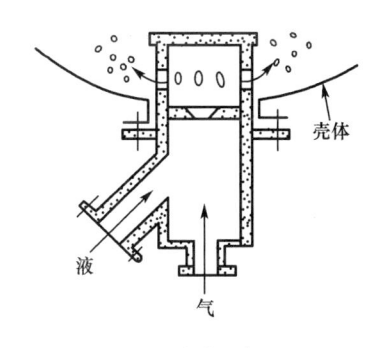

图4-20　喷嘴示意图

b. 操作液气比　由于溶液对 SO_2 有良好的吸收能力,即使液气比较小,也可取得较好的吸收效果。但液气比的大小与吸收温度、烟气中 SO_2 和 O_2 的浓度有关,当吸收温度较高、SO_2 浓度较大或 O_2 含量较低时,均需增大液气比值。工业生产中,吸收段液气比值控制为 10 L/m³,增湿段则为 3 L/m³。

c. 氧化催化剂　在工业生产中,为了减少操作的液气比值,可在吸收液中加入氧化催化剂强化氧化反应。一般使用 $MnSO_4$ 作催化剂,用量为 0.2~0.4 g/L,但由于锰离子随反应时间的延长浓度减少,因此一般加入量为 1~2 g/L。

3. 钠碱法

钠碱法就是用 NaOH 或 Na_2CO_3 水溶液吸收废气中的 SO_2 后,不用石灰(石灰石)再生,而直接将吸收液处理成副产品。与石灰/石灰石-石膏法相比,该法具有吸收速度快,不存在堵塞、结垢问题等优点。根据钠碱液的循环使用与否分为循环钠碱法和亚硫酸钠法。一些中小型化工厂和冶炼厂常用该法处理硫酸尾气中的 SO_2,但因 Na_2SO_3 的销路有限,限制了该法的推广。

(1)循环钠碱法

循环钠碱法又称威尔曼-洛德法,采用 NaOH 或 Na_2CO_3 作为初始吸收剂,在低温下吸收烟气中的 SO_2。反应方程式为

$$2Na_2CO_3 + SO_2 + H_2O = 2NaHCO_3 + Na_2SO_3$$

$$2NaHCO_3 + SO_2 = Na_2SO_3 + H_2O + 2CO_2$$

$$Na_2SO_3 + SO_2 + H_2O = 2NaHSO_3$$

随着 Na_2SO_3 逐渐转变成 $NaHSO_3$,溶液的pH将逐渐下降。当吸收液中的pH降低到一定程度时,溶液的吸收能力降低,这时候将吸收 SO_2 后含有 $NaHSO_3$ 的吸收液送入解吸系统,加热使 $NaHSO_3$ 分解,获得固体 Na_2SO_3 和高浓度的 SO_2。

$$2NaHSO_3 = Na_2SO_3 + SO_2\uparrow + H_2O$$

在 Na_2SO_3 和 $NaHSO_3$ 混合溶液中,由于 Na_2SO_3 的溶解度较小,可以让其结晶出来,然后将固体 Na_2SO_3 用水溶解后返回吸收系统重复使用。高浓度的 SO_2 可以加工成液体 SO_2,或送去制酸或生产硫黄等产品。

由于氧化副反应而生成 Na_2SO_4 的增加,会使吸收液面上 SO_2 的平衡分压升高,从而降低吸收率。因此,当 Na_2SO_4 浓度达到5%时,必须排除一部分母液,同时补充部分新鲜碱液。为降低碱耗,应尽力减少氧化。该法最大的优点是可以回收高浓度的 SO_2,适用于大流量烟气的净化,脱硫效率高。

(2)亚硫酸钠法

亚硫酸钠法是将吸收后得到的 $NaHSO_3$ 溶液用 NaOH 或 Na_2CO_3 中和,使 $NaHSO_3$ 转

变为 Na_2SO_3，反应方程式为

$$NaOH + NaHSO_3 \Longrightarrow Na_2SO_3 + H_2O$$
$$Na_2CO_3 + 2NaHSO_3 \Longrightarrow 2Na_2SO_3 + H_2O + CO_2\uparrow$$

当溶液温度低于 33 ℃时，结晶出 $Na_2SO_3 \cdot 7H_2O$，经过分离、干燥可得到无水硫酸钠成品。

图 4-21 是亚硫酸钠法工艺流程图。将配制好的 Na_2CO_3 溶液送入吸收塔，与含 SO_2 的气体逆流接触，循环吸收至溶液的 pH 在 5.6~6.0 时，即得到 $NaHSO_3$ 溶液。将吸收后的 $NaHSO_3$ 溶液送至中和槽，用 NaOH 溶液中和至 pH≈7 时，加热，驱尽其中的 CO_2，加入适量的硫化钠溶液以除去铁和重金属离子。然后继续用烧碱中和使得pH=12，再加入少量的活性炭脱色，过滤后便得到含量约为 21% 的 Na_2SO_3 溶液。加热浓缩、结晶，用离心机甩干、烘干后就得到了 Na_2SO_3 产品。纯度达 96%，可供纺织、化纤、造纸工业的漂白剂或脱氯剂。

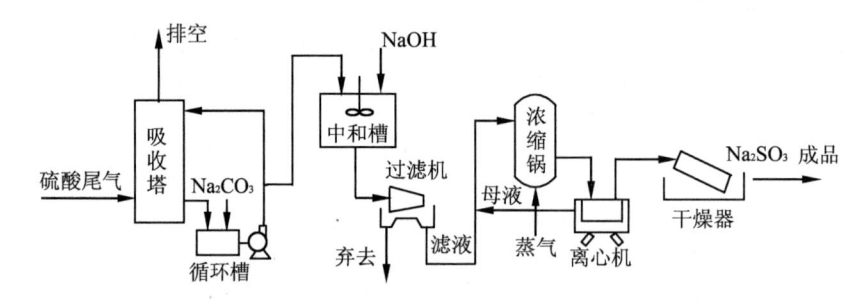

图 4-21 亚硫酸钠法工艺流程

该法具有脱硫效率高(90%~95%)、工艺流程简单、操作方便、运行费用低等优点。缺点是碱消耗量大，因而只适合于小流量烟气的净化。

4. 氨吸收法

氨吸收法是用氨水或铵盐洗涤烟气脱除 SO_2，获取 $(NH_4)_2SO_3$ 或 $(NH_4)_2SO_4$ 的方法。该法具有反应速度快、吸收效率高、不容易结垢、堵塞等优点。根据获得的产品不同，从而形成不同的脱硫方法。比较成熟的为氨-酸法、氨-亚硫酸铵法和氨-硫酸铵法等。

(1) 氨-酸法

氨-酸法是将吸收 SO_2 后的吸收液用酸分解的方法。酸解用酸有硫酸、硝酸和磷酸等，分别得到不同的分解产物。

氨-酸法应用于工业生产开始于 20 世纪 30 年代，具有工艺成熟、方法可靠、所用设备简单、操作方便等优点。目前氨-酸法在我国已被广泛应用于硫酸生产的尾气治理中，如南京化学工业公司氮肥厂、上海硫酸厂、大连化工厂等均采用此法。

① 原理

氨-酸法分为吸收、分解及中和三个主要工序。

a. 吸收：
$$2NH_3 + SO_2 + H_2O \Longrightarrow (NH_4)_2SO_3$$
$$(NH_4)_2SO_3 + SO_2 + H_2O \Longrightarrow 2NH_4HSO_3$$

由于尾气中含有 O_2 和 CO_2，在吸收过程中还会发生下列副反应：
$$2(NH_4)_2SO_3 + O_2 \Longrightarrow 2(NH_4)_2SO_4$$
$$2NH_4HSO_3 + O_2 \Longrightarrow 2NH_4HSO_4$$
$$2NH_3 + H_2O + CO_2 \Longrightarrow (NH_4)_2CO_3$$

在吸收过程中所生成的酸式盐 NH_4HSO_3 对 SO_2 不具有吸收能力。随着吸收过程的进行，吸收液中的 NH_4HSO_3 数量增多，吸收液吸收能力下降，此时需向吸收液中补充氨，使部分 NH_4HSO_3 转变为 $(NH_4)_2SO_3$，以保持吸收液的吸收能力。

$$NH_4HSO_3 + NH_3 = (NH_4)_2SO_3$$

b. 分解：含有亚硫酸氢铵和硫酸铵的循环吸收液，当其达到一定浓度时，可自循环系统中导出一部分，送到分解塔中用浓硫酸进行分解，得到二氧化硫气体和硫酸铵溶液。反应为

$$2NH_4HSO_3 + H_2SO_4 = (NH_4)_2SO_4 + 2SO_2\uparrow + 2H_2O$$
$$(NH_4)_2SO_3 + H_2SO_4 = (NH_4)_2SO_4 + SO_2\uparrow + H_2O$$

提高硫酸浓度可加速反应的进行，因此一般采用 93%～98% 的硫酸进行分解。为了提高分解效率，硫酸用量应达到理论量的 1.15 倍。

c. 中和：分解后的过量的酸，需用氨进行中和，中和后得到的硫酸铵送去生产硫酸铵肥料。

$$H_2SO_4 + 2NH_3 = (NH_4)_2SO_4$$

②工艺流程

氨-酸法净化硫酸尾气工艺流程如图 4-22 所示。含有 SO_2 的硫酸尾气进入吸收塔的下部，与循环吸收液逆流接触。吸收了 SO_2 后的吸收液进入循环槽中，并在此补充氨和水，以维持循环液的碱度，使吸收液部分再生，并保持 $(NH_4)_2SO_3/NH_4HSO_3$ 比值稳定，吸收后的尾气经除沫器后放空。当循环吸收液中 NH_4HSO_3 含量达到一定值时，引出一部分送至高位槽，并将高位槽的吸收液和硫酸高位槽中的硫酸一并送入混合槽，在混合槽内经折流板的作用均匀混合后，再送入分解塔。在混合槽内，母液与硫酸作用可分解出 100% SO_2 气体，送至液体 SO_2 工序。在分解塔内，母液在硫酸作用下继续分解并放出 SO_2 气体，由底部通入空气将 SO_2 气体吹出，可得 7% 左右的 SO_2 气体，送入硫酸生产系统。经分解塔分解后的母液呈酸性，由分解塔底进入中和槽后，需连续通入氨以中和过量的硫酸，可得硫酸铵溶液。若送至蒸发结晶工序，可制造固体硫酸铵。该系统属于一段氨吸收法，其特点是设备数量少，操作简单，不消耗蒸气，但分解液酸度高，氨和酸的耗量大，SO_2 的吸收率一般为 90% 左右。

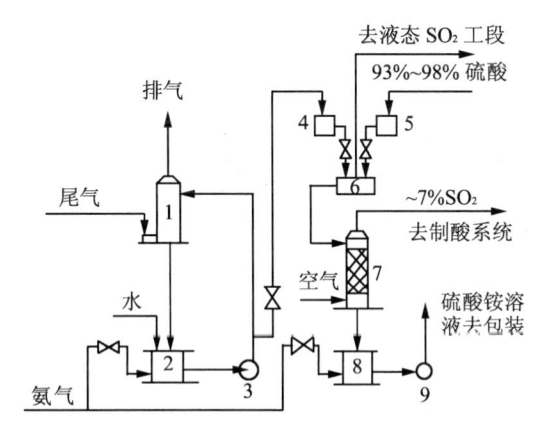

图 4-22 氨-酸法回收硫酸尾气工艺流程图
1—尾气吸收塔；2—母液循环槽；3—母液循环泵；4—母液高位槽；
5—浓硫酸高位槽；6—混合槽；7—分解塔；8—中和槽；9—硫酸铵泵

为了提高 SO_2 的吸收率和硫酸铵母液的浓度，减少氨和硫酸的消耗，可以采用两段氨吸收法。第一段采用较高浓度、较低碱度的循环液，使引出的吸收液中含有较多的 NH_4HSO_3，从而降低分解时的酸耗，并提供较浓的硫酸铵母液副产品；第二段采用较低浓度、较高碱度的

循环吸收液,以保证较高的吸收效率。

氨-酸法的吸收设备可采用空塔、填料塔和泡沫塔。填料塔操作稳定、操作弹性大,即对气量波动适应性强,使用较多;泡沫塔结构简单、投资省、吸收效率较高,也较多采用。

(2) 氨-亚硫酸铵法

使用氨-酸法治理低浓度 SO_2 需耗用大量硫酸,为此国内一些小型硫酸厂采用氨-亚硫酸铵法(亚铵法)治理低浓度 SO_2 气体。

① 化学原理

该法是用氨水作氨源,对 SO_2 进行吸收,也可采用贮存、运输,使用较方便的固体碳酸氢铵作氨源。吸收母液经中和、分离后,制成固体亚硫酸铵。固体亚硫酸铵可在制浆造纸中代替烧碱,所排出的造纸废液又可作为肥料使用,因此副产品的销路有了保证。

吸收反应式为

$$2NH_4HCO_3 + SO_2 = (NH_4)_2SO_3 + H_2O + 2CO_2$$

$$(NH_4)_2SO_3 + SO_2 + H_2O = 2NH_4HSO_3$$

副反应为

$$(NH_4)_2SO_3 + 1/2O_2 = (NH_4)_2SO_4$$

如果尾气中含有少量 SO_3,也会发生以下副反应:

$$2(NH_4)_2SO_3 + SO_3 + H_2O = (NH_4)_2SO_4 + 2NH_4HSO_3$$

当吸收液 NH_4HSO_3 含量增加到一定程度,溶液呈酸性,此时再加固体碳酸氢氨中和,使 NH_4HSO_3 转变为 $(NH_4)_2SO_3$。

$$NH_4HSO_3 + NH_4HCO_3 = (NH_4)_2SO_3 \cdot H_2O + CO_2 \uparrow$$

以上反应为吸热反应,溶液温度不经冷却即可降到 0 ℃ 左右。由于 $(NH_4)_2SO_3$ 比 NH_4HSO_3 在水中的溶解度小,则 $(NH_3)_2SO_3 \cdot H_2O$ 会由于过饱和而从溶液中结晶析出,加工制得固体亚铵。

② 工艺流程与操作

固体亚铵法的工艺流程包括吸收、中和与分离三个步骤,如图 4-23 所示。

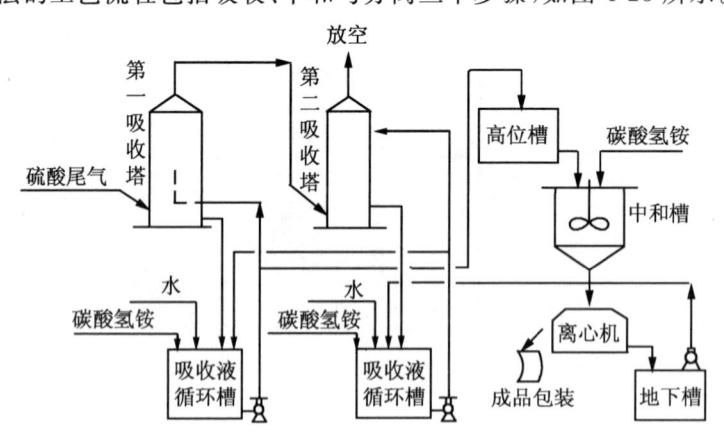

图 4-23 固体亚铵法的工艺流程

吸收采用两段串联。在第一吸收塔中,控制吸收液的 S/C 为 0.88~0.9,总亚盐含量 700 g/L。在第二吸收塔中,吸收液碱度控制在 13°~15°Be,总亚盐含量应控制在 350 g/L。经两段吸收后的 SO_2 浓度可降至 200~300 ppm,吸收效率达 95% 以上。由第一吸收塔引出

的富含 NH_4HSO_3 吸收液,在中和槽与固体 NH_4HCO_3 反应,生成的 $(NH_4)_2SO_3 \cdot H_2O$ 因过饱和而析出,通过离心机分离,可以得到 $(NH_4)_2SO_3 \cdot H_2O$ 白色晶体,包装成为产品。

(3)氨-硫酸铵法

氨-硫酸铵法是用氨水吸收 SO_2,吸收液 $(NH_4)_2SO_3$-NH_4HSO_3 用氨水中和后,使吸收液中全部的 NH_4HSO_3 转变为 $(NH_4)_2SO_3$,以防止 SO_2 从溶液内逸出,吸收液再经过氧化,最终获取硫酸铵。与以上方法不同之处在于加入催化氧化物质,如活性炭、锰离子等,以促进氧溶解和亚硫酸盐的氧化,获得更多的硫酸铵产品。

该法不消耗酸,没有 SO_2 副产品产生,方法比较简便,所用设备较少,投资较省。但硫酸铵肥料市场不看好,今后可以在脱硫生产氮磷复合肥料上多进行一些探索。

5.活性炭吸附法

吸附法脱除 SO_2 是用活性固体吸附剂吸附烟气中的 SO_2,然后再用一定的方法把被吸附的 SO_2 释放出,并使吸附剂再生供循环使用。目前应用最多的吸附剂是活性炭,在工业上已有较成熟的应用。

(1)反应原理

①活性炭吸附 活性炭对烟气中的 SO_2 的吸附,既有物理吸附,也有化学吸附,特别是当烟气中存在着氧气和水蒸气时,化学反应表现得尤为明显。这是因为在此条件下,活性炭表面对 SO_2 与 O_2 的反应具有催化作用,使烟气中的 SO_2 氧化成 SO_3,SO_3 再和水蒸气反应生成硫酸。

②活性炭再生 活性炭吸附的硫酸存在于活性炭的微孔中,降低了其吸附能力,可通过水洗或加热放出 SO_2,使活性炭得到再生。水洗再生是用水洗出活性炭微孔中的硫酸。加热再生是对吸附有 SO_2 的活性炭加热,使炭与硫酸发生反应,硫酸被还原为 SO_2。

(2)工艺流程

①水洗再生法 德国鲁奇活性炭制酸法采用卧式固定床吸附流程,如图 4-24 所示,可用于硫酸厂、钛白厂的尾气处理,得到稀硫酸。

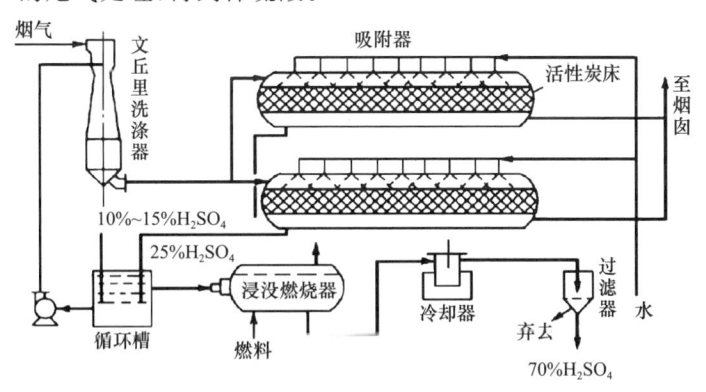

图 4-24 卧式固定床吸附流程

含 SO_2 尾气先在文丘里洗涤器内被来自循环槽的稀硫酸冷却并除尘。洗涤后的气体进入固定床活性炭吸附器,经活性炭吸附净化后的气体排空。在气流连续流动的情况下,从吸附器顶部间歇喷水,洗去在吸附剂上生成的硫酸,此时得到 10%~15% 的稀酸。此稀酸在文丘里洗涤器冷却尾气时,被蒸浓到 25%~30%,再经浸没燃烧器等进一步提浓,最终浓度可达 70%,可用来生产化肥,该流程脱硫效率达 90%。如吸附剂采用浸了碘的含碘活性炭,脱硫效率超过90%。

②加热再生法　如图4-25所示是移动床吸附脱除烟气中SO_2的工艺流程。

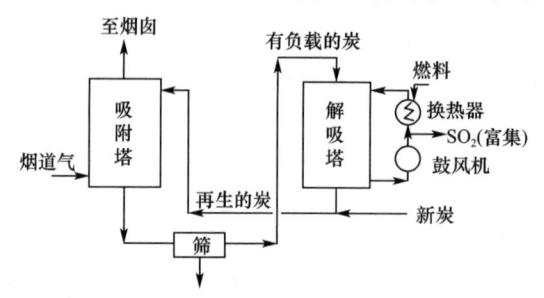

图4-25　移动床吸附脱除SO_2工艺流程

烟气送入吸附塔与活性炭逆流接触，SO_2被活性炭吸附而脱除，净化气经烟囱排入大气。吸附了SO_2的活性炭被送入解吸塔，先在废气换热器内预热至300 ℃，再与300 ℃的过热水蒸气接触，活性炭上的硫酸被还原成SO_2放出。脱硫后的活性炭与冷空气进行热交换而被冷却至150 ℃后，送至空气处理槽，与预热过的空气接触，进一步脱除SO_2，然后送入吸附塔循环使用。从脱附塔产生的SO_2、CO_2和水蒸气经过换热器除去水蒸气后，送入硫酸厂。此法脱硫率为85%左右。

(3)影响因素

①温度　在用活性炭吸附SO_2时，物理吸附及化学吸附的吸附量均受到温度的影响，随着温度的升高，吸附量下降。在实际操作中，因工艺条件不同，实际吸附温度有低温、中温和高温吸附，不同温度下活性炭吸附性能的比较见表4-10。

表4-10　不同温度下活性炭吸附性能的比较

活性炭吸附温度	低温(20~100 ℃)	中温(100~160 ℃)	高温(>160 ℃)
吸附方式	主要是物理吸附	主要是化学吸附	化学吸附
再生技术	水洗生成H_2SO_4，氨洗生成$(NH_4)_2SO_4$	加热至250~350 ℃释放出SO_2	高温，生成硫的氧化物、硫化物和硫等
优点	催化吸附剂的分解和损失很小	气体不需要预处理	接近800 ℃，高效，产品自发解吸，气体不需要预处理
缺点	吸附剂仅一小部分表面起作用，液相硫酸浓度会阻碍扩散，需要对气体进行预冷却	一部分表面起作用，再生要损失一部分炭，解吸SO_2需要处理，吸附剂可能中毒也可能着火	产品处理较困难，炭会损耗，吸附剂可能中毒也可能着火

②氧和水分　氧和水分的存在，导致化学吸附的进行，使总吸附量大大增加，当氧含量低于3%时，反应效率下降，氧含量高于5%时反应效率明显提高。一般烟气中氧含量为5%~10%，能够满足脱硫反应要求。而水蒸气的浓度会影响活性炭表面上生成的稀硫酸的浓度。

③吸附时间　在吸附过程中，吸附增量随吸附时间的增加而减少。在生成硫酸量达30%之前，吸附进行得很快，吸附量与吸附时间成正比；当大于30%以后，吸附速度减慢。

6.催化氧化法

SO_2的催化净化可分为催化还原和催化氧化两类。催化还原法是用H_2S或CO将SO_2直接还原为硫，反应为

$$SO_2 + 2H_2S = 2H_2O + 3S$$

$$SO_2 + 2CO =\!=\!= 2CO_2 + S$$

但由于催化剂中毒和二次污染(H_2S 和 CO)问题较难解决,目前尚未达到实用阶段。现在应用较普遍的是催化氧化法,按反应组分在催化过程中的状态,可分为液相催化氧化法和气相催化氧化法。下面就其常用工艺做些简单介绍。

(1) 液相催化氧化法

该法是用水或稀 H_2SO_4 吸收废气中的 SO_2,再利用溶液中的 Fe^{3+} 或 Mn^{2+} 等将其直接氧化成硫酸。即

$$2SO_2 + O_2 + 2H_2O =\!=\!= 2H_2SO_4$$

千代田法烟气脱硫即是利用这一原理实现的,其流程如图 4-26 所示。该法首先将废气由鼓风机送入除尘器,除去灰尘,同时增湿冷却至 60 ℃ 左右,然后送入装有含 Fe^{3+} 催化剂的稀硫酸(浓度为 2%~3%)吸收塔脱硫,废气经除雾器后排空。由于烟气和吸收液氧气含量少,SO_2 在吸收塔里不能充分氧化,多数只转化为亚硫酸,因而含亚硫酸的稀硫酸还应被送入氧化塔,在 Fe^{3+} 的作用下,用 O_2 将 H_2SO_3 全部氧化成 H_2SO_4,所得稀硫酸自氧化塔顶出来送入吸收塔循环吸收,当稀 H_2SO_4 浓度达 5% 时,分流出一部分稀 H_2SO_4 送入结晶槽与石灰石反应生成石膏,母液经沉降槽返回吸收塔循环使用。

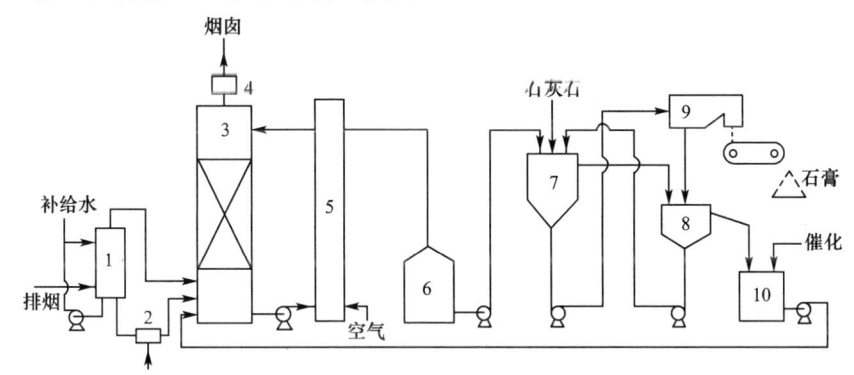

图 4-26 千代田法工艺流程图

1—除尘器;2—压滤器;3—吸收塔;4—除雾器;5—氧化塔;6—吸收液槽;
7—结晶槽;8—增稠器;9—离心分离器;10—沉降槽

该法工艺简单,运行可靠,并可得到副产品石膏,但其液气比大,设备庞大,且稀 H_2SO_4 腐蚀性强,需用钛、钼等特殊钢材,因而设备投资大。

(2) 气相催化氧化法

气相催化氧化法是在接触法制硫酸的工艺基础上发展起来的,常以 V_2O_5 催化氧化 SO_2 成 SO_3 而制酸。即 SO_2 在 V_2O_5 催化剂表面上发生氧化反应。

烟气脱硫催化氧化工艺流程,如图 4-27 所示,与传统工艺流程有较大差别。它必须首先除尘,有时还要对烟气再加热升温至反应温度,才可进入催化转化室。进入吸收塔之前的降温和热量利用,视整个系统情况而定,对锅炉(包括电站锅炉)系统,一般作为省煤器和空气预热器的热源,通常采用一转一吸的流程,即可达到 90% 左右的净化率。此外,在转化器的设计上,更要注意催化剂装卸方便以便于清灰。吸收塔的顶部或后面,要加装旋分板或其他除雾装置,以保证它的脱硫率;而系统其他部分的气体温度应控制在露点以上,以减轻设备与管道的腐蚀。

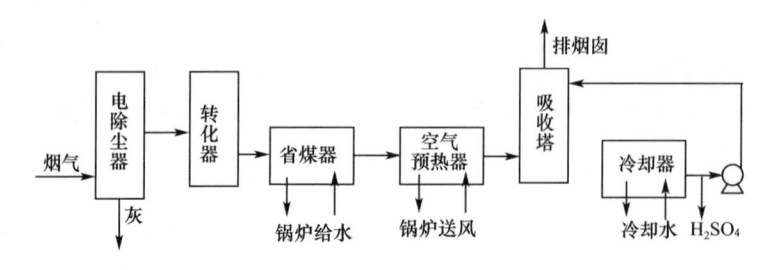

图 4-27 烟气脱硫的催化氧化流程

学习任务单

1. 填空题

(1)物理选煤主要是利用清洁煤、灰分、黄铁矿的（　　）不同,以去除部分灰分和黄铁矿硫,但不能除去煤中的（　　）。在物理选煤技术中,应用最广泛的是（　　）,其次是重介质选煤和浮选,重介质选煤的基本原理是（　　）。浮选是在（　　）的分选过程。

(2)在我国,采用煤燃烧过程脱硫的技术主要有两种:一是（　　）,二是（　　）。

(3)为了克服石灰/石灰石-石膏法的结垢和堵塞,提高 SO_2 的脱除率,开发了加入缓冲剂的石灰/石灰石-石膏法,常用的缓冲剂是（　　）、（　　）。

(4)氨-酸法的三个主要工序是（　　）、（　　）、（　　）。

(5)碱式硫酸铝-石膏法是采用碱性硫酸铝溶液作为吸收剂吸收 SO_2,吸收 SO_2 后的吸收液经过氧化后用石灰石再生,再生过的碱性硫酸铝溶液循环使用,主要产物为（　　）。

(6)碱式硫酸铝-石膏法主要由吸收剂的（　　）、（　　）、（　　）系统组成。

(7)石灰/石灰石-石膏法采用（　　）和（　　）法防止结垢。

(8)催化氧化法可分为（　　）、（　　）两大类。

2. 简答题

(1)烟气脱硫的基本原理是怎样实现的?

(2)氨法常用的吸收剂有哪两种? 使用碳酸氢铵的优点有哪些?

(3)氨-酸法防治"白烟"的措施有哪些?

(4)双减法脱硫比湿式石灰-石膏法有哪些优缺点? 举例说明。

(5)碱法脱硫比湿式石灰/石灰石-石膏法有哪些优缺点? 举例说明。

3. 简述题

(1)简述湿式石灰-石膏法的工艺流程并画出流程图。

(2)简述湿式石灰/石灰石-石膏法的工艺流程,并画出流程图。

4. 技能实训

结合 7.5 节"吸收法净化二氧化硫废气"的内容进行工程技能实训。

4.3　NO_x 的净化技术

来自燃料燃烧过程的 NO_x,约占所有 NO_x 总产生量的 80%。另外,化学工业中如硝酸、硫酸、氮肥、染料、电镀等生产过程均排放出不同数量的 NO_x。

脱除烟气中的 NO_x 称为烟气脱硝。主要有吸收法、吸附法和催化还原法和非催化还原法等。如火电厂烟气脱硝商业化的两类技术就是选择性催化还原法(Selective Catalytic Reduction,SCR)和选择性非催化还原法(Selective Non-Catalytic Reduction,SNCR)。

4.3.1 吸收法净化 NO_x

液体吸收法脱硝工艺中常用的吸收剂主要有水、碱溶液、稀硝酸、浓硫酸等。由于 NO_x 中的 NO 难溶于水和碱液,因而常采用氧化、还原或配合吸收的办法以提高 NO 的净化效率。按吸收剂的种类和净化原理可将液体吸收法分为水吸收法、酸吸收法、碱吸收法、氧化-吸收法、吸收-还原法及液相配合法等。工业上应用较多的是碱吸收法和氧化-吸收法。

1. 碱溶液吸收法

碱溶液吸收法的优点是能回收硝酸盐和亚硝酸盐产品,具有一定的经济效益,工艺流程和设备也比较简单;缺点是在一般情况下吸收效率不高。

(1)化学原理

用碱溶液($NaOH$、Na_2CO_3、$NH_3 \cdot H_2O$ 等)与 NO_x 反应,生成硝酸盐和亚硝酸盐,反应为

$$2NaOH + 2NO_2 = NaNO_3 + NaNO_2 + H_2O$$
$$2NaOH + NO + NO_2 = 2NaNO_2 + H_2O$$
$$Na_2CO_3 + 2NO_2 = NaNO_3 + NaNO_2 + CO_2$$
$$Na_2CO_3 + NO + NO_2 = 2NaNO_2 + CO_2$$

当用氨水吸收 NO_x 时,挥发性的 NH_3 在气相与 NO_x 和水蒸气反应生成 NH_4NO_3 和 NH_4NO_2。

$$2NH_3 + NO + NO_2 + H_2O = 2NH_4NO_2$$
$$2NH_3 + 2NO_2 + H_2O = NH_4NO_3 + NH_4NO_2$$

由于 NH_4NO_2 不稳定,当浓度较高、温度较高或溶液 pH 不合适时会发生剧烈反应甚至爆炸,再加上铵盐不易被水或碱液捕集,因而限制了氨水吸收法的应用。考虑到价格、来源、操作难易及吸收效率等因素,工业上应用较多的吸收液是 NaOH 和 Na_2CO_3,尽管 Na_2CO_3 的吸收效果比 NaOH 差一些,但由于其廉价易得,应用更加普遍。

在实际应用中,一般用低于 30% 的 NaOH 或 10%~15% 的 Na_2CO_3 溶液作吸收剂,用 2~3 个填料塔或筛板塔串联吸收,吸收效率随尾气的氧化度、设备及操作条件的不同而有差别,一般在 60%~90% 的范围内。在吸收过程中,如果控制好 NO 和 NO_2 为等分子吸收,吸收液中 $NaNO_2$ 浓度可达 35% 以上,$NaNO_3$ 浓度小于 3%。这种吸收液可直接用于染料等生产过程,也可以将其进行蒸发、结晶、分离制取亚硝酸钠产品。若在吸收液中加入 HNO_3,可使 $NaNO_2$ 氧化成 $NaNO_3$,制得硝酸钠产品。

(2)影响吸收的因素

①废气中的氧化度 NO_2 与 NO_x 的体积之比称为氧化度,当氧化度为 50%~60% 时,吸收速率最大,吸收效率最高。这是由于 NO 与 NO_2 反应生成 N_2O_3 的缘故。由于 NO 不能单独被碱液吸收,所以碱液吸收法不宜直接用于处理燃烧烟气中 NO 比例很大的废气。

控制 NO_x 废气中氧化度的方法有三种,一是对废气中的 NO 进行氧化;二是采用高浓度的 NO_2 气体进行调节;三是先用稀硝酸吸收尾气中的部分 NO。

②吸收设备和操作条件 除了尾气中的氧化度对吸收效率有较大影响外,吸收设备、气速、液气比和喷淋密度等操作条件对碱液吸收效果也有一定的影响。一般来说,增大喷淋密度

有利于吸收反应,选择适当的空塔速度可以适当提高吸收效率,最好是通过改进吸收设备来提高吸收效率。如采用特殊分散板吸收塔,操作条件可以控制为:尾气在塔内流速 $0.05\sim0.5$ m/s,液气比 $0.2\sim15$ L/m³,可以将 NO_x 浓度从 $10\sim3$ g/m³ 吸收至 $10\sim4$ g/m³,吸收效率达 90%。

2. 硝酸氧化-碱溶液吸收法

当 NO_2 的氧化度低时用碱液吸收 NO_x 吸收效率不高。为提高吸收效率,可用氧化剂先将 NO_x 中的部分 NO 氧化,以提高 NO_x 的氧化度,再用碱或亚硫酸铵吸收。这里介绍先用硝酸氧化 NO,再用碱吸收的方法。

(1)化学原理

用较高浓度的硝酸与 NO 反应可将 NO 氧化成 NO_2,反应式为

$$2HNO_3 + NO \Longrightarrow 3NO_2 + H_2O$$

碱与 NO_2 反应生成硝酸盐与亚硝酸盐:

$$2NaOH + 2NO_2 \Longrightarrow NaNO_2 + NaNO_3 + H_2O$$

$$2NaOH + NO_2 + NO \Longrightarrow 2NaNO_2 + H_2O$$

(2)工艺流程

硝酸氧化-碱吸收法的流程如图 4-28 所示。从硝酸生产系统排出的含 NO_x 尾气用风机送入氧化塔内,与漂白后的硝酸逆向接触。经硝酸氧化后的 NO_2 气体进入硝酸分离器,分离硝酸后依次进入三台碱吸收塔,经三塔串联吸收后放空。作为氧化剂的硝酸用硝酸泵从硝酸循环槽打至硝酸计量槽,然后定量地打入硝酸漂白塔,在硝酸漂白塔内经压缩空气漂白的硝酸进入氧化塔,氧化 NO 后又进入硝酸循环槽,空气自硝酸漂白塔上部排空。

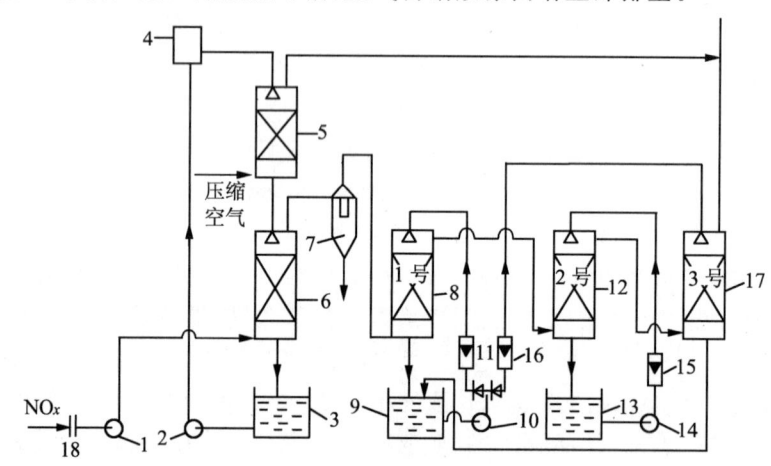

图 4-28 硝酸氧化-碱吸收法流程示意图
1—风机;2—硝酸循环泵;3—硝酸循环槽;4—硝酸计量槽;5—硝酸漂白塔;6—硝酸氧化塔;
7—硝酸分离器;8、12、17—碱吸收塔;9、13—碱循环槽;10、14—碱循环泵;
11、15、16—转子流量计;18—孔板流量计

根据生产情况向系统补充硝酸和碱液,并将含硝酸盐与亚硝酸盐的溶液送出加工。氧化塔、吸收塔均用填料塔,塔身为不锈钢制作。硝酸浓度为 44%~47%。

(3)影响氧化效率的因素

①硝酸浓度的影响:硝酸浓度是影响 NO 氧化效率的主要因素,硝酸浓度越高,氧化效率越高。

②硝酸中 N_2O_4 含量的影响：硝酸中 N_2O_4 含量升高，NO 氧化率下降。试验表明，硝酸中 N_2O_4 含量在 0.2 g/L 以下时，对 NO 的氧化率无明显影响。

③NO 的初始氧化度的影响：随着 NO_x 初始氧化度的增加，NO 的氧化率下降。

④NO_x 的初始含量的影响：在相同条件下，NO 氧化率随着 NO_x 的初始量的增高而降低。

⑤氧化温度的影响：因硝酸氧化 NO 的反应为吸热反应，提高温度有利于氧化反应的进行。但温度超过 40 ℃之后，NO 的氧化率又有所下降，主要由于温度升高后，溶解在硝酸中的 NO 又从溶液中进入气相造成的。

⑥气体空塔速度的影响：气体空塔速度增加，则气液接触时间缩短，NO 的氧化率下降。

4.3.2 吸附法净化 NO_x

1. 分子筛吸附法

(1) 分子筛吸附法的基本原理

用作吸附剂的分子筛有氢型丝光沸石、氢型皂沸石、脱铝丝光沸石、BX 型分子筛等。下面以丝光沸石为例介绍其吸附原理。

丝光沸石分子筛为笼式孔洞骨架的晶体，脱水后空间十分丰富，具有很高的比表面积（一般在 500～1 000 m^2/g），可容纳相当数量的吸附质分子，同时内表面高度极化，微孔分布单一、均匀，并有普通分子般大小，适于吸附分离不同物质的分子。

丝光沸石具有很高的硅铝比，热稳定性好，耐酸性强，其化学组成为 $Na_2Al_2Si_{10}O_{24} \cdot H_2O$，用 H^+ 取代 Na^+ 即得氢型丝光沸石。

含 NO_x 尾气通过分子筛床层时，由于水和 NO_2 分子的极性强，被选择性地吸附在分子筛微孔内表面上，二者在表面上生成硝酸并放出 NO：

$$3NO_2 + H_2O = 2HNO_3 + NO$$

放出的 NO 连同尾气中的 NO，与氧气在分子筛表面上被催化氧化成 NO_2 而被吸附。经过一定床层高度后，尾气中的 NO_x 和水均被吸附。当温度升高时，丝光沸石对 NO_x 的吸附能力大大降低，可使被吸附的 NO_x 从分子筛孔道内表面脱附出来。用水蒸气可将沸石内表面上的 NO_x 置换解吸出来，脱吸后的分子筛经干燥后得到再生。

(2) 分子筛吸附法的工艺流程和工艺条件

分子筛吸附 NO_x 的工艺流程如图 4-29 所示。一般采用两个或三个吸附器，吸附和再生交替进行。含 NO_x 的尾气首先进入冷却塔 3 冷却，然后经过丝网过滤器 4 除去夹带的雾滴后进入吸附器 5。吸附器床层用冷却水间接冷却，以维持最佳吸附温度。经吸附处理后的净气排空。当净气中 NO_x 含量达到一定浓度时，切换为再生，将含 NO_x 尾气通入另一吸附器。再生经升温、脱附、干燥、冷却四个步骤完成。先将蒸汽通入吸附器的蛇管和夹套内进行间接加热，使床层升到一定温度，然后由吸附器顶部通入蒸汽，脱附吸附剂上的硝酸和 NO_x，经冷凝冷却器 7 进行气液分离后，冷凝下来的稀硝酸，经酸计量泵 8 回到硝酸贮槽。吸附后的气体，作为干燥气流经加热器 6 加热后，自上而下通过吸附剂床层进行干燥。当出口气体中水分含量达到要求后，停止加热。一方面继续用不加热的干燥气体吹扫，一方面将冷却水通过吸附器蛇管和夹套将吸附床层冷却到规定温度后，结束再生工作，以备转入吸附工序。

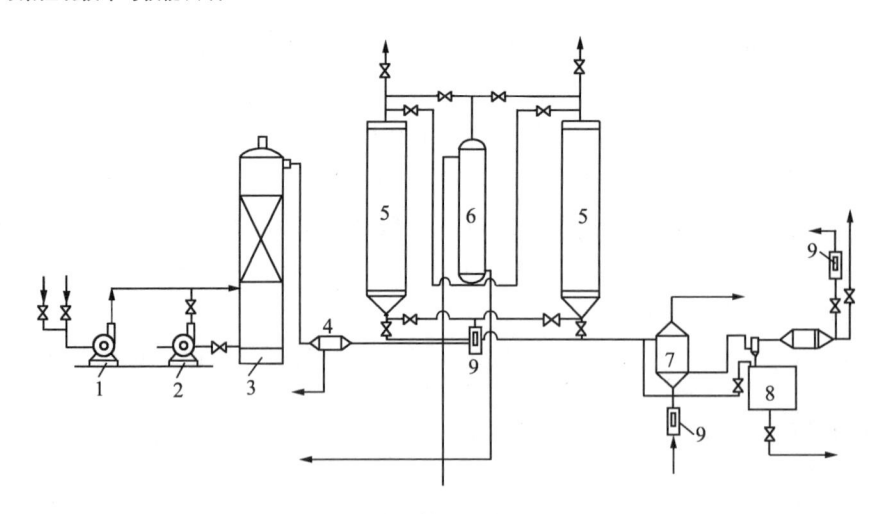

图 4-29　分子筛吸附法工艺流程图

1—风机；2—酸泵；3—冷却塔；4—丝网过滤器；5—吸附器；
6—加热器；7—冷凝冷却器；8—酸计量泵；9—转子流量计

2. 活性炭吸附法

（1）化学原理

活性炭对低浓度的 NO_x 有很强的吸附能力，活性炭不仅能吸附 NO_2，促进 NO 氧化成 NO_2，而且还可以将 NO_x 还原为 N_2。

（2）工艺流程

图 4-30 为活性炭吸附净化 NO_x 的工艺流程，NO_x 尾气进入固定床吸附装置被吸附，净化后的气体排放至大气。活性炭失效后，经过再生处理可以重新使用。

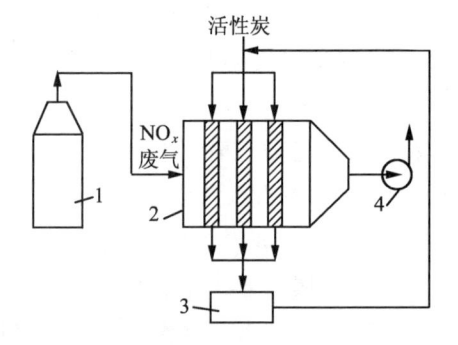

图 4-30　活性炭吸附净化流程

1—酸洗槽；2—固定吸附床；3—再生器；4—风机

4.3.3　选择性催化还原法（SCR）

催化还原法是在催化剂作用下，利用还原剂将氮氧化物还原为氮气。选择性催化还原法（Selective Catalytic Reduction，SCR）是指在铂或非重金属催化剂的作用下，在较低温度条件下，用 NH_3 作为还原剂"有选择地"将废气中的 NO_x 还原为无毒无污染的 N_2 和 H_2O，而基本上不与氧发生反应，（故称为"选择性"），从而避免了非选择性催化还原法的一些技术问题。不仅使用的催化剂易得、选择余地大，而且还原剂的起燃温度低、床温低，从而有利于延长催化剂寿命和降低反应器对材料的要求。选择性催化还原法主要用于硝酸生产、硝化过程、火电厂烟气脱硝、金属表面的硝酸处理、催化剂制造等产生的 NO_x 废气。SCR 脱硝技术已在发达国家得到较多应用，据有关文献记载及工程实例监测数据，SCR 法一般的 NO_x 脱除效率可维持在 70%～90%，一般的 NO_x 出口浓度可降低至 100 mg/m^3 左右，是一种高效的烟气脱硝技术。如德国，火力发电厂的烟气脱硝装置中 SCR 法大约占 95%。在我国已建成或拟建的烟气脱硝工程中采用的也多是 SCR 法。我国第一家采用 SCR 脱硝系统的火电厂是福建漳州后石电厂，该电厂 600MW 机组采用日立公司的 SCR 烟气脱硝技术，总投资约为 1.5 亿人民币。四川化工厂、北京东风化工厂、兰州化肥厂和大庆化肥厂也采用选择性催化还原法净化工艺尾气中的 NO_x。

1. 化学原理

该法用 NH_3、H_2S、CO 等为还原剂,通常以 NH_3 为还原剂。其原理为:

主反应
$$4NH_3 + 6NO = 5N_2 + 6H_2O$$
$$8NH_3 + 6NO_2 = 7N_2 + 12H_2O$$
$$4NH_3 + 3O_2 = 2N_2 + 6H_2O \quad (a)$$

副反应
$$2NH_3 = N_2 + 3H_2 \quad (b)$$
$$4NH_3 + 5O_2 = 4NO + 6H_2O \quad (c)$$

副反应(b)、(c)需在 350 ℃ 以上才能进行,450 ℃ 以上才变得激烈,在一般生产温度下,可以忽略不计,在 350 ℃ 以下只有副反应(a)。实际生产中,一般控制反应温度在 300 ℃ 以下,选择合适的催化剂可使两个主反应的速度远远大于副反应(a)的速度,使 NO_x 还原占绝对优势,从而达到选择性还原的目的。

以 NH_3 为还原剂还原 NO_x 的过程较易进行,所用催化剂可以是 Pt、Pd 等贵金属,亦可以是 Cu、Cr、Fe、V、Mn 等非贵金属的氧化物或盐类。几种 NO_x 催化剂性能见表 4-11。

表 4-11　　　　　　　　几种常用的 NO_x 催化剂及性能

催化剂型号	75014	8209	81084	8013
催化剂成分	25%$Cu_2Cr_2O_5$	10%$Cu_2Cr_2O_5$	钒锰催化剂	铜盐催化剂
反应温度/℃	250~350	230~330	190~250	190~230
进气温度/℃	220~240	210~220	160~190	160~180
空速/h^{-1}	5 000	10 000~14 000	5 000	10 000
转化率/℃	≥90	≈95	≥95	≥95

2. 工艺流程

选择性催化还原法在硝酸尾气治理中得到了较多的应用。硝酸的生产工艺不同,其净化工艺也不完全相同。综合法硝酸尾气的净化系统一般设在引风机后,工艺流程如图 4-31 所示。

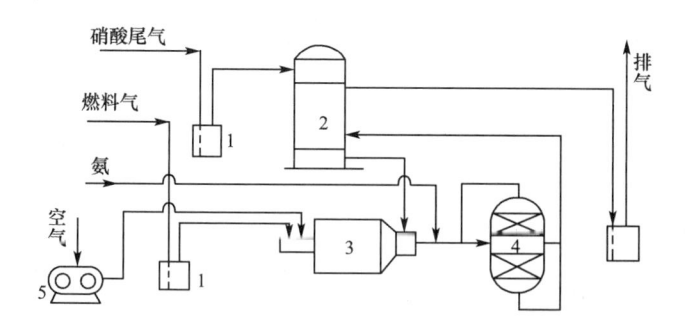

图 4-31 综合法尾气治理工艺流程
1—水封;2—换热器;3—燃烧炉;4—反应器;5—罗茨鼓风机

图 4-32 SCR 反应器示意图

硝酸尾气首先进入换热器与反应后的热净化气进行热交换,升温后再与燃烧炉产生的高温烟气混合升温到反应温度,进入反应器(图 4-32)。在反应器中,当含有 NO_x 的废气通过催化剂层时,与喷入的 NH_3 发生反应,反应后的热净化气预热尾气后经过水封排空。

3. 影响因素

(1) 催化剂　不同的催化剂由于活性不同,反应温度及净化效率也不同。

(2) 反应温度　采用铜-铬催化剂,在 350 ℃以下时,随着反应温度的升高,NO_x 的转化率增大,超过 350 ℃后温度再升高时,副反应会增加,这时一部分 NH_3 转变成 NO。用铂作催化剂时,温度控制在 225~255 ℃。温度过高,会发生 NO 的副反应;而温度低于 220 ℃后,尾气中将出现较多的 NH_3,说明还原反应进行的不完全,在此情况下可能生成大量的硝酸铵和有爆炸危险的亚硝酸铵,严重时会使管道堵塞。

(3) 空速　只有适宜的空速才能既经济又可获得较高的净化效率。空速过大时,反应不充分;空速过小时,设备不能充分利用。

(4) 还原剂用量　还原剂用量的大小一般用 NH_3 与 NO_x 物质的量的比值来衡量。该值小于 1 时,反应不完全;该值大于 1.4 时,对转化率无明显影响,此时由于不参加反应的氨量增加,同样会造成大气污染,同时增加了氨耗。在生产上一般控制在 1.4~1.5。

4.3.4　选择性非催化还原法(SNCR)

选择性非催化还原法(SNCR)是一种经济实用的 NO_x 脱除技术,其原理是含有 NH_x 基的还原剂(如氨气、氨水或者尿素等)喷入炉膛温度为 850~1 100 ℃的区域,将烟气中的 NO_x 还原成 N_2。主要的化学反应为:

$$4NH_3 + 6NO \longrightarrow 5N_2 + 6H_2O$$

$$CO(NH_2)_2 + 2NO + 0.5O_2 \longrightarrow 2N_2 + CO_2 + 2H_2O$$

SNCR 工艺中 NH_3 还原 NO 的反应对于温度条件非常敏感,炉膛上喷入点的选择,也就是的温度窗口的选择,是 SNCR 还原 NO 效率高低的关键。一般认为理想的温度范围为 850~1 100 ℃,当反应温度低于温度窗口时,由于停留时间的限制,往往使化学反应进行的程度较低反应不够彻底,从而造成 NO 的还原率较低,同时未参与反应的 NH_3 残余量增加。而当反应温度高于温度窗口时,NH_3 的氧化反应开始起主导作用:

$$4NH_3 + 5O_2 \longrightarrow 4NO + 6H_2O$$

如图 4-33 所示,典型的 SNCR 系统由还原剂储槽、多层还原剂喷入装置以及相应的控制系统组成,其初始投资相对于 SCR 工艺来说要低得多,因为 SNCR 系统不需要催化剂床层,可以方便地在现有装置上进行改装,只需在现有的燃煤锅炉的基础上增加氨或尿素储槽,氨或尿素喷射装置及其喷射口即可,系统结构比较简单。但相比 SCR 法,SNCR 工艺的 NO 还原率较低,数据表明通常在 30%~60%。

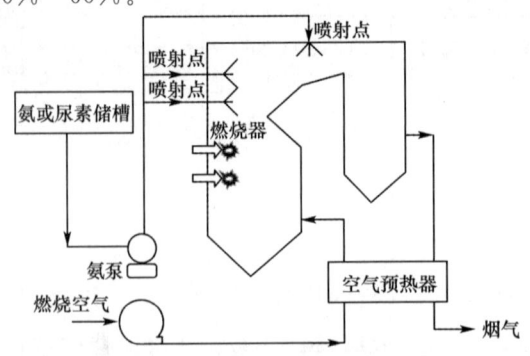

图 4-33　SNCR 工艺流程示意图

4.3.5 应用实例

实例:氨选择性催化还原法净化硝酸尾气中的NO_x。

(1)废气组成及排放量

废气排放量为$3.8×10^4 m^3/h$(标准状态),NO_2的浓度为$1 800×10^{-6}$~$2 500×10^{-6} kg/m^3$,主要污染物是NO和NO_2。

(2)净化原理及工艺流程

氨选择性催化还原法处理硝酸废气,是在铜-铬催化剂的作用下,使NH_3与尾气中的NO_x进行选择性还原反应,将NO_x还原为N_2。

从吸收塔中出来的废气,经过两个预热器加热至249 ℃,进入废气与氨气混合器,再进入反应器进行反应,处理后的废气经交换器回收能量后,由80 m高的烟囱排入大气。

(3)主要工艺控制条件(表4-12)

表4-12　　　　　　　　　主要工艺控制条件

处理能力	40 000 m³/h(标准状态)
NO_x的进口浓度	1 800 mg/m³(标准状态)
NO_x的出口浓度	200 mg/m³(标准状态)
气体进口温度	249 ℃
气体出口温度	273 ℃
上段催化剂装填量	4 m³
下段催化剂装填量	4 m³
转化率	90%

(4)主要技术经济指标

设备及催化剂费用:28.9万元;运行费用:8.97万元/年;热回收价值:13.8万元/年;处理成本:0.333元/100 m。

学习任务单

1.填空题

(1)处理NO_x的方法有(　　)、(　　)、(　　)等多种。

(2)工业上应用较多的是(　　)法、(　　)法。

(3)活性炭吸附法控制在200 ℃以下的原因是(　　);得到的再生产物是(　　)。

(4)丝光沸石吸附法中吸附剂的再生经过(　　)、(　　)、(　　)、(　　)四个步骤完成。

(5)选择性催化法的还原剂一般是(　　);常用的催化剂有(　　)、(　　)、(　　)、(　　)、(　　)等。

2.简答题

(1)简述以丝光沸石为吸附剂吸附NO_x废气的工作原理。

(2)什么是催化还原法?

(3)什么是选择性催化还原法?

(4)简述选择性催化还原法处理NO_x尾气的工艺流程。

3.技能实训

结合7.6节"吸附法净化氮氧化物废气"的内容进行工程技能实训。

4.4 汽车尾气净化技术

4.4.1 净化途径

控制汽车尾气排放的主要措施有三种:一是机内净化,通过改变发动机的设计及制造工艺、精制燃料等手段来降低有害物质的生成。但这种方法要发生大的改变是比较困难的,而且机内净化只能减少有害气体的生成,不能从根本上消除有害气体。二是机外净化,主要使用催化转化器将产生的有害气体转化为无害气体,是减少汽车排气污染简便而有效的方法,被世界发达国家广泛采用。第三种为改变燃料组分,这可以从根本上解决汽车排放的污染问题。

4.4.2 净化原理

1. 机内净化法

(1)控制汽油机混合气空燃比

空气和燃料按一定的比例组成的混合物称为可燃混合气。混合气中空气的质量与燃料质量比称为空燃比。混合气的空燃比对发动机的动力性、经济性和排放性能均有很大的影响。

调节空燃比可使一氧化碳和碳氢化合物含量降低,但氮氧化物含量可能会增加。采用废气再循环可使氮氧化物含量降低。即将燃烧后的排气的一部分,回流引入进气管,由于废气的稀释,燃烧温度下降,氮氧化物含量随之降低。

(2)控制废气再循环

废气再循环(Exhaust Gas Recirculation)简称EGR,是将一部分排气引入进气系统,和混合气一起再进入汽缸燃烧,废气再循环是控制NO_x排放的主要措施。但随EGR率增加,燃烧速度下降,将使油耗恶化和转矩下降,动力性和经济性变坏。同时,当EGR率增加过大时,会使燃烧速度变慢,燃烧变得不稳定,也会使HC增加;而EGR率过小时,NO_x排放达不到法规要求,易产生爆震、发动机过热等现象。因此EGR率必须根据发动机工况要求进行控制。

2. 机外净化法

利用排气自身的温度及组成,在催化剂的作用下能将有害物质HC、CO、NO_x转化为无害的H_2O、CO_2、N_2。根据有害物质净化的化学反应类型不同,主要分为氧化法和氧化还原法。

(1)氧化法

$$HC + O_2 \xrightarrow{催化剂} CO_2 + H_2O$$

$$2CO + O_2 \xrightarrow{催化剂} 2CO_2$$

通过催化反应,使有害物质HC、CO转化为无害物质。这种化学反应是氧化反应,是净化方法的依据,因此称为氧化法。反应中除去两种有害物质,称为二元催化,该反应称为二元催化法,该催化剂称为二元催化剂。

(2)氧化还原法

$$HC + NO_x \longrightarrow CO_2 + H_2O + N_2$$
$$CO + NO_x \longrightarrow CO_2 + N_2$$

HC、CO作为还原剂被氧化,NO_x作为氧化剂被还原,这是净化HC、CO、NO_x的依据,因此这种方法称为氧化还原法。采用氧化还原法可净化三种有害物质,称为三元净化法,该催化剂称为三元催化剂。

三元催化剂的成功应用使汽油车尾气排放控制技术有了突破性的进展,可使汽油车排放的CO、HC和NO_x同时降低90%以上。目前,电控汽油喷射(EFI)加三元催化转化器已成为国内外汽油车尾气排放控制技术的主流。同时,各种柴油车机外净化技术也在加紧开发中。

3. 改变燃料的性能

21世纪石油仍将是主要能源,但是,石油是一种不可再生的资源,随着石油资源的逐步减少,世界能源结构将逐步发生变化。

汽车代用燃料是指有别于传统汽油、柴油的各种发动机燃料,其中主要包括气体燃料(天然气、液化气、氢气)、合成烃燃料(煤制油、天然气合成油)、醇类燃料(甲醇、乙醇)、生物柴油(菜籽油、棉籽油、花生油、豆油等动植物油脂)。目前,世界上发展较快的汽车代用燃料为天然气、液化石油气,某些盛产农作物甘蔗和甜菜的国家和地区的燃料发展也较快,氢燃料由于生产成本太高还不具备大量使用的条件。

(1)汽车燃料的改进

石油是烃类(碳、氢有机化合物)的混合物,混合物可根据物质的不同物理性质用物理方法分离。利用石油中烃类分子含碳数增大而沸点逐渐升高的物理性质,采用不同的蒸馏温度范围,在40~200 ℃的范围内可获$C_5 \sim C_{11}$的烃类混合汽油;低于此温度所得的产品为低碳烃石油液化气,高于此温度范围则依次获得喷气燃料(航空发动机用油)、煤油、柴油、重油和沥青。

①直馏汽油 直馏汽油是石油直接进行蒸馏的产品,是$C_5 \sim C_{11}$的烃类混合物。烃类分子结构多为直链烃。用直接蒸馏法所得的汽油产率为25%~30%。

由于直馏汽油烃类分子结构中碳链过长,在发动机内高温、高压条件下容易断裂,造成不良影响;因此需要添加四乙基铅方能作为汽车燃料,所以多以有铅汽油使用。四乙基铅有剧毒,燃烧后以PbO形式排放而造成污染。在燃烧过程中PbO会沉积在燃烧室、活塞、气阀上,影响发动机工作。

②裂化汽油 在高温、高压(500 ℃、7 000 kPa)或催化剂作用下,使石油中长碳链分子裂化成短链,然后进行蒸馏,所得汽油产品为裂化汽油。由此法生产汽油可提高回收率50%左右。

裂化(尤其是催化裂化)汽油将使烃类分子中异构化烃类、环烃、芳香烃含量增加,如环己烷、苯。由于烃类异构化及环烃、芳香烃结构稳定,因此提高了燃料的抗爆性能,有利于提高发动机功率。

裂化汽油特别是催化裂化汽油无需添加抗爆剂,克服了铅的危害。这也是大力推广以无铅汽油代替直馏汽油的原因。

(2)可燃性气体替代燃料

常见的可燃性气体如液化石油气、天然气、工业煤气等,均可作为汽油替代燃料。

液化石油气(LPG)是石油炼制过程的轻馏分,主要成分为甲烷、丙烷及丁烷。天然气是甲烷、低碳烃分子的混合物,属自然资源。工业煤气的主要成分为CO、低碳烷、烯及H_2,是煤化工产物。

由于气体燃料分子小，结构相对稳定，有良好的抗爆性能，因此亦有利于改善发动机性能。此外气体燃料有利于提高燃料混合气质量。

气体替代燃料存在以下问题：

①发动机功率下降的问题。气体燃料在混合气中所占比例较大，减少了新鲜空气进入汽缸的量，降低了充气系数，导致发动机功率和动力性有一定的下降。

②天然气的腐蚀问题。天然气中含有微量腐蚀性很强的 H_2S 时，将导致发动机气门、汽缸壁、活塞环腐蚀和磨损。

③液化石油气作汽车代用燃料在使用过程中存在蒸发器或过滤器堵塞、低温启动性差及管线低温冰堵等问题。

④天然气、液化石油气作为汽车代用燃料的续驶里程较传统液体燃料短，并且不能利用现有的燃料储运、分配、销售系统，需要建立各自独立的储运、销售网络。尤其天然气需要建设长距离的输送管道，在很大程度上限制了气体燃料的推广应用。

⑤考虑到气体燃料供应的可靠性、安全性和气体燃料的特点，通常需要对发动机的构造进行必要的调整和改造。

我国有丰富的天然气资源，液化石油气来源不困难，煤气更多，加上气体燃料对环境保护的优势，为保护石油资源可提供更多的潜在资源，结合我国使用气体燃料的成熟技术与经验，气体替代燃料的使用无疑是很有意义和广阔前景的工作。

(3)可燃性液体替代燃料

可燃性液体替代燃料主要有甲醇、乙醇、苯等，在过去被广泛用为汽油替代品。这些燃料抗爆性能好，有利于提高发动机压缩比，提高发动机功率。由于这些燃料分子量低，燃烧完全，所以排气中有害物质含量低。

虽然有些液体燃料热值较低，但是通过提高燃料混合气压缩比，可以得到改善。此外，我国乙醇、甲醇的产量较高，作为替代燃料也是有前途的。

乙醇作为汽车代用燃料的主要优点如下：

①辛烷值高，抗爆性能好。

②乙醇含氧量高，可用比 MTBE(甲基叔丁基醚)更少的添加量加入汽油中。

③与燃用常规汽油相比，燃用 E10 车用乙醇汽油的试验车 CO 排放量下降约为 30%，HC 排放量下降约 10%，NO_x 排放量随车型变化而变化。

④乙醇资源丰富，生产技术成熟，当现有汽油中乙醇添加比例小于 10% 时，无须对汽车做大的改动，并能够充分利用现有的燃料储运、分配和销售系统。

乙醇作为汽车代用燃料的缺点如下：

①乙醇的热值低于常规汽油，因此，使用车用乙醇汽油后，发动机的油耗随着乙醇掺入量增加而增加，发动机的加速性及启动性也有明显变化。

②乙醇的气化潜热大，理论空燃比下的蒸发温度降大于常规汽油，导致汽油动力性及经济性下降，在低温条件下不易启动，化油器形成的燃气混合比低，影响混合气的形成及燃烧速度，使汽车驱动性能下降。

③乙醇在燃烧过程中会形成乙酸等对金属有腐蚀的氧化物，对发动机产生较为严重的腐蚀和磨损影响。加入一定量的金属腐蚀抑制添加剂可以有效抑制乙醇汽油对铜片(黄铜、紫铜)的腐蚀。

④乙醇作为一种化工溶剂,对汽车供油系统的橡胶部件有一定的溶胀作用。对油泵的密封及其他部件的合成橡胶材料大都有轻微的腐蚀、溶胀、软化或龟裂作用。

⑤乙醇抗水性较差,乙醇汽油在少量水分存在的情况下容易发生相分离。当乙醇添加到柴油中时,乙醇柴油的闪点、十六烷值下降比较明显。

目前我国与德国大众汽车公司合作对乙醇作汽车燃料进行了研究与开发,与美国福特汽车公司合作进行了甲醇燃料的研究。此外,我国正在进行乙醇-汽油混合燃料的研究。

4. 净化材料及产品

对尾气净化器所用催化剂的基本要求是:能同时净化 CO、HC 和 NO_x 三种有害物质,必须同时具有高温(80 ℃以上)和低温(0 ℃以下)活性,以保证其在高温下不被烧结,在低温时又能发挥催化作用。

(1)活性物质

经研究开发,已开发出四代汽车尾气净化催化剂。

第一代催化剂的活性组分为普通金属(Cu、Cr、Ni)氧化物,其原料来源丰富、成本低,但催化活性差、起燃温度高、易中毒,属于二元催化剂,现已基本不用。

第二代催化剂主要以贵金属铂(Pt)、钯(Pd)、铑(Rh)和铱(Ir)为主要催化活性组分。贵金属中的 Pt 或 Pd 催化氧化 HC、CO;Rh 或 Ir 催化还原 NO_x,属于二元催化剂。具有活性高、寿命长、净化效果好等优点。缺点是成本高、高温性能不理想、易中毒、对空燃比要求苛刻等。

第三代和第四代催化剂主要是稀土金属的氧化物,其特点是价格低、热稳定性好、活性较高、使用寿命长。特别是具有抗铅中毒的特性,因而受到人们的重视。

在贵金属催化剂中添加少量稀土元素制成的催化剂称为贵金属-稀土催化剂。加入稀土元素的目的是提高催化剂的催化活性和热稳定性。如在 Pt-Pd-Rh 三元催化剂的活化涂层中加入 CeO_2 不仅可以使 $\gamma\text{-}Al_2O_3$ 在高温下表面积保持稳定,而且能使贵金属微粒的弥散度保持稳定,避免活性受损。再如钯催化剂具有价格相对便宜、供需矛盾不突出等优点,但由于催化剂在催化还原 NO_x 方面效果欠佳,为弥补其不足,可以加入镧(La),这种 Pd-La 的催化剂在性能上完全可以和 Pt-Rh 催化剂媲美。

稀土催化剂主要是采用二氧化铈 CeO_2 和三氧化二镧 La_2O_3 的混合物为主,加入少量的碱土金属和一些易得金属设备的催化剂。因其价格低、热稳定性好、活性较高、使用寿命长而备受青睐。

(2)催化剂载体

在早期,汽车排气的二元净化催化剂载体主要采用氧化铝小球,但由于耐热性能较差、孔隙率低、阻力大,易对发动机的性能造成不良影响而逐渐被蜂窝陶瓷所取代,蜂窝陶瓷载体具有低膨胀、高强度、耐热性能好、吸附性强、耐磨损等优点。目前,蜂窝陶瓷载体多用堇青石(铝硅酸镁)做原料,堇青石不但有低的膨胀系数,良好的耐化学腐蚀性及良好的耐热性(安全使用温度 1 400 ℃),而且本身的孔隙率较高。

(3)三元催化净化器

三元催化净化器是装有三元催化剂能够同时净化汽车排气中的 HC、CO 和 NO_x 的汽车净化器。

5. 净化设备

(1) 分层燃烧系统

汽油发动机基本上是均匀混合气的燃烧,空燃比的变化范围较窄,通常是在 10~18 范围内变化。在分层燃烧系统中,使进入汽缸的混合气浓度依次分层,在火花塞周围充有易于点燃的浓混合气(空燃比为 12~13.5)以保证可靠的点火,在燃烧室的大部分区域充有稀的混合气。这样,燃烧室内总的空燃比平均在 18:1 以上,以减少 CO 和 NO_x 的排放量。

(2) 发动机外安装废气净化装置

当对发动机本体进行改进,尚不能符合汽车排气标准时,可加装机外净化装置,使其符合汽车排气标准要求。机外废气净化装置有多种,下面对主要的几种装置作简单介绍。

① 二次空气喷射

二次空气喷射是用空气泵把空气喷射到汽油发动机各缸的排气门附近,借助于排气的高温使喷射空气中的氧和废气中的 HC、CO 相混合后再燃烧,以减少 HC 和 CO 的排放量,达到排气净化的目的。

② 热反应器

热反应器通常与二次空气喷射技术一起使用。热反应器是由壳体、外筒和内筒三层壁构成,壳体与外筒之间填有绝热材料,使热反应器内保持高温,以利于 HC 和 CO 的再燃烧。由喷管向排气门喷射的二次空气与排气相混合后进入热反应器的内筒,利用热反应器和排气的高温,使 HC 和 CO 燃烧变为无害物质。

③ 氧化催化反应器

氧化催化反应器是具有很大表面积并具有催化剂的载体。当汽车排气经过反应器时,排气中的 HC 和 CO 在催化剂的作用下可以在较低的温度下与 O_2 反应,生成无害的 H_2O 和 CO_2 而使排气得以净化。由于所用催化剂为贵重金属铂和钯,使该方法的应用受到了限制。在 20 世纪 70 年代,发现用稀土金属作催化剂也可收到良好的效果,给氧化催化反应器的实际应用带来了希望。

4.5 挥发性有机物治理技术

根据世界卫生组织(WHO)的定义,挥发性有机物(volatile organic compounds,VOCs)是在常温下,沸点 50 ℃至 260 ℃的各种有机化合物。VOCs 包括非甲烷烃类(烷烃、烯烃、炔烃、芳香烃等)、含氧有机物(醛、酮、醇、醚等)、含氯有机物、含氮有机物、含硫有机物等,大多数具有毒性、易燃易爆,部分是致癌物质,也是形成臭氧(O_3)和细颗粒物(PM2.5)污染的重要前体物。VOCs 来源复杂,排放涉及生产和生活的方方面面,其中工业大多数来源于石化、喷漆、印刷、有机溶剂行业的生产过程,此外还有一些生活源。这些污染源数量多且分散,排放的VOCs 废气构成复杂,差异性大。废气组分不同、相态不同、浓度和气量波动范围大,连续和间歇排放共存,无组织排放严重等。正因如此,VOCs 治理技术也呈现出多样性的特点。

VOCs 末端治理技术可以分为两大类:一类是氧化分解技术;另一类则是回收技术;此外还有一些组合技术(如图 4-34)。氧化分解技术是通过化学或生物反应等,在光、热、催化剂和微生物等的作用下将 VOCs 氧化分解,最终生成水和二氧化碳,主要包括热氧化法、生物法以及其他氧化法等。

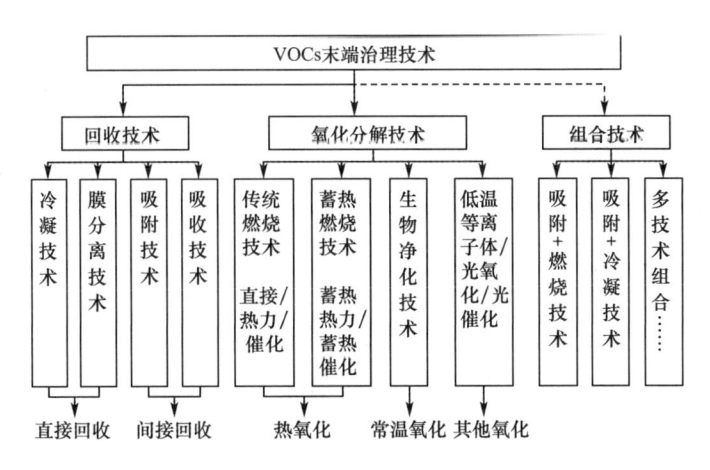

图 4-34　VOCs 治理技术分类

4.5.1　氧化分解技术

1. 热氧化技术

热氧化技术又称燃烧法，对于有毒、有害、无须回收的 VOCs 是一种比较彻底的处理方法，虽不能回收有用的物质，但可以回收热量。燃烧法可分为传统燃烧技术和蓄热燃烧技术，传统燃烧技术包括直接燃烧、热力燃烧和催化燃烧，具体可见 4.1.4 节燃烧法内容。蓄热燃烧是在热氧化装置中加入蓄热体，预热 VOCs 废气，再进行氧化反应。热氧化温度一般在 700～900 ℃，蓄热式热交换器占用空间小，热回收率可达 95% 以上，辅助燃料消耗少（甚至不用辅助燃料），但蓄热燃烧不能处理含有颗粒或黏性物质的 VOCs 废气。本小节主要介绍蓄热式热力燃烧和蓄热式催化燃烧技术。

（1）蓄热式热力燃烧

蓄热式热力燃烧（Regenerative Thermal Oxidizer，RTO）技术与传统热氧化技术的不同之处，是使用新型陶瓷蓄热材料床从排出燃烧的气体中吸收并且存储热量，再将热量释放给冷的进口气体，而不是采用管壳式进行两种流体间的换热。RTO 工艺简单、占地面积小、运行费用低，其独特的先进转阀式换热系统保证了燃烧热量的高效回收和连续进出气，从而有效保证净化效果和降低运行成本。

RTO 装置可分为阀门切换式和旋转式。阀门切换式 RTO 有两个或多个陶瓷填充床，通过阀门切换改变气流的方向，从而达到预热 VOCs 废气的目的。图 4-35 是典型的两床式 RTO 示意图，其主体结构由燃烧室、两个陶瓷蓄热床和两个切换阀组成。当 VOCs 废气由引风机送入蓄热床层 1，被该床层加热后，在燃烧室氧化燃烧，燃烧后的高温烟气通过蓄热床层 2，降温后的烟气通过切换阀排放；当蓄热床层 2 温度升高后，VOCs 废气经切换阀从蓄热床层 2 进入，被该床层加热后，在燃烧室氧化燃烧，燃烧后的高温烟气通过蓄热床层 1，降温后的烟气通过切换阀排放。如此周期性切换，实现 VOCs 废气连续处理。

旋转式 RTO 如图 4-36 所示，该装置由一个燃烧室、一个分成几瓣独立区域的圆柱形陶瓷蓄热床和一个旋转式转向器组成。通过旋转式转向器的旋转，就可改变陶瓷蓄热床不同区域的气流方向，从而连续地预热、氧化燃烧 VOCs 废气。相对于阀门切换式 RTO，旋转式 RTO 只有旋转式转向器一个活动部件，运行更可靠，维护费用更低，缺点是旋转式转向器不易密封，泄漏量较大，影响 VOCs 的净化效率。

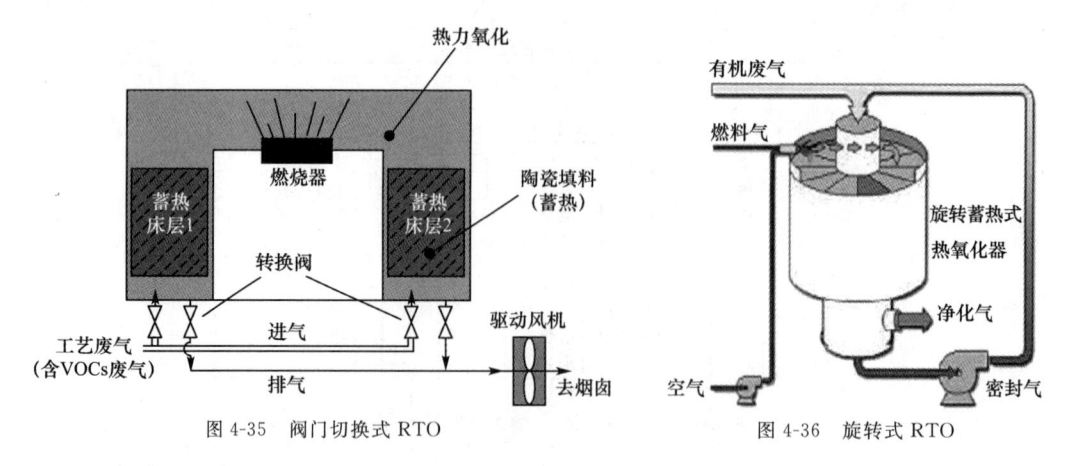

图 4-35　阀门切换式 RTO　　　　　　　图 4-36　旋转式 RTO

(2) 蓄热式催化燃烧

蓄热式催化燃烧(Regenerative Catalytic Oxidizer,RCO)技术是在蓄热式燃烧法(RTO)的基础上加入催化剂的作用,在 250~400 ℃的温度下,将废气中的有机污染物氧化成无害的 CO_2 和 H_2O,逐渐发展成为现代先进的有机废气处理技术,在化工、漆包线、涂料生产等行业应用较广。

图 4-37 是 RCO 典型工艺流程图,有机废气经鼓风机进入氧化炉,由燃料氧化加热,升温至 250~400 ℃。在此温度下,废气里的有机成分在催化剂的作用下被氧化分解为二氧化碳和水,同时,反应后的高温烟气进入特殊结构的陶瓷蓄热体,绝大部分的热量被蓄热体吸收(95%以上),降温后的烟气经烟筒排放,达到净化废气的目的,而被蓄热体吸收的热量则用于预热后续废气,达到降低反应温度和能耗的目的。RCO 使用的催化剂详见 4.1.4 催化燃烧章节,蓄热体要求有低热膨胀系数、表面积大、热稳定性好、耐腐蚀,一般使用蜂窝陶瓷材料。与蓄热式热力燃烧技术相比,RCO 所需的辅助燃料少,能量消耗低,设备设施的体积小,无火焰燃烧更加安全,不产生氮氧化物等二次污染物。

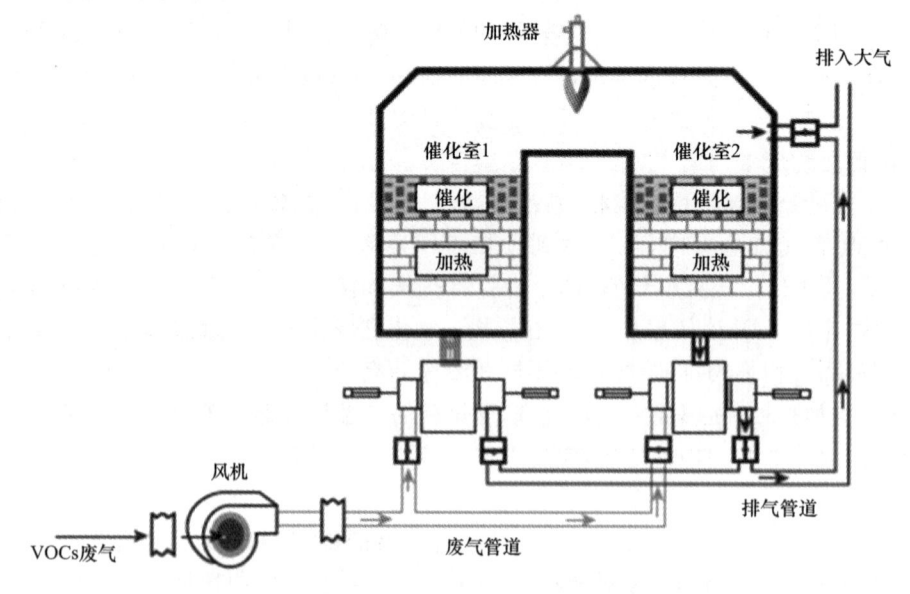

图 4-37　RCO 典型工艺流程图

2. 生物净化技术

(1) 净化原理

生物法净化 VOCs 机理有两种理论:"吸收-生物膜"和"吸附-生物膜"理论,其实质是附着在滤料介质中的微生物在适宜的环境条件下,利用废气中的有机成分作为营养物质和能源,维持其生命活动,将污染物经代谢分解成简单小分子物质、CO_2 和 H_2O 的过程。其主要包括五个过程,即 VOCs 从气相传递到液相,再从液相扩散到生物膜表面,然后在生物膜内部的扩散,生物膜内的降解反应后将代谢产物排出生物膜,如图 4-38 所示。整个过程是传质过程和生物氧化过程的结合。前者取决于气液间的传递速率,后者则取决于生物的降解能力,即该方法针对水溶性好、生物降解能力强的 VOCs 具有较好的处理效果。

(2) 净化工艺

在废气生物净化过程中,根据系统的运转情况和微生物的存在形式,可将生物处理工艺分成悬浮生长系统和附着生长系统。悬浮生长系统即微生物及其营养物存在于液体中,气相中的有机物通过与悬浮液接触后转移到液相,从而被微生物降解,其典型的形式有鼓泡塔、喷淋塔及穿孔塔等生物洗涤塔。而附着生长系统中,微生物附着生长于固体介质表面,废气通过滤料介质构成的固定床层时,被吸附、吸收,最终被微生物降解。其典型的形式有土壤、堆肥、填料等材料构成的生物滤池。生物滴滤塔则同时具有悬浮生长系统和附着生长系统的特性。本小节主要介绍废气生物净化的常用工艺设备:生物洗涤器、生物滴滤塔和生物过滤塔。

① 生物洗涤器

生物洗涤器是由传质洗涤器和活性污泥池构成,洗涤器内存在呈悬浮状态的微生物群。生物相和水相均以循环方式流动,主要是为气液两相提供充分接触的条件,洗涤器广泛采用多孔板式塔。常用的洗涤悬浮液是活性污泥,气相中的有机物和氧气转入液相,进入活性污泥池,被好氧微生物分解。生物洗涤处理 VOCs 工艺流程如图 4-39 所示,该反应器操作条件易控制,生物填料不易堵塞;但处理气量小,不适于处理难溶性废气。

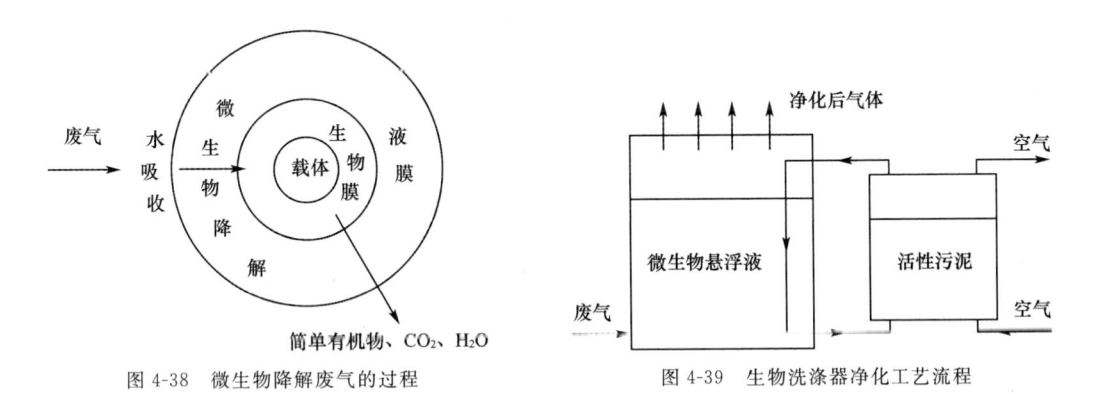

图 4-38 微生物降解废气的过程

图 4-39 生物洗涤器净化工艺流程

② 生物滴滤塔

生物滴滤塔主体部分为一层或多层填料的填充塔,填料表面附有驯化培养的生物膜。生物滴滤塔工艺流程如图 4-40 所示。VOCs 气体由塔底进入,与湿润的生物膜接触而被微生物分解净化,处理后的气体由塔顶释放,代谢产物随废液排出。滴滤塔集废气的吸收与液相再生于一体,塔内增设了附着微生物的填料,为微生物的生长、有机物的降解提供了条件。

③生物过滤塔

生物过滤塔是一种塔式生物滤池,工艺流程如图 4-41 所示,VOCs 气体由塔顶进入过滤塔,然后与已接种挂膜的生物滤料充分接触而被净化,净化后的气体由塔底排出。定期在塔顶喷淋营养液,为滤料微生物提供养分、水分并调整 pH,营养液呈非连续相,其流向与气体流向相同。

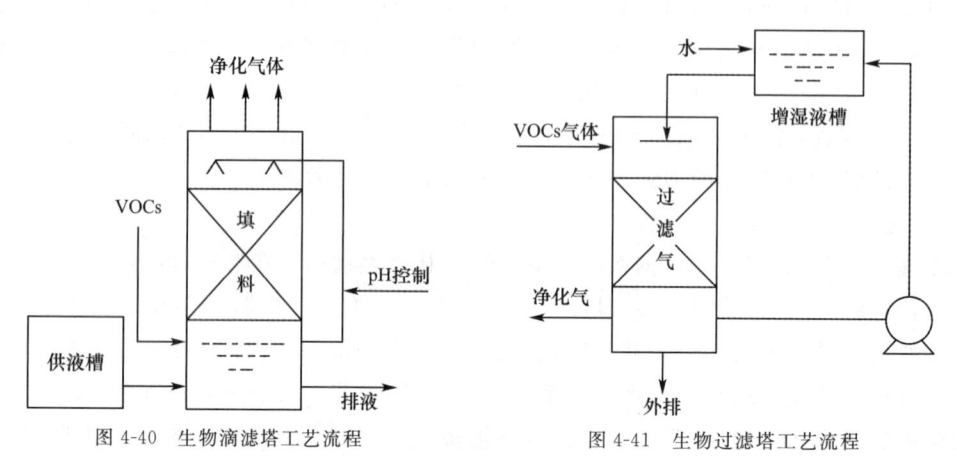

图 4-40　生物滴滤塔工艺流程　　　　图 4-41　生物过滤塔工艺流程

生物净化技术最早应用于恶臭气体处理,近年来逐步被应用于有机污染物的治理领域,成为 VOCs 的新型污染控制技术。由于生物法工艺设备简单可靠、运行稳定,管理操作简单,能耗低、投资运行费用低,对既无回收价值又污染环境的中低浓度有机废气,尤其对大气量、低浓度、生物降解性好的 VOCs 具有良好的适用性和经济性。相关领域的研究工作进展很快,各种生物菌剂和填料的开发不断取得突破,可以对酮类、醛类、脂类等多种类型的有机物进行净化。未来生物净化技术也将会成为 VOCs 废气治理的主流技术之一。

3. 等离子体技术

等离子体是除了物质的固态、液态和气态以外的第四态,其本质,是在外力的作用下,激发产生的自由基、离子、电子和中性粒子的集合。等离子体分为高温等离子体和低温等离子体。相比而言,低温等离子体能耗低,对污染物的激发具有选择性,是 VOCs 治理的合适选择,因此被广泛应用和研究。低温等离子体技术处理 VOCs 技术是利用低温等离子体中的带有较高能量的电子、离子、自由基等活性物质与 VOCs 分子产生非弹性碰撞,再通过一系列的物理化学、氧化还原、激发电离等作用,使有毒有害的 VOCs 转变为无毒无害的物质,将大分子物质降解为小分子物质,从而达到处理 VOCs 的效果。

低温等离子体技术用于污染控制,具有广泛适应性、工艺简单、占用空间小、动力消耗低等特点。该技术对于臭味的净化具有良好的效果,在橡胶废气、食品加工废气等的除臭中以及低浓度喷涂废气净化中都得到了一定的应用。目前低温等离子体技术处理挥发性有机废气实验研究的多,实际应用的少,亟待解决的问题是选择更高去除效率及更高能量效率的催化剂、加强对作用机理及其反应动力学方面的研究以及寻找开发更优配置等离子体反应器,进一步完善等离子体降解 VOCs 的机理,为商业化发展提供保障。等离子体协同催化剂降解处理 VOCs 是该技术未来发展的一个重要方向。

4. 光催化氧化技术

在治理有机挥发性废气方面,光催化氧化是一种新型的处理方式。该处理方式主要是经过 UV 紫外光照射相应的光催化剂纳米粒子,受激生产高能电荷-电子空穴对,空穴分解催化剂表面吸附的水产生氢氧自由基,电子使其周围的氧还原成活性离子氧,从而具备极强的氧化还原能力,将光催化剂表面的各种污染物转化为 CO_2、H_2O 与其他各种无机小分子物质等,如图 4-42 所示。光催化氧化技术具有处理效率较高、能耗低、常温常压、设备简单、无二次污染等特点,在处理 VOCs 废气中得到一定的应用。随着光催化氧化技术研究日益深入,解决制约光催化氧化效率及稳定性的主要因素和问题,如光催化反应的接触时间、湿度、光催化剂的活性、光子的利用率、光催化剂在载体上的吸附等,光催化氧化技术在 VOCs 废气治理领域的应用会更加广泛。

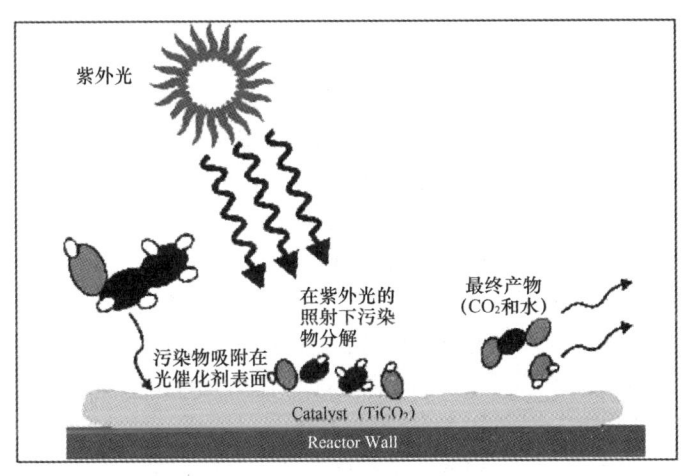

图 4-42 光催化氧化净化 VOCs 过程

4.5.2 回收技术

回收技术是通过物理方法,在一定温度、压力下,用选择性吸收剂、吸附剂或选择性渗透膜等方法来分离 VOCs,主要包括直接回收技术如冷凝法、膜分离法和间接回收技术如吸附法、吸收法等。冷凝法是通过降低气体温度或增加气体压力,使 VOCs 处于过饱和状态,将 VOC 组分冷凝下来,该方法适用于高沸点和高浓度 VOCs 回收。吸收法是根据有机物相似相溶的原理,常采用沸点较高、蒸汽压较低的吸收剂,使 VOC 组分从气相转移到液相,然后对吸收液进行解吸处理,回收其中 VOCs 组分,同时使吸收剂得以再生。吸附法是采用多孔吸附剂(主要是活性炭、沸石分子筛)在一定温度压力下,使其吸附废气中的 VOCs 达到分离的目的,适用于处理低浓度 VOCs,效率较高,但需要反复改变温度压力使 VOCs 解吸、吸附剂再生。前面章节已经介绍了冷凝法、吸收法和吸附法,就不再赘述,下面介绍一下膜分离技术处理 VOCs。

膜分离法的基本原理是利用特殊高分子膜对 VOCs 的优先透过性的特点,当废气在一定压差推动下,遵循溶解扩散机理,经选择性透过膜,使其中的 VOCs 优先透过膜得以富集,从而实现分离的目的。同其他传统技术相比,膜技术最大的优点在于生产过程清洁环保,不产生二次污染,而且占地面积小,操作简便且安全可靠,代表了新的化工分离的方向。一般用于气体分离的高分子聚合物膜分为玻璃态和橡胶态两种,对于 VOCs 的混合气这个分离体系,膜材料一般都选择橡胶态的,因为橡胶态材料兼具高透气性和高选择性,同时它对 VOCs 具有优先渗透性,尤其是对易冷凝的 VOCs,优先渗透性可以避免 VOCs 在膜表面凝结、液化。目前,商业化的 VOCs 膜组件有螺旋卷式膜组件和叠片式膜组件两种。

气体膜分离技术具有分离过程简单、分离效率高等特点,可以对传统的冷凝、吸收和吸附等回收技术进行优化和补充,形成新型的组合工艺。这些新型的组合工艺在降低设备投资、减少运行成本、提高系统运行的安全性等方面已经表现出一定的优势。特别是在炼油和石化行业的高浓度的 VOCs 回收和达标排放的应用,如成品油和化学品的装卸车船过程的排放气、储罐的呼吸气、间歇生产的排放气和火炬排放气等领域,都有许多成功的应用。在某些特定领域如加油站三次回收、溶剂储罐的呼吸气等 VOCs 减排过程,因低投资、低运行成本和高减排效率等特点成为首选的解决方案。

4.5.3 组合技术

由于工业 VOCs 成分多、性质复杂,在很多情况下,单一技术难以达到治理要求,且不经济。根据不同治理技术的优势,采用组合工艺不仅可以满足排放要求,同时可降低设备运行费用。近年来在 VOCs 治理中,基本都采用 2 种或 2 种以上的净化技术组合工艺来处理。对于低浓度有机废气多采用吸附浓缩-冷凝回收技术和吸附浓缩-燃烧技术,如吸附-蒸汽脱附-冷凝回收组合工艺是国内目前 VOCs 治理的重要技术,主要用于低浓度、大风量、回收价值较高的有机物的净化。固定床吸附-催化燃烧技术也已经在轻化工、制鞋、家电、印刷等行业以及造船和集装箱行业产生的 VOCs 废气治理中获得良好效果,适合大风量、低浓度或浓度不稳定的废气治理。等离子体-光催化复合净化技术是近年来出现的新组合技术。对于高浓度具有回收价值的有机废气处理方式多采用冷凝-吸附技术。

下面通过表 4-13 和表 4-14 对 VOCs 控制技术进行归纳总结。

表 4-13　　主要 VOCs 控制技术适用性比较

技术名称	适用范围	行业范围
冷凝	高浓度 VOCs(体积分数在 1% 以上,实践中一般要求在 0.5% 以上),特别是单一组分的 VOCs	石油、化工等高浓度废气;油气回收
膜分离	高浓度、低流量的 VOCs 废气(主要应用于流量小于 3 000 m³/h 的 VOCs 气体处理)	石油化工和能源储运行业(油气回收、储罐排放)
吸收	高浓度、可溶性 VOCs 的废气,也可在组合技术中用于低浓度 VOCs 的吸收	油气回收,天然气中 VOCs 的净化、焦油副产物回收等
吸附	低、中、高浓度 VOCs 的净化;低浓度用吸附做浓缩,中高浓度用吸附做回收	广泛应用于各个工业行业
传统燃烧(直接/热力/催化)	中、高浓度 VOCs,连续排放;低浓度 VOCs 可先浓缩再使用	直接燃烧使用很少,基本已被其他燃烧技术取代,适用于有热需求的行业,又没有回收价值的废气,如石油化工、有机化工、涂装烘干设备、绝缘材料、包装印刷、制鞋等
蓄热燃烧(蓄热热力/蓄热催化)	中、高浓度 VOCs,连续排放;低浓度 VOCs 可先浓缩再使用	适用于热回收率需求高的行业,蓄热催化燃烧也可应用于废气成分经常发生变化或废气浓度波动较大的场合,如石油、化工、喷涂、印刷、橡胶、家具、食品加工等行业
生物净化	总体适合气量大、浓度低、易生物降解的 VOCs,根据工艺不同(过滤、滴滤、洗涤)略有不同	生物除臭、苯系物净化、卤化物以及含氧含氮的有机物等
低温等离子体	低浓度小风量的 VOCs(臭味气体)的净化	餐饮行业、食品加工、污水处理厂、堆肥厂废气等的除臭领域。工业 VOCs 治理应用还不成熟
光氧化	低浓度 VOCs 净化和异味去除	工业 VOCs 治理应用还不成熟
光催化氧化	低浓度 VOCs 杀菌净化	工业 VOCs 治理应用还不成熟

表 4-14　　　　　　　各 VOCs 治理技术综合进展情况

技术名称		适用范围
回收技术	冷凝技术	常用于高浓度废气的前处理工艺
	膜分离技术	范围较小,目前主要用于油气回收
	吸收技术	有机溶剂二次污染与安全性差,目前较少使用
	吸附技术	工艺较成熟,主流技术
氧化分解技术	热氧化技术	以 RTO 和 RCO 应用较多,效率高,主流技术
	生物降解技术	逐步发展,主要应用于低浓度和恶臭治理
	等离子体技术	不成熟,效率较低,逐步发展与其他技术联用
	光催化氧化技术	不成熟,反应速度慢,效率较低,范围受限
组合技术		多种组合技术发展,应用范围广,主流技术

学习任务单

1. 填空题

(1)蓄热燃烧法处理 VOCs 工艺在实际中使用的有(　　　)和(　　　)。
(2)在污染物控制技术中常用于 VOCs 废气净化的吸附剂是(　　　)。
(3)VOCs 控制技术中回收技术包括(　　　)、(　　　)、(　　　)和(　　　)。

2. 简答题

(1)分析比较 VOCs 燃烧净化处理中各方法的工艺特点(处理浓度、处理过程及效果)。
(2)分析比较生物净化技术处理有机废气的各工艺性能。

3. 社会实践活动

到安装有气态污染物净化设备的工厂参观学习。要求:
(1)了解气态污染物的来源和性质。
(2)掌握该工厂采用的净化方法、净化设备和工艺流程。
(3)了解净化效率,分析影响净化效率的因素。
(4)了解设备成本、运行费用及综合利用情况。
(5)结合所学知识,利用各种资源(如图书馆、资料室、阅览室、书店、网络媒体等),查找信息资料,认真编写出对某一种气态污染物的简单治理方案,字数在 1 500 左右。

模块 5　大气污染控制系统的整合、运行与维护

知识目标

1. 掌握大气污染控制系统的安装、运行与维护管理的基本方法。
2. 了解和掌握离心风机的选择、运行与维护。
3. 熟悉通风管道的选择、布置、安装与维护。
4. 了解废气治理净化系统的防腐、防磨、防爆与防震的基本知识。

技能目标

1. 能够进行大气污染控制主体设备及其配套设备的选择、安装、调试到运行使用的过程控制。
2. 掌握离心风机常见故障排除方法。
3. 学会管道的简单设计计算。

能力训练任务

1. 能够较为熟练地掌握大气污染控制系统的安装、运行与维护的基本知识。
2. 学会离心风机的拆卸与组装,学会选择离心风机的型号。
3. 能用所学的知识进行离心风机常见故障排除。

5.1　废气治理设备的安装、运行与维护

废气治理设备是指用于控制大气环境污染、改善大气环境质量而由工业生产单位或建筑安装单位制造和建造出来的机械产品、构筑物及其系统,也称大气污染控制设备。以废气治理设备为主体,利用管道、风机、集尘装置、排气筒等装置将其整体组合起来,就形成了一套完整的防治大气污染物的大气污染控制设施系统,如用于火力发电厂锅炉的烟气脱硫除尘的石灰/石灰石-石膏法的工艺流程。在该生产工艺流程中主要有烟气吸收脱硫系统、石灰浆液循环槽制备系统、石灰浆吸收液与石膏生成动力输送系统、管道传递系统、石膏制备系统等。

通常,吸收塔、氧化塔、液固分离器、分离机等属于环保的主体设备,是利用污染物中的气态、液态、固态物质相态间的物理或化学变化来消除或减少污染危害的,输送二氧化硫和烟尘等气态污染物的风机、氧化塔配套用的空气压缩机,输送液态废水物料的泵,连接这些设备的管道和排气筒等属于废气治理配套设备,所有的这些设备用管道和阀门等连接起来就形成一套完整的大气污染控制系统。

5.1.1 废气治理设备的安装

废气治理设备的安装,必须严格按该设备安装工艺及要求进行,否则将影响整个废气治理工艺,严重时可使整个治理系统失控并使主体工艺设备瘫痪,影响生产。

1. 安装计划的制订

废气治理设备安装前,首先要熟悉设备资料和安装说明书,制订安装计划,安排施工顺序,组织安装项目的实施。

2. 设备的安装

(1)设备的安装定位

设备安装定位的基本原则是要满足生产工艺的需要及维护、检修、技术安全、工序连接等方面的要求。设备在车间的安装位置、排列、标高以及立体、平面间的相互距离等应符合设备平面布置图及安装施工图的规定。设备的定位具体要考虑以下因素:

①适应产品工艺流程及加工条件的需要(包括环境温度、粉尘、噪音、光线、振动等)。

②保证最短的生产流程,方便工件的存放、运输和切屑的清理,以及车间平面的最大利用率,并方便生产管理。

③设备的主体与附属装置的外形尺寸及运动部件的极限位置。

④要满足设备安装、工件装夹、维修和安全操作的需要。

⑤厂房的跨度、起重设备的高度、门的宽度与高度等。

⑥动力供应情况和劳动保护的要求。

⑦地基土壤的地质情况可符合基本要求。

⑧平面布置应排列整齐、美观,符合设计资料有关规定。

(2)设备的安装找平

设备安装找平的目的是保持其稳定性,减轻振动(精密设备应有防振、隔振措施),避免设备变形,防止不合理磨损及保证加工精度等。

①选定找平基准面的位置。一般以支撑滑动部件的导向面(如机床导轨)或部件装配面、工卡具支撑面和工作台面等为找平基准面。

②设备的安装水平。导轨的不直度和不平行度按说明书的规定进行。

③安装垫铁的选用应符合说明书和有关设计与设备技术文件对垫铁的规定。垫铁的作用在于使设备安装在基础上,有较稳定的支撑和较均匀的荷重分布,并借助垫铁调整设备的安装水平与装配精度。

④地脚螺钉、螺帽和垫圈的规格应符合施工的要求。

(3)地脚螺栓和灌浆

地脚螺栓上的油脂和污泥垢应清除干净。地脚螺栓离孔壁应大于 15 mm,其底端不应碰孔底,螺纹部分应涂油脂。当拧紧螺母后,螺栓必须露出 1.5~5 个螺距。灌浆处的基础或地坪表面应凿毛,被油沾污的混凝土应凿除,以保证灌浆质量。灌浆一般宜用细碎石混凝土(或水泥砂浆),其标号应比基础或地坪的混凝土标号高一级。

(4)安装位置

废气治理设备的安装位置要尽量靠近排污源,所有管道尽量缩短、少弯曲、不漏风。

(5)承载能力

设备安装的基础(混凝土或钢结构)承载能力必须大于设备重量和积灰(液)设备容灰(液)

重量,并要按照设备地脚尺寸用螺丝安装固定。

(6)安装与焊接

稳定设备底座后,要逐工段安装设备的各部件,严禁错位、错缝安装;设备吊装时,吊绳一定要挂在吊耳上,防止变形;安装时必须首先断续焊接,待各部尺寸均符合要求后,再连续焊接。

(7)监测孔设置

在废气治理设备的进、出管道上要预留测量废气排放流量和浓度的监测孔洞,其设置应符合国家规定的监测技术规范要求。

5.1.2 废气治理设备的调试运行

废气治理设备安装竣工后,还要做好试运转前的各项准备工作,只有试运转成功后,方可正式投入运行。

1. 废气治理设备投产前的准备工作

(1)按照工艺技术要求,准备好试生产所需要的各种原材料、设备的备品备件、分析监测用的各种仪器和药品、生产记录本、检修的工具、用具以及劳保用品等。

(2)准备好生产工艺技术规程、安全规程、各岗位的操作规程以及试运转方案。

(3)在试生产前配齐操作人员并对操作人员进行安全技术培训。

(4)以设计图纸为标准,组织生产、基建有关人员对工艺流程、设备、厂房、水、电、暖通、仪器仪表、安全措施等进行系统、全面地检查。

(5)对一般除尘系统,可利用常压空气作气压试验。对于气态污染物净化系统,一般用压缩氮气进行气压试验,当设备经过清洗、置换、分析,确认无有害物质时,也可用压缩空气试验。气压试验的压力应大于最大工作压力的5%。

2. 废气治理设备的试运转

设备正式投产使用前,必须经过试运转阶段,在试运转阶段,如发现设计或安装中存在问题,应进行必要的补充和纠正,试运转要做好以下几项工作:

(1)单机试运

对具有传动装置的设备进行单机试运,按操作规程,逐个使运转设备开动起来,连续运转不少于24小时。一般可用清水或空转做试运试验,但应在工作压力下进行。

(2)清洗置换

设备、管道及附件内在制造、安装过程中往往会有些油脂污物、焊渣、灰尘。因此,在气态污染物净化系统试运转时,必须先对设备管道进行全面清洗,并将清洗情况做好记录,一般用清水洗1~2次,对于油污较多,或要求很洁净的设备、管道,用清水洗2~3次,对于不允许钙、镁离子大量存在的管道设备,需要用软化水清洗。含有水和有机气体的管道、设备用洁净压缩空气置换出去,对于不允许有氧气存在的设备、管道,用压缩氮气进行置换,置换时间要在1小时以上。

(3)假试运

假试运是在投入物料进行生产前对装置的一次系统检查,对于新装置,假试运是很重要的。假试运的操作程序应按操作规程和工艺进行,以清水代替液体原料,以空气代替气体原料来模拟生产。假试运中的温度、压力、流量、水位、时间等参数一律按工艺指标要求控制,也要填写生产、分析、检修记录。

通过假试运,可以发现一些问题,使这些问题在投料生产前及时处理,同时也是一次技术练兵活动,为正式生产打下基础。

(4)投料试运

投料试运的各项操作严格按工艺规程和操作规程进行,经一次或多次投料试运后,可转入试车生产,试车生产中发现的较大问题可与设计施工单位协商,通过修改或另行施工安装,使净化装置转入正常运转。

5.1.3 废气治理设备的日常运行维护

1. 设备选型、安装完毕、试车调试成功后,即进入运行维护阶段。

设备的运行维护好坏直接影响废气治理设备的效率和使用寿命,如何用好废气治理设备、维护好设备是整个废气治理系统正常运转的重要环节之一。由于废气治理设备种类很多,详细说明可参考设备随机的样本说明书,废气治理设备运行维护一般要求如下:

(1)每次启动设备前,进行常规的清扫、检查。
(2)及时清扫各构筑物的杂物,防止有害物质进入设备而损坏设备。
(3)严格按废气治理设备的操作说明书进行操作运转,严禁设备空载或超负荷运行。
(4)风机、水泵等动力设备在启动前必须确认其相应管道的畅通。
(5)定期做好设备的检修并及时更换润滑油及易损零部件等。
(6)药剂贮存器应及时放空、清洗。
(7)根据工艺需求,及时调整设备的运行参数。
(8)做好防锈、防腐工作。
(9)做好设备运行维修记录台账。
(10)做好易损零部件的配备工作。

2. 废气治理设备运行中应注意的事项

废气治理设备运行中应注意的事项包括如下几个方面:
(1)严格遵守工艺技术规程、安全生产规程和岗位操作规程。
(2)认真执行岗位责任制度、交接班制度、检测制度、设备维护、检修制度等适合本厂实际情况的各项运行管理制度。
(3)净化装置经试运转调试好后,应使调节阀门固定或做标记,不再随意改动。如果一套净化系统连接几个吸气点,当某一吸气点的工艺设备停止运转时,该集气罩也不宜关闭以免改变其他集气罩的吸风量,而影响净化效率。
(4)净化装置一般应在工艺设备启动前启动,在工艺设备停止运转数分钟后再关闭。
(5)记好运行日记,其内容包括交接班情况、运行情况、事故发生原因及处理情况。
(6)定期清除设备及管道中的积尘等沉淀物,积尘是除尘系统常见的故障,其主要造成原因是:漏风或个别部件阻力增大而造成个别管道风速减小、温度降低、湿度大、水汽凝结而使粉尘黏附、系统的水平管道太长或弯管的曲率半径过小,含尘浓度过高等。
(7)加强设备检修,专业检修人员应每月全面检查一次所有净化装置,检修的形式可分为小修、定期检修和大修三种。小修一般只消除小故障,检修依据是值班人员的报告,定期检修属于计划性检修,根据设备的耐久性能,每年进行1~2次,以免设备过早损坏。大修是更换主要设备的易损、易磨部件,按原设计要求加以全面修复,大修后的净化系统需进行试运转和调试,使技术性能达到要求后方可交工、验收、使用。

3. 废气治理设备运行管理措施

废气治理设备运行管理措施规定如下：

设备在使用过程中，由于受使用方法、工作规范、工作持续时间长短、维护状况及环境因素等的影响，使其技术状态不断发生变化，设备工作能力逐渐下降。要控制和延缓这一进程，应积极创造适合设备工作的环境条件，选用正确合理的使用方法与工作规范，加强对设备的使用与维护的管理和提高操作者的素质。

(1) 创造良好的工作环境与工作条件

为使设备长期地正常运转，保持良好的性能、精度，保证安全生产，除应考虑工艺加工布局，发挥设备最大利用效能，减少企业内部零件加工的运输时间和费用等因素外，还要考虑周围环境对设备的影响，使设备置于良好的工作环境下，即要求设备的周围环境整齐、清洁，并根据设备本身的结构、性能、精度等特性，安装有防震、防腐、防潮、防尘、保温等装置。另外，还需考虑设备对环境的影响，如在废气净化设备系统厂房周围，不能安装精密机床和仪表仪器；锅炉不能安装在洁净要求高的装配车间附近等。如果设备的工作条件和工作环境不符合要求，甚至很恶劣，不仅影响产品质量，损伤设备，而且影响操作者的情绪，给员工的身心造成危害。

(2) 合理安排生产任务

由于各种设备的结构、性能、精度、加工范围、载荷能力和技术要求不同，因此，在安排生产任务时，要使所安排的任务与设备的实际能力相适应，既要防止"大机小用""精机粗用"，以免造成设备及能源的浪费，影响精密机床的使用寿命；又要避免超负荷、超范围使用设备，以防降低设备使用寿命，造成设备的损坏或事故。

(3) 使用设备的基本功和操作纪律

设备在使用过程中，使用者要根据设备的有关技术文件、资料规定的操作使用程序和设备的特性、技术要求、性能，正确合理地使用设备。主要要求使用者做到："三好""四会""四项要求"和"五项纪律"。

① 对设备使用者的"三好"要求

管好——使用单位领导必须管好本单位所拥有的设备，保持其实物完好，严格执行设备的移装、封存、借用、调拨等管理制度，操作者必须管好自己使用的设备，未经领导批准和本人同意不准他人使用。

用好——单位领导应教育本部门工人正确使用和精心维护设备，安排生产时应根据设备的能力，不得有超性能和拼设备之类的短期化行为，操作者必须严格遵守操作维护规程，不超负荷使用，不用不规范的操作方法。

修好——车间安排生产时应考虑和预留计划维修时间，防止带病运行，操作者要配合维修工人维修好设备，及时排除故障。

② 操作者"四会"基本要求

会使用——操作者应熟悉设备的结构性能、传动装置，学习设备的操作规程，懂得加工工艺和工装工具在设备上的正确使用。

会维护——能正确执行设备维护和润滑规定，按时清扫，保持设备清洁完好。

会检查——了解设备易损零件部位，掌握完好检查项目、标准和方法，并能按规定进行日常检查。

会排除故障——熟悉设备特点，能鉴别设备正常与异常现象，懂得其零部件拆装的注意事项，会做一般故障调整或协同维修人员进行排除。

③维护使用设备的"四项要求"

整齐——工具、工件、附件摆放整齐,设备零部件及安全防护装置齐全,线路管道完整;

清洁——设备内外清洁,无"斑痣";各滑动面、丝杆、齿条、齿轮无油污,无损伤;各部位不漏油、漏水、漏气;铁屑清扫干净。

润滑——按时加油、换油,油质符合要求;油枪、油壶、油杯、油嘴齐全;油毡、油线清洁,油窗明亮,油路畅通。

安全——实行定人定机制度,遵守操作维护规程,合理使用,注意观察运行情况,不出安全事故。

④设备操作者的"五项纪律"

凭上岗操作证使用设备,遵守安全操作维护规程。

经常保持设备整洁,按规定加油,保证合理润滑。

遵守交接班制度。

管好工具、附件,不得遗失。

发现异常立即通知有关人员检查处理。

(4)设备操作维护规程

设备操作维护规程是指导操作者正确使用和维护设备的技术性规范,每个操作者必须严格遵守,以保证设备正常运行,减少故障,防止事故发生。设备操作维护规程制定原则如下:

①一般应按设备操作顺序及班前、中、后的注意事项分列,力求内容精炼、简明、适用。属于"三好""四会"的项目,不再列入。

②要按设备类型将设备结构特点、加工范围、操作注意事项、维护要求等分别列出,便于操作者掌握要点,贯彻执行。

③各类设备具有共性的,可编制统一标准通用规程。

④重点设备、高精度、大重型及稀有关键设备,必须单独编制操作维护规程,并用醒目的标志牌板张贴在设备附近,要求操作者特别注意,严格遵守。

(5)建立健全设备管理的规章制度

针对设备的不同特点和技术要求,制定一套科学的管理制度和方法,并保证有效实施,是使设备合理使用的基本保证条件。

①定人、定机凭证操作制度　设备操作者必须由经考试合格取得操作证者担任,严格实行定人、定机和岗位责任制,以确保正确使用设备和落实日常维护工作。多人操作的设备由机长负责使用和维护工作。公用设备应由车间领导指定专人负责维护保管;精确、大型、稀有、关键设备定人、定机名单,需设备部门审核报厂部批准后签发。对技术熟练能掌握多种设备操作技术的工人,经考试合格可签发操作多种设备的操作证。

②交接班制度　连续生产和多班制生产的设备必须实行交接班制度。交班人除完成设备日常维护作业外,必须把设备运行情况和发现的问题,详细记录在"交接班簿"上,并主动向接班人介绍清楚,双方当面检查,在交接班簿上签字。接班人如发现异常或情况不明,记录不清时,可拒绝接班。如交接不清,设备在接班后发生问题,由接班人负责。

企业对在用设备均需设"交接班簿",不准涂改撕毁。区域维修组(站)和机械员(师)应及时收集分析,掌握交接班执行情况和设备的技术状态信息,为设备状态管理提供资料。

③使用设备的岗位责任制

a.设备操作者必须遵守"定人定机、凭证操作"制度,严格按"设备操作维护规程""四项要求""五项纪律"规定正确使用与精心维护设备。

b. 实行日常点检,认真记录。做到班前正确润滑设备;班中注意运转情况;班后清扫擦拭设备,保持清洁,涂油防锈。

c. 在做到"三好"要求下,练好"四会"基本功,搞好日常维护和定期维护工作;配合维修工人检查修理自己操作的设备;保管好设备附件和工具,并参加设备修后验收工作。

d. 认真执行交接班制度和填写好交接班及运行记录。

e. 设备发生事故时应立即切断电源,保持现场,及时向生产工长和车间机械员(师)报告,听候处理。分析事故时应如实说明经过。对违反操作规程等造成的事故,应负直接责任。

操作者经常使用设备,对自己所使用的设备特性最了解、状况最清楚,要使设备在使用期内充分发挥效能,必须依靠广大的操作人员。所以,推行全员参与管理,不断提高操作人员的思想素质和技术业务素质,调动广大员工的积极性应是设备管理的工作重点。

学习任务单

1. 什么是废气治理设备?
2. 怎样做好废气治理设备投产前的准备工作?
3. 废气治理设备的安装阶段包括哪几个方面?
4. 简述废气治理设备日常运行时应注意的问题。
5. 废气治理设备检修的形式有几种?其具体要求分别是什么?

5.2 通风机

5.2.1 概述

通风机是一种将机械能转变为气体的势能和动能,用于输送气体及其混合物的动力机械。工业用的通风机主要有离心式和轴流式两类。轴流通风机的压强不大而风量大,主要用于车间、空冷器和凉水塔等的通风,而不用于输送气体;输送气体一般使用离心式通风机。本书只讨论离心式通风机(离心风机)。

1. 离心风机的类型

离心风机按所产生的风压不同分为:

①低压离心风机。出口风压(表压)不大于 1 kPa。

②中压离心风机。出口风压(表压)为 1～3 kPa。

③高压离心风机。出口风压(表压)为 3～15 kPa。

中、低压离心风机主要作为车间通风换气用,高压离心风机主要用于气体输送。

2. 离心风机的基本构造与工作原理

(1)离心风机的基本构造

如图 5-1 所示,离心风机的主要部件与离心泵类似,主要有叶轮、集流器、机壳(吸入口)等。

①叶轮　叶轮是离心通风机传递能量的主要部件,它由前盘、后盘、叶片及轮毂组成。如图5-2所示。

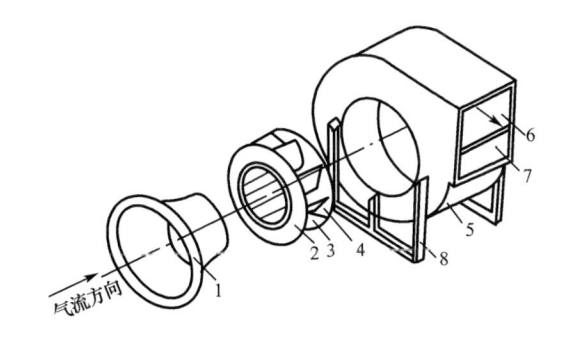

图 5-1　离心风机的基本构造
1—吸入口;2—叶轮前盘;3—叶片;4—后盘;5—机壳;6—出口;
7—截流板(风舌或蜗舌);8—支架

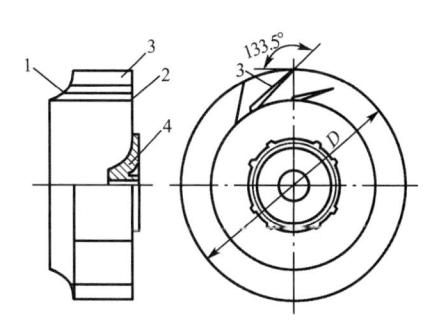

图 5-2　离心风机叶轮
1—前盘;2—后盘;3—叶片;4—轮毂

叶轮的叶片有机翼型、直板型及弯板型三种,机翼型叶片强度高,可以在比较高的转速下运转,并且风机的效率较高;缺点是不易制造,若输送的气体中含有固体颗粒,则空心的机翼型叶片一旦被磨穿,在叶片内积灰或积颗粒将失去平衡,容易引起风机的振动而无法工作。直板型叶片制造方便,但效率低。弯板型叶片如进行空气动力性能优化设计,其效率会接近机翼型叶片。一般前向叶轮用弯板型叶片,后向叶轮用机翼型和直板型叶片。

②集流器　集流器又称为吸入口,它安装在叶轮前,使气流能均匀地充满叶轮的入口截面,并且使气流通过它时的阻力损失达到最小。形状如图 5-3 所示,有圆筒形、圆锥形、弧形、锥筒形及锥弧形等。比较这五种集流器的形式,锥弧形最好,高效风机通常采用此种集流器。

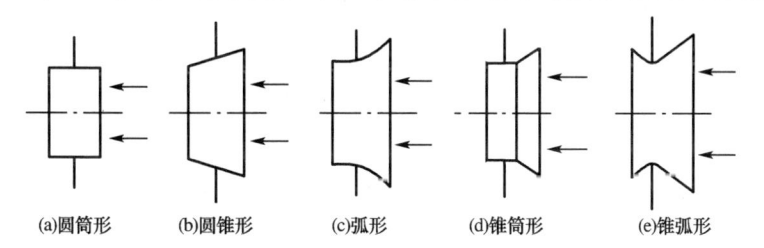

(a)圆筒形　(b)圆锥形　(c)弧形　(d)锥筒形　(e)锥弧形

图 5-3　集流器的形式

③机壳　离心风机的机壳形状为螺旋线形(蜗形),有时称为蜗壳,如图5-4所示。其任务是汇集叶轮中甩出的气流,并将气流的部分动压转换为静压,最后将气体导向出口。蜗壳的断面有方形和圆形两种,一般中、低压风机用方形,高压风机用圆形。为了有效利用蜗壳出口处能量,可在蜗壳出口装设扩压器。因为气流从蜗壳流出时向叶轮旋转方向偏斜,所以扩压器一般做成向叶轮一边扩大的形状,其扩散角通常为6°~8°。

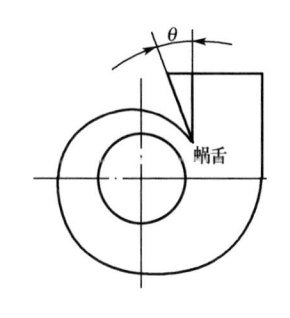

图 5-4　蜗壳形状

为可以防止气体在机壳内循环流动,离心风机的蜗壳出口附近有"舌状"结构,被称作蜗舌。一般有蜗舌的风机效率、压力均高于无蜗舌的离心风机。此外,有的离心风机还在吸入口或之前装有进气导流叶片(简称导叶),以便调节气流的方向和进气流量。

(2)离心风机的工作原理

电动机通过轴把动力传递给风机叶轮,叶轮旋转把能量传递给空气,在旋转的作用下空气产生离心力,空气沿风机叶轮的叶片向周围扩散,当叶轮中的气体甩离叶轮时,在进风门处产生一定程度的真空,促使气体吸入叶轮中,由于叶轮不停地旋转,气体便不断地排出和补入,从而达到了连续输送气体的目的。

3. 离心风机的性能参数与铭牌

(1)离心风机的性能参数

离心风机的基本性能通常用进口标准状况条件下的流量、压头、功率、效率等参数来表示。

离心风机的进口标准状况是指进口处空气的压力为 101.325 kPa,温度为 20 ℃,湿度为 50% 的气体状况。气体密度由气体状态方程确定:

$$\rho = \frac{p}{RT} \tag{5-1}$$

①流量　单位时间内风机所输送的气体体积,称为该风机的流量。以符号 Q 表示,单位为 m³/s、m³/min 或 m³/h。另外,风机的体积流量是特指风机进口处的体积流量。

②风机的压头(全压)　压头是指单位质量气体通过风机之后所获得的有效能量,也就是风机所输送的单位质量气体从进口至出口的能量增值,用符号 p 表示,单位为 Pa 或 kPa,但工程上常用 mmH₂O 柱为单位。风机的全压定义为风机出口截面上的总压(该截面上动压 $\rho u_2^2/2$ 与静压之和)与进口截面上的总压之差;风机的动压为风机出、进口截面气体的动能所表征的压力之差,即出、进口截面上的 $(\rho u_2^2 - \rho u_1^2)/2$;风机的静压定义为全压减去风机的动压。动压在全压中所占的比例很大,有时甚至达到全压的 50%,同时,还因为在确定管路的工作点时采用静压曲线,因此,风机需要用全压及静压来分别表示。

③功率　功率指风机的输入功率,即由原动机传到风机轴上的功率,也称轴功率,以符号 P 表示,单位为 W 或 kW。风机的输出功率又称有效功率,用符号 P_e 表示。它表示单位时间内气体从风机中所得到的实际能量。

④效率　为了表示输入的轴功率 P 被气体利用的程度,用有效功率 P_e 与轴功率 P 之比来表示风机的效率,以符号 η 表示:

$$\eta = \frac{P_e}{P} \tag{5-2}$$

η 是评价风机性能好坏的一项重要指标,η 越大,说明风机的能量利用率越高,效率也越高,η 值通常由实验确定。一般前向叶轮 $\eta=0.7$,后向叶轮 $\eta=0.9$ 以上。

⑤转速　转速指风机叶轮每分钟的转数,以符号 n 表示,常用的单位是 r/min。风机的转速一般为 1 000~3 000 r/min,具体可参阅各风机铭牌上所标示的转速值。

(2)离心风机的型号与铭牌参数

离心风机的型号由基本型号和变形型号组成,共分三组,每组用阿拉伯数字表示,中间用横线隔开:第一组表示风机的压力系数乘10后再按四舍五入进位,取一位数。(压力系数为风机的全压除以 $\rho u_2^2/2$);第二组表示通风机的比转数化整后的整数值,风机的比转数 n_s 是指在相似的一系列风机中,有一标准风机,此标准风机在最佳情况即效率最高情况下,产生风压 $H=9.8$ Pa,风量 $Q=1$ m³/s 时的转数。风机的比转数反映了风机在标准状况下,即大气压力

101.325 kPa，温度 20 ℃，相对湿度 50% 时流量、全压及转速之间的关系。即

$$n_s = nQ^{0.5}/H^{0.75}$$

式中　n——转速，r/min。

　　　Q——风量，m³/h。

　　　H——全压，mmH₂O。

第三组表示风机进口吸入形式及设计序号，具体见表 5-1。

表 5-1　　　　　　　　　　离心风机进口吸入形式

风机进口吸入形式	双侧吸入	单侧吸入	二级串联吸入
代号	0	1	2

通常在离心风机前还冠以风机用途符号，常用风机产品用途代号，见表 5-2。

表 5-2　　　　　　　　　　风机产品用途代号

序号	用途类别	代号（汉字）	代号（编写）	序号	用途类别	代号（汉字）	代号（编写）
1	工业冷却水通风	冷却	L	18	空气动力	动力	DL
2	微型电动吹风	电动	DD	19	高炉鼓风	高炉	GL
3	一般用途通风换气	通用	T(省略)	20	转炉鼓风	转炉	ZL
4	防爆气体通风换气	防爆	B	21	柴油机增压	增压	ZY
5	防腐气体通风换气	防腐	F	22	煤气输送	煤气	MQ
6	船舶用通风换气	船通	CT	23	化工气体输送	化气	HQ
7	纺织工业通风换气	纺织	FZ	24	石油炼厂气体输送	油气	YQ
8	矿井主体通风	矿井	K	25	船舶锅炉引风	船引	CC
9	矿井局部通风	矿局	KJ	26	工业用炉通风	工业	GY
10	隧道通风换气	隧道	S	27	排尘通风	排尘	C
11	锅炉通风	锅通	G	28	煤粉吹风	煤粉	M
12	锅炉引风	锅引	Y	29	天然气输送	天气	TQ
13	谷物末输送	粉末	FM	30	降温凉风用	凉风	LF
14	热风吹吸	热风	R	31	冷冻用	冷冻	LD
15	高温气体输送	高温	W	32	空气调节用	空调	KT
16	烧结炉烟气	烧结	SJ	33	电影机械冷却烘干	影机	YJ
17	一般用途空气输送	通用	T(省略)				

为方便用户使用，每台风机的机壳上都钉有一块铭牌，如图 5-5 所示。铭牌上简明地列出了该风机在设计转速下运转时，效率为最高时的流量、压头、转速、电动机功率等。

```
            离心式通风机
    型号：4-68            No. 4.5
    流量：5 790~1 048 m³/h    电动机功率：7.5 kW
    全压：187~271 mmH₂O    转速：2 900 r/min
    出厂编号：             出厂：  年  月  日
```

图 5-5　离心风机铭牌

铭牌上风机型号为4-68,No.4.5型,其中4表示风机在最高效率点时全压系数乘10后的化整数,本例风机的全压系数为0.4;68表示比转数;No.4.5代表风机的机号,以风机叶轮外径的分米数表示,No.4.5表示叶轮外径为0.45 m。

5.2.2 离心风机的选型

1. 选型原则

选用风机时,应根据使用条件和要求来选择风机型号和台数,其额定流量和风压的确定方法是先计算装置的最大流量和最大压头,再考虑10%~15%的富余量。离心风机也可由数台风机一起联合工作,不过在选用风机时,应尽量避免采用并联或串联的工作方式。

此外,选用风机时,还应根据管路布置及连接要求确定风机叶轮的旋转方向及出风口位置。对于有噪声要求的通风机系统,应尽量选用效率高、叶轮圆周速度低的风机。

2. 选型方法

离心风机选型有许多方法,这里只介绍常用的性能表选型的主要步骤。

(1)根据使用需要,计算所需风量和风压。

(2)根据风机的用途、需要的风量和风压确定风机的类型(如防腐等)。

(3)根据此类风机的性能表,找到规格、转速及配套功率与所需风量和风压相匹配的风机。

(4)用性能表选机时,在性能曲线上附有电动机功率及型号和传动配件型号,可一并选用。

在离心风机选型时,应注意以下几点:

①在选用风机时,应尽量避免采用串联或并联的工作方式,当不可避免地需要采用串联时,第一级风机到第二级风机间应有一定的管长。

②应使风机的工作点处于选型样本最高效率点或稍偏右的下降段的高效区域,也就是最高效率点的10%区间内,以保证工作点的稳定和高效运转。

③风机样本的参数是在特定标准状态下实测得到的,当实际条件与标准状态不相符时,要将使用工况状态下的流量、压头换算为标准状态下的流量和压头,再根据换算后的参数查样本或手册选用设备。

④选用风机时,应根据管路布置及连接要求确定风机叶轮的旋转方向及出风口位置;对有噪声要求的系统,应选用高效低噪声风机,并根据需要采用相应的消声和减振措施。

⑤进行工程改造选用风机时,新选的风机应考虑充分利用原有设备、适合现场安装及安全运行等问题。

⑥当选出的风机有多种型号时,可选择效率最高、制作工艺简单、调节性能较好、维修方便、叶轮直径小的风机。

⑦如果选不到较满意的标准型风机型号,可按修正叶轮、机壳宽度的办法来解决。

5.2.3 离心风机的运行

1. 离心风机的启动

(1)启动前的准备与检查

风机启动前应做好准备工作,内容有:

①检查润滑油的名称、型号、主要性能和加注量是否符合要求,并确认油路畅通无阻。

②通过联轴器或传动带等盘动风机,以检查风机叶轮是否有卡住和摩擦现象。

③检查风机机壳内、联轴器附近、带罩等处是否有影响风机转动的杂物,若有则应清除。同时应检查(带传动时)传动带的松紧程度是否合适。

④检查通风机、轴承座、电动机的基础地脚螺栓或风机减振支座及减振器是否有松动、变形、倾斜、损坏现象,如有则应进行处理。

⑤确认电动机的转向与风机的转向是否相符,检查风机的转向是否正确。

⑥关闭作为风机负荷的风机入口阀或出口阀。

⑦如果驱动风机的电动机经过修理或更换时,则应检查电动机转速与风机是否匹配。

(2)对于新安装或经大修过的离心风机,还要进行试运转检查,风机试运转时应符合下列要求:

①启动电动机,各部位应无异常现象和摩擦声才能进行运转。

②风机启动达到正常转速后,应首先在调节阀门开度为 0°~5°小负荷运转,轴承升温稳定后连续运转时间不应小于 20 min。

③小负荷运转正常后,应逐渐开大调节阀,但电动机电流不得超过其额定值,在规定负荷下连续运转时间不应小于 2 h。

④具有滑动轴承的大型离心风机,在负荷试运转 2 h 后应停机检查轴承,轴承应无异常,当合金表面有局部研伤时,应在进行修整后,再连续运转不小于 6 h。

⑤试运转中,滚动轴承温度不得超过环境温度 40 ℃,滑动轴承温度不得超过环境温度 65 ℃,轴承部位的振动速度有效值不应大于 6.3×10^{-3} m/s。

2. 风机在安装试运中的紧急停车

风机在安装试运中,发现下列情况之一时,应紧急停车:

①转子与机壳摩擦。

②机体振动突然增加并强烈。

③轴承温度超过规定并继续上升。

④输送的有害气体泄漏较大。

⑤电流突然升高,在 1~2 min 内不返回原位。

⑥油泵管路堵塞或其他原因造成供油中断。

⑦冷却水突然中断。

⑧在其他情况下,发生的情况具有严重的危害。

3. 长期停车时的注意事项

①长期停车时,应在容易锈蚀的各部分适当涂防锈剂。

②轴承箱等需通冷却水的部分,应放掉冷却水,以防冬季结冰而冻裂。

③充分注意防止电机受其他电气部件的影响而受潮。

④转子每隔一定时间旋转 180°,以防主轴静态变形弯曲。

⑤即使长期停车,也需进行定期维修保养。

5.2.4 离心风机的维修保养

1. 离心机的检修

离心风机的检修分为运行中的检修和停运检修。检修形式和检修周期,根据通风机的用途、所用于设备的运行条件、重要性、可靠性等的不同,存在着相当大的差异,故应确定适宜的检修周期。无论哪种通风机,最好至少一年进行一次定期检修。

2. 常进行的定期检修

常进行的定期检修可分为每日、每周、每月、每3个月、每半年、每年检修几种。其中,检修结果也是确定下次检修周期的重要资料和依据。

3. 通风机安装使用后,建立保养账目

保养账目上应注明通风机及原动机的保养符号、主要规格、制造厂名、进货日期等主要项目,同时还应记入每次定期维修保养时的检修记录。

4. 通风机的定期维护和检查

通风机应定期进行下列维护和检查工作:

(1)风机连续运行3~6个月,进行一次滚动轴承的检查,检查滚柱和滚道表面的接触情况及内圈配合的松紧度。

(2)风机连续运行3~6个月,更换一次润滑脂,以装满轴承空间的2/3为宜。

(3)风机定期维护保养,消除风机内部的灰尘、污垢等。

(4)检查各种仪表的准确度和灵敏度。

(5)对于未使用的备用风机,或停机时间过长的风机,应定期将转子旋转120°~180°,以防主轴弯曲。

5.2.5 离心风机的故障排除

运行中的离心风机,随时都有可能出现一些异常现象,这往往是离心风机故障或事故的前兆。这除了与离心风机本身及安装缺陷有关外,还与运行人员的技术水平等有关。如果运行人员掌握了离心风机故障的分析和诊断方法,能透过运行中的异常现象及时发现、正确处理故障,就能把损失降低到最低程度。因此,能熟练地分析和处理离心风机的常见故障,应是对每个从事离心风机运行管理人员的基本要求。

判断离心风机故障主要有三种方法:一是直接分析法,二是间接分析法,三是综合分析法。直接分析法是根据风机运行中的异常现象,通过看、听、摸、嗅、直接观察来判断故障点。如风机运行中突然停机并闻到电动机处有焦臭味,则可断定该电动机绕组已烧毁;若风机轴承座轴端漏油严重,则多为油封间隙增大、密封油毡损耗等,需更新。间接分析法是一种以流体力学等知识为基础,在掌握直接分析法、熟悉设备系统的前提下,借助于逻辑推理的方法来判断故障点及其原因的方法。综合分析法是直接分析法与间接分析法的结合,是通过故障的表面现象,找出引起故障的主要原因,从而确定故障的准确部位的方法,它也是故障诊断的基本方法。如在运行中发现某离心风机的流量急剧波动,压力也不断变化,风机及连接管道产生强烈振动,噪声也很大,就可用综合分析法进行分析:从现象上看,风机的运行非常不稳定,可能处于不稳定工作区运行,因为当风机运行在不稳定工作区时,就会产生压力和流量的脉动,气流发生猛烈的撞击,于是出现振动和噪声。而当风机的 Q-P 曲线是驼峰形时,一旦风机工作于曲线上升区段,其工作就会不稳定。因此,可通过调整风机的工作区来排除这样的故障。

1. 故障的表现形式及其判定(表5-3)

表5-3　　　　　　　　　　　　　　　　离心风机故障的判定

序号	故障的表现形式	故障的部位及其判定	序号	故障的表现形式	故障的部位及其判定
1	噪声过大	1. 叶轮碰到进风口 ①叶轮和进风口不同轴 ②进风口损坏 ③叶轮弯曲或损坏 ④轴与轴承松动 ⑤叶轮在轴上松动 ⑥轴承在轴承支架上松动 2. 叶轮碰到蜗舌 ①蜗舌在机体上没固定 ②蜗舌损坏 ③蜗舌固定不好 3. 驱动机构 ①带轮在轴上没固定住(电动机、风机) ②带碰到带罩 ③带太松,运行48 h后应再调整带 ④带太紧 ⑤带型不对 ⑥带轮不同轴 ⑦带磨损 ⑧电动机、电动机底座或风机没固定 ⑨带油过脏、过多 ⑩驱动机构选择不合适 ⑪联轴器不平衡、不同轴、松动或需润滑 4. 轴承 ①轴承有缺陷 ②轴承需要润滑 ③轴承梁松动,双列轴承架互撞 ④轴承在轴上松动 ⑤密封没调好 ⑥轴承里有外来杂质 ⑦轴承磨损 ⑧滚动轴承内底圈和轴之间磨损腐蚀 5. 轴密封 ①需要润滑 ②密封间隙没调好 6. 叶轮 ①叶轮在轴上松动 ②叶轮有缺陷 ③叶轮不平衡 ④涂漆脱落 ⑤由于磨料和腐蚀性材料通过了通道而造成的磨损 7. 机壳 ①机壳中有外来的杂质 ②蜗舌或其他部件松动(在操作中有咔嗒声) 8. 电气方面 ①引入电缆没固定好 ②电动机或继电器中有电流声 ③启动继电器发出咔嗒声 ④电动机轴承有噪声 ⑤三相电动机缺相运转	1	噪声过大	9. 轴 ①轴发生变形 ②在轴上的两个或两个以上轴承不同轴 10. 气流速度过高 ①使用的管网太小 ②选择的风机太小 ③使用的调节门和格栅太小 ④使用的加热和冷却盘管表面积不够 11. 高速气流阻碍会产生咔嗒声或纯音响 ①调节风门 ②节流门 ③格栅 ④管道转弯太突然 ⑤管网突然膨胀 ⑥管网突然收缩 ⑦导叶 12. 脉冲或喘振 ①风机在非有效经济区运行 ②使用的风机太大 ③管路与风机振动频率相同 13. 穿过裂口、孔或通过障碍的气体速度问题 ①管网泄漏 ②盘管上有翅片 ③调节门或格栅 14. 咔嗒声或隆隆声 ①管网振动 ②进气箱部件振动 ③振动部件没有和厂房隔开
			2	气体流量不够	1. 风机 ①前弯式叶轮安装成后弯式 ②风机反相转动 ③叶轮与进口圈不同轴 ④蜗舌没安装好 ⑤风机速度太低 ⑥叶轮直径太小 2. 管网系统 ①系统阻力过大 ②风门关闭了 ③调节门关闭 ④进气管泄漏 ⑤保湿风筒衬松动 3. 过滤器　有灰尘或被堵塞 4. 盘管　有灰尘或被堵塞 5. 气体循环短路　分隔风机出口(压力区)和进口(吸入区)隔板上的气室泄漏,造成气流短路 6. 风机出口处无直风筒　通常在管网系统中使用的风机是在风机出口处无一段直风筒试验,就会降低性能。如在风机出口处不能安装一段直风筒,那么提高风机的转速就可克服这个压力损失

(续表)

序号	故障的表现形式	故障的部位及其判定	序号	故障的表现形式	故障的部位及其判定
2	气体流量不够	7.风机进口阻力过大　弯管、箱壁或其他障碍物阻碍了空气流动,进口阻碍物使系统受限制 8.高速空气流的障碍 ①风机出口处附近有障碍 ②风机出口处附近有突然转弯的弯管 ③转向叶片设计得不好 ④在空气速度高的部分系统中有突出物,风门或其他障碍物	5	功率超限	1.风机 ①后倾叶轮安装反了 ②风机转速过高 2.系 ①管网过大,阻力偏小 ②过滤器遗漏了 ③检修门没关 3.气体密度　根据轻气体(高温)的计算需要的功率值,但实际气体是重的(冷态开车) 4.风机的选择　风机没有在高效率额定点上运行。风机尺寸或型号可能不是最好的
3	气体流量太大	1.系统 ①管网尺寸大 ②检修门打开 ③没安装调节风门或格栅 ④调节风门放到旁通管路 ⑤过滤器没就位 2.风机 ①后倾叶轮安装反了(功率变大) ②风机转速太快			
4	风机静压超限	1.系统、风机及其测量结果　如风机装置的进口和出口工况和试验室的进口和出口工况不一致的话,现场静压测量很少与试验室静压测量相一致。因此必须考虑系统效应 2.系统中风机静压低流量偏高　系统所具有的气流阻力比预期的小,这是常见的以降低风机转速来获得理想流量的情况,这就会减少功率消耗 3.气体密度　在海拔高或气体温度高时压力就变小 4.风机 ①后倾叶轮安装反了,功率就会升高 ②风机转速过高 5.系统静压低　风机进口或出口条件和试验时的不一样 6.系统静压高 ①系统中有障碍物 ②过滤器太脏 ③盘管有灰尘 ④系统阻力过大	6	风机不能运行	机械、电气故障 ①熔断器烧坏了 ②带断了 ③带轮松了 ④断电 ⑤叶轮碰到了蜗壳 ⑥电压不对 ⑦电动机功率太小,且超载保护器已切断电源

2. 故障分析及其消除方法

风机的故障分为性能故障、机械故障、机械振动、润滑系统故障和轴承故障等,主要的是性能故障和机械故障,其产生的原因和消除方法见表 5-4、表 5-5。

表 5-4　　　　　　　　　　　　　性能故障分析及其消除方法

序号	故障名称	产生故障的原因	消除方法
1	压力过高,排出流量减小	1. 气体成分改变,气体温度过低,或气体所含固体杂质增加,使气体的密度增大 2. 出气管道和阀门被尘土、烟灰和杂物堵塞 3. 进气管道、阀门或风罩被尘土、烟灰和杂物堵塞 4. 出气管道破裂,或其管法兰密封不严密 5. 密封圈磨损过大,叶轮的叶片磨损	1. 测定气体密度,消除密度增大的原因 2. 开大出气阀门,或进行清扫 3. 开大进气阀门,或进行清扫 4. 焊接裂纹,或更换管法兰垫片 5. 更换密封圈、叶片或叶轮
2	压力过低,排出流量过大	1. 气体成分改变,气体温度过高,或气体所含固体杂质减少,使气体的密度减小 2. 进气管道破裂,或其管法兰密封不严密	1. 测定气体密度,消除密度减小的原因 2. 焊接裂纹,或更换管法兰垫片
3	通风系统调节失灵	1. 压力表失灵,阀门失效或卡住,以致不能根据需要对流量和压力进行调节 2. 由于需要流量减小,管道堵塞,流量急剧减小或停止,使风机在不稳定区工作,产生逆流反击风机转子的现象	1. 修理或更换压力表,修复阀门 2. 如系统需要流量减小,应打开旁路阀门,或减低转速,如是管道堵塞应进行清扫
4	风机压力降低	1. 管道阻力曲线改变,阻力增大,通风机工作点改变 2. 通风机制造质量不良,或通风机严重磨损 3. 通风机转速降低 4. 通风机在不稳定区工作	1. 调整管道阻力曲线,减小阻力,改变通风机工作点 2. 检修通风机 3. 提高通风机转速 4. 调整通风机工作区
5	噪声大	1. 无隔音设施 2. 管道、调节阀安装松动	1. 加设隔音设施 2. 紧固安装

表 5-5　　　　　　　　　　　　　机械故障分析及其消除方法

原因	故障分析	消除方法
叶轮损坏或变形	1. 叶片表面或钉头腐蚀或磨损 2. 铆钉和叶片松动 3. 叶轮变形后歪斜过大,使叶轮径向跳动或端面跳动过大	1. 如属于个别损坏,应更换个别零件如损坏过半,应更换叶轮 2. 用小冲子紧住,如仍无效,则需更换铆钉 3. 卸下叶轮后,用铁锤矫正,或将叶轮平放,压轮盘某侧边缘
机壳过热	在阀门关闭的情况下,风机运转时间过长	停车,待冷却后再开车
密封圈磨损或损坏	1. 密封圈与轴套不同轴,在正常运转中被磨损 2. 机壳变形,使密封圈一侧磨损 3. 转子振动过大,其径向振幅之半大于密封径向间隙 4. 密封齿内进入硬质杂物,如金属、焊渣等 5. 推力轴承衬熔化,使密封圈与密封齿接触而磨损	先清除外部影响因素,然后更换密封圈,重新调整和找正密封圈的位置
带滑下或带跳动	1. 两带轮位置没有找正,彼此不在同一条中心线上 2. 两带轮距离较近或带过长	1. 重新找正带轮 2. 调整带的松紧度,或者调整两带轮的间距,或更换适合的带

(续表)

原因	故障分析	消除方法
轴安装不良	振动为不定性的,空转时轻,满载时大(可用减低转速方法查出) 1.联轴器安装不正,风机轴和电动机轴中心未对正,基础下降 2.带轮安装不正,两带轮轴不平行 3.减速机轴与风机轴和电动机轴在找正时,未考虑运转时位移的补偿量,或虽考虑但不符合要求	1.进行调整,重新找正 2.进行调整,重新找正 3.进行调整,留出适当的位移补偿余量
转子固定部分松弛,或活动部分间隙过大	发生局部振动现象,主要在轴承箱等活动部分,机体振动不明显,与转数无关,偶有尖锐的碰击声或杂音 1.轴衬或轴颈被磨损造成油间隙过大,轴衬与轴承箱之间的紧力过小或有间隙而松动 2.转子的叶轮,联轴器或带轮与轴松动 3.联轴器的螺栓松动,滚动轴承的固定圆螺母松动	1.焊补轴衬合金,调整垫片,或刮研轴承箱中分面 2.修理轴和叶轮,重新配键 3.拧紧螺母
基础或机座的刚度不够、不牢固	产生邻近机房的共振现象,电机和风机整体振动,而且在各种负荷情形时都一样 1.机房基础的灌浆不良,地脚螺母松动,垫片松动,机座连接不牢固,螺母松动 2.基础或基座的刚性不够,促使转子的不平衡度引起强烈的共振 3.管道未留膨胀余地,与风机连接处的管道未加支持或安装和固定不良	1.查明原因后,施以适当的修补和加固,拧紧螺母,填充间隙 2.进行调整和修理,加整支撑装置
风机内部有摩擦现象	振动不规则,且集中在某一部分。噪声和转数相符合,在起动和停车时,可以听见风机内金属刮碰声 1.叶轮歪斜与机壳内壁相碰,或机壳刚度不够,左右晃动 2.叶轮歪斜与进气口圈相碰 3.推力轴承衬歪斜、不平或磨损 4.密封圈与密封齿相碰	1.修理叶轮和推力轴承衬 2.修理叶轮和进气口圈 3.修补推力轴承衬 4.更换密封圈,调整密封圈与密封齿间隙

3.故障的检查准备工作

在检查风机和系统前应把风机停下。在检查期间,风机必须断电,所有切断开关和其他控制机构电源开关都要按在"停止"位置上。如果这些设备不在风机旁边,应在现场放上写有"不要起动"的显眼的标牌。

(1)当风机叶轮按惯性运动停止时,看看该叶轮运转方向是否正确。

(2)要确保风机叶轮相对机壳的运转方向正确,并且不要装反了。

(3)对于带拖动的风机要观察驱动轮和从动轮是否保持同轴。同轴不好会产生功率过大并使带轮发出尖叫声。还应观察带是否松动,带松动能产生滑动导致噪声,并使其速度降低造成带轮、轴承、轴和电动机发热。带应拉紧,在运转48个小时后将使驱动带变松,此时应调整一下。带绷得过紧会降低风机和电动机轴承的使用寿命。此外还应检查带、带轮是否已被磨损。如果磨损,要更换一套新的匹配的带。

(4)检查气流表面(进风口、叶轮、叶片和机壳内之间的流道)的清洁度。气流表面如积存厚的灰尘,风机性能就会受到影响。

(5)检查在叶轮的叶片、轮缘或轮盘处,以及入口或机壳中是否有擦伤、破损、孔、水点腐蚀或锈蚀,若有就应及时处理。

(6)是否有外来杂质,积存在叶轮、壳体或管网中(松散的绝缘纸片、冰块等),如有应及时清理。

(7)盘管、加热器、过滤器、风筒等是否积满了很多灰尘。若有就应除净或更换。

(8)在弯管、挡风板、过渡管路、调节风门、防护网中除掉无关的气流障碍物。

(9)与风机一起提供的全部部件是否已安装。

(10)在风机进口处是否布置气流障碍物。

(11)风机出口处的连接是否设计和安装得正确,风机出口障碍物或风筒舌头能对风机的排风量产生影响。

(12)在一台双吸风机上,两个进口情况是否相向,气流在风机壳体中心线上应是均匀的,气流不均匀会降低空气性能。带驱动机构、带护罩及电动机之间的距离如果太近,会使风机进口处产生不均匀气流。

(13)检查整个系统,包括风机、风机进气室及所有管道的泄漏情况。可根据声音、烟、感觉、肥皂水等情况检查泄漏。常出现的泄漏部位有检修门、盘管、风筒接缝及风机出口处的连接等,对这些部位必须密封好。

学习任务单

1.简答题

(1)简述离心风机的定义。
(2)简述离心风机的选择原则。
(3)离心风机起动前应做好哪些准备工作?
(4)简述离心式风机的运行和维护。
(5)简述离心风机性能故障分析及其消除方法。

2.实训教学

1.参照本书 7.7 节"离心风机的拆卸"中内容进行离心风机的拆卸与组装。
2.分组组织学生进行现场判断和讲解离心风机性能故障分析及其消除。

5.3 集气罩

为了控制工业企业各类污染源对车间内空气和室外大气的污染,消除个别污染源无组织排放有害废气物质,降低废气污染物的净化处理难度,同时改善工作环境,就必须采用各类集气装置把逸散到周围环境的污染空气收集起来,输送到净化装置中去,净化后的空气再通过抽吸,由排气筒排到室外。

集气罩就是用来从工作场所的气体中收集废气污染物的装置。在收集废气污染物的同时,它也收集到了周围气体中相当体积的空气。随着污染源和集气罩之间的距离加大,为抽取相同污染物所需的气体量也要加大。由于绝大多数污染控制设施的投资和运行费用是与进入处理系统的总气量成正比的,故在保证将污染物尽可能抽尽的同时,减少处理气量就显得尤为重要。因此,好的集气罩设计应能保护操作工人的呼吸基本不受污染物的影响,又能使他们靠近操作区域工作,同时还要减少所抽吸的气体体积流量。

集气罩的主要类型有三种:伞形集气罩、侧吸(吸气)式集气罩和密闭式集气罩,如图 5-6 所示。

图 5-6 集气罩的主要类型

5.3.1 伞形集气罩

伞形集气罩设在污染源的上部,依靠自然抽风或动力引风机的抽吸在罩口形成抽吸作用,在控制点处形成一定的风速,排除有害气体。常用于废气污染源顶部敞开的无组织废气散发过程的收集处理排放。伞形集气罩的优点是结构简单、制作方便、排气量大,可以不妨碍工人操作。因此得到了较为广泛的应用。但排气量易受室内横向气流的干扰,所需的抽气量较大。

在设计伞形集气罩时,其罩口的截面和形状应尽可能与尘源的水平投影相似。为使罩口的风速较均匀,集气罩的开口角度不要大于 60°。开口越大,则边缘风速越小,而中心风速则越大。当尘源平面尺寸较大时,为减少集气罩的高度,对于边较长的矩形风罩,可将长边分段设置。为减少周围空气混入排风系统,以减少排风量,伞形集气罩口宜留一定的直边。

伞形集气罩的吸气气流易受室内横向气流的影响,为防止粉尘被横向气流带入室内,伞形集气罩最好靠墙布置。在工艺条件许可时,可在伞形集气罩四周设活动挡板。而为了在不增加风量的条件下增加罩面风速,可在罩内加挡板,以提高吸尘效果。

5.3.2 侧吸式集气罩

侧吸式集气罩是为了将污染气流从工作台附近以足够高的气速抽出而安装的。往往在某些工艺或操作的要求下不能设置其他形式的密闭罩时被采用。侧吸式集气罩应用的原理为吸捕速度原理,主要依靠罩口的吸气使其在尘源处造成一定的流速,从而在其大于该尘源的吸捕速度时将粉尘吸入罩内。侧吸式集气罩的效果要比伞形集气罩差,同时要求的吸气量也较伞形集气罩大,但在许多特殊场合是必不可少的。

侧吸式集气罩采用引风机强制抽风,为在吸气时不妨碍工人的操作,设计成不同形式。侧吸式集气罩的设计应遵循以下原则:

(1)侧吸式集气罩应尽可能接近废气发生源,在不影响工艺操作的条件下,凡是能密闭的地方,都应密闭起来。

(2)吸气气流应直接流经废气发生源,将废气吸入罩内。

(3)尽量减少横向气流的干扰。

(4)操作工人的位置不应处于废气发生源与侧吸式集气罩之间,以避免废气经过操作工人的呼吸带。

设计侧吸式集气罩,主要考虑的是控制速度。所谓控制速度,就是吸气气流经过控制面时的速度。它是影响捕尘效果和系统经济性的重要指标。速度选取过小,粉尘不能吸入罩内而污染周围环境;选取过大,则必然增大吸气量,随之而来使系统负荷及设备费用均要增加。对于室温下的情况,不同毒性及不同操作场合的推荐控制速度见表5-6。

表 5-6 推荐的控制速度

条 件	毒性较小的污染物(m/s)	毒性较大的污染物(m/s)
中间不通风或有挡板隔离	0.2~0.3	0.25~0.35
中等通风	0.25~0.35	0.3~0.4
无挡板强力通风	0.35~0.45	0.4~0.6

由于室外空气流入、工人的行走、机器的运转等因素使车间内产生一股干扰气流,从而会影响对粉尘的吸捕作用,为此,在有干扰气流时,选用的控制速度应相应增加10%~20%为宜。

5.3.3 密闭式集气罩

密闭式集气罩(简称密闭罩)是将污染源的局部或整体密闭起来的一种集气罩。其作用原理是把污染物的发生源或整个工艺设备完全密闭起来,使污染物的扩散限制在一个很小的密闭空间内,仅在必须留出的罩上开口缝隙处吸入空气,使罩内保持一定负压,达到防止污染物扩散到外边的目的。密闭罩的特点是,与其他类型集气罩相比,所需排风量最小,控制效果最好,且不受罩外横向气流的干扰,用密闭罩将尘源点或整个设施密闭,是控制尘源的有效方法,故在设计中应优先考虑选用。

1. 密闭罩的形式

密闭罩的形式很多,按产尘点位的相对大小大致可分为三类:

(1)局部密闭罩 只将产尘点局部予以密闭,而产尘设备及传动装置在罩外,以便于观察和检修。这种密闭罩的特点是罩容积较小,因而抽气量小。但是对于携尘气流速度较大和产尘设备内由于机械运动造成较大的诱导气流时,罩内不易造成负压,致使粉尘外逸(图5-7)。因此局部密闭罩一般适用于携尘气流速度不大,且为连续扬尘的地点。

(2)整体密闭罩 将产尘设备大部或全部密闭起来,只把设备的传动部分留在罩外。它的特点是密闭罩本身基本上成为独立整体,容易做到严密。通过罩上的观察窗监视设备运转情况。检修设备可通过检修门进行,必要时可拆除部分罩子(图5-8)。这种形式适用于携尘气流速度较大和阵发性散发粉尘的地方。

(3)大容积密闭罩 将产尘设备(包括传动机构)全部密闭起来,形成独立的小室。它的特点是罩容积大,可利用罩内循环气流消除或减少局部正压,设备检修可直接在罩内进行。这种形式适用于产尘量大,而设备不宜采用局部密闭或整体密闭的情况,特别是设备需要频繁检修的场合(图5-9)。

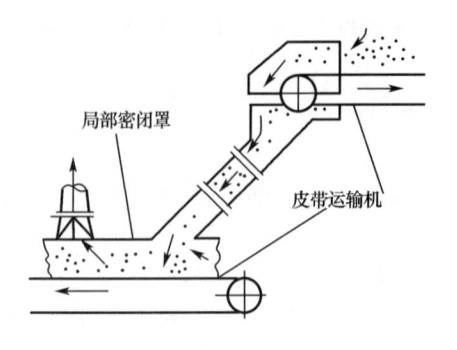

图 5-7 皮带运输机的局部密闭罩   图 5-8 轮碾机的整体密闭罩

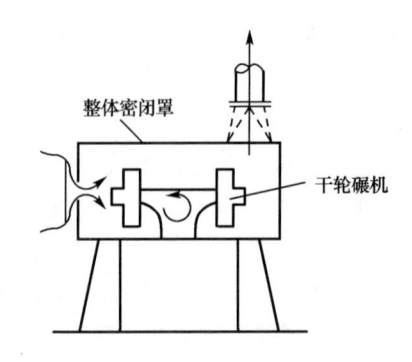

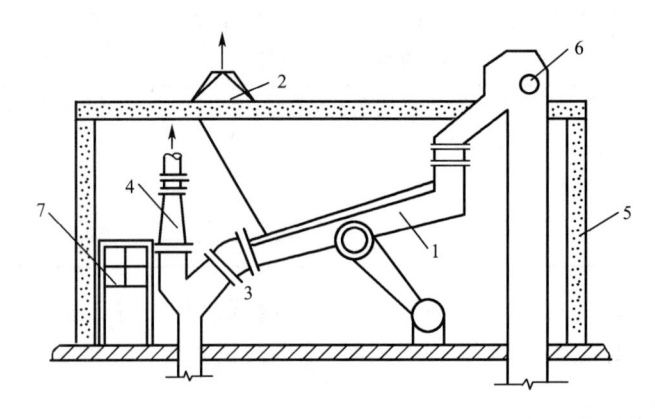

图 5-9 大容积密闭罩示意图
1—振动筛；2—小室排气口；3—卸料口；4—排气口；5—密闭小室；6—提升机；7—检修门

密闭罩的选择要根据工艺操作条件、设备的检修以及车间的布置等条件来进行。一般应优先考虑采用局部密闭罩，因为它的抽气量及材料消耗都是较经济的。

决定密闭罩抽气量的原则，是要保证罩内各点都处于负压（各种设备所需负压大小可参考有关设备方面的需求资料）。换句话说，就是要保证罩子的不严密处气流均往内吸入（吸入气流速度不应小于 0.4 m/s）。当物料下落时（如料仓和皮带运输机头部等），还必须考虑物料下落时的诱导气流量，这与物料的大小、数量及降落高度等因素有关。在满足这些条件下，抽气量应该适当。使抽气量足以防止粉尘外逸即可，如果抽气量过大就可能造成更多的物料由抽气系统排走，则不仅使物料损失增加，同时也增加了随后的除尘设备、风机等的负荷和能量消耗。一般来说，在集气罩内的风速小于 0.25～0.37 m/s 的气流，不会使静止的物料散发到空气中，而当风速大小至 2.5～5.0 m/s 时，物料就可能被气流带走。

当物料流落到底部时还会产生飞溅现象，单纯以增加抽气量来防止飞溅往往是不科学的。将抽气口设置在飞溅点，对防止粉尘外逸是有效的，但这样可能会将更多的物料抽走。为防止飞溅而不使粉尘外逸，根据飞溅的特点，可将集气罩往外扩大，使飞溅气流的速度在到达罩壁前就衰减掉。如果扩大集气罩不可行时，可以在飞溅气流的方向加挡板，以消耗它的能量，这样就产生了双层密闭罩的形式。这时物料流在内层罩内降落，由于诱导和飞溅的作用将少量的含尘气流挤入内外层罩中间，这时只要将这部分含尘气流抽走（两层罩之间各点保持负压），即可以使粉尘不外逸，此时的抽气量较单层密闭罩要减少很多。

从理论上分析，当确定除尘抽气量时，必须满足密闭罩内进、排气量的总平衡。即：

$$Q=Q_1+Q_2+Q_3+Q_4+Q_5-Q_6 \tag{5-3}$$

式中 Q——除尘抽气量，m^3/h。

Q_1——被运送物料携入密闭罩的空气量，m^3/h。

Q_2——通过密闭罩不严密处吸入的空气量，m^3/h。

Q_3——由于设备运转鼓入密闭罩的空气量，m^3/h。

Q_4——因物料和机械加工散热而使空气热膨胀和水分蒸发增加的空气量，m^3/h。

Q_5——被压实的物料容积排挤出的空气量，m^3/h。

Q_6——从该设备排出的物料所带走的空气量，m^3/h。

上述六项因素中，Q_3 依工艺设计类型及其配置而定，并且只有锤式破碎机等一些个别设备产生 Q_3；Q_4 只在热料和物料含水量高时，才值得予以注意；Q_5、Q_6 的值一般很小，而且可以部分抵消，因此对于大多数情况，除尘吸风量的主要组成为：

$$Q=Q_1+Q_2 \tag{5-4}$$

2. 设计密闭罩

设计密闭罩时，一般应注意以下几点：

(1)尽可能将尘源点或产尘设备完全密闭。为了便于操作和维修，在其上可设置一些观察窗或检修孔，但数量和面积都应尽量小，接缝应严密，并要躲开正压较高的部位。在有些情况下，工人需要进入罩内检修，这时要设检修门，同时罩内要有足够的空间。

(2)密闭罩的形式及结构不应妨碍工人操作。

(3)为了便于检修，密闭罩应尽可能做成装配式，例如凹槽盖板密闭罩。

(4)抽气口的设置必须保证集气罩内各点的气流都能与抽气口连通，从而在一定抽气量下保证各点均为负压。为避免物料过多地被抽出，抽气口不应设置在物料处在搅动状态区域的附近，如流槽入口。

要同时满足上述各项要求常常是困难的，所以设计时必须根据生产设备的结构和操作特点，进行具体分析。

密闭式集气罩的设计方法一般是：先确定集气罩的结构尺寸和安装位置，再确定集气量，最后计算压力损失。若集气罩的结构尺寸和安装位置设计不当，靠加大抽吸集气量不一定能达到满意的控制效果，且是不经济的；若设计得当，但集气量不足时，当然也达不到预期效果。二者必须密切配合，设计得当。在满足控制污染要求的前提下，应使罩子的结构尺寸和排气量尽可能小些。

密闭式集气罩的结构形式、尺寸、排气量和压力损失的确定，多数是根据经验数据，一般可在有关设计手册中查到，考虑到高职高专教材的特点，本书不做具体说明。

学习任务单

1. 集气罩的作用有哪些？
2. 集气罩有哪几种类型？各有哪些优缺点？
3. 密闭式集气罩的设计需要注意哪几方面？

5.4 通风管道

5.4.1 通风管道系统的选择

通风管道系统的选择是净化选择系统中不可缺少的组成部分,它对废气净化系统的能量消耗、工作能力和净化效率有重大的影响。合理地设计、施工和使用管道系统,不仅能充分发挥净化设备的效能,而且直接关系到设备运转的经济合理性。通风管道系统的选择通常是在净化系统中的各种设备选定后进行的。

污染气体通过管道进入废气处理装置,再从处理装置进入风机(也可以先经过风机,后到处理装置)。常用的基本类型的管道有:水冷却管、内衬耐火材料管、不锈钢管、碳钢管及塑料管。水冷却管和内衬耐火材料管常常用于气温高于 8 000 ℃ 的情况;当气温在 6 000 ℃～8 000 ℃ 时,用不锈钢管道比较经济;而碳钢管道则适用于那些温度低于 6 000 ℃ 且废气又是非腐蚀性气体的情况。若气体是腐蚀性的,则低于 6 000 ℃ 时也需用不锈钢管;塑料管适用于常温下腐蚀性的气体。选择管道的材料并不是唯一的,根据具体情况的不同来选择合适材料的管道是安装中很重要的一环。管道有时也可以作为冷却热气体的热交换器使用,如当高温烟气在通过一段金属管道时的温度降要比通过非金属管道时大得多。

5.4.2 通风管道的布置、安装

通风管道是输送气体的通道。它将废气收集装置、废气治理设备、通风机、排气筒(烟筒)等设备连成一体,组成整体废气净化系统。废气通风管路的连接常用的是法兰连接和焊接连接,法兰连接其优点是装拆方便,密封可靠,适用于各种压力和温度条件下的各种管路;焊接连接应用范围广,可用于各种压力、温度条件下的各种管路中,其优点是可靠、方便、经济,但拆除不方便。

1. 通风管道的布置

在大气污染控制过程中,管道输送的介质可能是多种多样的,有含尘气体、各种有害气体、各种蒸气等。因此在管道选择与安装时,应考虑不同介质的特殊要求。

(1)布置管道时应对所有管线通盘考虑,尽可能少占用空间,力求结构简单、外形美观且便于安装、操作和检修。

(2)划分系统时,要考虑排放气体的性质。对于混合后不使气体温度大幅度降低、无爆炸危险的废气可以合成一个系统进行排放。

(3)管道布置时力求顺直,以减少阻力。一般圆形管道强度大,耗用材料少,但占用空间较大。矩形管道占用空间较小,易布置。管道敷设时应尽量采用明装方式,以便于检修。

(4)管道排列应尽量集中,平行敷设。管径大的和需要保温的管道应设在内侧,管道与墙、梁、柱、设备及管道之间应留有一定的距离,以满足施工、运行、检修等方面的要求。管与管间及墙间的距离,以能容纳活接管、法兰以及进行检修为宜,具体尺寸可参考表 5-7 的数据。

(5)对于剧毒物,不允许采用正压输送,风管也不能穿过其他房间。

(6)水平管道应有一定的坡度,以便放气、放水和防止积尘。

表 5-7　　　　　　　　　　　　　　管与墙间的安装距离

管径(in)	1	1.5	2	3	4	5	6	8
管径(mm)	25	37.5	50	75	100	125	150	200
管中心离墙距离(mm)	120	150	150	170	190	210	230	270

注：1 in(英寸)＝25.4 mm(准确值)

(7)应注意不宜让设备承受管道与阀门的重量,管道焊接缝的位置应在施工方便和受力小的地方。

(8)确定排入大气的排气孔的位置时,要考虑排出气体对周围环境的影响。对含尘和含毒废气即使经过冷化处理后,仍应尽量在高处排放。

(9)风管上应设置必要的阀门和仪表等调节或测量装置,或预留安装测量装置的接口。调节和测量装置应安装在便于操作和观察的位置。

(10)要求管道严密不漏,以保证吸风口有足够的风压。

2. 管道安装

(1)管道安装一般应具备下列基本条件：

①与管道有关的土建工程经检查合格,满足安装要求。

②与管道连接的设备要合适,便于固定。

③必须在管道安装前完成有关工序,如清洗、脱脂、内部防腐与衬里等。

④管子、管件及阀门等已经检验合格,并具备有关的技术证件。

⑤管子、管件及阀门等已按设计要求核对无误,内部已清理干净,不存杂物。

(2)管道的坡向、坡度应符合设计要求。

(3)管道的坡度,可用支座下的金属垫板调整,吊架用吊杆螺栓调整。垫板应与预埋件或钢结构进行焊接,不得加于管道和支座之间。

(4)法兰、焊缝及其他连接件的设置应便于检修,且不紧贴墙壁、楼板或管架上。

(5)合金钢管道不应焊接临时支撑物,如有必要时应符合焊接的有关规定。

(6)脱脂后的管子、管件及阀门,安装前必须严格检查其内、外表面是否有油迹污染,如发现有油迹污染,不得安装,应重新进行脱脂处理。

(7)埋地管道安装时,如遇地下水或积水,应采取排水措施。

(8)埋地管道试压防腐后,应办理隐蔽工程验收,并填写"隐蔽工程录",及时回填土,并分层夯实。

(9)蒸气管道上,每隔一定距离,应装置冷凝水排除器。

(10)管道穿越道路时,应加套管或砌筑涵洞保护。

(11)与传动设备连接的管道,安装前需将管内部清理干净,其固定焊口一般应远离管道。

(12)管道系统与设备最终封闭连接时,应在设备联轴节上架设百分表监视设备位移。转速大于 6 000 r/min 时,其位移值应小于 0.02 mm,转速小于或等于 6 000 r/min 时,其位移值应小于 0.05 mm。需预拉伸(压缩)的管道与设备最终连接时,设备不得产生位移。

(13)管道安装合格后,不得承受设计外的附加载荷。

(14)管道经试压、吹扫合格后,应对该管道与设备的接口进行复位检查,其偏差值应符合规定,如有偏差,应重新调整,直至合格。

(15)管道安装完毕后,应按规定进行强度和严密度试验。未经试验合格,焊缝及连接处不得除漆及保温。管道在开工前需用压缩空气或惰性气体进行吹扫。

(16)对于各种非金属管道及特殊介质管道的布置和安装,还应考虑一些特殊性问题,如聚氯乙烯管应避开热的管道,氧气管道在安装前应脱油等。

5.4.3 管道材料及管道断面形状的选择

1. 管道材料

制作管道的材料一般有砖、混凝土、炉渣石膏板、钢板、木板(胶合板或纤维板)、石棉板、硬聚氯乙烯板等,其中最常用的材料是钢板。连接需要移动风口的管道要用各种软管,如金属软管、塑料软管、橡胶管、帆布管等。总之,管道材料应根据使用要求和就地取材的原则选用。

由钢板制作的管道具有坚固、耐用、造价低,易于制作安装等一系列优点。常用的钢板有普通薄钢板和镀锌钢板两种。对于不同的系统,因其输送的气体性质不同,并考虑到适应强度的要求,必须选用不同厚度的钢板制作。考虑到粉尘对管壁的磨损,除尘管道的钢板厚度应不小于 1.5～3.0 mm,管道厚度和直径的对应关系可以由"计算表"查得。管道系统的异形部件,其所用钢板厚度应比直管段加厚 1 mm。如果管道易受撞击或机械磨损以及高温管道,钢板的厚度还要加大。输送腐蚀性气体的管道,如涂刷防腐油漆的钢板仍不能满足要求,可采用硬聚氯乙烯塑料板,但注意这种材料只适用于－10～+60 ℃的温度范围,且不防火。输送含酸蒸气时,一般采用含钛钢材或选用塑料管、陶瓷管。

采用木板、人造板时,一般进行防腐处理后也可长期使用,并具有一定的保温性能。国外还采用玻璃纤维板,兼有消声与保温的效果。

2. 管道断面形状

选择管道断面形状有圆形和矩形两种。两者相比,在相同断面积时圆形管道的压损小些,材料省些。圆形管道直径较小时比较容易制作,便于保温,但圆形管道系统管件的放样、加工较矩形管道困难,布置时不易与建筑协调,明装时不易布置得美观。矩形管道的缺点是不仅有效面积小,而且其四角的涡流是造成压力损失、噪声、振动的原因。

当管径较小,管内流速较高时,大都采用圆形管道,例如除尘系统。但有关试验资料表明,输送高温烟气时,矩形管道的强度要比圆形管道高。而且当管道断面尺寸大时,为了充分利用建筑空间,通常采用矩形管道。

5.4.4 管道的简单设计计算

管道计算的目的主要是确定管道直径和系统压力损失,并由系统的风量和总压力损失选择适当的风机和电机。管道计算的常用方法是流速控制法,即以管道内气流速度作为控制因素,据此计算管径和压力损失。

用流速控制法进行管道计算通常按以下步骤进行:

(1)首先确定各抽风点位置和风量,气体净化装置、风机和其他部件的型号规格、风管材料等。

(2)根据现场实际情况布置管道,绘制管道系统轴测图,并进行管段编号,标注长度和风量。管段长度一般按两管件间中心线长度计算,不扣除管件(如三通、弯头)本身的长度。

(3)确定管道内的气体流速,当气体流量一定时,若流速选高了,则设备和管道断面尺寸减小,材料消耗少,一次投资减少;但系统压力损失增大、噪声增大、动力消耗增加、运转费用增高。对于除尘管道,还会增加设备和管道的磨损;反之,若流速选低了,噪声和运转费用降低,但一次投资增加。对于除尘管道,则还可能发生粉尘沉积而堵塞管道。因此,要使管道系统设计得经济合理,必须选择适当的流速,使投资和运行费的总和为最小。管道内各种流体常用的流速范围见表5-8。

表5-8　　　　　　　　　　管道内各种流体常用流速范围

流体	种类及条件	流速(m/s)	管材	流体	种类及条件	流速(m/s)	管材
含尘气体	粉状的黏土与砂	11～13	钢板	饱和蒸汽	$D_N \geq 200$ mm	30～40	钢
	耐火泥	14～17	钢板		$D_N = 200 \sim 100$ mm	25～35	钢
	重矿物粉尘	14～16	钢板		$D_N < 100$ mm	15～30	钢
	轻矿物粉尘	12～14	钢板	凝结水	凝结水泵吸水管	0.5～1.0	钢
	干型砂	11～13	钢板		凝结水泵出水管	1～2	钢
	煤灰	10～12	钢板		自流凝结水管	约0.5	钢
	钢和铁(尘末)	13～15	钢板	冷却水	冷水管	1.5～2.5	钢
	棉絮	8～10	钢板		热水管	1.0～1.5	钢
	水泥粉尘	12～22	钢板	压缩空气	$p_N = 1.0 \sim 2.0$ MPa	8～12	钢
	钢和铁屑	19～23	钢板		$p_N = 2.0 \sim 3.0$ MPa	3～6	钢
	灰土沙尘	16～18	钢板	煤气	$D_N < 600$ mm	4～6	钢
	锯屑、刨屑	12～14	钢板		$D_N = 800 \sim 1\,200$ mm	8～14	钢
	大块干木块	14～15	钢板		$D_N = 1\,600 \sim 2\,000$ mm	14～16	钢
	干微尘	8～10	钢板		$D_N \geq 2\,000$ mm	约16	钢
	染料粉尘	14～18	钢板	液氨	真空	0.05～0.30	钢
	大块湿木屑	18～20	钢板		$p_N \leq 0.6$ MPa	0.3～0.8	钢
	谷物粉尘	10～12	钢板		$p_N \leq 2.0$ MPa	0.8～1.5	钢
	麻(纤维尘、杂质)	8～12	钢板	氢氧化钠	浓度0～30%	约2	钢
锅炉烟气	烟道 自然通风	3～5	砖、混凝土		浓度30%～50%	约1.5	钢
		8～10	钢板		浓度50%～93%	约1.2	钢
	烟道 机械通风	6～8	砖、混凝土	硫酸	浓度88%～93%	约1.2	钢
		10～15	钢板		浓度93%～100%	约1.2	钢、铸铁
过热蒸汽	$D_N \geq 200$ mm	40～60	钢	盐酸		约1.5	橡胶
	$D_N = 200 \sim 100$ mm	30～50	钢	氯化钠	带有固体	2.0～4.5	钢
	$D_N < 100$ mm	20～40	钢		没有固体	约1.5	钢

(4)根据系统各管段的风量和选择的流速确定各管段的断面尺寸。在已知流量和预先选取流速的前提下,管道内径可按下式计算

$$d = 18.8 \sqrt{\frac{Q}{v}} \text{ 或 } d = 18.8 \sqrt{\frac{w}{\rho v}} \tag{5-5}$$

式中　d——管道的直径,mm。

　　　Q——体积流量,m³/h。

　　　w——质量流量,kg/h。

v——管内气体的平均流速，m/s。

ρ——管内气体的密度，kg/m³。

对于除尘管道，为防止积尘堵塞，管径不得小于下列数值：输送细小颗粒粉尘（如筛分和研磨细粉），$d \geqslant 80$ mm；输送较粗粉尘（如木屑），$d \geqslant 100$ mm；输送粗粉尘（有小块物），$d \geqslant 130$ mm。

(5)风管断面尺寸确定后，应按管内实际流速计算压力损失。流体在管道内的流动可分为单相流和两相流两种。在管道中只有一相流体的流动称为单相流，如管道内只有空气或水的流动。含尘气体管道也可近似看为单相流。气、液两相流体同时在管道内流动称为两相流。实际中大量遇到的是单相流或可视为单相流，因此，这里仅对单相流管道内流体的压力损失计算做一介绍。

对于输送气体的管道系统，因气体的密度较小，单相流系统的总压力损失，可按下式计算

$$\Delta p = \Delta p_1 + \Delta p_m + \sum \Delta p_i \tag{5-6}$$

式中　Δp_1——摩擦压力损失，Pa。

Δp_m——局部压力损失，Pa。

$\sum \Delta p_i$——各设备压力损失之和，包括净化装置和换热器等，Pa。

摩擦压力损失 Δp_1 是流体流经直管段时，由于流体的黏滞性和管道内壁粗糙产生的摩擦力所引起的流体压力损失。圆形管道的摩擦压力损失可按范宁公式计算

$$\Delta p_1 = \lambda \frac{L}{d} \times \frac{\rho v^2}{2} \tag{5-7}$$

式中　L——直管段的长度，m。

d——管道直径，m。

ρ——管内气体的密度，kg/m³。

v——管内气体的平均流速，m/s。

λ——摩擦阻力系数。

局部压力损失 Δp_m 是流体流经异形管件（如阀门、弯头、三通等）时，由于流动状况发生骤然变化，所产生的能量损失。它的大小一般用动压头的倍数来表示。

$$\Delta p_m = \xi \frac{\rho v^2}{2} \tag{5-8}$$

式中　ξ——局部阻力系数，是由实验确定的量纲为1的系数。各种管件的局部阻力系数可在有关手册中查到。

5.4.5　通风管道的维护管理

1. 登记与建档

废气输送管道必须进行登记与建档，登记与建档的内容如下：

①编号、名称，在有高压盲板处必须挂牌，牌上标有编号，并登记建档。

②始端与终点，长度规格。

③工作介质、工作压力、工作温度。

④安装日期、使用日期。

⑤焊接、焊缝、探伤记录。

⑥检验周期、检验方法和检测结果。

⑦安装时的原始记录及使用、改造、修复和更新记录。
⑧管道竣工图。
⑨工艺系统的管段管件、紧固件和阀门等的登记表。

2. 日常维护项目

①通过直观检查管道、管件、阀门及紧固件（法兰与连接螺栓）的防腐层、保温层的完好情况，可了解管表面有无缺陷。
②通过直观检查、气体检测器测定管道的连接法兰、接头、阀门填料和焊缝处有无泄漏。
③通过直观检查、于锤检查吊卡、管卡支承的紧固、吊架支撑体有无松动及防腐情况。
④通过直观检查、振动仪测定方法检查管道有无强烈振动，管与管、管与相邻物件有无摩擦。
⑤根据运转情况，用听声法检查管内有无杂质堵塞、异物撞击和摩擦声响。
⑥安全附件、指示仪表有无异常现象。
⑦阀门的操作机构是否灵活及润滑情况。
⑧控制机器和设备的工艺参数不得超过工艺配管设计和决策评定后的许用值，严禁在超温、超压、强腐蚀和强烈振动条件下运行。
⑨高压工艺配管的操作运行中，严禁带压紧固或拆卸、带压补焊，严禁热管线裸露、作电焊机的接地线或吊装重物受力点以及用热管线烘干物品、做饭等其他用途使用。

学习任务单

1. 通风管道的作用有哪些？
2. 简单介绍废气通风管道常用的连接方法。
3. 管道安装一般应具备哪些基本条件？
4. 管道布置时需要注意哪几方面？
5. 管道材料及管道断面形状的选择有哪些要求？
6. 如何进行管道的设计计算？
7. 管道的日常维护包括哪些方面？

5.5 排气筒高度的确定

排气筒是废气净化系统的排气装置，也称为烟囱。排气筒的作用除了利用热烟气与环境冷空气之间的密度差产生的自生通风力来克服烟气流动阻力向大气排放外，还要把烟气中的污染物散逸到高空之中，通过大气的稀释扩散能力降低污染物的浓度，使排气筒的周边的环境处于允许的污染程度之下。由高斯扩散模式可以知道，落地最大浓度与排气筒有效高度的平方成反比。

排气筒的有效高度是指排气筒实际几何高度（也称排气筒高度）与烟气抬升高度之和。

排气筒的有效高度按如下公式计算

$$H_e = H_s + \Delta H \tag{5-9}$$

式中　H_e——排气筒有效高度，m。

H_s——排气筒几何高度，指自排气筒（或其主体建筑构造）所在的地平面至排气筒出口处的高度，m。

ΔH——烟气抬升高度，指排气筒口至烟气上升的最高点垂直高度，m。

排气筒有效高度对扩散稀释污染物以及降低污染物的落地浓度起着重要作用，气态污染物通过排气筒（或排气筒）排入大气，并在大气中稀释扩散。大气污染物在大气中扩散、稀释后，最终还会降到地面上，但是需要保证地面最大落地污染物浓度不能超过当地规定的最大允许浓度或大气质量标准。烟气抬升高度是一个非常重要的排气筒高度确定因素，通过有关理论推导可以知道，烟气抬升高度可以将排气筒的实际高度提高到 2～10 倍的有效高度上，因为最大落地浓度与排气筒有效排放高度的平方成反比，因而烟气的抬升高度可以使地面的浓度减少到 $\frac{1}{100}$～$\frac{1}{4}$。

通过一个高排气筒排放废气所造成的地面污染物浓度，总是比相同排放强度的低排气筒所造成的浓度低，有些工业企业产生的大气污染物会以高速或高温排出，烟气抬升高度的影响要大一些，虽然造成地面污染物浓度没有超过当地规定的最大允许浓度或大气质量标准，但同时也增加了能耗；而有些污染物是通过厂房通风管道及排气筒低速排入大气，烟气抬升高度会很小，由于废气净化后烟气中仍含有一定量的污染物，就会造成地面污染物浓度仍会超过当地规定的最大允许浓度或大气质量标准。因此，为了保证地面上污染物的浓度低于大气环境质量标准，排气筒必须具有一定的高度。在设计排气筒有效高度时，要保证地面最大落地浓度不能超过当地规定的最大允许浓度或大气质量标准，就要更多地考虑排气筒本身实际的烟气几何高度。

合理地确定排气筒几何高度，应该做到既减少污染又不浪费。因为高排气筒虽然非常有利于污染物浓度的扩散稀释，但排气筒达到一定高度后，再继续增加高度对污染物落地浓度的降低已无明显作用，而排气筒的造价也近似地与排气筒高度的平方成正比。因此，排气筒高度设计的基本要求是，在排放源造成的地面最大浓度不超过国家规定的数值标准下，使得建造投资费用最小。对此，国家《大气污染物综合排放标准》和相关行业（锅炉、工业炉窑、水泥厂等）大气污染物排放标准规定了排气筒（烟囱）最低高度的限值。对于新建项目排放大气污染物的排气筒的实际几何高度除必须满足国家规定的最低高度限值外，还需满足环境影响评价和地方环境保护行政主管部门根据当地具体情况规定排气筒高度最低限值的要求（见本书附录有关内容）。

5.5.1　排气筒几何高度的确定

1. 国家标准对大气污染物的排放限定指标要求

（1）排放限定指标的解释

①大气污染物排放浓度是指标准状态下（温度 273 K，压力 101.3 kPa），排气筒中每立方米干排气中所含大气污染物的质量，单位 mg/m³。

②大气污染物排放浓度限值是指排气筒中污染物任何 1 小时浓度平均值不得超过的值。

③大气污染物排放速率是指一定高度的排气筒任何 1 小时排放污染物的质量,单位为 kg/h。

(2)排放限定指标体系的要求

①通过排气筒排放的污染物的最高允许排放浓度不得大于国家标准规定的废气污染物排放浓度限值。

②通过排气筒排放的污染物的排放速率不得大于国家标准规定的排气筒高度最高允许排放速率。

③任何一个排气筒必须同时遵守以上两项指标,超过其中任何一项均为超标排放。

④现有的国家大气污染物排放标准体系中,综合性排放标准与行业性国家大气污染物排放标准不得交叉执行,即若干行业首先需执行各自的行业性国家大气污染物排放标准。

2. 国家大气污染物排放标准对排气筒几何高度的确定

(1)综合性排放标准《大气污染物综合排放标准》对排气筒高度的限定

①大气污染物综合排放标准中排气筒高度除须遵守表列排放速率标准值外(见本书附录相关内容),还应高出周围 200 m 半径范围的建筑 5 m 以上,不能达到该要求的排气筒,应按其高度对应的表列排放速率标准值 50% 严格执行。

②新污染源的排气筒一般不应低于 15 米。

③两个排放相同污染物(不论其是否由同一生产工艺过程产生)的排气筒,若其距离小于其几何高度之和,应合并视为一个等效排气筒。若有三个以上的近距排气筒,且排放同一种污染物时,应以前两个等效排气筒,依次与第三、四个排气筒取等效值。

④等效排气筒有关参数计算如下:

a. 等效排气筒污染物排放速率按下式计算

$$Q = Q_1 + Q_2 \tag{5-10}$$

式中 Q——等效排气筒的某污染物排放速率。

Q_1、Q_2——排气筒 1 和排气筒 2 的某污染物排放速率。

b. 等效排气筒高度按下式计算

$$h = \sqrt{\frac{1}{2}(h_1^2 + h_2^2)} \tag{5-11}$$

式中 h——等效排气筒高度。

h_1、h_2——排气筒 1 和排气筒 2 的高度。

c. 等效排气筒的位置

等效排气筒的位置,应于排气筒 1 和排气筒 2 的连线上,若以排气筒 1 为原点,则等效排气筒的位置应距原点为:

$$x = a(Q - Q_1)/Q = aQ_2/Q \tag{5-12}$$

式中 x——等效排气筒距排气筒 1 的距离。

a——排气筒 1 至排气筒 2 的距离。

(2)行业性国家大气污染物排放标准对排气筒高度的限定

①《锅炉大气污染物排放标准》(GB 13271—2014)对排气筒高度的限定

a. 燃煤、燃油(燃轻柴油、煤油除外)锅炉房烟囱高度规定每个新建锅炉房只能设一根烟囱,烟囱高度应根据锅炉房装机总容量,按表 5-9 规定执行。

表 5-9　燃煤、燃油（燃轻柴油、煤油除外）锅炉房烟囱最低允许高度

项目	单位	参考数值					
锅炉房装机总容量	MW	<0.7	0.7～<1.4	1.4～<2.8	2.8～<7	7～<14	14～<28
	t/h	1	1～<2	2～<4	4～<10	10～<20	20～≤40
烟囱最低允许高度	m	20	25	30	35	40	45

　　锅炉房装机总容量大于 28 MW（40 t/h）时，其烟囱高度应按批准的环境影响报告书（表）要求确定，但不得低于 45 m。新建锅炉房烟囱四周半径 200 m 距离内有建筑物时，其烟囱应高出最高建筑物 3 m 以上。

　　b. 燃气、燃轻柴油、煤油锅炉烟囱高度应按批准的环境影响报告书（表）要求确定，但不得低于 8 m。

　　②《水泥工业大气污染物排放标准》（GB 4915—2013）对排气筒高度的限定

　　a. 除提升输送、储库下小仓的除尘设施外，生产设备排气筒（含车间排气筒）一律不得低于 15 m。

　　b. 以下生产设备排气筒高度还应符合表 5-10 中的规定。

表 5-10　水泥工艺生产设备排气筒最低限值

生产设备名称	水泥窑及窑磨一体机				烘干机、烘干磨煤磨及冷却机			破碎机、磨机、包装机及其他通风生产设备
单线（机）生产能力/（t/d）	≤240	>240～700	>700～1 200	>1 200	≤500	>500～1 000	>1 000	高于本体建筑物 3 m 以上
最低允许高度/m	30	45*	60	80	20	25	30	

注：* 现有立窑排气筒仍按 35 m 要求。

　　③《工业炉窑大气污染物排放标准》（GB 9078—1996）烟囱高度对排气筒高度的限定

　　a. 各种工业炉窑烟囱（或排气筒）最低允许高度为 15 m。

　　b. 新建、改建、扩建的排放烟（粉）尘和有害污染物的工业炉窑，其烟囱（或排气筒）最低允许高度同时还应按批准的环境影响报告书要求确定。

　　c. 当烟囱（或排气筒）周围半径 200 m 距离内有建筑物时，烟囱（或排气筒）还应高出最高建筑物 3 m 以上。

　　④《炼焦化学工业污染物排放标准》（GB 16171—2012）限定了非机械化炼焦炉烟囱高度不低于 25 m。

　　⑤《恶臭污染物排放标准》（GB 14554—1993）标准限定了排放恶臭气体的排气筒的最低高度不得低于 15 m。

5.5.2　烟气抬升高度的确定

　　烟囱有效高度计算中，烟囱建成后几何高度是不会改变的，烟气抬升高度 ΔH 是可变的，因此，下面介绍烟气抬升高度的计算方法。影响烟气抬升高度的主要影响因素有烟气本身的热力性质、动力性质以及气象条件和近地层的状况等。

烟气抬升高度首先取决于它本身的初始动量和浮力。初始动量取决于烟流出口处的流速及烟囱出口内径;浮力与烟气密度和周围空气的密度差有关。若不计烟气与空气成分不同所造成的密度差异,浮力主要取决于烟温与空气温度之差。

烟气与周围空气的混合速率对烟气的抬升高度影响很大。烟气与周围空气混合越快,烟气的初始动量和热量散失得就越快,抬升高度也就越小。平均风速和湍流强度决定混合速率。平均风速越大、湍流越强,混合就越快,烟气抬升高度也就越小。

地形对烟气抬升高度也有较大影响。近地面湍流较强,不利于抬升。离地面越高,地面的粗糙引起的湍流越弱,对抬升有利。另外,烟囱本身的几何形状和周围障碍物形状也会引起动力效应。当平均风速接近于烟气出口流速时,会产生下洗现象。因此,烟气出口速度必须大于或等于两倍的平均风速,避免下洗现象发生。

影响烟气抬升高度的因素很多,而且复杂,至今尚无一个通用的烟气抬升高度计算公式。现在所用的公式都是根据一定条件下的实验结果总结出来的经验公式或半经验公式。由于计算公式很多,人们在实际应用时要注意公式的使用条件;否则,计算结果的准确性会很差。下面只介绍我国对电力等行业在大气污染排放标准制定中所采用的烟气抬升高度计算方法。

当 $Q_H \geq 21\,000$ kJ/s,且 $\Delta T \geq 35$ K 时:

城市、丘陵: $$\Delta H = 1.303 Q_H^{1/3} H_S^{2/3} / U_S \tag{5-13}$$

农村、平原: $$\Delta H = 1.427 Q_H^{1/3} H_S^{2/3} / U_S \tag{5-14}$$

当 $2\,100 \leq Q_H < 21\,000$ kJ/s,且 $\Delta T \geq 35$ K 时:

城市、丘陵: $$\Delta H = 0.292 Q_H^{3/5} H_S^{2/5} / U_S \tag{5-15}$$

农村、平原: $$\Delta H = 0.332 Q_H^{3/5} H_S^{2/5} / U_S \tag{5-16}$$

当 $Q_H < 2\,100$ kJ/s,且 $\Delta T < 35$ K 时:

$$\Delta H = 2(1.5 v_S d + 0.01 Q_H) / U_S \tag{5-17}$$

式中 H_S——烟囱几何高度,单位为 m;当烟囱几何高度超过 240 米时,仍按 240 米计算。

ΔH——烟气抬升高度,单位为 m,按附录 1 规定计算。

ΔT——烟囱出口处烟气温度与环境温度之差,K。

Q_H——烟气热释放率,kJ/s。

U_S——烟囱出口处的环境风速,m/s。

v_S——烟囱出口处的实际烟速,m/s。

d——烟囱出口内径,m。

其中:(1) $$\Delta T = T_S \times T_a \tag{5-18}$$

式中 T_S—— 烟囱出口处烟气温度,单位为 K,可用烟囱入口处烟气温度按 -5 ℃/100 m 递减率换算所得值。

T_a——烟囱出口处环境平均温度,单位为 K,可用电厂所在地附近的气象台(站)定时观测的最近 5 年地面平均气温代替。

(2) $$Q_H = C_p V_0 \Delta T \tag{5-19}$$

式中 C_p—— 烟气平均定压比热,1.38 kJ/(m³·K)。

V_0—— 排烟率(标态),m³/s。当一座烟囱连接多台锅炉时,该烟囱的 V_0 为所连接的各锅炉该项数值之和。

(3) $$U_S = U_{10} (H_S / 10)^{0.15} \tag{5-20}$$

式中 U_S—— 烟囱出口处的环境风速,m/s。

U_{10}——地面 10 m 高度处平均风速,m/s,采用电厂所在地最近的气象台(站)最近 5 年观测的距地面 10 m 高度处的风速平均值,当 $U_{10}<2.0$ m/s 时,取 $U_{10}=2.0$ m/s。

H_s—— 烟囱几何高度,m。

学习任务单

1. 排气筒的作用是什么?
2. 什么是排气筒的有效高度?什么是排气筒几何高度?什么是烟气抬升高度?
3. 简述大气污染物排放浓度限值的定义和大气污染物排放速率的定义。
4. 某硫酸厂位于环境质量功能区的二类区域,生产过程中每小时排放废气量 30 000 m³,经监测,SO_2 排放浓度 500 mg/m³,试确定其排放速率和最低排气筒高度。
5. 某水泥厂应市场需求,准备进行回转窑系统扩建,设计能力为每天生产 1 000 吨熟料,原有系统的烟囱高度为 55 m,问该烟囱高度能否满足环保要求?为什么?
6. 某城市火电厂的烟囱高 100 m,出口内径 5 m,出口烟气流速 12.7 m/s,温度 100 ℃,流量 250 m³/s,烟囱出口处的平均风速 4 m/s,大气温度 20 ℃,试确定烟气抬升高度及有效高度。

5.6 废气治理净化系统的正常运行防护

5.6.1 影响净化系统正常运行的因素

废气治理净化系统的正常运行与多种因素有关,一般情况下应注意以下几个方面:

净化系统的操作运行过程中,要严格遵守系统的工艺技术规程、岗位操作规程、安全规程及各种规章制度。

一般情况下,净化系统应先于生产工艺系统运行,而在生产工艺系统之后停止,以避免粉尘在净化装置和管道中沉积,或因净化系统滞后运行造成污染物的泄漏,为防止电动机过载,需在低风量下启动排风系统。

净化系统在运行中出现的问题应及时加以解决,并注意分析原因、总结经验,以避免类似情况的发生。为此,要坚持做好操作运行记录、事故记录和维修记录等。

严格执行日常维护和定期检修的规章制度,定期消除管道和设备的沉积物,消除设备、管道、阀门、排气罩、操作孔、观察孔等部件的泄漏,调节系统的风量和风压,排除各种事故隐患。

5.6.2 废气治理净化系统的防腐

净化系统处理的烟气,如化工、冶金等生产过程中排出的含硫烟气,其本身具有一定的腐蚀性,再加上温度、湿度等因素的影响,其腐蚀性将进一步增强,会腐蚀净化装置与管道。由于腐蚀作用将影响净化装置与净化系统的工作性能,缩短其使用年限,还会因腐蚀而产生泄漏,引起污染,甚至造成中毒或爆炸等恶性事故,因此净化系统的防腐蚀具有重要意义。

1. 造成净化系统腐蚀的主要因素

通常净化系统主要采用钢材等金属材料制作。钢材和其他金属材料的腐蚀一般有两种类型,一种是化学腐蚀,另一种是电化学腐蚀。若烟气中含有二氧化硫、氯化物等腐蚀性物质,再加上烟气湿度和温度的变化,致使金属材料表面形成一层具有较强腐蚀性的液膜(可以是酸性的,也可以是碱性的,视烟气成分而定),从而产生对金属材料的化学腐蚀。另外,由于金属材料本身不纯,如钢材是一种铁碳合金,碳的活性远小于铁,当钢材表面附着一层电解质溶液时,就会形成以铁为阳极,碳为阴极的原电池,并产生电化学反应,从而造成比化学腐蚀更严重的电化学腐蚀。若处理烟气的温度和湿度较高,将导致两类腐蚀现象加剧,大大缩短净化装置与系统的寿命。

2. 防腐措施

(1)金属保护膜　目前常用的金属保护膜有两种。一种是在钢材表面上镀上一层活性比铁更强的电负性金属膜,这类金属一般在空气中极易生成一层坚固的氧化膜,从而保护镀膜本身及钢材不受腐蚀。由于镀层电负性大于钢材,当镀层遭到破坏时,有电解溶液存在,于破损部位形成原电池,则产生电化学腐蚀,其结果将首先腐蚀防腐镀膜,从而保护钢材不受腐蚀,直到镀层被完全腐蚀,钢材才开始遭到腐蚀,较常见的是镀锌钢板。

(2)非金属保护膜　采用油漆及各种有机防腐材料,通过喷涂等工艺形成金属材料的保护层,从而达到防腐蚀的目的。

(3)采用耐腐材料　找寻适当的耐腐材料是重要的防腐措施。选择材料时,不仅要考虑在使用条件下材料的耐腐性能好,而且还应考虑材料的机械强度、加工难易程度、耐热性能以及材料的来源和价格等。

除采用防腐措施外,净化系统操作过程中,还需加强对设备的防腐管理和维修,只有这样才能保证设备长期不受腐蚀而正常运转。

5.6.3　废气治理净化系统的抗磨损

净化系统的一项重要任务就是除尘,但粉尘在净化系统中随烟气的流动或被捕集粉尘在运输过程中,会与净化装置及管道产生不同程度的摩擦,从而造成某些部件和管道的磨损,最终造成粉尘及烟气的泄漏,大大降低了净化效果,同时还可造成扬尘、恶化作业环境,甚至因净化装置与管道的损坏,使净化系统被迫停止作业,影响整个生产过程。因此,与防腐蚀一样,净化系统的防磨损也应得到足够的重视

1. 造成净化系统及管道等设备磨损的主要因素

(1)粉尘性质的影响　不同的生产工艺,不同的原材料,产生的粉尘性质有较大差异。

(2)净化装置与管道材料的影响　不同材料的抗磨损性能相差较大。对于钢材来说,因其成分、加工工艺等不同,抗磨损性能也有差异。一般情况下要选用硬度强,抗磨损性强的材质。目前可以通过不同的加工工艺和制备新型耐磨材料来提高材料的抗磨损性能。

(3)输送条件的影响　净化系统中粉尘的输送管道形状、输送速度等对磨损有明显影响。实验表明,输送粉尘的磨损量与气流速度的三次方成正比。速度增大,粉尘对器壁的撞击和摩擦作用增强,磨损量必然增加。另外由于输送管道形状的变化,形成涡流或造成粉尘对管壁的撞击作用,都会增大磨损量。输送气流方向与速度的改变,也会增加磨损量。

2. 抗磨措施

根据影响磨损的因素,在生产实践中常采用下述抗磨措施:

(1)采用耐磨材料替代易磨损部件与衬里　由于净化系统中粉尘对器壁的冲击作用不强,

结合其磨损机理,主要考虑材料的耐磨性及硬度,而对材料的韧性及抗拉强度没有严格要求。目前常用的耐磨材料主要有耐磨铸铁、铸石及橡胶等。

(2)选用风速不宜过高,或在局部地点降低风速　由于磨损量与风速的三次方成正比,因此,粉尘输送宜在保证不造成粉尘沉积的条件下,选择适当风速。

(3)改进弯管形式,提高其耐磨性　在输送磨削性严重的物料时,可根据不同的情况,选用不同的耐磨性能的弯管。

输送管道弯曲部分会造成严重的磨损,除采用耐磨材料衬里外,还可以选择适当的截面形状和尺寸,来提高其抗磨损性能。

5.6.4　废气治理净化系统的保温和防爆

在许多工业窑炉的烟气中,常含有大量的易燃易爆成分,如 CO、H_2、C_mH_n、S、P 等,因此在处理这类烟气的净化系统中,有产生燃烧和爆炸的可能。所以,在这类净化系统的选择设计与操作运行中,必须采取必要的安全防火防爆措施及合理可靠的操作规程。

1. 管道保温

在管道系统设计中,为减少输送过程的热量损耗或防止烟气结露而影响系统正常运行,则需要对管道进行保温。

常用的保温材料有石棉、矿渣棉、玻璃棉、玻璃纤维保温板、聚苯乙烯泡沫塑料、聚氨酯泡沫塑料等。它们的导热系数大都在 0.12 W/(m·℃)以内。

保温层厚度要根据保温目的计算出经济厚度。保温层经济厚度的选择应该以确定每米保温层长度的年最低操作费用为基础。这些费用由年热损失、保温层投资的年折旧、保养及检修等费用组成。

输送含腐蚀性气体的管道保温,应考虑到输送介质泄漏而造成管道保温材料腐蚀等问题,采取相应措施保护保温材料或选用耐腐蚀的保温材料。为防护保温层不受外面介质的侵蚀,特别是室外管道,必须考虑专门的保护层或保护涂层。

保温层结构一般由防腐层、保温层、防潮层和保护层组成。其结构设计可参阅有关的国家标准图。

2. 防爆

(1)引起净化系统燃烧爆炸的主要因素

在一定条件下,烟气中的可燃物会产生燃烧反应,而剧烈的燃烧反应则形成爆炸。要形成爆炸,需使可燃物与氧气形成一定比例的混合物,称为可燃混合物。对可燃混合物来说,在爆炸条件下混合物中可燃物的浓度称为爆炸浓度。刚足以引起爆炸的可燃物最低浓度,称为该可燃物的爆炸浓度下限,而最高浓度则为爆炸浓度上限,当可燃物浓度低于爆炸下限或高于爆炸上限时,均无爆炸危险。通过实验可以确定各种可燃物的爆炸浓度范围。一般情况下,燃烧热值高、粒度小、易氧化、悬浮性能好、湿度低、易带电、混合物中氧气浓度越高的粉尘粒子易产生爆炸。

(2)防爆措施

根据爆炸产生的原因及影响因素,可以采取如下防爆措施:

①爆炸的首要条件是形成爆炸混合物。在烟气净化系统中,形成爆炸混合物的重要原因是系统的密闭性差,导致空气中的氧进入净化系统,形成爆炸性混合物。为此,要保证净化系

统的气密性,防止系统负压过大,导致氧气的渗入;也要防止正压过大,使可燃成分逸出,二者都可能形成爆炸性混合物。要使设备达到绝对的密闭是很难的,所以还必须加强厂房的通风、保证车间内可燃物的浓度不致达到危险的程度,并应采用防爆的通风系统。

②加入惰性气体,改变混合气体成分,防止形成爆炸性气体混合物。或者采用惰性气幕,防止爆炸性气体与氧气混合,形成爆炸性混合物。

③消除引爆源,防止因摩擦、撞击、静电及明火等引爆源产生。

④使用仪器监测易爆物的温度、压力、浓度、湿度等参数,为控制爆炸混合物的形成提供依据,最好安置自动监控及警报系统。

⑤在易发生爆炸的部位和地点设置泄爆孔与阀门。

⑥设计可燃气体管道时,必须使气体流量最小时的流速,大于该气体燃烧的传播火焰速度,以防止火焰向管内传播。

⑦为防止火焰在设备之间传播,可在管道上装设内有数层金属网或砾石层的阻火器。

⑧建立并不断完善严格的操作规程与管理制度。

5.6.5 废气治理净化系统的防振

机械振动不仅会引起噪声,而且会因发生共振,造成设备损坏。因此,防振、减振也是安全生产的重要措施之一。

1. 隔振

隔振是通过弹性材料防止机器与其他结构的刚性连接。通常作为隔振基座的弹性材料有橡胶、软木、软毛毡等。

2. 减振

减振是通过减振器降低振动的传递。在设备的进出口管道上应设置减振软接头(图5-10)。风机、水泵连接的风管、水管等可使用减振吊钩(图5-11),以减小设备振动对周围环境的影响,它具有结构简单、减振效果好、坚固耐用等特点。

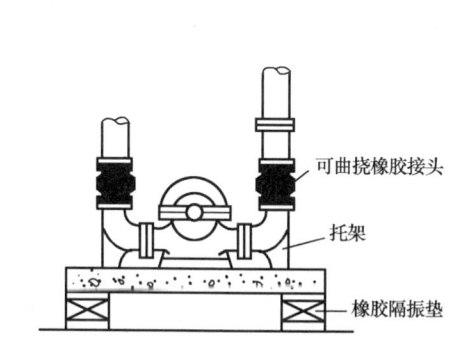

图 5-10 橡胶软接头在系统中的应用

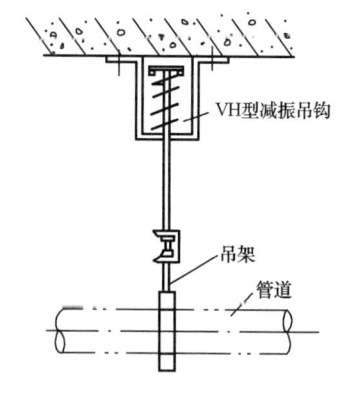

图 5-11 VH型减振吊钩在系统中的应用

3. 阻尼材料的应用

阻尼材料通常由具有高黏滞性的高分子材料做成,它具有较高的损耗因子。将阻尼材料涂在金属板材上,当板材弯曲振动时,阻尼材料也随之弯曲振动。由于阻尼材料具有很高的损耗因子,因此在做剪切运动时,内摩擦损耗就很大,使一部分振动能量变为热能而消耗掉,从而抑制了板材的振动。

学习任务单

1. 影响净化系统正常运行的因素有哪些?
2. 造成净化系统腐蚀的主要因素有哪些?
3. 造成净化系统磨损的主要因素有哪些?
4. 简述净化系统发生爆炸的因素及常用的防爆措施。

5.7 现场教学

1. 教学目标

通过本模块的学习,了解本地一个工厂废气治理净化系统的组成、结构、功能及设备运行方式,掌握该系统所采用的主要设备的工作原理。了解废气治理净化系统新工艺、新技术、新设备在生产中的应用;有针对性地了解掌握各种设备的安装、运行和维护情况。

2. 教学内容

(1)废气治理设备的安装、运行与维护。
(2)配套设备的选择、运行与维护。
(3)通风管道的选择、布置、安装与维护。
(4)国家有关污染物排放标准中对排气筒高度的要求。

3. 教学方法

采用教师讲解理论知识以及废气治理设施系统工作现场的工程技术人员的讲解与学生参观学习相结合的方式。

4. 学生能力体现

(1)通过对废气治理净化系统的参观学习,使学生将书本知识与工程实际应用结合起来。
(2)通过参观,让学生加深对部分废气治理净化系统各种设备的认识,提高学生的学习兴趣。
(3)通过理论和实践的学习,能进行简单的有关废气治理设施系统某一单元的施工方案制定、设备安装施工、运行操作。
(4)写一篇不少于 2 000 字的参观实习报告。

模块 6　主要工业行业废气治理

> **知识目标**
> 1. 重点介绍了产生大气污染物的主要行业——化工、锅炉、钢铁、水泥、火力发电、印刷等行业的基本情况、部分生产工艺、大气污染物产生的来源、危害。
> 2. 了解主要工业行业废气治理的主要方法。
>
> **技能目标**
> 1. 对主要工业行业废气污染来源有初步认识。
> 2. 了解有关工业行业的废气治理工艺和操作要点。
>
> **能力训练任务**
> 1. 了解和掌握产生大气污染的主要行业的污染特征。
> 2. 熟悉有关工业行业的废气治理工艺操作。
> 3. 能够编写有关工业行业废气污染的简易治理方案。

6.1　化学工业废气治理

6.1.1　概　述

化学工业包含的范围很广,凡是以自然界中存在的物质为原料,以化学反应为主要过程,以改变物质的结构、组成、性质为目的的工业生产都属于化学工业的范围。一般认为,化学工业是指对多种资源进行化学处理和转化、加工的生产行业。

1. 化工废气的来源

化工行业是污染治理的重点行业之一,化学工业生产过程中,产生废气的生产工序及各个环节比较多,其来源主要有以下几个方面:

(1)化学反应中产生的副反应和反应进行不完全所产生的废气。在化工生产过程中,随着反应条件和原料纯度的不同,存在转化率的问题。一般情况下,原料不可能完全转化成成品或半成品,即有一部分原料会以废料的形式被排出。在进行主反应的同时,经常还伴随着一些副反应,副反应的产物有的可以回收利用,有的则因数量不大、成分复杂,无回收价值,因而作为废料排出。

(2)产品加工和使用过程产生的废气,以及搬运、破碎、筛分及包装过程中产生的粉尘等。

(3)生产技术路线及设备陈旧落后,造成反应不完全,生产过程不稳定,产生不合格的产品或造成的物料跑、冒、滴、漏。

(4)化工生产中排放的某些气体,在光或雨的作用下,也能产生有害气体。

(5)因操作失误、管理不善造成废气的排放。

2. 化工废气的分类及特点

(1)化工废气的分类

据2017年统计,我国化工废气排放量占全国废气排放总量在10%左右,在全国工业中居第四位,烟尘、粉尘排放量分别列全国第四位、第三位。按所含污染物性质可分为三大类,第一类为含无机污染物的废气,主要来自氮肥、磷肥(含硫酸)、无机盐等行业;第二类为含有机污染物的废气,主要来自有机原料及合成材料、农药、染料、涂料等行业;第三类为既含无机污染物又含有机污染物的废气,主要来自氯碱、炼焦等行业。各化学行业废气来源及主要污染物的基本情况见表6-1。

表6-1 各化学行业废气来源及主要污染物排放

行业	主要来源	废气中主要污染物
氮肥	合成氨、尿素、碳酸氢氨、硝酸铵、硝酸	NO_x、尿酸、粉尘、CO、芳烃、NH_3、CH_4、SO_2、粉尘
磷肥	磷矿加工、普通过磷酸钙、钙镁磷肥、重过磷酸钾、磷酸铵类氮磷复合肥、磷酸、硫酸	氟化物、粉尘、SO_2、NH_3、酸雾
无机盐	铬盐、二硫化碳、钡盐、过氧化氢、黄磷	SO_2、P_2O_5、HCl、H_2S、CO、CS_2、As、F、S、氯化铬酰、重芳烃
氯碱	烧碱、氯气、氯产品	Cl_2、HCl、氯乙烯、汞、乙炔
有机原料及合成材料	烯类、苯类、含氧化合物、含氮化合物、卤化物、含硫化合物、芳香烃衍生物、合成树脂	SO_2、Cl_2、HCl、H_2S、NH_3、NO_x、CO、有机气体、烟尘、烃类化合物
农药	有机磷类、氨基钾酸酯类、菊酯类、有机氯类	HCl、Cl_2、氯乙烷、氯甲烷、有机气体、H_2S、光气、硫醇、三甲醇、二硫酯、氨、硫代磷酸酯农药
染料	染料中间体、原染料、商品染料	H_2S、SO_2、NO_x、Cl_2、HCl、有机气体、苯、苯类、醇类、醛类、烷烃、硫酸雾、SO_3
涂料和颜料	涂料:树脂漆、油脂漆;无机颜料:钛白粉、立德粉、铬黄、氧化锌、氧化铁、红丹、黄丹、金属粉、华蓝	芳烃
炼焦	炼焦、煤气净化及化学产品加工	CO、SO_2、NO_x、H_2S、芳烃、粉尘、苯并[a]芘

(2)化工废气的特点

①种类繁多 化学工业行业多,每个行业所用原料不同。工艺路线也有差异,生产过程中的化学反应繁杂,因此造成化工废气种类繁多。

②组成复杂 化工废气中常含有多种有毒成分。例如,农药、染料、氯碱等行业废气中,既含有多种无机化合物,又含有多种有机化合物。此外,从原料到产品,由于经过许多复杂的化学反应,产生多种副产物,致使某些废气的组成非常复杂。

③污染物含量高 不少化工企业工艺设备陈旧,原材料流失严重,废气中污染物含量高。如国内常压吸收法生产硝酸,尾气中NO_x含量高达6 696 mg/m³以上,而采用先进的高压吸收法,尾气中NO_x含量仅为446 mg/m³。此外,由于受生产原料的限制,如硫酸生产主要采用硫铁矿为原料,个别的甚至使用含砷、氟量较多的矿石,使我国化工生产中废气排放量大,污染物含量高。

④污染面广,危害性大 我国有6 000多个化工企业,中、小型企业约占90%,小型企业遍布全国各地。这些中小型企业大多工艺落后、设备陈旧、技术力量薄弱,防治污染所需要的技术、设备和资金难以解决。中小型企业生产每吨产品的原料、能源消耗都很高,排放的污染物大大超过大型化工企业的排放量,而得到治理的却很少。

⑤化工废气常含致癌、致畸、致突变、恶臭、强腐蚀性及易燃、易爆性的组分,对生产装置、人身安全与健康及周围环境造成严重危害。

6.1.2 化学工业废气的治理

加强环境管理是防治污染的基础和前提。在严格环境管理措施下,对主要污染源建立无害化处理设施也是必要的。一些化工企业工艺技术落后、设备陈旧是造成排污量大的主要原因,而且普遍存在尚无经济收益较大的无害化处理设施,因而,往往苦于资金不足,治理措施上不去。经验证明,只有将环境管理与企业的技术改造结合起来,将净化装置与综合利用能源、资源结合起来,把"三废"消除在生产过程之中,既实施了经济效益与环境效益统一的综合防治对策,也是解决老企业污染的根本途径。

1. 技术改造治理污染

(1)改革旧工艺

大力推广应用高新技术,采用能够使资源、能源最大限度地转化为产品,污染物排放量少的新工艺,代替污染物排放量大的落后工艺。

改革工艺的另一重要途径是力争实现"闭路循环",减少物料损失,将"三废"消除在生产过程中。化工生产排放的"三废"很多是生产中使用的物料,因而有可能也有必要实行"闭路循环",做到物尽其用、化害为利,实现清洁生产。

(2)更新旧装置

设备更新改造时应采用少污染、低噪音、节约能源的新型设备,代替那些严重污染环境、浪费资金能源的陈旧设备。如将水银电解槽制碱的生产装置改为电渗析制碱装置,以消除汞流失污染。又如将常压法和综合法硝酸生产装置改为加压吸收法,以减少氮氧化物和硝酸雾的污染。

(3)改变原料路线与更新产品性质

采用无毒、低毒、少害的原料代替剧毒有害的原料。如用无毒添加剂代替剧毒的氰化物的无氰电镀,有效地消除了氰化物污染。此外,直接合成技术的发展,取消了加入有毒原材料物质的步骤,从而避免了污染物质的进入。如用乙烯水化法一步合成乙二醇,可消除由氯乙醇或二氯乙烷水解法带来的氯污染。

采用合理的产品结构,发展对环境无污染或少污染的新产品,也是从根本上消除污染的有效途径。如合成无毒或低毒高效的农药,以代替有毒难降解的有机氯农药("六六六"、DDT等)。合成对人体无害的新药物、多类添加剂,以及合成能为生物降解的新型塑料,以解决日益增多的塑料垃圾处理问题等,将是无污染工业设计的一个重要方向。

(4)综合利用原料

"世界上本没有废物,只是人们不注意放错了地方"。对整个工业来说,一切物质都是有用的。生产一种产品产生的中间体、副产物和排泄物,原则上都可以通过深加工而变成另一种有用的原材料。因而化工行业应积极开展排放物的综合利用,使"三废"资源化,实现化害为利、变废为宝的目标。所以综合利用是化工防治污染的基本对策之一。

2. 硫酸厂中二氧化硫污染的治理

在硫酸工业中,现在普遍采用"两转两吸"法,该法比"一转一吸"法需增加投资10%～15%,但 SO_2 排放可由 5 714～11 400 mg/m³ 降低到 1 857～2 142 mg/m³,排出的 SO_2 尾气用氨吸收法处理,处理后的尾气可达标排放。

氨吸收法是将吸收后生成的亚硫酸氢铵用浓硫酸分解,所得的副产品为硫酸铵。我国从20世纪50年代起即在一些工厂使用,其优点是流程简单,吸收效率高,尾气中SO_2可降至1 857 mg/m^3。缺点是排气湿度低,有白烟产生,且耗氨、硫酸较多。为了克服氨吸收法的缺点,后来成功开发两段氨-酸法。该法对SO_2的吸收率较高,排空尾气中SO_2可降至285～570 mg/m^3,在用酸分解时可节省酸的用量,氨的消耗亦有所减少。

3. 硝酸厂中NO_x废气的治理

在解决硝酸生产尾气排放污染技术方面,目前的趋势是将吸收压力提高到0.9～1.5 MPa,使出口NO_x不经治理即可达到570 mg/m^3左右。我国近年来已在个别工厂采用此项技术,但绝大多数工厂仍采用低压或常压吸收,排放的NO_x对工厂周围的大气造成污染。例如,在0.5 MPa下吸收时,尾气中NO_x含量为16 600～29 100 mg/m^3;在常压下吸收时,尾气中NO_x含量虽经纯碱吸收,仍高达8 571～14 285 mg/m^3。对低压与常压法硝酸尾气的处理中,催化还原法在我国几家大中型硝酸厂已得到应用。多数厂采用氨选择催化反应法,催化剂为国内自行开发的非贵金属系(Cu、Cr)催化剂,处理后尾气中NO_x含量可达570 mg/m^3左右。该法具有投资低、见效快等优点。

碱吸收法曾是国内外广泛使用的治理方法,但由于尾气中NO_x的氧化度(NO_2/NO比率)低,吸收效率不高。针对这一问题,国内已开发成功"改良配气法碱吸收工艺"。经几家工厂使用后的效果证明,采用纯碱作吸收液时,尾气中NO_x可降到2 285～2 850 mg/m^3,排出的烟气外观为无色或微黄色,吸收母液可生产亚硝酸钠,有一定经济效益,如用烧碱代替纯碱,效果会更好一些。

采用常规的烧碱和纯碱吸收法,虽然可以生产副产品$NaNO_3$和$NaNO_2$,但NO_x很难达标排放,原因是NO的NO_2比例不佳及反应不完全所致。所以需要探索新的方法来治理硝酸尾气。如采用选择性贵金属催化剂,以H_2为还原剂脱除NO_x,可以做到达标排放硝酸生产废气。

4. 有机废气的治理

化工生产中排放的有机废气特点是数量较大,有机物的种类繁多,排放浓度变化大,大多数有机废气是可燃物,有一定毒性,有的还有恶臭味。目前,国内对有机废气的处理方法有冷凝冷却、吸收、吸附、热分解、焚烧及催化燃烧等。处理方法的选择取决于废气的化学和物理性质、含量、排放量、排放标准以及回用作原料或副产品的经济价值,吸收法和吸附法应用更广泛一些。

(1)吸收法　在控制化工废气有机物污染方面,采用化学吸收法较多,例如用水吸收,以萘或邻二甲苯为原料,生产苯酐时产生的含有苯酐、苯甲酸、萘醌等的废气;用水及碱溶液吸收氯醇法环氧丙烷生产中的次氯酸化塔尾气(酸性组分),并回收丙烷;用碱液循环法吸收磺化法苯酚生产中的含酚废气再用酸化吸收液回收苯酚,用水吸收合成树脂厂含甲醛尾气。此外,在农药及染料生产中也使用碱液吸收尾气中的H_2S,用水吸收HCl等污染物。

(2)吸附法　吸附法可应用于净化涂料、油漆、塑料、橡胶等化工生产排放出的含溶剂或有机物的废气,通常用活性炭作吸附剂。活性炭吸附法最常见的是用于净化氯乙烯和四氯化碳生产中的废气,在涂料、油漆生产和喷漆、印刷上也被广泛应用。目前存在的问题是活性炭的再生技术尚不十分完善,处理成本较高,并且在某些行业中,由于解吸回收的产品质量较差,销路受到影响。故活性炭吸附法只适用于处理某些高含量有机废气,回收的有机物又可回用于生产,做到清洁生产。

6.1.3 应用实例

实例:电解钴氯气吸收系统的改造方案。

1. 背景

某钴冶炼厂采用不溶阳极电解工艺生产金属钴,原料为自产的氯化钴溶液。电解过程为钴在阴极上析出,阳极放出氯气,反应如下:

阳极反应: $Co^{2+} + 2e \longrightarrow Co$

阴极反应: $2Cl^{-} - 2e \longrightarrow Cl_2 \uparrow$

据计算,每生产1 t电解钴要释放出1.2 t氯气。氯气是有强烈刺激性的有毒气体,国家有严格的控制排放标准,因此,氯气处理的好坏直接影响着电解钴车间的生产。在实际生产中,一般用 4~5 mol/L 的碱液吸收电解过程产生的氯气,其化学反应为

$$2NaOH + Cl_2 \longrightarrow NaClO + NaCl + H_2O$$

2. 收氯系统的基本概况

收氯系统的主要设备包括填料吸收塔2个,离心风机1台,碱液冷却器1台,离心泵2台。其中,一段填料吸收塔在吸收氯气的过程中起主要作用,二段填料吸收塔吸收剩余氯气,碱液冷却器用于冷却一段填料吸收塔回流的碱液。收氯系统的主要设备连接图如图6-1所示。电解产生的废气通过离心风机抽风送入废气净化系统,首先进入一段填料吸收塔,塔内喷淋碱液吸收废气中的氯,未反应的碱液经冷却器冷凝后再次充入吸收塔内器,经一次除氯后的废气则进入二段填料吸收塔进行二次除氯,处理后废气经收氯风机抽入废气排放管高空排放。

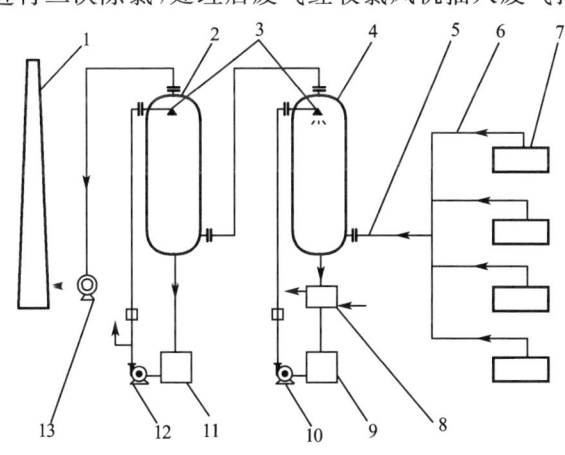

图 6-1 电解钴收氯系统各设备连接示意图

1—废气排放管;2—二段填料吸收塔;3—碱液喷头;4—一段填料吸收塔;5—进气总管;6—进气支管;
7—电解槽;8—碱液冷却器;9、11—碱液贮槽;10、12—碱液泵;13—收氯风机

3. 收氯系统存在的主要问题及解决方案

由于碱液在吸收氯气的过程产生大量的热,使溶液温度升高。当碱液不能得到及时冷却,温度超过40 ℃时,有大量结晶物析出,极易引起设备的堵塞。

解决方案:(1)改进一、二段填料吸收塔碱液喷头的构造,保证碱液能够正常地进入填料吸收塔吸收氯气;另外,碱液进液管上加装玻璃管,以便于操作人员随时观察碱液的流动情况,及时发现问题并进行处理;(2)增大碱液冷却器进液管道的管径,使吸收了氯气的碱液能够及时回流至碱液储槽,避免了碱液溢流至收氯总管而堵塞进气通道;另外增大碱液冷却器冷却水管

的管径,改善碱液冷却器的换热效果,使碱液能得到及时冷却,温度能保持在40 ℃以下;(3)氯气抽取支管改为$D_N=80$ mm的聚丙烯管,提高管道末端的抽力,使末端电解槽阳极隔膜袋内的氯气能够被及时抽走;(4)提高阳极隔膜袋相对电解液面的位置,以增大袋内氯气的存积空间,减小外逸氯气量。

4. 改造后收氯系统的运行效果

改造后的工艺无论是外排废气还是电解槽边的氯气浓度均低于国家规定的排放标准,工人操作环境得到改善,电解钴的产量和质量也随之稳步提高。且电解时产生的氯气绝大部分被吸收并用于生产含氯较高的漂水,可用作溶解工序生产的氧化剂,因而,电解钴收氯系统的改造在获得环保效益的同时还有很好的经济效益和社会效益。

学习任务单

1. 化工废气的来源有哪些?
2. 化工废气的特点有哪些?
3. 综合技术改造治理污染的途径有哪些?

6.2 锅炉消烟除尘

6.2.1 概 述

1. 锅炉的概念

锅炉是一种能量转换设备。它是把燃料中的化学能通过燃烧转换为热能,加热给水,从而产生一定温度和压力的蒸汽或热水的设备。

锅炉包括"锅""炉"和"附属设备、附件与仪表"三大部分。"锅"指锅炉设备中盛装水和汽并承受压力的部分,作用是吸收"炉"放出的热量,把水加热到一定温度和压力(热水锅炉)或蒸发为蒸汽(蒸汽锅炉)。"炉"是指锅炉设备中燃料与空气发生化学反应产生高温火焰和烟气的部分,作用是最大限度地把燃料的热能释放出来,供"锅"吸收。而"附属设备、附件及仪表"是保证锅炉正常运行必不可少的装置。

2. 锅炉的分类

由于生产、生活的需求不同,所需锅炉的容量、参数和结构形式也不尽相同。

我国目前对锅炉的分类大体有以下几种:

(1)按用途分类:有电站锅炉、工业锅炉和生活锅炉。
(2)按烟气的流动分类:水管锅炉和火管锅炉。
(3)按燃料分类:有燃煤锅炉、燃油锅炉、燃气锅炉和其他能源锅炉。
(4)按出厂形式分类:有快装、组装和散装锅炉。
(5)按输出介质分类:有热水锅炉、蒸汽锅炉和汽水两用锅炉。
(6)按水循环方式分类:有自然循环锅炉、强制循环锅炉和复合循环锅炉。

(7) 按吨位分类：小型锅炉（蒸汽小于 20 t/h）、中型锅炉（蒸汽量 20～75 t/h）、大型锅炉（蒸汽量大于 75 t/h）。

(8) 按压力分类：低压锅炉中压锅炉、高压锅炉、超高压锅炉。

(9) 按燃烧方式分类：层状燃烧锅炉、悬浮燃烧锅炉、沸腾燃烧锅炉、汽化燃烧锅炉、燃油锅炉。

(10) 按通风方式分类：自然通风式锅炉和强制通风式锅炉。

(11) 按安装方式：固定式锅炉和移动式锅炉。

3. 燃煤锅炉运行产生的污染物

燃煤锅炉运行产生的废气主要有：燃料燃烧后产生的烟尘，烟尘按其在重力作用下的沉降特性可分为总悬浮颗粒物、降尘、飘尘（可吸入颗粒物）和黑烟，尘是燃料不完全燃烧的产物，因此与燃烧方式有很大关系；燃烧后产生的 CO_2、CO、N_2、O_2、SO_2、NO_x、C_mH_n、水蒸气等，这些气体主要取决于煤质及燃烧状况。锅炉运行的工艺流程如图 6-2 所示。

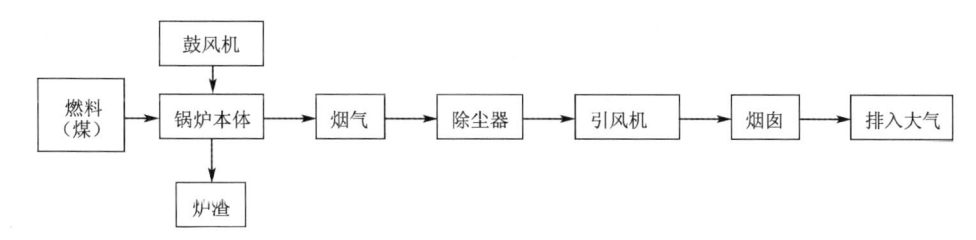

图 6-2 锅炉运行工艺流程图

6.2.2 锅炉的消烟、除尘、脱硫

1. 燃煤添加剂助燃消烟技术

燃煤添加剂（又称助燃剂）近年来在国内外均有进一步的研究和广泛的应用，其特点是消烟节能效果显著，同时还起到脱硫的作用。

(1) 原理

在通常的情况下，由于受煤层厚度、粒度的影响，空气不能均匀地穿透煤层，从而造成炉膛内部空气量分布不均匀，形成的多风区又称之为富氧区；少风区又称之为贫氧区。在少风区，由于燃料没有充足的氧气与其相反应，从而造成燃料燃烧得不完全。如果在燃料中加入一定量的添加剂，并且使其均匀地分布在燃料中，在高温状态下添加剂能解使出铁离子起到催化助燃的作用，使燃料得以充分燃烧，从而达到消烟节能的目的，同时还能提高锅炉燃烧强度和燃料的品位。由于燃料的充分燃烧，随着炉膛温度的升高，被风吹起的煤粉，燃烧后变成熔融状态，颗粒状物质在随烟气飘浮流动过程中，互相碰撞、黏结，形成较大的颗粒，沉降到炉膛继续燃烧，从而减少煤粉被气流带走而消烟。同时在添加剂中含有钙镁等碱性物质，煤燃烧后生成的硫氧化物迅速与碱性物质反应，生成含有钙镁的硫酸盐固化在灰渣中，起到固硫作用。

(2) 适用范围

燃煤添加剂适用于一切燃煤锅炉和窑炉。该技术的特点是使用方便，不改变炉体，不增加司炉人员负担。

表 6-2 是对某单位 KZL2-13-WⅡ型蒸汽锅炉使用添加剂与不使用添加剂的对比测试数据。从测试结果看，烟尘和二氧化硫排放浓度都有明显降低。

表 6-2　　　　　　　　　　燃煤添加剂对比试验

项　目	单　位	不加添加剂	加 1% 添加剂
烟气温度 t_s	℃	130	139
烟气流速 v_s	m/s	16.9	17.2
烟气排放量 Q_{sn}	m³/h	6 454	6 540
烟尘浓度 c	mg/m³	274	169
烟气 SO_2 浓度	mg/m³	110	71.6
烟气黑度	林格曼级	2～3	<1
运行负荷	%	85	>85
烟气中氧气含量 V_{O_2}	%	11.0	10.5
过量空气系数 α		2.1	2.0
校正后烟尘浓度 c_1	mg/m³	320	188
烟尘排放量 G	kg/h	1.768	1.105

2. 选煤技术

选煤是通过物理或化学方法将煤中的含硫矿物和矸石等杂质除去以提高煤质量的工艺过程，是燃前除去煤中的矿物质、降低煤中硫含量的主要手段。经选煤后，可使原煤中的含硫量降低 40%～90%，含灰分降低 50%～80%，从而大大地提高了燃烧效率，减少污染物排放。

选煤过程的脱硫效果与煤中无机硫的比例及黄铁矿颗粒的大小有关。在煤中有机硫含量较高或黄铁矿分布很细的情况下，无论是重力分选法还是浮选法均达不到环境保护有关标准的要求。

3. 工业型煤推广技术

工业型煤的推广使用近年来有了较大发展，在有些城市已经得到了普及。我国是以煤炭为主要燃料的国家，因此工业型煤将会有很大的发展潜力。

(1) 工业型煤的加工

原煤经破碎，再按比例添加适量的黏结剂(通常加焦油渣)、固硫剂(如石灰等)和一些其他添加剂，最后经冷压或热压加工成型。工业型煤一般为椭圆形或管状棒形，具有消烟除尘、节能脱硫的效果。

(2) 工业型煤的特点

① 透气性好。散煤由于粒度不均，甚至有一定的煤粉。在燃烧时，由于透气性差，氧气分布不均匀，便导致燃料的不充分燃烧。工业型煤由于其纯度高、粒度均匀、透气性好、氧气分布均匀，所以能燃烧充分，并具有消烟除尘、节约能源的效果。

② 由于工业型煤中加入一定量的含有钙和镁等元素的碱性物质，在高温下能与燃烧过程中产生的硫氧化物生成稳定的硫酸盐，留在灰渣中，从而达到固硫的目的。

(3) 适用范围

在燃煤的锅炉和窑炉均可使用，也可以加工成其他形状(如蜂窝煤)用于居民使用。工业型煤广泛用于工业锅炉、窑炉、蒸汽机车以及汽化、炼铁和铸造的工艺设备。使用工业型煤，不需改动炉体，不需其他附属设备。

4. 炉体的综合改造技术

为了降低烟气黑度、减少烟尘浓度，可对炉体实施相应的技术改造措施，改进燃烧方式和配备设施来达到消烟除尘的目的。

(1) 布置前、后拱，强化炉内燃烧

煤在机械炉排上燃烧，其燃烧质量好坏的关键之一是前后炉拱的布置是否合适。由于炉内燃烧是一个复杂的化学反应过程,气体动力场受多方面因素制约,因此目前国内外还没有从理论上定性、定量计算出不同边界条件下的优化拱形。合适的拱形,应能促使燃料迅速干燥、及时着火,并在主燃区强化燃烧。不但强化了燃烧劣质煤,而且能使烟气中可燃成分特别是以炭黑为主(黑烟)的大部分物质燃尽。目前大多数锅炉的拱形,都是后拱很短、前拱很高。这种拱形,在燃用挥发分较高的烟煤时,就会出现从干馏区析出的可燃挥发物,在较短的前拱区域里得不到完全燃烧的机会而排入大气,不仅污染了环境,而且浪费了能源。改造后的拱形,前拱比原来加长了1倍,后拱比原来加长4～5倍。这就扩大了锅炉对煤种的适应性,减小了炉膛含湿量,大大提高了炉温,既强化了燃烧,又延长了烟气流程,使可燃挥发物在炉膛内有较充分的停留时间,达到燃料充分燃烧。

(2)增加炉排有效面积,保证锅炉出力

实践表明,凡燃劣质煤炉,几乎没有一台能达到设计目标的,其主要原因是炉排有效面积不够。煤种越差,所需要增加的炉排面积也应越大。一般对于2.8 MW链条炉,燃用一类烟煤,炉排有效面积不得低于6 m²,燃料面积比率为130～140 kg/(m²·h)为宜。燃用二类烟煤,炉排有效面积不得低于5.5 m²,燃料面积比率在120～130 kg/(m²·h)为宜。

(3)系统保证风量供给

煤在火床层中的燃烧是沿炉排走向分区、分段进行的,随着炉排运动,煤先后经过干燥、干馏着火、燃烧和燃尽等四个阶段。所以各区、段燃烧时所需的空气量是不同的,预热干燥阶段几乎不需要空气;干馏区因有一部分可燃气体已着火,需供给少量空气;而到燃烧区则需要供给大量空气;最后是灰渣形成区,供给少量空气即可。为了使各部分都能得到相应合理的风量,就要采用分段送风的办法,即干燥区不送风,干馏着火区少给风,燃烧区多供风,燃尽区少给风的原则,才能使燃料达到最好程度的燃烧。

5. 蒸汽喷射助燃技术

在燃料燃烧过程中,通过采用一些帮助使燃料快速并充分燃烧的设备,称之为助燃器,蒸汽喷射助燃器也叫蒸汽二次风或者导风器,早在20世纪50年代就曾在某些领域上进行过试验研究。后来又在20世纪70年代初期在消烟除尘技术上开始了应用实验。但是当时由于还有一些技术问题不能得到妥善解决,如蒸汽耗量过大、蒸汽喷射角度和方法等问题,最终导致该项技术没有得到很好的推广与应用。

随着现代化科学技术的进步和消烟除尘工作的不断深入开展,蒸汽喷射助燃技术又有了新突破,用户不断增加,而且使环境效益、经济效益也取得了很好的效果。

蒸汽喷射助燃工作原理如下:

(1)蒸汽喷射助燃器(以下简称助燃器),是通过特制的狭窄的喷嘴向锅炉炉膛内喷射高速的微量饱和蒸汽或过热蒸汽,在炉膛内与炽热的炭接触,产生一定的水煤气,可以使炉膛温度大大提高。

(2)由于助燃器的喷嘴极其狭窄,向炉膛喷射时,蒸汽流速增加,一般可达70 m/s,可产生一定频率的声波,与高温的煤粒相撞,使其破碎为更小的微粒,增加与氧气的接触面积,加速了化学燃烧速度。

(3)由于助燃器向炉膛喷射的蒸汽方向与烟气流动方向对流或切线旋流,使烟气、蒸汽和颗粒状物质充分搅拌、混合,增加了可燃物在炉膛内的停留时间,使各种可燃物都有充分燃烧的机会。

(4)由于助燃器从不同方向向炉膛上方喷射蒸汽,形成了一层由蒸汽、空气和烟气混合的气体网幕。当煤在燃烧过程中,由风力吹起的未完全燃烧的细小颗粒,由于受到网幕的阻挡和蒸汽喷射的影响,有的在炉膛空间悬浮燃烧,有的附着于高温的前拱继续燃烧,还有的较大颗粒又落到煤层上重新燃烧。

学习任务单

1. 锅炉的分类有哪些?
2. 锅炉运行产生哪些污染物?
3. 简述锅炉的几种消烟除尘方法。

6.3 钢铁工业废气治理

6.3.1 概述

钢铁工业是一个庞大的工业部门,它主要开发的对象是多种黑色金属和非金属矿物。钢铁厂包括烧结、球团、炼焦、化学副产品、炼铁、炼钢、轧钢以及动力等生产环节。冶炼加工过程中,消耗大量的矿石、燃料和其他辅助原料,每生产1吨钢需要耗费6~7吨原料和燃料,这些原料和燃料的80%即5吨左右变成废物。所以钢铁行业在工业部门中是废气排放大户之一。钢铁工业企业工艺流程如图6-3所示。

1. 钢铁工业废气的主要来源

钢铁企业废气的排放量非常大,污染面广,加大了废气的治理难度;在高炉出铁、出渣、炼钢等许多工序,其烟气的产生排放具有阵发性,且以无组织排放居多。由于钢铁工业废气具有回收的价值,因此搞好废气净化的同时采取有效的综合利用措施具有很好的经济效益,如温度高的废气余热回收,炼焦、炼铁及炼钢过程中产生的煤气的利用以及含氧化铁粉尘的回收利用。

钢铁生产的各个工序中几乎都有污染物产生。污染物主要来自以下几个环节:

(1)原料、燃料的运输、装卸、加工等过程产生大量的含尘废气。
(2)焦化生产过程产生粉尘、焦油烟气、蒸气和有毒气体。
(3)烧结生产过程是大气的主要污染源,占钢铁厂总排尘量的比重相当大,还有二氧化硫排放。
(4)炼铁过程产生大量含有氧化铁粉尘的烟气,高炉水冲渣生成浓雾状的水蒸气。
(5)炼钢过程排放主要含有氧化铁烟尘的棕褐色烟气。
(6)铁合成生产中产生电炉烟气。

2. 钢铁工业废气的特点

(1)废气排放量大、污染面广 据调查表明,钢铁企业生产过程中释放的废气,每吨钢的废气排放量约为20 000 m³(标准状态)。钢铁企业的废气污染源集中在炼铁、炼钢、烧结、焦化等冶炼工业窑炉,设备集中、规模庞大。

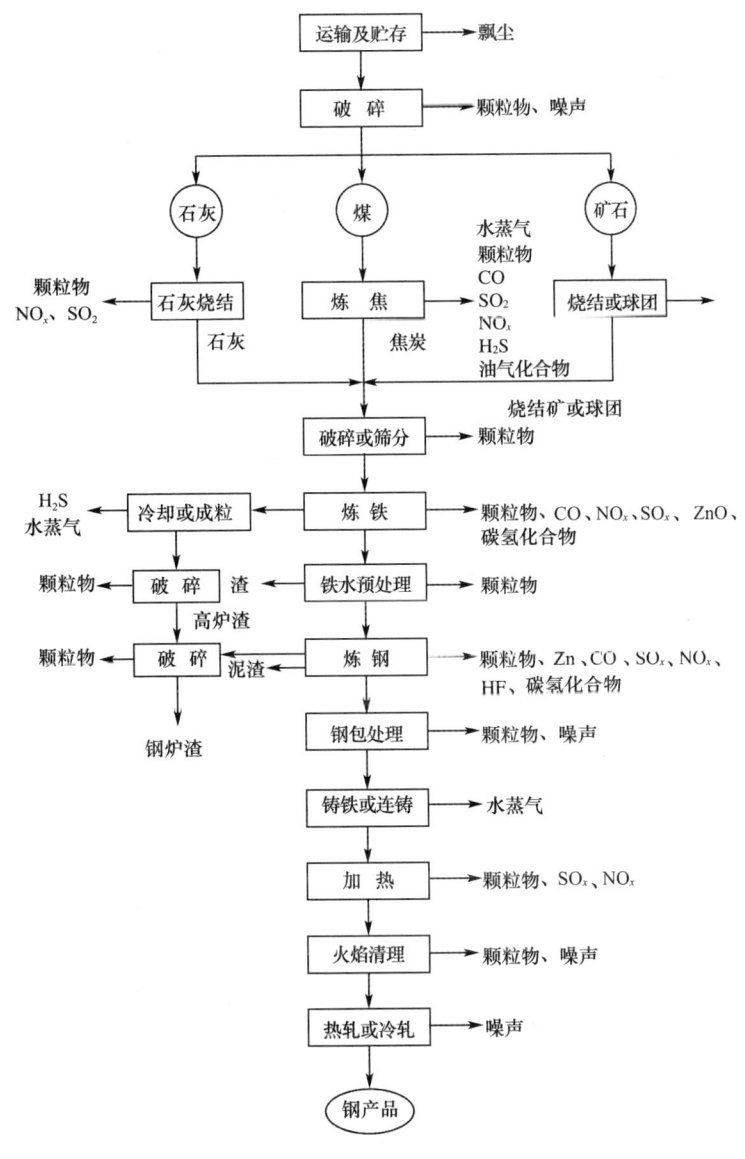

图 6-3 钢铁工业企业工艺流程图

(2) 烟尘颗粒细、吸附力强　钢铁企业冶炼过程中排放的多为氧化铁烟尘,其粒径在 1 μm 以下占多数。由于尘粒细、比表面积大、吸附力强,易成为吸附有害气体的载体。

(3) 废气温度高,治理难度大　冶金窑炉排出的废气温度一般为 400～1000 ℃,最高可达 1600 ℃。在钢铁企业中,有 1/3 烟气净化系统处理高温烟气,处理烟气量占整个钢铁企业总烟气量的 2/3。高温烟气的治理直接关系到钢铁企业烟尘控制的水平。

由于烟气温度高,对管道材质、构件结构以及净化设备的选择均有特殊要求;烟气的冷却处理技术难度大,设备投资高;高温烟气中含硫、水、一氧化碳,使烟气在净化处理时,必须妥善处理好"露点"及防火、防爆问题。所有这些特点,构成了高温烟气治理的艰巨性和复杂性。

(4) 烟气挥发性强,无组织排放多　钢铁企业中,高炉出铁、出渣、开堵铁口,转炉铁水、吹氧冶炼、出钢、电炉加料、熔化、氧化、还原、出钢以及浇铸钢锭等冶炼过程,其烟气的产生具有阵发性,而且随冶炼过程的不同,散发烟气量也不同,波动极大。一般净化系统主要是控制烟气最大的冶炼过程(即一次烟气),一次集尘系统未捕集到的和其他辅助工艺过程中所散发的烟气(即二次烟气),则无组织地通过厂房或天窗外逸。通常一次烟气中的烟尘约占总烟尘量的90%～93%,而二次烟气中的烟尘虽仅7%～10%,但其尘粒细、分散度高,对环境的污染影响更大。

(5)废气具有回收价值 钢铁生产排出的废气中,高温烟气的余热可以通过热能回收装置转换为蒸汽或电能;炼焦及炼铁、炼钢过程中产生的煤气,已成为钢铁企业的主要燃料,并可外供使用;各废气净化过程中所收集的尘泥,绝大部分含有氧化铁成分,可采用各种方式回收利用。

6.3.2 烧结厂的废气治理

1. 烧结厂的工艺

炼铁前所用的从矿山开采精选的细矿石物料需进行烧结和造粒。烧结就是将原料矿石、焦粉、石灰石粉、轧制氧化铁皮、回收的炼铁及炼钢粉尘等按一定比例配料混匀,利用燃料燃烧产生的热量,使燃料局部熔融,将散料加工成有用的烧结块;造粒是另外一种结块生产过程,在精选的矿石或天然矿物颗粒很细的情况下常被采用。它的加工过程分为两步,即成球和硬化。成球的目的是增加粉尘粒子的大小,将精矿粉配加一定量的黏结剂,就形成了颗粒(球团矿)。硬化过程是将生颗粒在一定温度下焙烧,在一定时间内进行均热处理形成氧化铁或将细粒黏合形成矿渣。烧结工艺流程如图6-4所示。

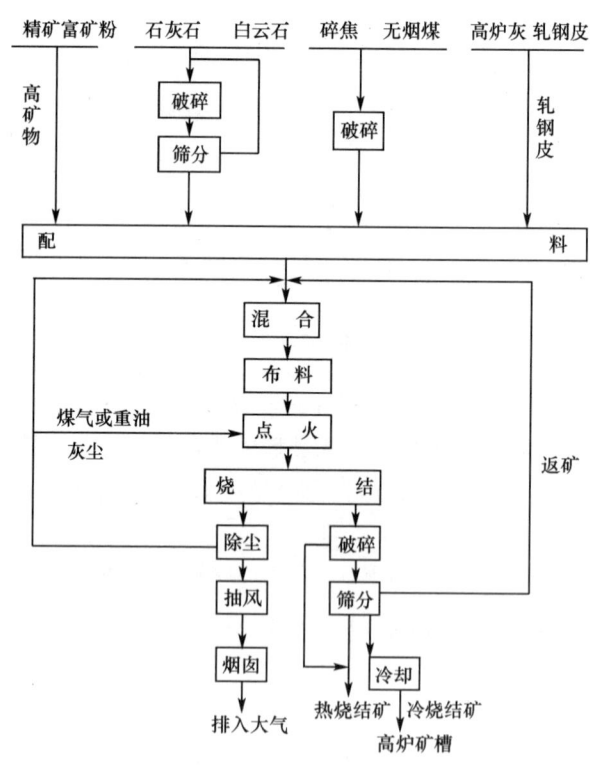

图6-4 烧结工艺流程图

2. 废气来源

烧结厂的生产工艺中,在如下的生产环节将产生废气:①烧结燃料在装卸、混合、破碎、筛分和配料生产过程中将产生含尘废气;②在混合料系统中将产生水-汽-粉尘的共生废气;③混合料在烧结时,将产生含有粉尘、烟气、SO_2 和 NO_x 的高温废气;④烧结矿在破碎、筛分、冷却、储存和转运的过程中也将产生含尘废气。烧结厂产生废气的量很大,含尘和含 NO_x 的浓度很高,所以对大气的污染较严重。

3. 治理技术

(1) 原料准备系统除尘

烧结原料准备工艺过程中,在原料的解收、混合、破碎、筛分、运输和配料的各个工艺设备点都产生大量的粉尘。原料准备系统除尘,可采用湿法和干法除尘工艺。对于原料场,由于堆取料机露天作业,扬尘点无法密闭,不能采用机械除尘装置,可采用湿法水力除尘,即在产尘点喷水雾以捕集部分粉尘和使物料增湿而抑制粉尘的飞扬;对物料的破碎、筛分和胶带及转运点,设置密闭和抽风除尘系统。除尘系统可采用分散式或集中式。分散式除尘系统的除尘设备可采用冲激式除尘器、泡沫除尘器和脉冲袋式除尘器等,旋风除尘器和旋风水膜除尘器的效率低,不宜使用;集中式系统可集中控制几十个乃至近百个吸尘点,并装置大型高效除尘设备,如电除尘器等,除尘效率高。图 6-5 是原料准备系统除尘工艺流程图。

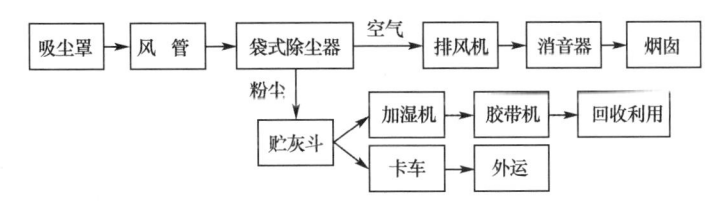

图 6-5 原料准备系统除尘工艺流程图

(2) 烧结过程的烟尘控制

烧结机是生产烧结矿的一种大型设备,烧结过程的烟尘主要发生在:烧结机排放的烟气中,烧结机尾部卸料及其破碎、筛分过程中,给料机以及冷却机的废气中。在烧结机头烟气除尘中最简单的是使用机械式除尘器,如旋风或多管旋风除尘器,但排出的气体中含尘量仍很高,不能满足环境要求,所以往往又在机械式除尘器后加一级干式静电除尘器或袋式除尘器。

(3) 烧结机烟气中二氧化硫的治理

在烧结机烧结时产生的烟气中,二氧化硫的浓度是在变化的。其头部和尾部烟气含 SO_2 浓度低,中部烟气含 SO_2 浓度高。为减少脱硫装置的规模,可只将含 SO_2 浓度高的烧结尾气引入脱硫装置。图 6-6 所示为以亚硫酸铵溶液作为吸收剂,生成亚硫酸氢铵,它再与焦炉中排出的氨气反应,生成亚硫酸铵。亚硫酸铵又作为吸收剂,再与 SO_2 反应。这样往复循环反应,亚硫酸铵的含量越来越高。达到一定含量后,将部分溶液提取出来,进行氧化、浓缩成为硫酸铵回收。

(4) 烧结机尾除尘

烧结机尾部卸矿点以及与之相邻的烧结矿的破碎、筛分、贮存和运输等点含尘废气的除尘,优先选用干法除尘,这样可以避免湿法除尘带来的污水污染,同时也有利于粉尘的回收利用。烧结机尾气除尘大多采用大型集中除尘系统。机尾采用大容量密闭罩,密闭罩向烧结机方向延长,将最末几个真空箱上部的台车全部密闭,利用真空箱的抽力,通过台车料层抽取密闭罩内的含尘废气,以降低机尾除尘抽气量,除尘设备优先采用电除尘器。

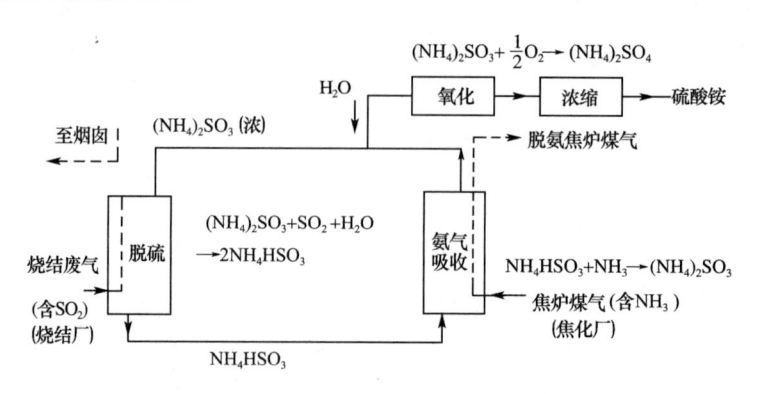

图 6-6　氨-亚硫酸铵法脱硫工艺流程图

6.3.3　炼焦厂的废气治理

1. 炼焦厂的工艺流程

现代焦化工业是以烟煤为原料,在隔绝空气条件下,加热到960～1 000 ℃,得到焦炭,这一过程称作高温烧焦(高温干馏),工艺流程如图6-7所示。炼焦过程产生的粗干馏煤气,含有多种芳香烃和杂环化合物,以及氨、硫和氰化物等,需要经过净化和回收。经净化的煤气,可供化工合成或作燃料用;回收的化工产品有苯、焦油、氨、酚等。

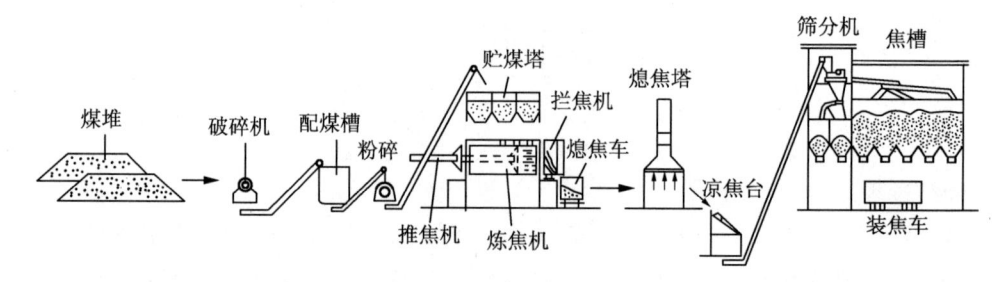

图 6-7　炼焦生产工艺示意图

焦化生产过程一般可分为煤的配备、炼焦、煤气净化和回收等步骤,焦化生产工艺可分为硫酸铵工艺和氨水工艺。硫酸铵工艺是指在煤气净化过程中回收氨并最终生成硫酸铵,其工艺见如图6-8所示。

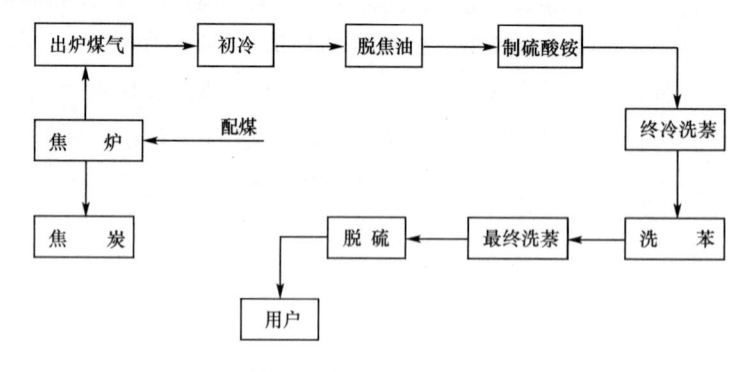

图 6-8　硫酸铵工艺流程示意图

2. 废气来源

焦化生产排出的废气有:焦炉(装煤和出焦)、熄焦塔及焦炉燃料加热燃烧产生的废气;还包括各工艺过程排放的烟尘和废气以及各工艺设备的逸散物。

按工艺过程分,焦化生产排放的废气分为炼焦生产废气和煤气净化、化学产品精制工艺产生的废气。炼焦产生的废气有焦炉装煤、排焦时逸散的烟尘,干法熄焦产生的烟尘,湿法熄焦产生的烟气及挥发物,焦炉本体(装煤孔、炉门及上升管)泄漏的烟气,煤破碎、贮运及焦炭在筛分和破碎过程中产生的扬尘,焦炉放散管放散的粗煤气;煤气净化及化学产品精制工艺产生的废气有:氨的脱除及回收过程中产生的含硫化氰、氨化氰和氨等废气,苯的脱除及回收产生的硫化氢、二氧化碳及苯蒸气,焦油精制产生的焦油(沥青)类蒸气和各配套工段产生的废气等。

焦炉烟尘污染源大体上分为两类:一类是阵发性尘源,如装煤、推焦、熄焦等;一类是连续性尘源,如炉内、烟囱等。前一类尘源的排放量约占总排尘量80%,其中装煤占60%,推焦、熄焦各占10%,后一类尘源的排放量约占20%。

3. 治理技术

(1)装煤时的烟尘控制

通常采用无烟装炉。为达此目的,在装煤时,炭化室必须造成负压,以免烟气冲出炉外,产生负压的方法是在升管或桥管内喷蒸汽或高压氨水(工作压力为196～245 kPa),双集气管使用流量为20 m³/h,在上升管根部可产生294～490 Pa的负压,结果可使炉顶上空气含尘量减少70%左右。此外还有顺序装煤和煤顶热管道装煤等方法。

(2)推焦时的烟尘控制

推焦操作是短暂的,持续90～120 s(推焦用40～60 s,推焦车到熄焦站用50～60 s)。排放物中的固体粒子主要由焦炭粉、未焦化的煤和飞灰组成。每吨推焦的排放物为0.3～0.4 kg,还含有一定量的焦油和碳氢冷凝物。

该控制系统基本上有三个主要部分:

①焦烟罩:用以收集从导焦车和熄焦车上部排出的烟气。

②烟气管道:将收集到的烟气输送到固定的除尘器中去。

③除尘器:以往通常采用沉降器和湿式洗涤器,缺点是效率低、投资和操作费用都很大。现在大部分采用二级净化处理方法,第一级采用机械式除尘,第二级采用袋式除尘器或静电除尘器,也是较好和较有效的解决办法。

使用袋滤器时,由于气流中可能含有较高浓度的焦油和碳氢化合物,有必要采用覆盖或喷吹粉料(如石灰石粉等是成本低而又易于获得的粉料)等方法进行净化处理。

(3)熄焦时的烟尘控制

老的生产工艺通常采用湿熄焦。水淋到炽热的焦炭上,将产生大量蒸汽,蒸汽又带出若干焦粉。排出的水雾中所含杂质使周围的构筑物受到腐蚀。为此在熄焦塔顶部设有百叶板除雾器,可减少焦尘和排放的雾滴。

干熄焦的主要原理就是通过惰性气体(氮气)在密闭系统内循环流动,带走炙热焦炭的显热使之冷却,再由废热锅炉回收惰性气体的热量。

炽热焦炭在冷却室内经过大约2.5 h的冷却,温度降至250 ℃以下即可运出。惰性气体与焦炭逆向流动,被加热到800 ℃经除尘后送入废热锅炉,放出热量,回收气体。气体出锅炉时降至200 ℃再经进一步除尘,继续返回用于熄焦。从推焦和熄焦两个过程看,采用干熄焦有利于环境保护。

6.3.4 炼铁厂的废气治理

1. 炼铁工艺流程

炼铁就是把经过处理的铁矿石（烧结料）和燃料，按一定比例分批加到高炉中，进行熔炼，获得产品生铁和副产品炉渣的生产工艺。其工艺流程如图 6-9 和图 6-10 所示。

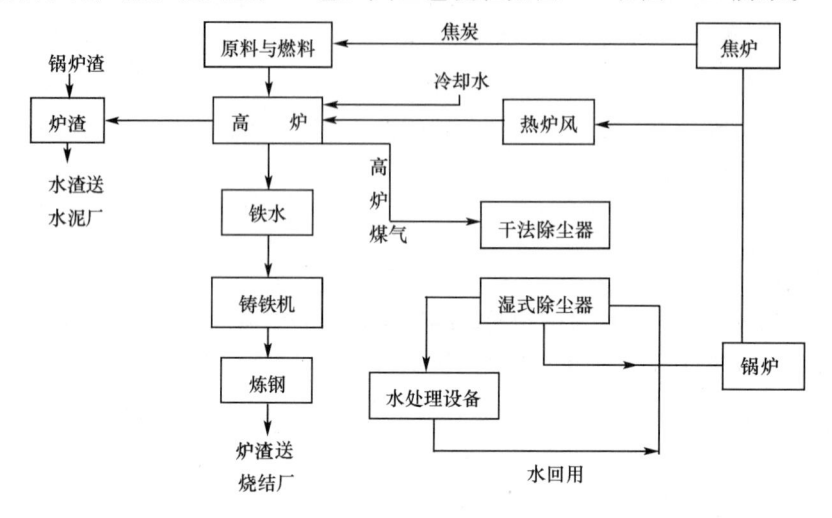

图 6-9　炼铁工艺流程

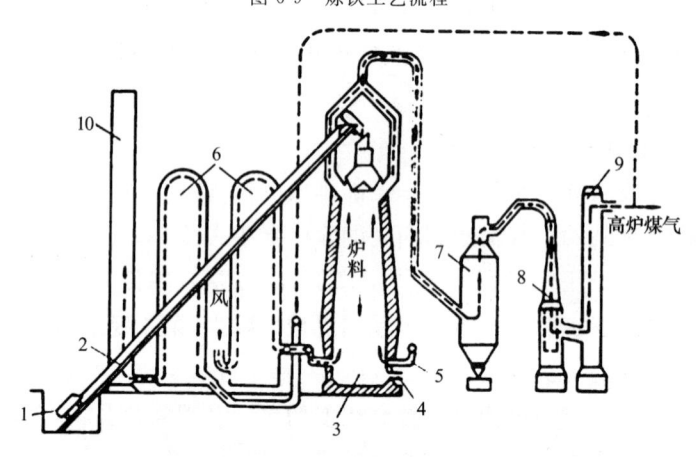

图 6-10　高炉冶炼流程示意图
1—料车；2—上半斜桥；3—高炉；4—铁、渣口；5—风口；6—热风炉；
7—重力除尘器；8—文氏管；9—洗涤塔；10—烟囱

炼铁原料有铁矿石、熔剂、燃料，铁矿石是主要含铁的原料，其中铁以氧化物状态存在，主要是三氧化二铁（Fe_2O_3）和四氧化三铁（Fe_3O_4），一般冶炼 1 吨生铁需要 1.5～2.0 吨铁矿石。

炼铁的常用溶剂为碱性物质，有石灰石（$CaCO_3$）、消石灰[$Ca(OH)_2$]、生石灰（CaO）及白云石（含 CaO 及 MgO）等。熔剂的作用是冶炼时降低脉石和焦炭灰分的熔点，形成易与铁分离的炉渣，将铁水和脉石分离，因此，也称之后造渣材料。一般每吨生铁要用 0.2～0.4 吨熔剂。

高炉炼铁用的燃料主要是焦炭和煤气。它的作用有三个：其一作为发热剂，供给冶炼时需要的热量；其二作为还原剂，提供一氧化碳、碳、氢等还原剂；其三是作为料柱的骨架，起支撑和透气作用。一般每吨生铁需要 0.4～0.6 吨焦炭。此外，还用喷吹燃料，常用的有无烟煤粉、渣油、天然气。

2. 废气来源

炼铁厂的废气主要来源于以下的工艺环节：高炉原料、燃料及辅助原料的运输、筛分、转运过程中将产生粉尘；在高炉出铁时将产生一些有害废气,该废气主要包括粉尘、一氧化碳、二氧化硫和硫化氢等污染物；高炉煤气的放散以及铸铁机铁水浇铸时产生含尘和石墨碳的废气。

3. 治理技术

(1) 炉前矿槽的除尘

炼铁厂炉前矿槽的除尘主要是解决高炉烧结矿、焦炭、杂矿等原料和燃料在运输、转运、卸料、给料及上料时产生的有害粉尘。控制该废气的粉尘的根本措施是严格控制高炉原料燃料的含粉量,特别是烧结矿的含粉量。此外,针对不同产尘点的设备可设置密封罩和抽风除尘系统。密封罩根据不同的情况采取局部密封罩(如输送带转运点)、整体密封罩(如振动筛)或大容量密封罩(如在上料小车的料坑处)。除尘器可采用袋式除尘器。

(2) 高炉出铁厂除尘

高炉在开炉、堵铁口及出铁的过程中将产生大量的烟尘。为此,在诸如出铁口、出渣口、撇渣器、铁沟、渣沟、残铁罐、摆动流嘴等产尘点设置局部加罩和抽风除尘的一次除尘系统；在开、堵铁口时,出铁厂必须设置包括封闭式外围结构的二次除尘系统；除尘器可采用袋式除尘器等,用袋式除尘器治理高炉出铁厂烟气的工艺流程如图 6-11 所示。

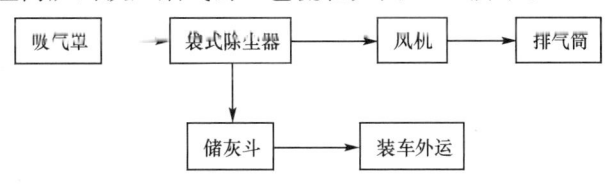

图 6-11　袋式除尘器治理高炉出铁厂烟气工艺流程图

(3) 碾泥机室除尘

高炉堵铁口使用的炮泥由碳化硅、粉焦、黏土等粉料制成。在各种粉料的装卸、配料、混碾、装运的过程中将产生大量的粉尘。治理这些废气可设置集尘除尘系统,除尘设备可采用袋式除尘器。

6.3.5　炼钢厂的废气治理

钢与铁之间的基本差异在于它们所含的杂质有所不同。铁含有较多的碳素,以及一定数量的硅、锰、磷和硫,这些杂质在生产钢时,都必须将其去除。为使钢具有某种特殊性能,又必须外加一些如锡、铜、镍、铬、钼等合金元素。目前生产钢的工艺技术主要有三种,即平炉炼钢、氧气顶吹炉炼钢和电弧炉炼钢。

1. 废气来源

炼钢厂废气主要来源于冶炼过程,特别是在吹氧冶炼期产生大量的废气。该废气中含尘和 CO 的浓度很高,其中转炉烟气中含有 50%～70% CO,热值为 8 400 kJ/Nm³,可以作燃料或化工原料回收利用,每炼 1 吨钢可收集到这种煤气 40%～70%。转炉出钢、兑铁水及加料时会产生大量烟气,烟尘产量为 0.3～0.6 kg/t 钢。

2. 治理技术

(1) 炼钢电炉的烟尘控制

用电炉来炼钢是在电炉内利用电能作为热源,在冶炼过程中,由于炉料加热、熔炼和化学反应,使炉内产生一定的压力,使烟气和尘粒从电炉周围的间隙、炉门或其他空隙逸出,炼钢过程排放棕色烟气,特别是为了缩短时间采用吹氧措施,将大大增加烟气量及其含尘浓度,据工业统计资料介绍,电炉每炼 1 t 钢产生 8~12 kg 烟尘;烟尘排放浓度为 10~15 g/m³,在吹氧阶段可达到 20 g/m³。对电炉炼钢采用局部排烟法、直接抽烟法、炉顶排烟法、半密闭罩、大密闭罩都可以达到很好的净化效果,在必要时也可以结合使用。排出烟气的净化设备采用袋滤器加以净化,图 6-12 是某钢厂采用的半密闭罩去除电炉烟气系统的流程图。

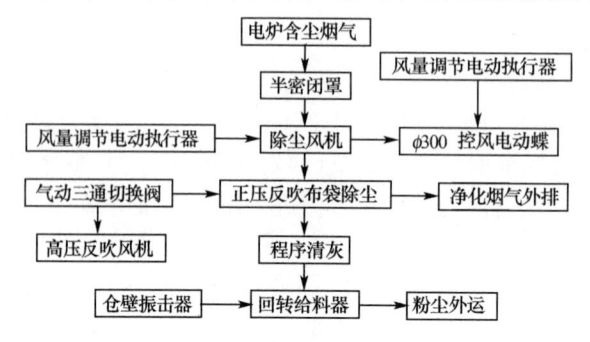

图 6-12 半密闭罩去除电炉烟气系统流程图

(2)吹氧转炉烟气的治理

吹氧转炉炼钢一般不用燃料,而是将铁水、废钢、铁矿石和其他辅助原料混合在一起,用工业纯氧(99.5%以上)进行吹炼,在短时间内精炼成钢。吹氧炼钢的烟气量主要与吹氧强度有关,吹氧强度越大,烟气量越大,在吹氧期烟尘浓度为 11~18 g/m³,烟尘的主要成分是 Fe_2O_3 和 FeO 等,吹氧转炉烟气的净化首先要考虑综合利用,不仅有利于环境保护,还能变废为宝。一般每炼 1 t 钢可回收 CO 含量为 60% 左右的煤气 50~60 m³,含铁量 50%~60% 的氧化铁粉尘 10~20 kg,蒸汽 60~70 kg。吹氧转炉的烟气净化一般是在炉口的上方设置吸烟罩,直接捕集炉内排出的烟气,并用净化设备进行处理。

①干法处理:利用旋风除尘器加高压静电除尘器或袋式除尘器来净化转炉煤气中的烟尘。从烟尘中回收的铁可作为烧结厂的原料使用。

②湿式处理:湿法处理有法国的 IC 法(敞口烟罩)、德国的 KPUPP 法(双烟罩)和日本的 OG 法(单烟罩)等方法。其中 OG 法先对转炉煤气进行显热回收,用冷却塔将烟气冷却到 380 ℃,再用湿法除尘洗涤净化并冷却到 42 ℃,然后用文丘里洗涤器进行二级除尘。该法的总除尘率达 99.5%,该法技术先进、运行安全可靠,是目前世界上采用最广泛的转炉烟气处理方法之一。

学习任务单

1. 简述钢铁工业废气的特点。
2. 简述钢铁工业废气的主要来源。
3. 简述钢铁工业污染源主要来自哪几个环节。
4. 简述钢铁工业废气的主要控制途径。

6.4 水泥生产工业废气治理

6.4.1 概述

水泥是以石灰石和黏土为主要原料,按适当比例混合而成的粉状物质并被烧制成烧结渣,再与石膏等辅料混合后粉碎的物质。水泥的制法是把作为原料的石灰石和黏土材料经过粗碎、干燥、磨细,用回转窑等进行煅烧,在所得的熟料中添加石膏,磨细而成。其工艺流程如图 6-13 所示。

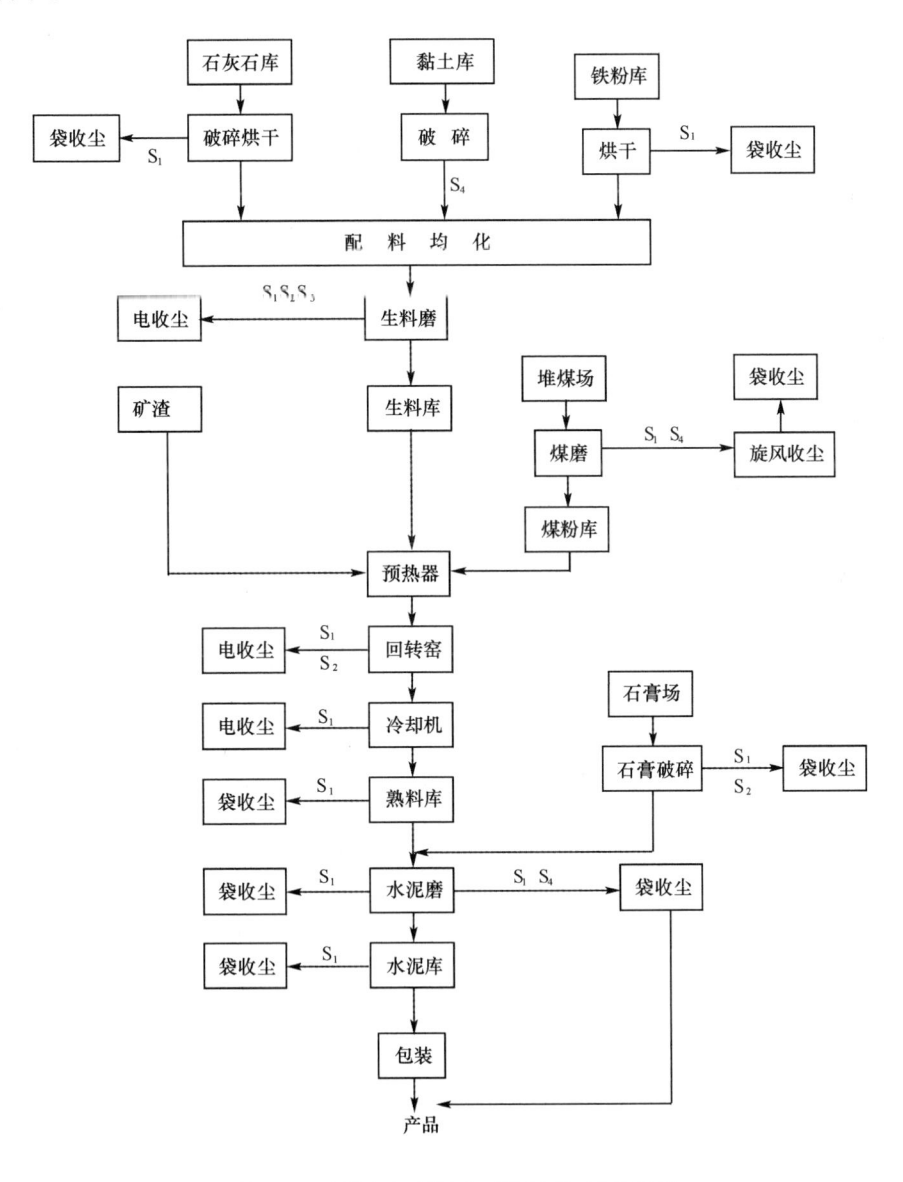

图 6-13 水泥生产(回转窑)废气治理工艺流程图
S_1—含尘气体;S_2—SO_2 气体;S_3—NO_x 气体;S_4—噪声源

水泥生产过程会产生大量的含尘气体和粉尘,其生产特点是高温、多尘、重载,要消耗大量的物料、污染废物排放量大,是目前较严重的大气污染源。水泥生产过程主要是原料的破碎、粉磨、烧成,其污染物以废气和粉尘为主。但是随着生产规模的不断扩大,粉尘和废气的排放量也相应增加,严重地影响当地的环境质量。

水泥生产工艺有湿法(原料成料浆状入窑)、半干法(原料成球状——含有约13%的水入窑)、干法(原料以干粉状入窑)等三种生产方法。干法生产又因煅烧方式不同有干法中空窑、带立筒预热器窑、带旋风预热器窑、带余热锅炉窑等。由于生产方法不同,粉尘污染物的排放浓度也不同,水泥厂粉尘的主要来源有以下几方面:

1. 石灰石开采和破碎过程　水泥厂通常采用爆破方法从石灰石矿山开采石灰石,然后经一段或两段破碎机破碎成粒度约20 mm的石块,这种爆破和破碎过程均会产生粉尘飞扬。

2. 运输、储存、包装过程　水泥原料的输送、均化、储存及水泥成品的储存、输送、包装等环节,均会产生大量的粉尘飞扬,造成各个生产岗位的污染。

3. 烘干过程　水泥厂许多物料(如石灰石、黏土、煤、矿渣等)在粉磨前均需进行烘干,目前应用较广泛的是回转筒式烘干机。因为物料烘干过程通入的空气过剩,系数比较大,所以烘干各种物料所产生烟气的化学成分都很接近。其中烟尘的含量多在 10~40 g/m³,粒度较大。

4. 原料粉磨过程　在原料粉磨系统中,由于原料性能的差异和含水量的高低不同,粉磨系统有不同的形式,目前主要有磨内烘干和磨外烘干两类。磨内烘干又分风扫磨系统、尾卸提升循环磨系统、中卸提升循环磨系统。磨外烘干包括:选粉烘干系统带有立式烘干塔的粉磨系统和预破碎、预烘干系统等。由于生产工艺系统的区别,在粉磨过程中产生的粉尘排放量也不同。例如,采用立式辊式磨时,排气中的含尘量可高达 1 000 g/m³(标准状态)。

5. 水泥熟料的煅烧过程　目前,水泥熟料的煅烧采用立窑或回转窑,煅烧过程消耗大量燃料(煤、油或天然气),排放的废气中含有很高浓度的粉尘,它是水泥厂的主要污染源。干法生产的回转窑,其窑尾烟尘污染最为严重。以日产 2 000 t 熟料的干法回转窑为例,如果没有装设收尘器,每天要向外排放 400~600 t 粉尘,每天向外逸出大量含尘烟气,它们对周围的农作物生长造成很大危害。

6. 熟料冷却过程　水泥熟料在排出回转窑后,需在冷却设备中冷却至500 ℃,当采用推动模式冷却机或振动模式冷却机时,将会排出带粉尘的高温气体。

7. 水泥粉磨过程　在熟料进行粉磨时,通常需对磨内通入冷风,以带走粉磨过程产生的热量,避免物料出现包球,从而提高粉磨效率,与此同时,从磨内将排出含尘浓度较高的废气。

8. 其他污染源　如储藏原料、熟料水泥用的储仓、堆积场、筒仓,料斗、碾碎机、煤碾碎机以及粉碎机,原料、输送水泥用的皮带输送机、升降机、熟料输送设备等。

6.4.2　水泥粉尘的治理

解决水泥粉尘不外乎两种途径,一是通过改进工艺,提高热效率,利用废热以减少燃料消耗,减少废气量的产出;二是安装终端除尘净化装置。二者应同时并举。

1. 改变燃料结构,使用清洁燃料。

2. 改变原料结构以电石渣、煤矸石或其他不含碳酸盐的原料代替部分或全部石灰石可以减少 CO_2、粉尘排出量。

3. 采用三风道或四风道吹煤管并将煤嘴调到最佳状态,使火焰核心出现局部还原气氛以减少过剩空气系数,既减少了粉尘废气量的产生,也抑制了 CO_2 的生成量。

4.安装除尘净化设备,采用二级收尘处理,第一级为预收尘,多采用旋风除尘器;第二级采用电除尘器或袋式除尘器,都可以获得满意效果。

学习任务单

1.简答题
(1)水泥厂粉尘的主要来源有哪些?
(2)简述水泥厂粉尘的治理方法。
2.调查了解当地最近的一个水泥厂生产状况,编写一篇控制水泥厂废气污染的简易治理或控制方案。

6.5 电力工业废气治理

6.5.1 概述

火力发电厂多使用燃煤锅炉,因此其产生的烟气是我国电力行业中最重要的污染源。此外,燃煤电厂煤场和输煤系统的煤尘治理、气力输煤系统灰库排空废气的治理以及燃油电厂烟气中硫氧化物和氮氧化物的控制等问题都急需解决。

燃煤火力发电厂的生产过程是:经过磨制的煤粉送到锅炉中燃烧放出热量,加热锅炉中的水,产生一定温度和压力的蒸汽,将燃料的化学能转化为蒸汽的热能,再将具有一定压力和温度的蒸汽送入汽轮机内,冲动汽轮机转子旋转,把蒸汽的热能转变成机械能,汽轮机带动发电机旋转而发电,把机械能转变成电能。火力发电厂工艺流程图如图 6-14 所示。

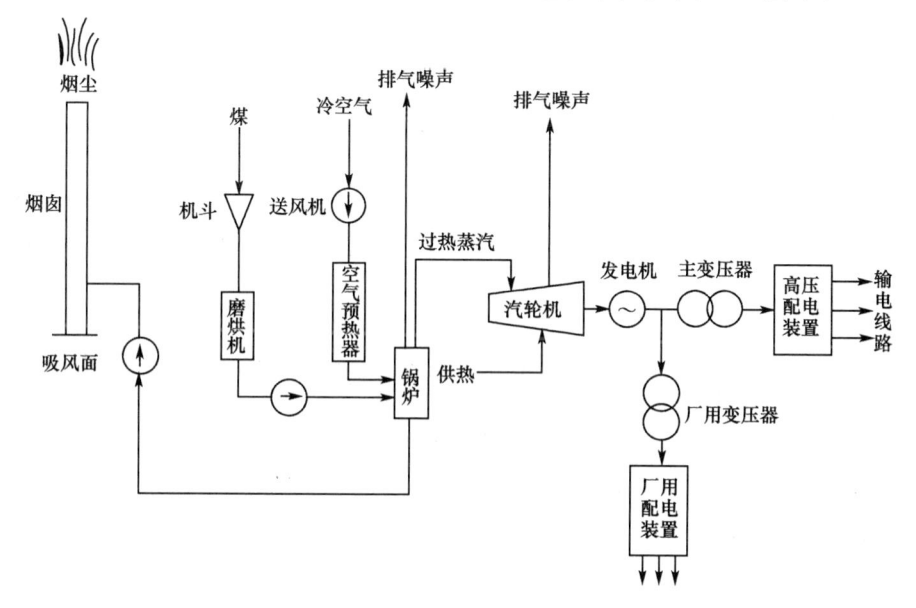

图 6-14 火力发电厂工艺流程图

燃煤电厂的废气主要来源于电厂锅炉燃烧产生的烟气、气力输出系统中灰库排气和煤场产生的含尘废气,以及煤场、原煤破碎及煤输送所产生的煤尘。其中,锅炉燃烧产生的烟气量和其所含的污染物排放量远远大于其他废气,是污染治理的重点。

锅炉燃烧产生的烟气中的污染物有飞灰、SO_2、NO_x、CO、CO_2、少量的氟化物和氯化物,它们所占的比率取决于煤炭中矿物质的组成。锅炉燃烧产生的烟气量大、排气温度高,但气态污染物浓度一般较低。燃煤电厂烟气的特点如下:

1. 排放量大

燃煤电厂锅炉烟气量虽因煤种和锅炉设备状况不同有一定差别,但因其额定蒸发量大,故排放的烟气量远大于其他工业炉窑。

2. 污染物主要是无机物

锅炉燃烧温度通常在1 200 ℃以上,煤炭中的有机物一般已经分解。烟气中的污染物一类是飞灰,其主要成分是SiO_2和Al_2O_3,两者之和一般大于70%,此外还有Fe_2O_3、CaO、MgO、K_2O、Na_2O、TiO_2及少量未燃尽的碳粒等;另一类是气态物质,如SO_2、NO_x、CO、CO_2等,也基本上是无机物。

3. 气态污染物浓度较低

由于全国燃煤电厂燃煤含硫量多在0.5%～2.5%,含氮量多在0.5%～2.5%,加之烟气量大,故气态污染物浓度一般较低,在10^{-4}～10^{-3}数量级,远低于有色金属冶炼、化工厂烟气气态污染物的浓度。正因如此,要在大量烟气中对这些气态物质进行回收利用,设备投资和运行费用高、工作难度大。所以对燃高硫煤、对环境影响大的电厂,则应在全面分析其社会、经济、环境效益的基础上,因地制宜、区别对待,选择合理的治理办法。

4. 烟气有一定的温度和湿度

燃煤电厂锅炉烟气的温度与湿度,视煤种、锅炉与除尘器类型等因素而异。对于最常用的固态排渣煤粉炉,空气预热器出口烟气湿度按理论计算,一般为3%～7%;烟气温度一般为120～150 ℃,高者可为170～190 ℃。

5. 烟气抬升高、扩散远

随着经济的发展和技术的进步,采用高烟囱的比例明显增加。由于烟气量大,烟温一般高出环境空气较多,且用高烟囱排放,因而烟气抬升高度大,扩散范围广,随风传输形成连续的烟流,距离可达几百甚至几千千米,有利于减轻烟气中SO_2与NO_x对局部地区空气的污染。

6.5.2　燃煤电厂废气治理

对燃煤电厂废气的治理,应大力推行洁净煤技术并尽快进行技术改造和加强企业管理,以降低煤耗,这是电厂减少废气排放的重要途径之一。此外,应积极开发和应用高效的废气治理技术和综合资源利用技术,如锅炉烟气除尘采用除尘效率高的电除尘器、开发高效的电厂脱硫脱硝新工艺、采用热电联产等措施。

1. 燃煤电厂锅炉烟尘治理

燃煤电厂对锅炉烟尘的治理,主要采用各种类型的除尘器:电除尘器、袋式除尘器、湿式除尘器及旋风除尘器等。其中,电除尘器除尘效率高、运行费用低,所以燃煤电厂除尘以电除尘器为主;文丘里等湿式除尘器的除尘效率也较高,且造价较低,效果较好。

2. 燃煤电厂锅炉硫氧化物的治理

烟气中的二氧化硫来自煤中含硫化合物。煤中的含硫化合物有两类：一类是无机硫化物，主要是硫化铁；另一类是有机硫化物，两者约各占一半。烟气的氮氧化物则是煤中含氮化合物的氧化产物。此外，煤在燃烧时鼓风机输送到空气中的氮也会在高温区内与氧化合。固体粉尘是未燃尽的碳粒和灰分。电厂烟气中还含有大量的二氧化碳，它会引起全球气温的持续转暖。因此，火力发电的规模实际上存在着一个极限。严格来说，利用矿物燃料生产电力只是人类利用能量的一个过渡阶段。

燃煤电厂锅炉在煤燃烧时产生大量的二氧化硫。控制二氧化硫技术基本可分为三大类：燃烧前脱硫、燃烧中脱硫、燃烧后脱硫。

燃烧前脱硫的主要措施是洗煤。通过洗煤可以除去部分灰分和大约80%煤中所含的无机硫，但不能除去有机硫，所以最多只能使总硫分减少40%。由于这种方法脱硫效果有限，通常只能作为一种辅助手段。近年来又发展了利用电场、磁场和超声脱硫的新技术。燃烧前脱硫的另一措施是采用化学法脱硫或使煤气化、液化，在这方面已经开展过不少研究工作，曾被认为是非常富于前景的方向，但由于经济上的原因，至今未能实现大规模的工业应用。

燃烧中脱硫方案的实施办法是，使燃料流态化的固体粒子层内进行燃烧。这种锅炉热容量大，传热性能好，燃烧层温度均匀，效率可达90%，而且燃烧温度低(850℃)，可以减少氮氧化物的产生。如目前推广应用的循环流化床(CFBC)燃烧脱硫技术就是比较理想的燃烧中脱硫技术。

循环流化床锅炉是指利用高温除尘器使飞出的物料又返回炉膛内循环利用的流化燃烧方式。它具有以下几方面的特点：①可以燃用各种类型的煤，还可以实现与液体燃料的混合燃烧；②由于流化速度较高，使燃料在系统内不断循环，实现均匀稳定的燃烧；③由于采用循环燃烧的方式，燃料在炉内停留时间较长，使燃烧效率高达99%，锅炉效率可达90%；④由于石灰石在流化床内的反应时间长，使用少量的石灰石(钙硫比小于1.5)即可使脱硫效率达90%；⑤燃料制备和给煤系统简单，操作灵活。

由于循环流化床锅炉比传统的燃烧锅炉和常规流化床锅炉有较大的优越性(见表6-3)，因此越来越得到广泛的重视，可望成为重要的洁净燃烧技术。

表6-3　多物料循环流化床(MSFBC)与常规流化床(FBC)燃烧的性能比较

项目	碳利用率(%)	脱硫率(%)	排放量				
			SO_2(mL/m³)	NO_x(mL/m³)	CO(mL/m³)	CO_2(%)	O_2(%)
FBC	93	75	365	240	478	11.4	9.5
MSFBC	98	95	95	72	400	14.5	3.8

图6-15是多物料循环流化床燃烧的示意图。由于它能使飞扬的物料循环回到燃烧室中，因此所采用的流化速度比常规流化床要高，对燃料粒度、吸附剂粒度的要求也比常规流化床要低。在多物料循环流化床中形成了两种截然不同的床层，底部是由大颗粒物料组成的密相床，上部是由细微物料组成的气流床，因此称为多物料循环流化床。当飞扬的物料逸出气流床后便被一个高效初级旋风分离器从烟气中分离出来，并使其流进外置式换热器中，有一部分物料从换热器中再回到燃烧室中，而大部分飞扬的物料逸流至外置式换热器的换热段，被冷却后再循环至燃烧室中。

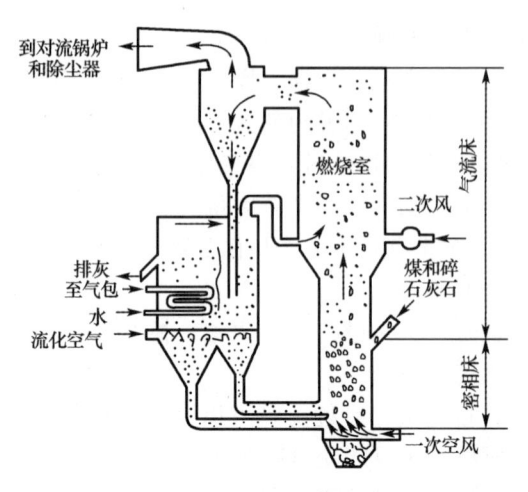

图 6-15 多物料循环流化床

在多物料循外流化床中形成了两种截然不同的床层,将石灰石等廉价的原料与煤粉碎成同样的细度,与煤在炉中同时燃烧。在 800~900 ℃时,石灰石受热分解出二氧化碳,形成多孔的氧化钙与二氧化硫作用生成硫酸盐,达到固硫的目的。影响脱硫效率的主要因素有:流化床、燃烧温度、流化速度和脱硫剂用量。

燃烧后脱硫及烟气脱硫。烟气脱硫技术按物料的利用来说,可分为回收式和非回收式两类;从工艺角度则可分为湿法和干法两大类。回收流程立足于从烟气中回收硫资源,加工成硫酸、元素硫或液态二氧化硫,作为电厂的副产品;而非回收式流程仅着眼于二氧化硫的无害化处理,将其转化成固渣后作为废料而废弃。从合理利用自然资源的角度出发,烟道气中的二氧化硫是重要的硫资源,因此回收法流程更加引起人们的重视,至今已研究过一百多种方法,其中约有十种达到工业实用的要求。

6.5.3 应用实例

实例:某热电厂 130 t/h 锅炉烟气循环流化床脱硫改造工程。

该工程项目技术的脱硫原理和传统的湿法脱硫完全一致。由于简化了脱硫剂制粉系统、副产品处理系统、过氧化系统和烟气再热系统,其工程投资费用为传统湿法脱硫工程投资的 50% 以下。该技术的开发解决了传统湿法烟气脱硫技术初投资较高、运行操作复杂等问题,能满足我国电站对脱硫技术经济高效的需求。

1. 工艺过程

烟气经电除尘器除尘后通过引风机进入脱硫塔,在与含有脱硫剂的喷淋液进行气液接触、碰撞的同时发生化学反应脱除烟气中的 SO_2。洁净的烟气经过除雾器除去烟气中夹带的水雾,并通过混合、加热、升温后排出。脱硫剂为生石灰 CaO,经充分消化、搅拌后进入脱硫塔底部的循环池,再用循环泵加入塔内参加脱硫反应。脱硫反应的副产物与氧化风机吹入的空气发生氧化反应生成石膏,搅拌均匀后经排污泵排出进一步处理。

2. 工艺原理

脱硫剂在消化槽中消化后,由浆液输送泵送入脱硫塔内循环池;塔内含有脱硫剂的浆液由循环泵送入脱硫喷嘴;脱硫塔中多层喷嘴形成由上而下的多层水膜与向上运动的烟气接触、吸收,发生反应,从而将烟气中的 SO_2 脱除;脱硫副产品浆液排入浓缩池,经过浓缩压滤处理,上清液可循环使用。

3. 反应机理

$$CaO + SO_2 + 1/2H_2O =\!=\!= CaSO_3 \cdot 1/2H_2O$$
$$Ca(OH)_2 + SO_2 + 1/2H_2O =\!=\!= CaSO_3 \cdot 1/2H_2O + H_2O$$
$$CaSO_3 \cdot 1/2H_2O + SO_2 + 1/2H_2O =\!=\!= Ca(HSO_3)_2$$
$$2CaSO_3 \cdot 1/2H_2O + O_2 + 3H_2O =\!=\!= 2CaSO_4 \cdot 2H_2O$$

4. 技术特点

脱硫塔装置脱硫效率大于 90%，系统脱硫效率大于 85%；造价低，初投资及运行费用低；系统电耗与传统湿法相比有大幅度降低；脱硫设备结构紧凑、占地安装面积小；设置热烟气混合装置，不需要传统的气-气换热器；系统可用率大于 95%；技术经济指标钙硫比(Ca/S)>1.05；喷嘴层数为 4~8；系统阻力<1 000 Pa；脱硫塔脱硫效率>90%；系统脱硫效率>85%。

5. 系统构成

简易湿法脱硫系统主要由喷淋脱硫塔、均流装置、喷嘴及除雾器组成。从烟道中进入脱硫塔后的烟气，通过均流装置的作用使其在塔内流畅均匀，并与从喷嘴喷淋下来的含有脱硫剂浆液的雾滴发生拦截、吸附、碰撞等一系列作用，从而将烟气中的大部分的二氧化硫从喷淋脱硫塔中脱除，烟气经过除雾器时，其中所夹带的绝大多数水雾滴被除去，洁净的烟气进入尾部烟道。

（1）烟气系统

烟气系统主要由主烟道、风门、旁路烟道和密封风机等组成。烟气从引风机出口进入主烟道，然后进入脱硫系统脱除有害气体，洁净的烟气进入尾部烟道，最后通过烟囱排入大气。引风机压头及烟囱抽力用于克服整个系统流动阻力。为了保证系统检修时不影响锅炉的正常运行，在烟气系统中增设了旁路系统。当检修整个烟气脱硫系统时，将主烟道风门关闭，打开旁路风门，烟气直接从旁路经烟囱排入大气。

（2）水系统

水系统主要包括循环水系统和副产品排污系统两部分。循环水系统由循环泵、循环池、除雾器冲洗水等组成。当从脱硫塔内喷嘴喷出的循环水对烟气进行洗涤后，进入循环池，上部较低浓度循环水经循环水泵输送到脱硫塔的喷嘴中对烟气进行脱硫循环，除雾器冲洗水对除雾器进行不定期冲洗，冲洗后流入循环池中。

（3）副产品排污系统

副产品排污系统主要由排污泵及排污管路组成。脱硫塔循环池下部较浓的排污水经过排污泵进入排污管路，排到脱硫副产物处理系统中，经过进一步浓缩处理，上清液重新打入水循环系统，加以利用，降低了工业水的消耗量。

（4）脱硫剂制备系统

脱硫剂制备系统主要由脱硫剂仓、消化槽、储备槽及相应的搅拌电机和浆液输送泵等组成。本项目中采用的是石灰湿法脱硫工艺，脱硫剂从气力输送罐车直接送入脱硫剂仓，通过计量加料装置加入消化槽中，消化槽采用机械搅拌。系统中水的流量连续测量并与石灰的计量加入装置连锁控制，消化槽设料位触点控制进料和出料。消化槽内的石灰浆通过渣浆泵送入储备槽中，储备槽有效容积与消化槽一致。石灰浆液最后由输送泵打入脱硫塔循环池中，完成脱硫剂的整个加入过程。

(5)电气系统

脱硫系统的用电采用三相四线 380 V 中性点直接接地方式。重要设备采用 UPS 电源供电,脱硫塔等较大设备采用防雷接地装置。

(6)控制系统

控制系统部分则提供一套完整、可靠、符合有关工业标准的脱硫控制系统及设备,该系统的设计完全能满足脱硫系统的自动调节要求,保证系统在各种工况下安全稳定地运行,确保脱硫效率达到要求。系统能完成脱硫系统内所有的测量、监视、自动控制、保护和连锁、记录等功能。为确保脱硫系统可靠、正常、安全运行,控制系统采用计算机控制。数据采集采用 PLC 可编程控制器来实现,确保系统无干扰、速度快、实用性强。根据电厂情况采用一套计算机设备,一套 PLC 可编程控制器。可编程控制器作为数据采集及数据输出设备,布置在靠近被控设备附近。工业控制计算机及 CRT 显示器放在控制室内,计算机与 PLC 可编程控制器通过 CCU 通信单元线连接。

(7)副产品处理系统

副产品处理系统由浓缩机、压滤机、上清液储槽及相应的渣浆泵组成。污水进入浓缩机,经过浓缩分离,浓稠的浆液经过压滤机的压滤,使水分得到进一步去除,脱水后的副产物用车外运,过滤下来的水集中到上清液储槽中,通过输送泵重新打到消化槽循环利用。

学习任务单

1. 简述燃煤电厂烟气的特点。
2. 简述燃煤电厂废气的治理技术。
3. 电厂锅炉燃烧时控制 SO_2 的技术措施有哪些?

6.6 印刷行业 VOCs 治理

6.6.1 概述

"雾霾"的主要污染物为 PM2.5(细颗粒物)。PM2.5 的主要来源之一就是印刷行业的挥发性有机化合物(VOCs)的排放,其在空中发生化学反应产生硫酸盐、硝酸盐及有机气溶胶等,从而破坏大气环境及人体健康。印刷业的主要原材料油墨、溶剂等中含有苯、二甲苯、乙酸乙酯等挥发性有机物,是一种恶臭废气,可通过呼吸、皮肤接触等途径进入人体,使人感觉头晕、恶心、呕吐等症状,严重者会危及生命;另外,VOCs 会造成酸雾、地面臭氧等二次污染问题,危害大气环境及人体健康。

现有的 VOCs 处理技术主要分为氧化分解法和回收法两大类。各种方法都有其各自的优点与局限性。如活性炭吸附法(如活性炭-催化燃烧法),通过活性炭吸附 VOCs 并定时对其进行脱附处理与处置。根据现有工程的应用效果调查,一般活性炭的解吸需每隔几天或一两个月就要进行一次,而且寿命有限,吸附效率逐渐降低,处理效果不稳定、成本高、操作较繁,而且还要考虑脱附物产生二次污染的问题。因此,要做好印刷行业 VOCs 治理需要一种克服传统工艺技术缺陷又切实可行适用的处理工艺。

6.6.2 印刷厂 VOCs 治理工程实例分析

1. 项目简介

广东某印刷厂主要经营印刷业务,油墨及有机溶剂的使用在 UV 印刷、丝印 UV、过胶胶水、胶装胶水、皮壳胶水等中含有大量苯、甲苯、二甲苯等有机废气 VOCs。

2. 项目 VOCs 处理工艺介绍

与传统印刷业有机废气风量大、浓度小的特点一样,为适应该印刷厂的废气特点,结合国内外先进的工艺技术,设计了"雾化喷淋 | 高效生物净化器"系统。该工艺方案投资运行成本较低、操作简单、处理效果稳定。采用具有国际先进水平的、投资少、运行费低、管理简单、净化效果稳定的系统。

3. 高效生物净化器技术原理

挥发性有机物(VOCs)等有毒有臭味废经专管集中导入至生物过滤器(生物过滤器内的填料在预处理时,与 BD-5# 菌种混合,经培养使得填料上附着有大量的微生物,并形成生物膜)进行净化和降解废气中的污染物质。该生物膜中的微生物以废气中的污染物为养料得以生长繁殖,同时又对挥发性有机物质(VOC)进行生物分解及脱臭处理,将其降解成为 CO_2 和 H_2O 后再排出,从而达到净化废气的目的。

高效生物过滤器是废气生物净化的关键,高效生物过滤器的关键是净化器内的生物菌种的选择、生物填料的选择以及、高效生物膜形成:高效菌种需要能够理含硫化物、挥发性有机物等废气的生物菌种,并使培养出的生物膜可以自身繁殖代谢,自我更新,无需添加菌种;高效生物填需要填料表面积大,耐用,亲水性好可使用 5~10 年以上;生物膜技术需要将微生物菌种固定在高效生物载体上,由多种菌种形成一种复合体系。

4. 工艺流程

图 6-17 为本项目处理工艺流程图,具体为:有机废气产生源→集气罩→风管→风机→风管→生物过滤器净化→排放。

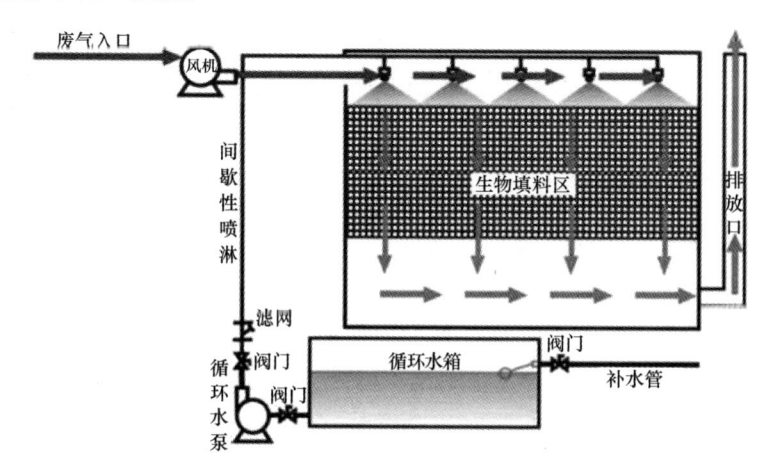

图 6-17 处理工艺流程图

5. 主要设备参数

生物过滤器包括:箱体,箱内支架,隔网(已考虑防腐要求,由不锈钢制造),生物菌种和填料,喷淋头,箱体支座,不锈钢储水箱,水泵、电控开关及配套水管等。本设计共 12 个排放口,排放总量为 48 000 m³/h,共设 1 套有机废气净化设备。设备规格:长×宽×高＝11.0 m× 6.0 m×2.0 m,全套设备总重量大约为 35 吨,每平方米大约承重 0.53 吨。主要设备参数: ①生物过滤器 1 套:规格 11.0 m×6.0 m×2.0 m;②不锈钢喷淋水泵 1 台：DW8-50/220,功率 2.2 kW;③水箱及阀门等配件 1 套:不锈钢＋PP 水管等;④风机起动及保护器 1 套:含电源线;⑤生物过滤器支承座 1 座:加厚槽钢;⑥4-72-10C 离心通风机 1 台:功率 37 kW,含支架及防震;⑦风管(含配套弯头):镀锌板 1 200×1 000;⑧过滤器进出风口 1 套:镀锌板。

6. 处理效果及主要优势

①设备结构简单、体积小、投资少,处理效率高;经测试,项目运行稳定后含硫恶臭物质去除率在 95% 以上,其他物质去除率 85%～95% 以上,废气排放达到国家环保标准(恶臭污染物排放标准、大气污染物排放限值)。

②生物系统可根据实际情况和要求选择集中式或分布式;选用生物菌种、填料寿命达 10 年以上;更新再生操作简单。

③运行稳定,压损少,不易出现堵塞与故障;操作管理简单,运行费用低。

④间歇工作能力强,停运后再运行,效率不受影响。生物系统不需配置预处理塔、生物洗涤塔或生物滤池(塔)。除收集废气所需的风机外,只有抽水喷淋的小水泵的电费,用电极省。运行费用比其他废气净化技术都要低得多。

学习任务单

1. 印刷行业排放废气的特点?
2. 了解印刷行业 VOCs 治理的其他方法。
3. 查找资料学习炼化行业 VOCs 废气治理典型技术。

6.7 现场教学

1. 教学目标

通过教师讲解和对企业的参观实习,了解重点工业行业的生产工艺,重点掌握大气污染控制的工艺流程。

2. 教学内容

主要行业大气污染物的来源、特点及其污染控制技术解决方案。

3. 教学方法

采用课堂讲解和到企业参观工业流程相结合的方式。

4. 学生能力体现

通过理论与实践的结合,熟悉主要行业的生产工艺路线,会画主要废气污染治理工程的工艺流程图,掌握各种废气的治理方法;通过认识实习和本教材的技能实训内容学习,结合实际写出一篇自己最熟悉行业的废气治理调查报告,字数在 2 500 左右。

模块 7　典型大气污染控制技术技能实训

知识目标

1. 通过实训，做到理论联系实际，了解和掌握林格曼烟气黑度图制作原理；旋风除尘器性能测定和袋式除尘器性能测定的原理。
2. 掌握林格曼烟气黑度图和林格曼望远镜使用技巧、旋风除尘器性能测定和袋式除尘器性能测定方法。
3. 了解和掌握吸收法净化二氧化硫废气和吸附法净化氮氧化物废气的工艺流程及使用这两种污染防治系统实训装置的性能测定方法。
4. 深入了解离心风机和离心水泵的内部结构、工作原理。

技能目标

1. 学会林格曼烟气黑度图和林格曼望远镜测定技能技巧。
2. 掌握旋风除尘器性能测定、袋式除尘器性能测定、吸收法净化二氧化硫废气、吸附法净化氮氧化物废气、离心风机和离心水泵拆装六项技术实训技能。

能力训练任务

1. 能熟练地掌握林格曼烟气黑度图和林格曼望远镜等两项监测图表和仪器的使用技能。
2. 能熟练地掌握旋风除尘器性能测定、袋式除尘器性能测定、吸收法净化二氧化硫废气、吸附法净化氮氧化物废气等四项大气污染控制实训装置技术实训技能。
3. 能熟练地掌握旋离心风机拆卸与组装、离心水泵拆卸与组装等两项技术实训技能。
4. 通过实训学习，进一步使学习者熟悉相关大气污染控制技术和设施的原理、工艺流程和操作规程，掌握大气污染控制系统的运行操作和设备的维护管理，提高学习者的学习兴趣和动手训练能力。

7.1　典型大气污染控制技术概述

实训教学是高职、高专实践教学体系的一个重要环节，是培养学生综合能力和提高综合素质的重要手段。实训是指学生在基本学完专业技术课程（或某一章节）之后，进入生产实习之前针对本专业应该掌握的关键技能（综合技能）在校内进行强化或重复训练，以达到学生熟练掌握本专业关键技能的教学过程。实训课程是按照课程教学大纲的要求安排的实践教学活动，通常为一门课程或几门性质、内容相近，且互相联系的课程综合在一起的教学活动，是教学过程的重要组成部分。它区别于综合性的生产实习，内容仅局限于课程要求，时间较短、专业性强，目的在于使学生通过在现场进行观察、考察或实际操作，巩固和加深对所学课程理论的认识，了解实际和掌握某些操作技能。在实训过程中，以教师指导、学生独立操作为主，实践内容应注意与课程的课堂讲授互相衔接、紧密配合。

7.1.1 大气污染控制技术实训的目的

大气污染控制技术课程是环境工程类专业学生的专业必修课,通过大气污染控制技术实践教学训练可以使学生的学习达到如下目的:

1. 在观察分析各种废气治理设备的技术性能后,进一步理解和掌握大气污染控制方面的基础知识,加深对控制工艺、技术及设备的认识,为更好地掌握所学理论知识奠定基础。

2. 通过实践训练,使学生能够借助技能实训教材或设备仪器操作规程,熟悉常规设备仪器的基本原理和性能,并能正确操作使用;学习并掌握一些废气治理设备的性能参数;能够运用所学知识对实训现象进行初步分析和判断;能正确记录和处理实训数据,对实训结果做出分析,写出合格的实训报告,培养动手操作的能力,增强就业竞争力。

3. 训练学生艰苦奋斗、勤奋不懈、谦虚好学、乐于协作、实事求是、创新存疑等科学品质和科学精神,养成严格操作、严密思维的工作作风以及爱护国家财产、遵守纪律的优良品德。

7.1.2 大气污染控制技能训练的形式

1. 观察性实训

为方便学生对客观事物的认识,以现场演示的形式,使学生了解大气污染控制技术的工作原理、工艺路线、设备结构的相互关系、变化过程及其规律的实践教学过程。通过由教师操作演示,学生进行仔细观察、验证理论、同时阐明原理和叙述基本方法。

2. 操作性训练

由学生按操作规程要求,动手调试运行和拆装废气治理设备或自主实际操作、进行实训方案设计和数据处理,掌握其基本原理和操作技能。

3. 验证性训练

以加深学生对所学知识的理解,掌握废气治理设备的性能参数测定方法与操作技能为目的,验证课堂所讲原理、理论或结论;以学生进行现场操作为主,通过现象演变观察、数据记录、计算、分析直至得出被验证的原理、理论或结论的工程训练过程。一般按照实训教材的要求,在实训室由教师指导学生操作来验证课堂所学的理论,加深对基本理论、基本知识的理解,掌握基本的训练手段和应用技能、进行数据分析处理,撰写规范的实训报告。

4. 强化性训练

以培养学生灵活掌握所学知识和创新能力为目的,给定技能训练目的、要求和训练条件,由教师命题,学生自行设计废气治理技术方案并加以实现。通过设计、制作、安装、调试、运行与维护管理,进行废气治理设施系统全过程训练,同时形成完整的专项工程训练报告。可以作为学生毕业实习与毕业设计的综合考核内容,培养学生的组织能力和创新能力,增强学生走向社会的综合技能竞争力。

7.1.3 技能训练的过程

1. 课堂预习过程

(1)认真复习本书和技能训练项目有关章节,收集查找学习相关参考资料,做到明确目的、了解工艺原理;熟悉技能训练内容、主要操作步骤及数据的处理方法;提出注意事项,预习或复习基本操作规程,了解有关设备和仪器的使用。

(2)通过查阅有关资料或手册,列出技能训练所需的物理化学数据和公式计算步骤。

(3)在前面的基础上,认真写好预习报告。

2. 准备阶段

(1)技能实训前师生共同讨论,掌握实训原理、操作要点和注意事项等。
(2)观看操作录像或仿真教学资料,或由教师操作示范,使基本操作规范化。
(3)安全问题至关重要,实训教师一定要在技能实训前认真做好安全教育。
(4)教育学生必须遵守实训场所的工作制度,不得无故缺勤、迟到、早退。学生未经许可,不准私自开关实训场所的运行设备和仪器仪表。

3. 实训阶段

(1)按拟定的实训步骤进行操作,既要大胆,又要细心认真测定数据,并做到边操作、边思考、边记录。仔细观察设备运行情况。
(2)将观察到的现象、测定的数据等如实记录在报告本上,不得杜撰或随意删减原始数据,原始数据不得涂改或用橡皮擦拭,如记错可在原始数据上画一道杠,再在旁边写上正确值。
(3)技能训练中要勤于思考、仔细分析,遇到疑难问题,可查资料也可与教师讨论获得指导。
(4)若对训练过程有怀疑,在分析和查找原因的同时,可以重复操作训练,必要时可自行设计实训方案进行核对,从中得出有益的结论。
(5)若验证数据结论有误,要检查原因,经教师同意后重新开始。

4. 归纳总结阶段

技能训练完成后,每个实训组或每个学生都要对训练过程进行完整描述,整理实训数据,分析训练结果,把直接的感性认识提高到理性思维阶段。对废气治理设备的性能参数进行理论知识和实践结果的对比分析,分析产生误差的原因,对实训现象以及出现的一些问题进行讨论,要敢于提出自己的见解;规范填写实训报告,实训报告要求字体端正,数据齐全,图表规范。

实训报告通常包括以下几个部分:①实训项目名称;②实训内容;③实训目的;④工艺原理和工艺流程;⑤设备图纸(型号、结构、特点);⑥训练简要步骤或设备操作规程;⑦实训结果及数据处理的主要步骤;⑧技能训练效果的讨论分析;⑨需完善技能训练的建议或意见等。

7.2 实训1——林格曼烟气黑度测定

7.2.1 实训目的和内容

通过林格曼烟气黑度测定的应用实训,学会根据国家标准《固定污染源排放烟气黑度的测定 林格曼烟气黑度图法》(HJ/T 398—2007)仿真制作林格曼烟气黑度图和利用林格曼测烟望远镜对烟气黑度进行测定,掌握利用林格曼烟气黑度测定实训装置进行固定污染源排放烟气黑度的测定技能,提高对我国大气污染物排放标准中《锅炉大气污染物排放标准》(GB 13271—2014)、《工业炉窑大气污染物排放标准》(GB 9078—1996)、《炼焦化学工业污染物排放标准》(GB 16171—2012)、《火电厂大气污染物排放标准》(GB 13223—2011)等国家标准的认识。

1. 了解国家大气污染物排放标准中的污染控制指标要求。
2. 学习国家大气环境保护相关标准规范,仿真制作林格曼烟气黑度图。
3. 掌握林格曼烟气黑度图法和林格曼烟气黑度望远镜法观测位置选择的要求,学会观测方法、操作技巧和计算统计方法。

7.2.2 工作原理和设备仪器

1. 工作原理

林格曼烟气黑度（浓度）是评价排放烟尘浓度的一项重要指标。林格曼烟气黑度就是用视觉方法对烟气黑度进行评价的一种方法。常用的测定装置有：林格曼烟气黑度图、测烟望远镜、光电测烟仪。

林格曼烟气黑度的测定通常采用对照法或测烟望远镜观测法。对照法是把林格曼烟气黑度图放在适当的位置上，用林格曼烟气黑度图与烟囱排出的烟气按一定的要求，用目视观察来测定固定污染源排放烟气的黑度。测烟望远镜具有体积小、便于携带、观测方便等特点，观测时，可将烟气与镜片内的黑度图比较测定。上述两种测定方法简单方便，操作性强。本实训采用对照法。林格曼烟气黑度观测记录表见表 7-1。

表 7-1　　　　　　　　　林格曼烟气黑度观测记录表

被测单位					观测日期	
设备名称					净化设施	
分＼秒	0	15	30	45		
0						
1						
2					观测点位置与观测条件	
3					烟囱距离_____m；烟囱所在方向_____；	
4					烟囱高度_____m；烟囱出口形状_____；	
5					风向_____；风速_____m/s。	
6						
7					天气状况：□晴朗　□少云　□多云　□阴天	
8					烟雨背景：□无云　□薄云　□白云　□灰云	
9						
10					备注	
11						
12						
13						
14						
15						
16						
17					观测值累计次数及时间	
18					观测开始时间：_____时_____分	
19					观测结束时间：_____时_____分	
20						
21					5 级：_____次　累计时间_____分钟；	
22					≥4 级：_____次　累计时间_____分钟；	
23					≥3 级：_____次　累计时间_____分钟；	
24					≥2 级：_____次　累计时间_____分钟；	
25					<1 级：_____次　累计时间_____分钟；	
26						
27						
28						
29						
烟气黑度（林格曼级）：						

记录人：　　　　　班级：　　　　　学号：

2. 设备仪器

(1)林格曼烟气黑度图,标准样图两份,学生仿真制作图册若干份。

(2)计时器(秒表或手表)两块,精度1秒。

(3)烟气黑度图支架两个。

(4)风向、风速测定仪两个。

(5)林格曼烟气黑度望远镜及支架两台(可根据需要配置数码相机)。

3. 仿真制作林格曼烟气黑度图

(1)标准林格曼烟气黑度图

标准林格曼烟气黑度图由6张不同黑度的图片组成,可以通过在白色背景上确定黑色线条的宽度和矩形网格的间隔来准确印制。除全白与全黑分别代表林格曼黑度0级和5级外,其余4个级别是根据黑色条格占整块面积的百分数来确定的。

黑色条格的面积占20%为1级,占40%为2级,占60%为3级,占80%为4级。

每张图片中,网格所占的面积是14 cm×21 cm,每个小格长10 mm,宽10 mm。每张图片上的网格由294个小格组成。

林格曼黑度0级——全白。

林格曼黑度1级——每个小格长、宽均为10 mm,黑色线条宽1 mm,余下9 mm×9 mm平方的空白(黑色条格的面积占20%)。

林格曼黑度2级——每个小格长、宽均为10 mm,黑色线条宽2.3 mm,余下7.7 mm×7.7 mm平方的空白(黑色条格的面积占40%)。

林格曼黑度3级——每个小格长、宽均为10 mm,黑色线条宽3.7 mm,余下6.3 mm×6.3 mm平方的空白(黑色条格的面积占60%)。

林格曼黑度4级——每个小格长、宽均为10 mm,黑色线条宽5.5 mm,余下4.5 mm×4.5 mm平方的空白(黑色条格的面积占80%)。

林格曼黑度5级——全黑。

(2)林格曼烟气黑度图的仿真制作

仿真制作可在老师的指导下,参照国家标准林格曼烟气黑度图的要求,手工或利用计算机软件进行制作,使用A4规格纸张打印即可。

4. 林格曼烟气黑度望远镜法观测

林格曼烟气黑度望远镜将标准林格曼烟气黑度图缩制在一块玻璃上,从而对烟气黑度进行监测。将在望远镜目镜中看到的或由数码照相机拍摄到的烟气与林格曼烟气黑度图直接做对比,确定烟气的黑度等级。由于体积小巧、携带方便,使烟气黑度的测试变得快速、简便,使监测工作的准确度得到提高。林格曼烟气黑度望远镜如图7-1所示。

林格曼烟气黑度望远镜结构说明:1.目镜:左右旋转用来矫正屈光度,使林格曼图像清晰。2.物镜:左右旋转使观测物体清晰成像。3.相机接口:可以选择各类数码照相机连接仪器。4.三脚架接头:有1/4英寸的螺孔与三脚架连接。5.三脚架:升降杆可调节升降高度,机架上部的云台可左右旋转及上下俯仰。6.数码照相机:可拍摄清晰对比图片进行分析及存档。7.目镜调节窗盖:防止照相时漏光。

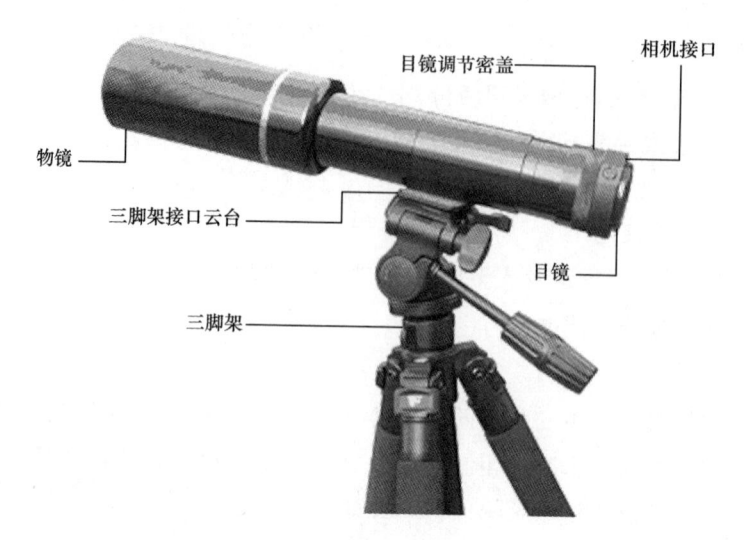

图 7-1　林格曼烟气黑度望远镜

7.2.3　观测记录和质量监控

1. 观测记录

（1）现场情况记录

观察者应按现场观测数据记录表格的要求，填写观测日期、被测单位、设备名称、净化设施等内容，并将烟囱距观测点的距离、烟囱位于观测点的方向、风向和风速、天气状况以及烟气背景的情况逐一填入表内。

（2）现场观测记录

烟气黑度的观测值，每次观测 15 秒记录一个读数，填入观测记录表格（表 7-1）中。每个读数都应反映 15 秒内黑度的平均值。连续观测烟气黑度的时间为 30 分钟，在此期间进行 120 次规测，记录 120 个读数。对于烟气排放十分稳定的污染源，可酌情减少观测频次，每分钟观测 2 次，每 30 秒记录一个读数，连续观测 30 分钟，在此期间进行 60 次观测，记录 60 个读数。

2. 质量监控

（1）用林格曼烟气黑度图法鉴定烟气的黑度取决于观察者的观察力和判断能力，观测人员的矫正视力应优于 1.0，须经过知识培训和技术指导。

（2）应使用符合基本规范要求的林格曼烟气黑度图，并注意保持图面的整洁。在使用过程中，林格曼烟气黑度图如果被污损或褪色，应及时更换新的图片。

（3）观测前先平整地将林格曼烟气黑度图固定在支架或平板上，支架的材料要求坚固、轻便，支架或平板的颜色应柔和自然，不应对观察造成干扰。使用时图面上不要加任何覆盖层，以免影响图面的清晰。

（4）凭视觉所鉴定的烟气黑度是反射光的作用。所观测到的烟气黑度读数，不仅取决于烟气本身的黑度，同时还与天空的均匀性和亮度、风速、烟囱的出口结构（出口断面的直径和形状）及观测时照射光线和角度有关。在现场规测时，对这些因素应充分注意。

（5）一般用林格曼烟气黑度图鉴定黑色烟气效果较好，对于含有较多的水汽或其他结晶物质的白色烟气，效果较差。

(6)林格曼0级的白色图片可以提供一个有关照明的指标,用于发现图上的任何遮阴、照明不均匀,它还可以帮助发现图上的污点。

(7)在观测过程中,要认真做好观测记录,按要求填写记录表,计算观测结果。

(8)除排放标准另有规定或有特殊要求的监测外,一般污染源烟气黑度观测应在生产设备和环保设施正常稳定运行的工况下进行。

7.2.4 实训操作步骤

1. 林格曼烟气黑度图观测位置和条件

(1)应在白天进行观测,观察者与烟囱的距离应足以保证对烟气排放情况观察的清晰度。林格曼烟气黑度图安置在固定支架上,图片面向观察者,尽可能使图位于观察者至烟囱顶部的连线上,并使图与烟气有相似的天空背景。图距观察者应有足够的距离,以使图上的线条看起来融合在一起,从而使每个方块有均匀的黑度,对于绝大多数观察者,距离约为15 m。

(2)观察者的视线应尽量与烟气飘动的方向垂直。观察烟气的仰视角不应太大,一般情况下不宜大于45°角,尽量避免在过于陡峭的角度下观察。

(3)观察烟气黑度力求在比较均匀的天空光照下进行。如果在太阳光照下观察,应尽量使照射光线与视线成直角,光线不应来自观察者的前方或后方。雨雪天、雾天及风速大于4.5 m/s时不应进行观察。

2. 林格曼烟气黑度图观测方法

(1)观察烟气的部位应选择在烟气黑度最大的地方,该部位应没有冷凝水汽存在。观察时,将烟囱排出烟气的黑度与林格曼烟气黑度图进行比较,记下烟气的林格曼级数。如烟气黑度处于两个林格曼级之间,可估计一个0.5或0.25林格曼级数。每分钟观测4次,观察者不宜一直盯着烟气观测,而应看几秒钟然后停几秒钟,每次观测(包括观看和间歇时间)约15秒,连续观测烟气黑度的时间不少于30分钟。

(2)观察混有冷凝水汽的烟气,当烟囱出口处的烟气中有可见的冷凝水汽存在时,应选择在离开烟囱口一段距离,看不到水汽的部位观察。

(3)观察含有水蒸气的烟气,当烟气中的水蒸气在离开烟囱出口的一段距离后,冷凝并且变为可见,这时应选择在烟囱口附近,水蒸气尚未形成可见的冷凝水汽的部位观察。

(4)观察烟气宜在比较均匀的天空照明下进行。如在阴天的情况下观察,由于天空背景较暗,在读数时应根据经验取稍偏低的级数(减去0.25级或0.5级)。

3. 林格曼烟气黑度望远镜观测方法

林格曼烟气黑度望远镜观测应在白天进行观测,观测者站在距离烟囱10~1 000 m的无障碍物阻挡处,将林格曼测烟望远镜对准烟囱,把目镜中看到的林格曼浓度图与离烟囱30~45 cm处的排气黑度进行比较。观察烟气的仰视角不应太大,一般情况下不宜大于45°角,尽量避免在过于陡峭的角度下观察。观察烟气力求在比较均匀的光照下进行。如果在太阳光照射下观察,应尽量使照射光线与视线成直角,排气的流向与观测者视线垂直。

用林格曼烟气黑度望远镜观测,每次观测15秒记录一个读数,连续观测烟气黑度的时间为30分钟,记录120次观测读数,对于烟气排放稳定的污染源,可减少观测频次,每分钟观测2次,记录60个读数。

7.2.5 数据计算处理

1. 按林格曼黑度级别将观测值分级,分别统计每一黑度级别出现的累计次数和时间。

2. 除了在观测过程中出现 5 级林格曼黑度时,烟气黑度按 5 级别计,不必继续观测外,其他情况都必须连续观测 30 分钟。分别统计每一黑度级别出现的累计时间,烟气黑度按 30 分钟内出现累计时间超过 2 分钟的最大林格曼黑度级别计。

3. 按以下顺序和原则确定烟气黑度级别:

(1)林格曼黑度 5 级:30 分钟内出现 5 级林格曼黑度时,烟气的林格曼黑度按 5 级计。

(2)林格曼黑度 4 级:30 分钟内出现 4 级及以上林格曼黑度的累计时间超过 2 分钟时,烟气的林格曼黑度按 4 级计。

(3)林格曼黑度 3 级:30 分钟内出现 3 级及以上林格曼黑度的累计时间超过 2 分钟时,烟气的林格曼黑度按 3 级计。

(4)林格曼黑度 2 级:30 分钟内出现 2 级及以上林格曼黑度的累计时间超过 2 分钟时,烟气的林格曼黑度按 2 级计。

(5)林格曼黑度 1 级:30 分钟内出现 1 级及以上林格曼黑度的累计时间超过 2 分钟时,烟气的林格曼黑度按 1 级计。

(6)林格曼黑度<1 级:30 分钟内出现小于 1 级林格曼黑度的累计时间超过 28 分钟时,烟气的林格曼黑度按<1 级计。

7.2.6 结果讨论分析

1. 国标《固定污染源排放烟气黑度的测定 林格曼烟气黑度图法》(HJ/T 398—2007)中标准林格曼烟气黑度图法的使用范围有哪些?为什么?

2. 林格曼烟气黑度图法都可以应用在哪些行业的烟尘污染物?控制的标准都是多少?

3. 林格曼烟气黑度图和林格曼烟气望远镜测定方法各有什么特点?

4. 本技能实训对学习和应用大气污染控制技术知识有何现实意义?

5. 你认为本技能训练过程中存在什么问题?应如何改进?

7.3 实训 2——旋风除尘器的性能测定

7.3.1 实训目的和内容

通过旋风除尘器性能测定的技能训练,掌握旋风除尘器入口风速、风量与除尘器阻力、全效率、分级效率之间的关系以及入口浓度对除尘器除尘效率的影响,做到对影响旋风除尘器性能的主要因素有较全面的了解,同时通过对分级效率的测定与计算,进一步了解粉尘粒径大小等因素对旋风除尘器效率的影响,熟悉除尘器的操作应用条件。

1. 管道中各点流速和气体流量的测定。

2. 旋风除尘器的压力损失和阻力系数的测定。

3. 旋风除尘器的除尘效率和分级效率的测定。

7.3.2 工艺流程和设备仪器

1. 工艺流程

本实训系统工艺流程如图 7-2 所示。含尘气体通过旋风除尘器将粉尘从气体中分离,净化后的气体由离心风机经过排气筒排入大气。所需含尘气体浓度由发尘装置配置。

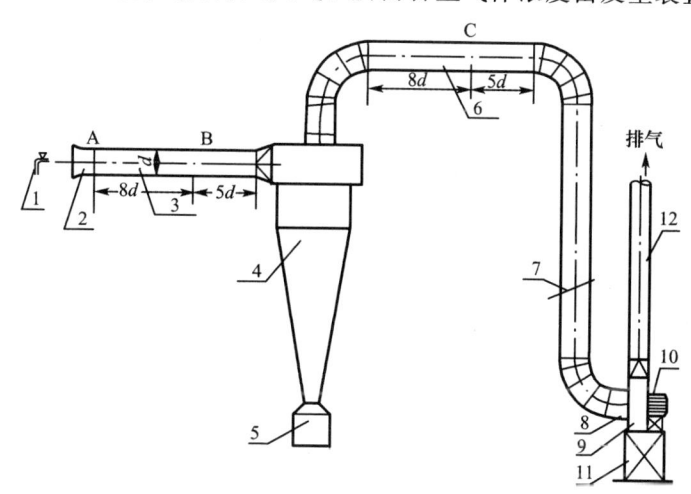

图 7-2 旋风除尘器系统性能测定实训工艺流程图
1—发尘装置;2—进气口;3—进气管;4—旋风除尘器;5—集灰斗;6—排气管;
7—阀门;7—软连接法兰;9—风机;10—电机;11—风机座;12—排气筒

2. 设备仪器

(1)旋风除尘器实训系统 1 套。
(主要由发尘装置、进气口、进气管、旋风除尘器、集灰斗、排气管、阀门、风机、排气筒构成)
(2)倾斜微压计(YYT-2000 型)2 台。
(3)U 形压力计(500~1 000 mm)2 个。
(4)毕托管 2 支。
(6)烟尘采样管 2 支。
(5)烟尘浓度测试仪 2 台。
(7)干湿球温度计 1 支。
(8)空盒气压计(DYM-3)1 台。
(9)分析天平(分度值 $\frac{1}{1\,000}$ g)1 台。
(10)托盘天平(分度值 1 g)1 台。
(11)秒表 2 块。
(12)钢卷尺 2 个。

7.3.3 参数测定方法和计算

1. 采样位置的选择

正确地选择采样位置和确定采样点的数目对采集有代表性并符合测定要求的样品是非常重要的。采样位置应取气流平稳的管段,原则上避免弯头部分和断面形状急剧变化的部分,与其距离至少是烟道直径的 1.5 倍,同时要求烟道中气流速度在 5 m/s 以上。而采样孔和采样点的位置主要根据烟道的大小及断面的形状而定。下面说明不同形状烟道采样点的布置。

(1)圆形烟道

采样点分布如图 7-3(a)所示。将烟道的断面划分为适当数目的等面积同心圆环,各采样点均选在各环等面积的中心线与呈垂直相交的两条直径线的交点上。所分的等面积圆环数由烟道的直径大小而定。

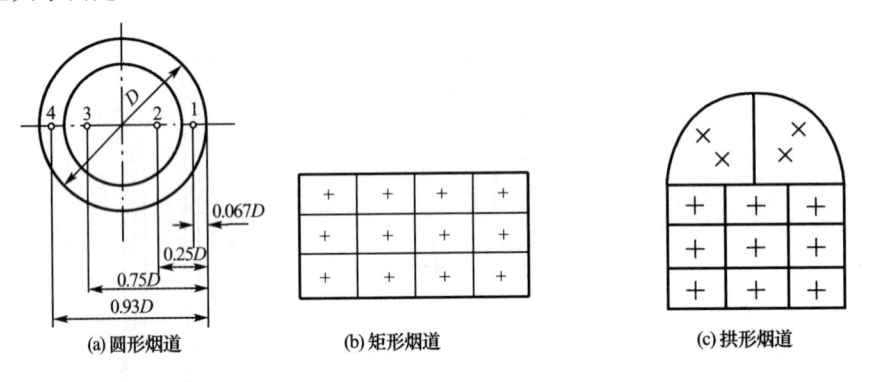

图 7-3 烟道采样点分布图

(2)矩形烟道

将烟道断面分为等面积的矩形小块,各块中心即采样点,如图 7-3(b)所示。不同面积矩形烟道等面积分块数见表 7-2。

表 7-2　矩形烟道的分块和测点数

烟道断面面积(m²)	等面积分块数	测点数
<1	2×2	4
1~4	3×3	9
4~9	4×3	12

(3)拱形烟道

分别按圆形烟道和矩形烟道采样点布置原则,如图 7-3(c)所示。

2. 空气状态参数的测定

旋风除尘器的性能通常是以标准状态($p=1.013\times10^5$ Pa,$T=273$ K)来表示的。空气状态参数决定了空气所处的状态,因此可以通过测定烟气状态参数,将实际运行状态的空气换算成标准状态的空气,以便于比较。

烟气状态参数包括烟气的温度、密度、相对湿度和大气压力。

烟气的温度和相对湿度可用干湿球温度计直接测得;大气压力由大气压力计测得;干烟气密度由下式计算

$$\rho_g = \frac{p_0}{R \cdot T} \tag{7-1}$$

式中　ρ_g——烟气密度,kg/m。

p_0——大气压力,Pa。

T——烟气温度,K。

实训过程中,要求烟气相对湿度不大于 75%。

3. 除尘器处理风量的测定和计算

(1) 烟气进口流速的计算

测量烟气流量的仪器包括 S 形毕托管和倾斜压力计。

S 形毕托管适用于含尘浓度较大的烟道。毕托管由两根不锈钢管组成,测试端做成方向相反的两个相互平行的开口,如图 7-4 所示,测定时,一个开口面向气流,测得全压,另一个背向气流,测得静压;两者之间便是动压。

图 7-4 毕托管的构造示意图
1—开口;2—接橡皮管

由于背向气流的开口上吸力影响,所得静压与实际值有一定误差,因而事先要加以校正,方法是与标准风速管在气流速度为 2~60 m/s 的气流中进行比较,S 形毕托管和标准风速管测得的速度值之比,称为毕托管的校正系数。当流速在 5~30 m/s 的范围内,其校正系数值约为 0.84。S 形毕托管可在厚壁烟道中使用,且开口较大,不易被尘粒堵住。

当干烟气组分同空气近似,露点温度在 35~55 ℃ 之间,烟气绝对压力在 $0.99 \sim 1.03 \times 10^5$ Pa 时,可用下列公式计算烟气入口流速

$$v_1 = 2.77 K_p \sqrt{T} \sqrt{p} \tag{7-2}$$

式中 K_p——毕托管的校正系数,$K_p = 0.84$。

T——烟气底部温度,℃。

$\sqrt{p}$——各动压方根平均值,Pa。

$$\sqrt{p} = \frac{\sqrt{p_1} + \sqrt{p_2} + \cdots \sqrt{p_n}}{n} \tag{7-3}$$

式中 p_n——任一点的动压值,Pa。

n——动压的测点数,取 9。

测压时将毕托管与倾斜压力计用橡皮管连好,动压值由水平放置的倾斜压力计读出。倾斜压力计测得动压值按下式计算

$$p = L \cdot K \cdot \upsilon \tag{7-4}$$

式中 L——斜管压力计读数。

K——斜度修正系数,在斜管压力标出,0.2,0.3,0.4,0.6,0.8。

υ——酒精比重,$\upsilon = 0.81$。

(2) 除尘器处理风量的计算

处理风量

$$Q = F_1 \cdot v_1 \tag{7-5}$$

式中 v_1——烟气进口流速,m/s。

F_1——烟气管道截面积,m²。

4. 除尘器入口流速的计算

入口流速

$$v_2 = Q/F_2 \tag{7-6}$$

式中 Q——处理风量,m³/s。

F_2——除尘器入口截面积,m²。

5. 烟气含尘浓度的测定

对污染源排放的烟气颗粒浓度的测定，一般采用从烟道中抽取一定量的含尘烟气，由滤筒收集烟气中的颗粒后，根据收集尘粒的质量和抽取烟气的体积求出烟气中的尘粒浓度。为取得有代表性的样品，必须进行等动力采样，即尘粒进入采样嘴的速度等于该点的气流速度，因而要预测烟气流速再换算成实际控制的采样流量。图 7-5 为烟气采样装置。

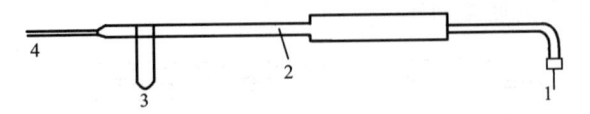

图 7-5　烟尘采样装置
1—采样嘴；2—采样管（内装滤筒）；3—手柄；
4—橡皮管接尘粒采样仪（流量计+抽气泵）

6. 除尘器阻力的测定和计算

由于实训装置中除尘器进出口管径相同，故除尘器阻力可用 B、C 两点（图 7-2 旋风除尘器性能测定实训系统图）的静压差（扣除管道沿程阻力与局部阻力）求得。

$$\Delta p = \Delta H - \sum \Delta h = \Delta H - (R_L \cdot l + \Delta p_m) \tag{7-7}$$

式中　Δp——除尘器阻力，Pa。

　　　ΔH——前后测量断面上的静压差，Pa。

　　　$\sum \Delta h$——测点断面之间的系统阻力，Pa。

　　　R_L——比摩阻，Pa/m。

　　　l——管道长度，m。

　　　Δp_m——异形接头的局部阻力，Pa。

将 Δp 换算成标准状态下的阻力 Δp_N

$$\Delta p_N = \Delta p \cdot \frac{T}{T_N} \cdot \frac{p_N}{p} \tag{7-8}$$

式中　T_N 和 T——标准和试验状态下的空气温度，K。

　　　p_N 和 p——标准和试验状态下的空气压力，Pa。

除尘器阻力系数按下式计算

$$\xi = \frac{\Delta p_N}{p_{dl}} \tag{7-9}$$

式中　ξ——除尘器阻力系数，无单位。

　　　Δp_N——除尘器阻力，Pa。

　　　p_{dl}——除尘器内入口截面处动压，Pa。

7. 除尘器进、出口浓度计算

$$C_j = \frac{G_j}{Q_j \cdot \tau} \tag{7-10}$$

$$C_z = \frac{G_j - G_s}{Q_z \cdot \tau} \tag{7-11}$$

式中　C_j 和 C_z——除尘器进口、出口的气体含尘浓度，g/m³。

　　　G_j 和 G_s——发尘量与除尘量，g。

Q_j 和 Q_z——除尘器进口、出口烟气量，m^3/s。

τ——发尘时间，s。

8. 除尘效率的计算

$$\eta = \frac{G_s}{G_j} \times 100\% \qquad (7\text{-}12)$$

式中 η——除尘效率，%。

9. 分级效率的计算

$$\eta_i = \eta \frac{g_{si}}{g_{ji}} \times 100\% \qquad (7\text{-}13)$$

式中 η_i——粉尘某一粒径范围的分级效率，%。

g_{si}——收尘中某一粒径范围的质量百分数，%。

g_{ji}——发尘中某一粒径范围的质量百分数，%。

7.3.4 实训操作步骤

1. 除尘器处理风量的测定

(1) 测定室内空气干湿球温度和相对湿度及空气压力，按式(7-1)计算管内的气体密度。

(2) 启动风机，在管道断面 A 处，利用毕托管和 YYT—2000 倾斜微压计测定该断面的静压，并从倾斜微压计中读出静压值，按式(7-5)计算管内的气体流量(除尘器的处理风量)，并计算断面的平均动压值。

2. 除尘器阻力的测定

(1) 用 U 形压力计测量 B、C 断面间的静压差(ΔH)。

(2) 量出 B、C 断面间的直管长度(l)和异形接头的尺寸，求出 B、C 断面间的沿程阻力和局部阻力。

(3) 按式(7-7)、(7-8)计算除尘器的阻力。

3. 除尘效率的测定

(1) 滤筒的预处理。测试前先将滤筒编号，然后在 105 ℃烘箱中烘两小时，取出后置于干燥器内冷却 20 分钟，再用分析天平测得初重并记录。

(2) 把预先干燥、恒重、编号的滤筒用镊子小心装在采样管的采样头内，再把选定好的采样嘴装到采样头上。

(3) 调节流量计使其流量为某采样点的控制流量，将采样管插入采样孔，找准采样点位置，使采样嘴对气流预热 10 分钟后转动 180°，即采样嘴正对气流方向，同时打开抽气泵的开关进行采样。按各点的流量和采样时间逐点采集尘样。

(4) 各点采样完毕后，关掉仪器开关，抽出采样管，待温度降下后，小心取出滤筒保存好。

(5) 采尘后的滤筒称重。将采集尘样的滤筒放在 105 ℃烘箱中烘两小时，取出置于玻璃干燥器内冷却 20 分钟后，用分析天平称重。将结果记录在表 7-4 中。

① 用托盘天平称出发尘量(G_j)。

② 通过发尘装置均匀地加入发尘量(G_j)，记下发尘时间(τ)，按式(7-10)计算出除尘器入口气体的含尘浓度(C_j)。

③ 称出收尘量(G_s)，按式(11)计算出除尘器出口气体的含尘浓度(C_z)。

④按式(7-12)计算除尘器的除尘效率(η)。

改变调节阀开启程度,重复以上实训步骤,确定除尘器在各种不同的工况下的性能。

7.3.5 数据计算处理

1. 除尘器处理风量的测定

实训时间_____年_____月_____日

空气干球温度(t_d)_____℃。

空气湿球温度(t_w)_____℃。

空气相对湿度(φ)_____%。

空气压力(p_0)_____Pa。

空气密度(ρ_g)_____kg/m³。

将测定结果整理成表(表7-3)。

表7-3　　　　　除尘器处理风量测定结果记录表

测定次数	微压计读数			微压计倾斜角系数	静压	流量系数	管内流速	风管横截面积	风量	除尘器进口截面积
	实际	初读	终读							
1										
2										
3										

2. 除尘器阻力的测定(表7-4)

表7-4　　　　　除尘器阻力测定结果记录表

测定次数	微压计读数			微压计	B、C断面间的静压差	比摩阻	直管长度	管内平均动压	管间的总阻力系数	管间的局部阻力	除尘器阻力	除尘器在标准状态下的阻力	除尘器进口界面处动压
	初读	终读	实际										
1													
2													
3													

3. 除尘器效率的测定(表7-5)

表7-5　　　　　除尘器效率测定结果记录表

测定次数	发尘量	发尘时间	进口气体含尘浓度	收尘量	出口气体含尘浓度	除尘效率
1						
2						
3						
4						

以除尘器进口气速为横坐标,除尘器除尘效率为纵坐标;以除尘器进口气速为横坐标,除尘器在标准状态下的阻力为纵坐标,分别将上述实训结果标绘成曲线。

7.3.6 数据自动采集式多管旋风除尘器实训装置的技能测定

根据前面单管旋风除尘器的实训方法,有条件的院校也可进行利用新型数据自动采集式多管旋风除尘器的性能测定实训。由秦皇岛达康科技发展有限责任公司研制的实训装置示意图如图 7-6 所示,主要设备为多管旋风除尘组合装置。它是一种以并联(也可串联)形式组成的高效旋风除尘设备,可通过自带的数据自动采集系统直观获取除尘过程参数,如风压、风速、温度、湿度、进口粉尘浓度、出口粉尘浓度等,并对除尘效率进行计算,同时可以实时打印和通过电脑导出。实验最大的特点在于可以通过单个旋风除尘装置顶部的开关对组合中的各个旋风除尘器进行开闭操作,学生可以根据已掌握的旋风除尘器的基本知识,参照前期实训操作步骤可以选择 1、2、3、4 个除尘器进行单独工作或组合运行并实时查看除尘效果,通过各个组合方式的数据结果和统计处理,可以更快、更好地掌握多管组合旋风除尘器运行指标参数和性能。

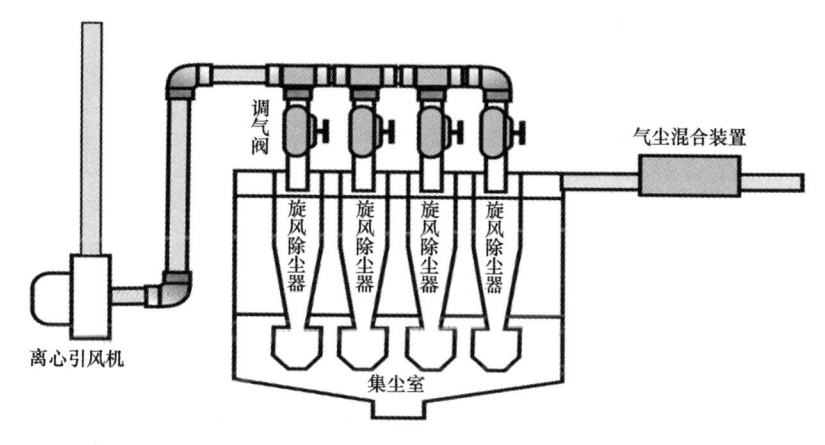

图 7-6 数据自动采集式多管旋风除尘器实训装置

7.3.7 结果讨论分析

1. 改用采样浓度法计算的除尘效率和质量法相比较,哪一个更准确?为什么?
2. 通过技能训练,你对旋风除尘器的除尘效率(η)和阻力(Δp)随入口气速变化的规律得出什么结论?它对除尘器的选择和运行使用有何意义?
3. 本实训装置对除尘器的运行使用有何意义?
4. 你认为本技能训练过程中存在什么问题?应如何改进?

7.4 实训 3——袋式除尘器的性能测定

7.4.1 实训目的和内容

通过袋式除尘器性能测定的训练,了解过滤速度对袋式除尘器的压力损失及除尘效率的影响。进一步提高对袋式除尘器结构形式和除尘机理的认识;提高对除尘技术基本知识和技能操作的综合应用能力,并通过工艺方案设计和结果分析,加强创新能力的培养。

1. 处理气体流量和过滤速度的测定。
2. 压力损失的测定。
3. 除尘效率的测定。
4. 压力损失、除尘效率与过滤速度关系的分析、测定。

7.4.2 工艺流程和设备仪器

1. 工艺流程

本实训系统流程如图 7-7 所示。

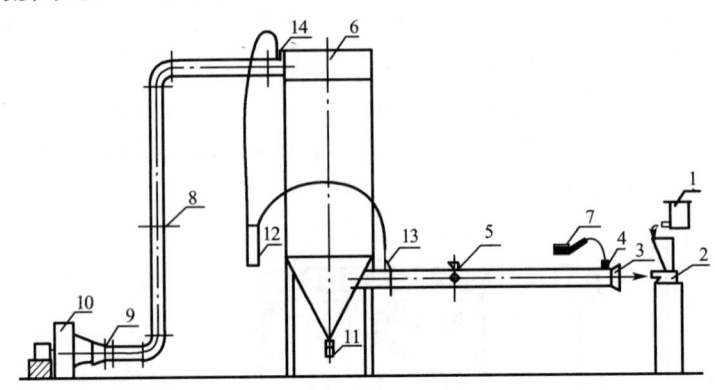

图 7-7 袋式除尘器性能测定流程图
1—粉尘定量供给装置；2—粉尘分散装置；3—喇叭形均流管；4—静压测孔；
5—除尘器进口测定断面；6—袋式除尘器；7—倾斜微压计；8—除尘器出口测定断面；9—阀门；
10—风机；11—灰斗；12—U形压力计；13—除尘器进口静压测孔；14—除尘器出口静压测孔

本系统选用自行加工的袋式除尘器，该除尘器共 5 条滤带，总过滤面积为 1.3 平方米。训练滤料可选用 208 工业涤纶绒布。本除尘器采用机械振动清灰方式。

除尘系统入口的喇叭形均流管 3 处的静压测孔 4 用于测定除尘器入口气体流量，亦可用于在训练过程中连续测定和检测除尘系统的气体流量。

风机入口前设有阀门 9，用来调节除尘器处理气体流量和过滤速度。

2. 设备仪器

(1)袋式除尘器性能测定的实训系统 1 套。

主要由粉尘定量供给装置、粉尘分散装置、喇叭形均流管、袋式除尘器、管道、阀门、风机、排气筒构成。

(2)干湿球温度计 1 支。

(3)空盒式气压表(DYM-3)1 个。

(4)钢卷尺 2 个。

(5)U形压力计 1 个。

(6)倾斜微压计(YYT-2000型)3 台。

(7)毕托管 2 支。

(8)烟尘采烟管 2 支。

(9)烟尘测试仪(SYC-1型)2 台。

(10)秒表 2 个。

(11)分析天平(TG-328B型，分度值 1/1 000 g)2 台。

(12)托盘天平(分度值为 1 g)1 台。

(13)干燥器 2 个。

(14)鼓风干燥箱(DF-206型)1 台。

(15)超细玻璃纤维无胶滤筒 20 个。

7.4.3 参数测定方法和计算

袋式除尘器性能与其结构形式、滤料种类、清灰方式、粉尘特性及其运行参数等因子有关。本系统是在其结构、形式、滤料种类、清灰方式和粉尘特性已定的前提下,测定袋式除尘器主要性能指标,并在此基础上,测定运行参数 Q、v_F 对袋式除尘器压力损失(Δp)和除尘效率(η)的影响。

1. 处理气体流量和过滤速度的测定和计算

(1) 处理气体流量的测定和计算

动压法测定:测定袋式除尘器处理气体流量(Q),应同时测出除尘器进、出口连接管道中的气体流量,取其平均值作为除尘器的处理气体量:

$$Q = \frac{1}{2}(Q_1 + Q_2) \tag{7-14}$$

式中 Q_1、Q_2——袋式除尘器进、出口连接管道中的气体流量,m³/s。

除尘器漏风率(δ)按下式计算:

$$\delta = \frac{Q_1 - Q_2}{Q_1} \times 100(\%) \tag{7-15}$$

一般要求除尘器的漏风率小于±5%。

(2) 过滤速度的计算

若袋式除尘器总过滤面积为 F,则其过滤速度 v_F 按下式计算

$$v_F = \frac{60 Q_1}{F} \tag{7-16}$$

2. 压力损失的测定和计算

袋式除尘器的压力损失(Δp)为除尘器进、出口管中气流的平均全压之差。当袋式除尘器进、出口管的断面面积相等时,则可采用其进、出口管中气体的平均静压差计算,即

$$\Delta p = p_{S1} - p_{S2} \tag{7-17}$$

式中 p_{S1}——袋式除尘器进口管道中气体的平均静压,Pa。

p_{S2}——袋式除尘器出口管道中气体的平均静压,Pa。

袋式除尘器的压力损失与其清灰方式和清灰程度有关。本训练装置采用机械清灰方式,训练应在固定清灰周期(1~3 min)和清灰时间(0.1~0.2 s)的条件下进行。当采用新滤料时,应预先发尘运行一段时间,使新滤料在反复过滤和清灰过程中,残余粉尘基本达到稳定后再开始。

考虑到袋式除尘器在运行过程中,其压力损失随运行时间产生一定变化。因此,在测定压力损失时,应每隔一定时间,连续测定(一般可考虑五次),并取其平均值作为除尘器的压力损失(Δp)。

3. 除尘效率的测定和计算

除尘效率采用浓度法测定,即采用等速采样法同时测出除尘器进、出口管道中气流平均含尘浓度 C_j 和 C_z,按下式计算

$$\eta = \left(1 - \frac{C_z Q_z}{C_j Q_j}\right) \times 100\% \tag{7-18}$$

管道中气体含尘浓度的测定和计算方法详见实训 7.3。由于袋式除尘器除尘效率高,除

尘器进、出口气体含尘浓度相差较大,为保证测定精度,可在除尘器出口采样中,适当加大采样流量。

4. 压力损失、除尘效率与过滤速度关系的分析测定

为了求得除尘器的 $v_F\text{-}\eta$ 和 $v_F\text{-}\Delta p$ 的性能曲线,应在除尘器清灰程度和进口气体含尘浓度(C_j)相同的条件下,测定出除尘器在不同过滤速度(v_F)下的压力损失(Δp)和除尘效率(η)。

脉冲袋式除尘器的过滤速度一般为 2～4 m/min,可在此范围内确定五个值进行测定。过滤速度的调整,可通过改变风机入口阀门开度,利用动压法测定。

考虑到实训时间的限制,可要求每组学生各完成一种过滤速度的测定,并在数据整理中将各组数据汇总,得到不同过滤速度下的 Δp 和 η,进而绘制出性能曲线 $v_F\text{-}\eta$ 和 $v_F\text{-}\Delta p$。当然,应要求在各组训练中,保持除尘器清灰程度固定,除尘器进口气体含尘浓度(C_j)基本不变。

为保持实训过程中 C_j 基本不变,可根据发尘量(S)、发尘时间(τ)和进口气体流量(Q_j),按下式估算除尘器入口含尘浓度(C_j)

$$C_j = \frac{S}{\tau Q_j} \tag{7-19}$$

7.4.4 实训操作步骤

本实训中有关气体温度、压力、含湿量、流速、流量及其含尘浓度的测定方法及其操作步骤见"旋风除尘器性能测定的实训"有关内容。

袋式除尘器性能的测定方法和步骤如下:

1. 测量记录室内空气的干球温度(除尘系统中气体的温度)、湿球温度及相对湿度,计算空气中水蒸气体积分数(除尘器系统中气体的含湿量);测量记录当地的大气压力;记录袋式除尘器的型号规格、滤料种类、总过滤面积;测量记录除尘器进出口测定断面直径和断面面积,确定测定断面分环数和测点数,做好训练准备工作。

2. 将除尘器进出口断面的静压测孔 13、14 与 U 形压力计 12 连接。

3. 将发尘工具和滤筒的称重准备好。

4. 将毕托管、倾斜压力计准备好,毕托管的原理和使用见实训7.3。

5. 清灰。

6. 启动风机和发尘装置,调整好发尘浓度,使实训系统达到稳定。

7. 测量进出口流速和测量进出口的含尘量,进口采样 1 分钟,出口 5 分钟。

8. 隔 5 分钟后重复上面测量,共测量三次。

9. 采样完毕,取出滤筒包好,置入鼓风干燥箱烘干后称重。计算出除尘器进、出口管道中气体的含尘浓度和除尘效率。

10. 训练结束。整理好实训用的仪表、设备。计算、整理训练资料,并填写训练报告。

7.4.5 数据计算和处理

1. 处理气体流量和过滤速度

按式(7-14)计算除尘器处理气体量,按式(7-15)计算除尘器漏风率,按式(7-16)计算除尘器过滤速度。

2. 压力损失

按式(7-17)计算压力损失,并取五次测定数据的平均值作为除尘器压力损失。

3. 除尘效率

除尘效率测定数据按表 7-5 进行数据计算和处理。除尘效率按式(7-10)、(7-11)计算。

4. 压力损失、除尘效率与过滤速度的关系

本项是继压力损失(Δp)、除尘效率(η)和过滤速度(v_F)测定完成后,计算整理五组不同(v_F)下的 Δp 和 η 资料,绘制 v_F-Δp 和 v_F-η 性能曲线,并分析过滤速度对袋式除尘器压力损失和除尘效率的影响。

7.4.6 数据自动采集式袋式除尘器实训装置的技能测定

数据自动采集式袋式实训装置主要设备为多级并联袋式除尘组合装置(图 7-8)。实训装置中所带的四套独立袋式除尘装置可采用不同滤料(如玻璃纤维滤布、聚酰胺纤维(尼龙)滤布、聚酯纤维(涤纶)滤布等)、处理不同粒径的粉尘(如滑石粉、石膏粉、泥土粉、面粉等),对要去除的粉尘颗粒有较好的适应性。它是一种以并联形式组成的高效袋式除尘设备,可通过自带的数据采集系统直观获取除尘过程参数,如风压、风速、温度、湿度、进口粉尘浓度、出口粉尘浓度等,并对除尘效率进行计算,同时可以实时打印和通过电脑导出。实训最大的特点在于可以通过单个袋式除尘装置顶部的开关,对组合中的各个旋风除尘器进行开闭操作,学生可以根据已掌握的袋式除尘器的基本知识,参照前期实训操作步骤可以选择 1、2、3、4 个除尘器进行单独或组合运行,并实时查看除尘效果,通过各个组合方式的数据结果和统计处理,可以更快、更好地熟悉和掌握利用不同滤料处理不同粒径的粉尘的袋式除尘器性能。

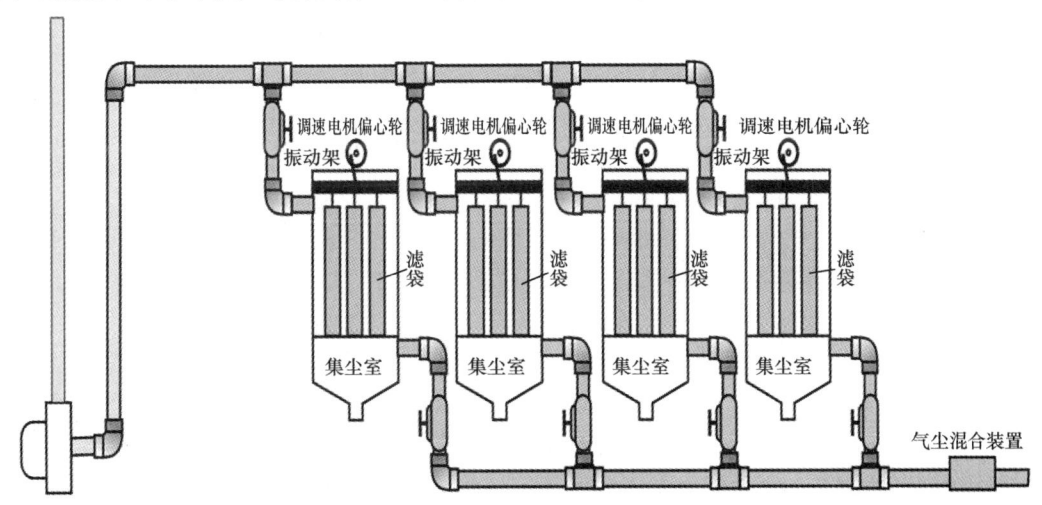

图 7-8 数据自动采集式袋式除尘器实训装置

7.4.7 结果讨论分析

1. 用发尘量求得的入口含尘浓度和用等速采样法测得的入口含尘浓度,哪个更准确些?为什么?

2. 测定袋式除尘器的压力损失,为什么要固定其清灰制度?为什么要在除尘器稳定运行状态下连续五次读数并取其平均值作为除尘器压力损失?

3. 试根据训练性能曲线 v_F-Δp 和 v_F-η,分析过滤速度对袋式除尘器压力损失和除尘效率的影响。

4. 你认为本技能训练过程中存在什么问题?应如何改进?

7.5 实训4——吸收法净化二氧化硫废气

7.5.1 实训目的和内容

通过吸收法净化二氧化硫废气的技能实训,可了解用吸收法净化有害气体的作用,同时还有助于加深理解在填料塔内,气液接触状况及吸收过程的基本原理。通过改变吸收温度、压力和气流速度对净化废气中 SO_2 产生的不同效果,掌握吸收的操作控制过程。

1. 改变气流速度,观察填料塔内气液接触状况和液泛现象。
2. 改变吸收温度和压力,测定吸收 SO_2 的效果。
3. 测定填料吸收塔的吸收效率及压降。
4. 测定化学吸收体系(碱液吸收 SO_2)的体积吸收系数。

7.5.2 工艺流程和设备仪器

1. 本实训系统工艺流程(图 7-9)

吸收液从高位液槽通过转子流量计,由填料塔上部经喷淋装置进入塔内,流经填料表面,由塔下部排到受液槽。空气由空压机经缓冲罐后,通过转子流量计进入混合缓冲器,并与 SO_2 气体相混合,配制成一定浓度的混合气。SO_2 来自钢瓶,并经毛细管流量计计量后进入混合缓冲器。含 SO_2 的空气从塔底进气口进入填料塔内,通过填料层后,尾气由塔顶排出。

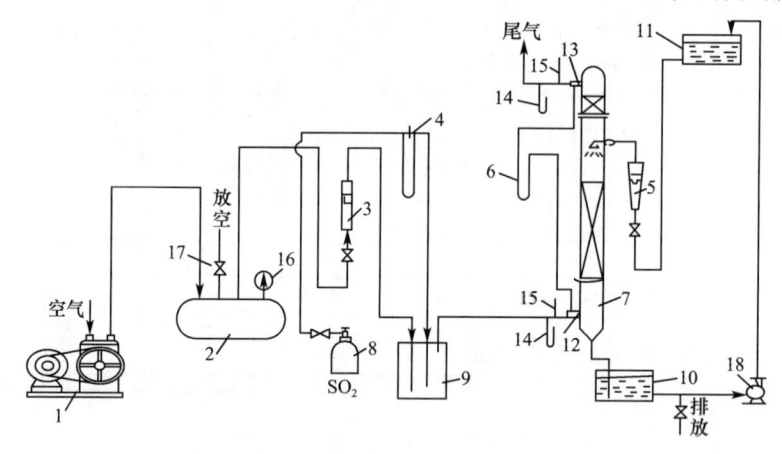

图 7-9 SO_2 吸收系统性能测定实训工艺流程图
1—空压机;2—缓冲罐;3—转子流量计(气);4—毛细管流量计;5—转子流量计(水);
6—压力计;7—填料塔;8—SO_2 钢瓶;9—混合缓冲器;10—受液槽;11—高位液槽;
12、13—取样口;14—压力计;15—温度计;16—压力表;17—放空阀;18—泵

2. 设备仪器

(1)空压机(压力 7 kg/cm²,气量 3.6 m³/h)1 台。
(2)液体 SO_2 钢瓶 1 瓶。
(3)填料塔($D=700$ mm,$H=650$ mm)1 台。
(4)填料($\Phi=5\sim8$ mm)瓷杯若干。

(5)泵(扬程 3 m,流量 400 L/h)1 台。
(6)缓冲罐(容积 1 m³)1 个。
(7)高位液槽(500 mm×400 mm×600 mm)1 个。
(8)混合缓冲罐(0.5 m³)1 个。
(9)受液槽(500 mm×400 mm×600 mm)1 个。
(10)转子流量计(水)(10～100 L/h LZB-10)1 个。
(11)转子流量计(气)(4～40 m³/h LZB-40)1 个。
(12)毛细管流量计(0.1～0.3 mm)1 个。
(13)U 形压力计(200 mm)3 只。
(14)压力表(0～3 kg/cm²)1 只。
(15)温度计(0～100 ℃)2 支。
(16)空盒式大气压力计 1 只。
(17)玻璃筛板吸收瓶(125 mL)20 个。
(18)锥形瓶(250 mL)20 个。
(19)烟气测试仪(采样用)(YQ-I 型)2 台。

3. 试剂

(1)甲醛吸收液:将已配好的 20 mg/L SO_2 的吸收贮备液稀释 100 倍后,供使用。
(2)品红储备液:将配好的 0.25% 的品红溶液稀释 5 倍后,配成 0.05% 的品红溶液,供使用。
(3)1.50 mol/L NaOH 溶液:称 NaOH 6.0 g 溶于 100 mL 容量瓶中,供使用。
(4)0.6% 氨基磺酸钠溶液:称 0.6 g 氨基磺酸钠,加 1.50 mol/L NaOH 溶液 4.0 mL,用水稀释至 100 mL,供使用。

7.5.3 化学反应过程和测定方法

1. 化学反应过程

含 SO_2 的气体可采用吸收法净化。由于 SO_2 在水中溶解度不高,常采用化学吸收方法。吸收 SO_2 吸收剂种类较多,本实训系统采用 NaOH 或 Na_2CO_3 溶液作吸收剂,吸收过程发生的主要化学反应为

$$2NaOH + SO_2 = Na_2SO_3 + H_2O$$
$$Na_2CO_3 + SO_2 = Na_2SO_3 + CO_2$$
$$Na_2SO_3 + SO_2 + H_2O = 2NaHSO_3$$

训练过程中通过测定填料吸收塔进出口气体中 SO_2 的含量,即可近似计算出吸收塔的平均净化效率,进而了解吸收效果。

2. 测定方法

气体中 SO_2 含量的测定采用国标法,即甲醛缓冲溶液吸收-盐酸副玫瑰苯胺比色法:二氧化硫被甲醛缓冲液吸收后,生成稳定的羟甲基磺酸加成化合物,加碱后又释放出二氧化硫与盐酸副玫瑰苯胺作用,生成紫红色化合物,根据颜色深浅,比色测定。比色步骤如下:

(1)将待测样品混合均匀,取 10 mL 放入试管中。
(2)向试管中加入 0.5 mL 0.6% 的氨基磺酸钠溶液和 0.5 mL 的 1.5 mol/L NaOH 溶液

混合均匀,再加入 1.00 mL 的 0.05% 对品红混合均匀,20 分钟后比色。

(3)比色用 72 型分光光度计,将波长调至 577 nm。将待测样品放入 1 cm 的比色皿中,同时用蒸馏水放入另一个比色皿中作参比,测其吸光度(如果浓度高时,可用蒸馏水稀释后再比色)。

$$二氧化硫浓度(\mu g/m^3) = \frac{(A_k - A_0) \times B_s}{V_S} \times \frac{L_1}{L_2} \tag{7-20}$$

式中 A_k——样品溶液的吸光度。
A_0——试剂空白溶液吸光度。
B_s——校正因子,$B_s = 0.044$。
V_S——换算成参比状态下的采样体积,L。
L_1——样品溶液总体积,mL。
L_2——分析测定时所取样品溶液体积,mL。

测定浓度时要注意稀释倍数的换算。

通过测出填料塔进出口气体的全压,即可计算出填料塔的压降;若填料塔的进出口管道直径相等,用 U 形压力计测出其静压差即可求出压降。

7.5.4 实训操作步骤

1. 按图正确连接训练装置。并检查系统是否漏气,关严吸收塔的进气阀,打开缓冲罐上的放空阀,并在高位液槽中注入配置好的 5% 的碱溶液。
2. 在玻璃筛板吸收瓶内装入采样用的吸收液 50 mL。
3. 打开吸收塔的进液阀,调节液体流量,使液体均匀喷布,并沿填料表面缓慢流下,以充分润湿填料表面,当液体由塔底流出后,将液体流量调至 35 L/h 左右。
4. 开启空压机,逐渐关小放空阀,并逐渐打开吸收塔的进气阀。调节空气流量,使塔内出现液泛。仔细观察此时的气液接触状况,并记录下液泛时的气速(由空气流量计算)。
5. 逐渐减小气体流量,消除液泛现象。调气体流量计到 0.1 m³/h,稳定运行 5 分钟取三个平行样。
6. 取样完毕调整液体流量计到 30 L/h,稳定运行 5 分钟,取三个平行样。
7. 改变液体流量为 20 L/h 和 10 L/h,重复上面的训练。
8. 训练完毕,先关进气阀,待 2 分钟后停止供液。

7.5.5 数据计算和处理

1. 填料塔的平均净化效率(η)

$$\eta = (1 - \frac{C_2}{C_1}) \times 100\% \tag{7-21}$$

式中 C_1——填料塔入口处二氧化硫浓度。
C_2——填料塔出口处二氧化硫浓度,mg/Nm³。

2. 填料塔的液泛速度(v)

$$v = Q/F \tag{7-22}$$

式中 Q——气体流量,m³/h。
F——填料塔截面积,m²。

3. 将数据计算和处理结果填入表 7-6。

表 7-6　　　　　　　　　　　　　结果及整理

序号	气体流量 (m³/h)	吸收液 (L/h)	液气比 (L/m³)	液泛速度 (m/s)	空塔气速 (m/s)	塔内气液接触情况	净化率(%)
1							
2							
3							
4							

4. 绘出液量与效率的曲线 Q-η。

7.5.6　数据自动采集式双碱法脱硫实训装置的技能测定

双碱法脱硫数据自动采集式实训装置主要设备为三级二氧化硫气体吸收塔和钠碱再生水箱。由秦皇岛达康科技发展有限责任公司研制的相关实训装置如图 7-10 所示，装置采用氢氧化钠和生石灰作为吸收液原料，系统启动时，钠碱泵将钠碱液打入吸收塔，通过喷淋系统和填料系统与二氧化硫气体充分接触反应，反应生成的液体流入钠碱再生水箱，与氢氧化钙溶液进行反应，还原已反应的钠碱，同时生成石膏沉淀并排出，再生的钠碱溶液通过钠碱泵继续循环。系统工作时，可通过自带的数据采集系统直观获取脱硫过程参数，如风压、风速、温度、湿度、进口二氧化硫浓度、出口二氧化硫浓度等，并对吸收效率进行计算，同时可以实时打印和通过电脑导出。学生可以根据已掌握的吸收法净化二氧化硫废气的基本知识，参照前期实训操作步骤对本实训装置进行运行，并实时统计和整理实训结果。本实训装置最大的特点在于可以以循环使用的钠碱作为吸收介质，不会产生结垢现象阻碍吸收塔工作。也可将吸收液换成氨水、仲辛醇、尿素等溶液，可以对氮氧化物进行吸收处理，达到一种实训装置可以进行对二氧化硫和氮氧化物等不同气态污染物吸收净化的目的。

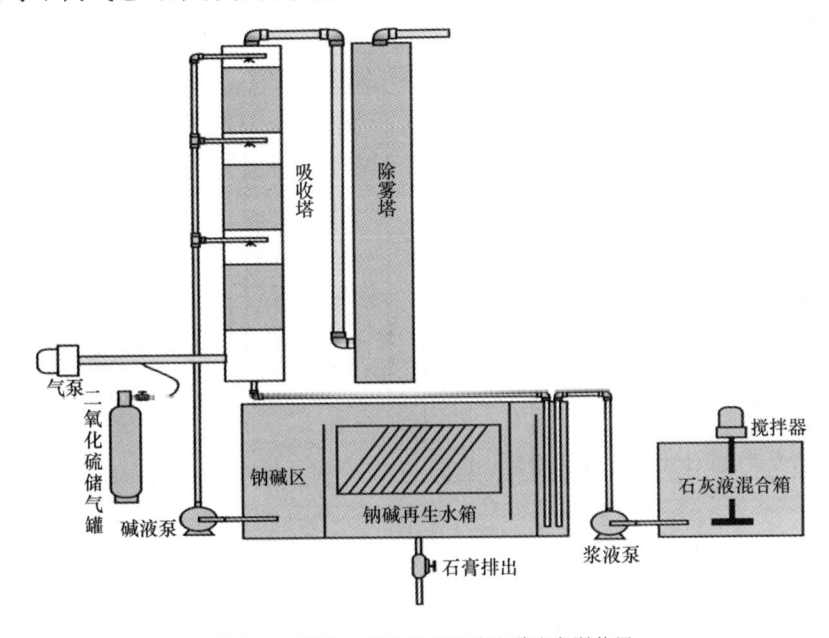

图 7-10　数据自动采集式双碱法脱硫实训装置

7.5.7 结果讨论分析

1. 从测定结果标绘出的曲线,你可以得出哪些结论?
2. 改变吸收温度和压力,对 SO_2 的吸收有哪些效果?
3. 通过技能训练,你有什么体会?对实训有何改进意见?

7.6 实训5——吸附法净化氮氧化物废气

7.6.1 实训目的和内容

用活性炭净化氮氧化物废气是一种简便、有效的方法。本技能实训以活性炭作为吸附剂,模拟氮氧化物废气的净化过程,得出吸附净化效率、空塔气速等数据,深入理解吸附法净化有害气体的原理和作用,掌握活性炭吸附法的工艺流程和吸附装置的特点,训练吸附法净化有毒、有害废气的操作技能,掌握主要仪器、设备的安装和使用方法。

1. 标准状况下气体中 NO_2 浓度的测定。
2. 吸附塔的平均净化效率和吸附塔空塔气速的测定。
3. 掌握活性炭吸附法中的样品分析和数据处理技术。
4. 掌握吸附净化有毒、有害气体系统的操作技能。

7.6.2 工艺流程和设备仪器

1. 工艺流程

本实训系统工艺流程如图 7-11 所示,主要包括酸雾发生装置、吸附塔、尾气净化、真空泵及流量计、冷凝器等部分。

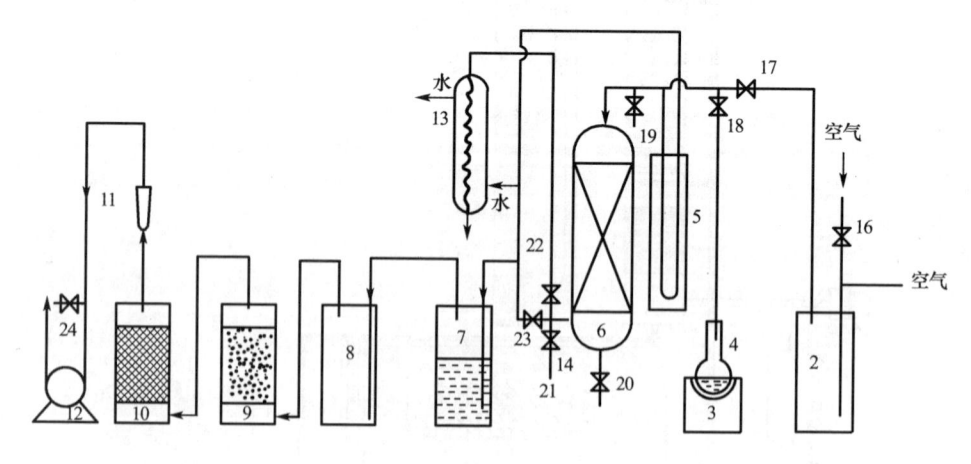

图 7-11 活性炭吸附系统性能测定实训工艺流程图
1—酸雾发生器;2、8—缓冲瓶;3—电热器;4—蒸汽瓶;5—压力计;6—吸附塔;7—液体吸收瓶;
9—固体吸收瓶;10—干燥瓶;11—转子流量计;12—真空泵;13—冷凝器;14—关闭阀;
15、17、18、20、22、23—控制阀;16—进气调节阀;19—进口采样点;21—出口采样点;24—气量调节阀

2. 设备仪器

(1)有机玻璃吸附塔($D=400$ mm,$H=380$ mm)1台。

(2)真空泵(流量 30 L/min)1台。

(3)气体转子流量计(0～40 L/min)1个。

(4)玻璃洗气瓶(500 mL)2个。

(5)玻璃干燥瓶(500 mL)2个。

(6)玻璃细口瓶2个。

(7)紫外分光光度计1台。

(8)电热器1台。

(9)冷凝器2支。

(10)双球玻璃氧化管2支。

(11)采样用注射器2支。

(12)玻璃三通管2个。

(13)玻璃四通管1个。

(14)溶气瓶(100 mL)20个。

3. 试剂

(1)活性炭。

(2)硝酸(分析纯)1瓶。

(3)10%的 NaOH 溶液。

(4)固体 NaOH(分析纯)1瓶。

(5)铁屑或铜屑。

(6)三氧化铬(铬酸)(分析纯)1瓶。

(7)对氨基苯磺酸(分析纯)1瓶。

(8)盐酸乙二胺(分析纯)1瓶。

(9)冰醋酸(分析纯)1瓶。

(10)盐酸(分析纯)1瓶。

(11)亚硝酸钠(分析纯)1瓶。

7.6.3 吸附机理、实训准备和测定方法

1. 吸附机理

吸附是利用多孔性固体吸附剂处理流体混合物,使其中所含的一种或几种组分富集在固体表面,而与其他组分分开的过程。产生吸附作用的力可以是分子间的引力,也可以是表面分子与气体分子的化学键作用力,前者称为物理吸附,后者则称为化学吸附。

活性炭吸附主要用于大气污染、水质污染和有害气体净化领域,活性炭吸附气体中的氮氧化物是基于其较大的比表面积和较高的物理吸附性能。活性炭吸附氮氧化物是可逆过程,在一定温度和压力下达到吸附平衡,而在高温、减压下被吸附的氮氧化物又被解吸出来重复使用。

2. 实训准备

(1)铬酸氧化管的制作 筛取 20～40 目沙子,用(1∶2)盐酸溶液浸泡一夜,用水洗至中

性,烘干。把铬酸及沙子按质量比(1∶20)混合,加少量水调匀,放在红外灯烘箱里于 103 ℃烘干。称取约 8 g 铬酸-沙子装入双球玻璃管,两端用少量脱脂棉塞紧即可使用。使用前用乳胶管或用塑料管制的小帽将氧化管两端密封。

(2)吸收液的配制　所用试剂均用不含亚硝酸根的重蒸馏水配制,即所配吸收液的吸光度不超过 0.005。配制时称取 5.0 g 对氨基苯磺酸,通过玻璃小漏斗直接加入 1 000 mL 容量瓶中,加入 50 mL 冰醋酸和 900 mL 的混合溶液,盖塞振摇使其溶解,待对氨基苯磺酸完全溶解,再加入 0.050 g 盐酸萘乙二胺溶解后,用水稀释至标线。此为吸收原液,储存于棕色瓶中,在冰箱中可保存两个月,保存时可用聚四氟乙烯生胶密封瓶口,以防止空气与吸收液接触。采样时按 4 份吸收原液和 1 份水的比例混合。

(3)亚硝酸钠标准溶液的配制　称取 0.150 g 粒状亚硝酸钠($NaNO_2$,预先在干燥器内放置 24 h 以上),溶解于水,移入 1 000 mL 容量瓶中,用水稀释至标线,此溶液每毫升含 100.0 μg 亚硝酸根(NO_2^-),储存于棕色瓶保存在冰箱中,可稳定 3 个月,临用前,吸取储备液 5.00 mL 于 100 mL 容量瓶中,用水稀释至标线,此溶液每毫升含 5.0 μg 亚硝酸根(NO_2^-)。

(4)标准曲线的绘制　在 7 只 10 mL 具塞比色管中分别准确加入 0 mL、0.10 mL、0.20 mL、0.30 mL、0.40 mL、0.50 mL、0.60 mL 亚硝酸钠标准溶液,然后在每个比色管中分别加入 4 mL 吸收原液和 1.00 mL、0.90 mL、0.80 mL、0.7 mL、0.60 mL、0.50 mL、0.40 mL 蒸馏水,摇匀,避光放置 15 min,在波长 540 nm 处,用 1 cm 比色皿,以水为参比,测定吸光度,根据测定结果,绘制吸光度对 NO_2^- 含量的标准曲线。

3.测定方法

氮氧化物的测定采用盐酸萘乙二胺比色法。

(1)准确吸取 10 mL 采样用的吸收液,装入干净的容气瓶中,用于取净化后的气体(取原气样品时,吸收液量为 40 mL)样品。用翻口塞和弹簧夹封好瓶口和支管口,并用注射器抽出瓶内空气,使瓶内保持负压。

(2)用 5 mL 的医用注射器在出口气体取样口取样 5 mL(原气样品进气口取样 2 mL)缓慢注射到容气瓶中(注意要将针头插入液体内),并不断摇动容气瓶,注射完样气后,继续摇动 2～3 min。静置 30 min 后可进行分析,每次取样品三个,结果取平均值。

(3)比色测定,用紫外分光光度计在波长 540 nm 处测得样品的光度值,并在标准曲线上查出相应的 NO_2^- 含量。若 NO_2^- 浓度过高,可稀释后进行测定。

7.6.4　实训操作步骤

1.按图 7-11 连接好实训装置。

2.将活性炭装入吸附柱中,按装置图将试剂药品装入瓶中(分液漏斗中装入 HNO_3),酸雾发生器中装入钢丝或铁丝,洗气瓶中装入 10% NaOH。

3.检查管路系统是否漏气,开动真空泵,使压力计有一定压力差,并将各调节阀关死,保持一段时间,看压力是否有变化,如有漏气,可以压差计为中心向远处逐步检查,直到整个系统不漏气为止。

4.将钢丝或铁丝放入酸雾发生器中,配置 40% HNO_3 溶液,装入分液漏斗中,将分液漏斗的阀门打开,酸雾发生器中便有氮氧化物放出。

5.关闭阀门 15、18、20 和 22,开动真空泵,调节气量调节阀 24 及转子流量计 11,使流量达到一定值。

6. 开启阀门 15,调节进气阀 16,观察缓冲瓶中黄烟的变化情况,并调节转子流量计,使其回到规定值,保持气流稳定。

7. 当整个系统稳定 2~5 min 后取样分析,以后每 30 min 取样一次,每次取三个。

8. 当吸附净化效率低于 80% 时,停止吸附操作,将气量调节阀 24 打开,停止真空泵,关闭阀门 14、15、16、17 和 23。

9. 开启阀门 18 和 22,使管路系统处于解吸状态,打开冷水管开关,向吸附塔通入水蒸气进行解吸。

10. 当解吸液 pH 小于 6 时,关闭阀门 18 和 22,停止解吸。

7.6.5 数据计算和处理

1. 计算公式

(1) 标准状况下气体中 NO_2^- 浓度的计算

$$\rho(NO_2^-) = \frac{\alpha \times V_0}{V_N \times V_t \times 0.76} \tag{7-23}$$

式中 α——样品溶液中 NO_2^- 含量,μg。

V_0——样品溶液的总体积,mL。

V_t——分析时取样品溶液的体积,mL。

0.76——转换系数,气体中 NO_2 被吸收转换为 NO_2^- 的系数。

V_N——标准状况下的采样体积,L,可用式(7-24)计算。

$$V_N = V \times \frac{p}{p_N} \times \frac{T_0}{t+273} \tag{7-24}$$

(2) 吸收塔的平均净化效率(η)

$$\eta = \left(1 - \frac{\rho_{2N}}{\rho_{1N}}\right) \times 100\% \tag{7-25}$$

式中 ρ_{1N}——标准状况下吸附塔入口处气体中 NO_2 的浓度,mg/m^3。

ρ_{1N}——标准状况下吸附塔出口处气体中 NO_2 的浓度,mg/m^3。

(3) 空塔气速(W)

$$W = \frac{Q}{F} \tag{7-26}$$

式中 Q——气体体积流量,m^3/s;

F——床层横截面积,m^2。

2. 实训基本参数记录

吸附器:直径 $D =$ _____ mm;高度 $H =$ _____ mm;床层横截面积 $F =$ _____ m^2。

活性炭:种类 _____;粒径 $d =$ _____ mm;装填高度 _____ mm;装填量 _____ g。

操作条件:气体浓度 _____ $\times 10^{-6}$;室温 _____ ℃;气体流量 _____ L/min。

3. 实训数据整理分析

(1) 记录实训数据及分析结果。

按表 7-7 所示记录实训数据,并整理。

表 7-7　　　　　　　　　　　实训数据记录

实训时间	1#光度	2#光度	3#光度	1#净化率	2#净化率	3#净化率	平均净化率/%	空塔气速/(m/s)

(2)根据实训结果给出净化效率(η)随吸附操作时间(t)的变化曲线。

7.6.6　数据自动采集式活性炭吸附氮氧化物技能实训

数据自动采集式活性炭吸附氮氧化物实训装置主要设备为活性炭气体吸收塔。实训装置可以使用不同的吸附介质对氮氧化物进行吸收去除。由秦皇岛达康科技发展有限责任公司生产的相关实训装置如图 7-12 所示,采用活性炭作为吸附介质,系统启动时,气泵将空气与氮氧化物气体混合,并送入第一级活性吸收塔,使氮氧化物与活性炭充分接触反应生成无毒、无害的二氧化碳和氮气,系统设置了多个采样口,可以根据实验要求对氮氧化物吸收效果进行人工采样测定,同时,可以自由选择使用单级活性炭吸附塔或多级吸附。系统工作时,可通过自带的数据采集系统直观获取吸收过程参数,如风压、风速、温度、湿度、进口氮氧化物浓度、出口氮氧化物浓度等,并对吸收效率进行计算,同时可以实时打印和通过电脑导出。

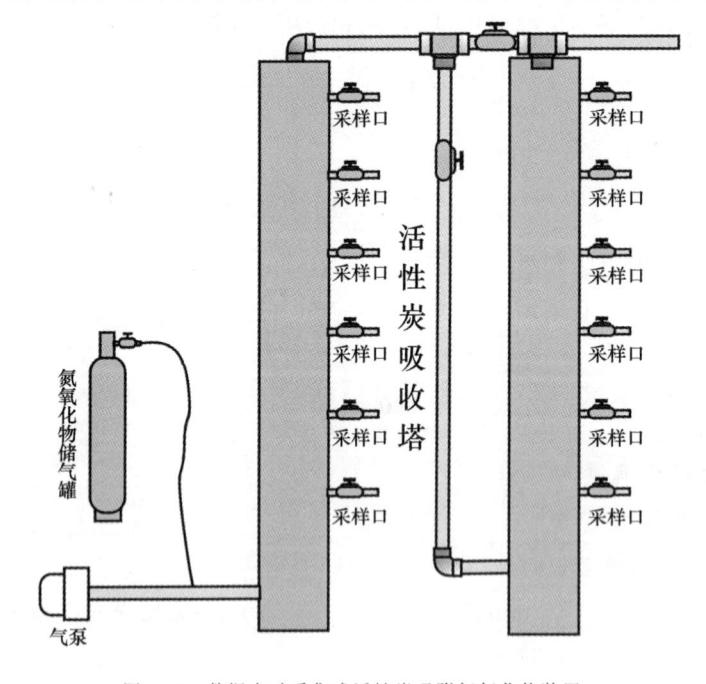

图 7-12　数据自动采集式活性炭吸附氮氧化物装置

7.6.7　结果讨论分析

1. 从实训结果绘出的曲线,你可以得到哪些结论?
2. 空塔气速与吸附效率有何关系?通常吸附操作空塔气速为多少?

3. 长时间使用的活性炭,采用什么方法进行活化处理?
4. 通过实训,有什么体会? 对实训有何改进意见?

7.7　实训6——离心风机和离心水泵拆装

7.7.1　实训目的和内容

1. 提高对离心风机和离心水泵结构和工作原理的认识,通过对设备的拆装训练,进一步强化学生对设备结构和性能的了解,将实物与书本知识有机地结合起来,并熟悉常用离心风机和离心水泵的构造、性能、特点。

2. 通过对离心风机、离心水泵的拆装训练,掌握离心风机、离心水泵的拆装方法与步骤,熟悉常用工具的使用;有利于将从书本学来的间接经验转变为自己的直接经验,为即将从事的工作诸如设备的安装、维护、修理等打好基础。

3. 通过集体实训,大家共同分析和讨论相关技能实训的问题,如拆装过程中出现问题的排除、故障现象的分析等,以训练良好的工作技能。

7.7.2　实训设备和器材

本实训主要针对安装在大气污染防治设施中,相关管道上输送流体介子的离心风机或离心水泵,具体实训中可选用一些常见的离心风机或离心水泵单体设备进行拆装。

主要工具器材有活扳手、呆扳手、梅花扳手、一字或十字旋具、锤子、木板(条)、黄油、机油、记号笔、动平衡检测仪表、记录用纸等。各种常用的卧式和立式离心泵。

7.7.3　实训步骤

1. 离心风机的拆装

拆风机之前,先要了解离心风机的外部结构特点,分析出拆风机的次序,即先拆哪部分、再拆哪部分。

(1)离心风机的拆卸步骤

①切断电源,拆下传动端的联轴器。
②拆下风机与进出风管的连接软管(或连接法兰)。
③将轴承托架的螺栓卸下,再拆下托架。
④拆下风机两侧的地脚螺栓,使整个风机机体从减振基础上拆下。
⑤拆下吸入口、机壳。
⑥拆开锁片,将锁片板上的三枚紧固螺钉拧下,从轴上拆下销片。
⑦卸下叶轮、轴和轴承装置。
⑧拆下轮毂机座(要注意垫好才能拆下)。
⑨从机壳上拆下支架和截流板。

拆卸时应注意,将卸下的机械零件按一定的顺序放置好,等检查或清洗完相关的零部件后,再装机。

(2)拆完之后,重点了解以下内容并做记录

①所拆离心风机的型号、性能参数。
②构成部件名称。
③有无蜗舌。
④叶轮的结构形式与叶型：
⑤吸入口、排出口、转向等的区分。
⑥与电动机的连接方式。
⑦单吸离心风机与双吸离心风机的差异。

(3)离心风机的组装

组装时按照先将零件组装成部件，再把部件组装成整机的规则进行组装；并按照与拆机相反的顺序进行。装好的离心风机必须装回原来的位置。

整机安装时应注意：

①风机轴与电动机轴的同轴度，通风机的出口接出风管应顺叶轮旋转方向接出弯头，并保证至弯头的距离大于或等于风口出口尺寸的 1.5~2.5 倍。

②装好的离心风机进行试运转时，应加适度的润滑油，并检查各项安全措施，盘动叶轮时，应无卡阻现象，叶轮旋转方向必须正确，轴承温升不得超过 40 ℃。

2. 离心水泵的拆装

(1)拆泵之前，先要了解泵的外部结构特点，分析拆泵的次序。一般拆卸顺序应与装配顺序相反，从外部拆向内部，从上部拆到下部，先拆部件或组件，再拆零件。拆卸时，如果有螺栓等因年长日久而锈蚀难拧，可先用松锈剂等喷射在要拆卸的部位，稍等几分钟即可。拆卸轴上的零件时，必须垫好铜块、木块、橡胶等软衬垫，以防损坏零件的表面。

(2)拆泵过程要严格按工艺要求操作，拆下的零部件要摆放有序，应注意某些部件的方向性，如有必要，应做标记。

(3)拆泵之后，重点了解以下内容并做记录。

①所拆泵的型号、性能参数、构成部件的名称。
②叶轮的结构形式与叶型，轴封装置的形式与构造。
③有无减漏环及其形式，有无轴向力平衡装置及其形式。
④吸入口、排出口、转向等的区分。
⑤与电动机的连接方式。
⑥多级泵的叶轮级与级间的流道结构。
⑦立式泵与卧式泵的差异。
⑧单吸泵与双吸泵的差异。
⑨按顺序将泵安装复原，条件具备的要进行试运转，以检验装配是否符合要求。

7.7.4 实训方法

通过实训教师讲解理论知识和在工作现场拆装相结合的方式进行。

7.7.5 学生能力体现

通过理论和实践的学习，能进行离心风机和离心水泵的拆卸组装，条件具备的可以进行离心风机和离心水泵与管道的安装、调试、运行和维护管理。实训结束后写一篇不少于 2 000 字的实训记录与实践报告。

参考文献

[1] 王家德,成卓韦.大气污染控制工程[M].北京:化学工业出版社,2019.
[2] 郝郑平.挥发性有机污染物排放控制过程、材料与技术[M].北京:科学出版社,2019.
[3] 朱廷钰,王新东,郭旸旸,等.钢铁行业大气污染控制技术与策略[M].北京:科学出版社,2019.
[4] 王怀宇.大气污染控制技术[M].北京:中国劳动社会保障出版社,2019.
[5] 关丽萍.挥发性有机物(VOCs)末端控制技术实践与发展综述[J].现代化工,2018,(38).
[6] 许宁.大气污染控制工程实验[M].北京:化学工业出版社,2018.
[7] 杨鹏飞.膜分离技术在VOCs回收领域的应用[J].科学技术创新,2018,(4).
[8] 代允.印刷行业VOCs治理的工程实例分析[J].资源节约与环保,2018,(7).
[9] 赵兵涛.大气污染控制工程[M].北京:化学工业出版,2017.
[10] 姜成春.大气污染控制技术[M].北京:中国环境出版社出版,2016.
[11] 郭正,杨丽芳.大气污染控制工程[M].北京:科学出版社,2016.
[12] 黄从国.大气污染控制技术[M].北京:化学工业出版社,2013.
[13] 程艳坤.大气污染控制技术[M].北京:化学工业出版社,2013.
[14] 马建锋,李英柳.大气污染控制工程[M].北京:中国石化出版社,2013.
[15] 梁文俊,李晶欣,竹涛.低温等离子体大气污染控制技术及应用[M].北京:化学工业出版社,2016.
[16] 依成武.大气污染控制实验教程[M].北京:化学工业出版社,2010.
[16] 王继斌.环保设备选择、运行与维护[M].北京:化学工业出版社,2017.
[18] 李广超.大气污染控制技术[M].北京:化学工业出版社,2008.
[19] 蒋文举.大气污染治理工程[M].北京:高等教育出版社,2006.
[20] 黄美元.徐华英,王庚辰.大气环境学[M].北京:气象出版社,2005.
[21] 方德明,陈冰冰.大气污染控制技术及设备[M].北京:化学工业出版社,2005.
[22] 邢晓林.化工设备[M].北京:化学工业出版社,2005.
[23] 李志霞.环境监测(理论篇)[M].3版.大连:大连理工大学出版社,2017.
[24] 王小花,黄连光.环境监测(实训篇)[M].3版.大连:大连理工大学出版社,2017.
[25] 李明俊,孙鸿燕.环保机械与设备[M].北京:中国环境科学出版社,2005.
[26] 白扩社.流体力学[M].北京:机械工业出版社,2005.
[27] 金国森.除尘设备[M].北京:化学工业出版社,2005.
[28] 陈家庆.环保设备原理与设计[M].北京:中国石化出版社,2005.
[29] 赵艳萍,姚冠新,陈骏.设备管理与维修[M].北京:化学工业出版社,2004.
[30] 王爱民,张云新.环保设备及应用[M].北京:化学工业出版社,2004.
[31] 胡传鼎.通风除尘设备设计手册[M].北京:化学工业出版社,2004.
[32] 黄学敏,张承中.大气污染工程实践教程[M].北京:化学工业出版社,2003.

[33] 张柏钦,王文选.环境工程原理[M].北京:化学工业出版社,2003.
[34] 周兴求.环保设备设计手册:大气污染控制设备[M].北京:化学工业出版社,2003.
[35] 陈冠国.机械设备维修[M].北京:机械工业出版社,2003.
[36] 王玉彬.大气环境工程师实用手册[M].北京:中国环境科学出版社,2003.
[37] 杨祖荣.化工原理[M].北京:高等教育出版社,2002.
[38] 周律.中小城市污水处理投资决策与工艺技术[M].北京:化学工业出版社,2002.
[39] 卜秋平,陆少鸣,曾科.城市污水处理厂的建设与管理[M].北京:化学工业出版社,2002.
[40] 黄一石.仪器分析[M].北京:化学工业出版社,2002.
[41] 钟秦.燃煤烟气脱硫脱硝技术及工程实例[M].北京:化学工业出版社,2002.
[42] 张殿印,张学义.除尘技术手册[M].北京:冶金工业出版社,2002.
[43] 鹿政理.环境保护设备选用手册[M].北京:化学工业出版社,2002.
[44] 吴忠标.大气污染控制技术[M].北京:化学工业出版社,2002.
[45] 郝吉明,马广大.大气污染控制[M].2版.北京:高等教育出版社,2002.
[46] 吴忠标.实用环境工程.大气污染控制工程[M].北京:化学工业出版社,2001.
[47] 周律.环境工程技术经济和造价管理[M].北京:化学工业出版社,2001.
[48] 童志权.工业废气净化与利用[M].北京:化学工业出版社,2001.
[49] 赵毅,李守信.有害气体控制工程[M].北京:化学工业出版社,2001.
[50] M L 戴维斯,D A 康韦尔.环境工程导论[M].3版.王建龙,译.北京:清华大学出版社,2001.
[51] 朱世勇.环境与工业气体净化技术[M].北京:化学工业出版社,2001.

附 录

附录1 大气污染物综合排放标准(GB 16297－1996)(摘要)

本标准规定的最高允许排放速率,现有污染源分为一、二、三级,新污染源分为二、三级。按污染源所在的环境空气质量功能区类别,执行相应级别的排放速率标准,即:位于一类区的污染源执行一级标准(一类区禁止新、扩建污染源,一类区现有污染源改建时执行现有污染源的一级标准);位于二类区的污染源执行二级标准;位于三类区的污染源执行三级标准。

1. 1997年1月1日前设立的污染源(以下简称为现有污染源)执行表1所列标准值。

表1 现有污染源大气污染物排放限值

序号	污染物	最高允许排放浓度(mg/m³)	排气筒高度(m)	最高允许排放速率(kg/h) 一级	二级	三级	无组织排放监控浓度限值 监控点	浓度(mg/m³)
1	二氧化硫	1 200 (硫、二氧化硫、硫酸和其他含硫化合物生产) 700 (硫、二氧化硫、硫酸和其他合含硫化合物使用)	15 20 30 40 50 60 70 80 90 100	1.6 2.6 8.8 15 23 33 47 63 82 100	3.0 5.1 17 30 45 64 91 120 160 200	4.1 7.7 26 45 69 98 140 190 240 310	*无组织排放源上风向设参照点,下风向设监控点	0.50 (监控点与参照点浓度差值)
2	氮氧化物	1 700 (硝酸、氮肥和火炸药生产) 420 (硝酸使用和其他)	15 20 30 40 50 60 70 80 90 100	0.47 0.77 2.6 4.6 7.0 9.9 14 19 24 31	0.91 1.5 5.1 8.9 14 19 27 37 47 61	1.4 2.3 7.7 14 21 29 41 56 72 92	无组织排放源上风向设参照点,下风向设监控点。	0.15 (监控点与参照点浓度差值)

*一般于无组织排放源上风向2~50 m范围内设参点,排放源下风向2~50 m范围内设监控点,详见本标准附录3。下同。

(续表)

序号	污染物	最高允许排放浓度(mg/m³)	排气筒高度(m)	最高允许排放速率(kg/h) 一级	最高允许排放速率(kg/h) 二级	最高允许排放速率(kg/h) 三级	无组织排放监控浓度限值 监控点	无组织排放监控浓度限值 浓度(mg/m³)
3	颗粒物	22（碳黑尘、染料尘）	15	禁排	0.60	0.87	周界外浓度最高点**	肉眼不可见
			20		1.0	1.5		
			30		4.0	5.9		
			40		6.8	10		
		80***（玻璃棉尘、石英粉尘、矿渣棉尘）	15		2.2	3.1	无组织排放源上风向设参照点,下风向设监控点	2.0（监控点与参照点浓度差值）
			20		3.7	5.3		
			30		14	21		
			40		25	37		
		150（其他）	15	2.1	4.1	5.9	无组织排放源上风向设参照点,下风向设监控点	5.0（监控点与参照点浓度差值）
			20	3.5	6.9	10		
			30	14	27	40		
			40	24	46	69		
			50	36	70	110		
			60	51	100	150		
4	氯化氢	150	15		0.30	0.46	周界外浓度最高点	0.25
			20		0.51	0.77		
			30		1.7	2.6		
			40		3.0	4.5		
			50		4.5	6.9		
			60		6.4	9.8		
			70		9.1	14		
			80		12	19		
5	铬酸雾	0.080	15	禁排	0.009	0.014	周界外浓度最高点	0.007 5
			20		0.015	0.023		
			30		0.051	0.078		
			40		0.089	0.13		
			50		0.14	0.21		
			60		0.19	0.29		
6	硫酸雾	1 000（火炸药厂）	15	禁排	1.8	2.8	周界外浓度最高点	1.5
			20		3.1	4.6		
			30		10	16		
			40		18	27		
		70（其他）	50		27	41		
			60		39	59		
			70		55	83		
			80		74	110		

**周界外浓度最高点一般就设于排放源下风向的单位周界外 10 m 范围内。如预计无组织排放的最大落地浓度点越出 10 m 范围,可将监控点移至该预计浓度最高点,详见附录 C。下同。

***均指含游离二氧化硅 10% 以上的各种尘。

(续表)

序号	污染物	最高允许排放浓度(mg/m³)	最高允许排放速率(kg/h)				无组织排放监控浓度限值	
			排气筒高度(m)	一级	二级	三级	监控点	浓度(mg/m³)
7	氟化物	100（普钙工业）	15		0.12	0.18	无组织排放源上风向设参照点,下向设监控点	20（监控点与参照点浓度差值）
			20		0.20	0.31		
			30		0.69	1.0		
			40	禁排	1.2	1.8		
		11（其他）	50		1.8	2.7		
			60		2.6	3.9		
			70		3.6	5.5		
			80		4.9	7.5		
8	*氯气	85	25	禁排	0.60	0.90	周界外浓度最高点	0.50
			30		1.0	1.5		
			40		3.4	5.2		
			50		5.9	9.0		
			60		9.1	14		
			70		13	20		
			80		18	28		
9	铅及其化合物	0.90	15	禁排	0.005	0.007	周界外浓度最高点	0.0075
			20		0.007	0.011		
			30		0.031	0.048		
			40		0.055	0.083		
			50		0.085	0.13		
			60		0.12	0.18		
			70		0.17	0.26		
			80		0.23	0.35		
			90		0.31	0.47		
			100		0.39	0.60		
10	汞及其化合物	0.015	15	禁排	1.8×10^{-3}	2.8×10^{-3}	周界外浓度最高点	0.0015
			20		3.1×10^{-3}	4.6×10^{-3}		
			30		10×10^{-3}	16×10^{-3}		
			40		18×10^{-3}	27×10^{-3}		
			50		27×10^{-3}	27×10^{-3}		
			60		39×10^{-3}	41×10^{-3}		
11	镉及其化合物	1.0	15	禁排	0.060	0.90	周界外浓度最高点	0.050
			20		0.10	0.15		
			30		0.34	0.52		
			40		0.59	0.90		
			50		0.91	1.4		
			60		1.3	2.0		
			70		1.8	2.8		
			80		2.5	3.7		

*排放氯气的排气筒不得低于 25 m。

（续表）

序号	污染物	最高允许排放浓度(mg/m³)	排气筒高度(m)	最高允许排放速率(kg/h) 一级	最高允许排放速率(kg/h) 二级	最高允许排放速率(kg/h) 三级	无组织排放监控浓度限值 监控点	无组织排放监控浓度限值 浓度(mg/m³)
12	铍及其化合物	0.015	15	禁排	1.3×10^{-3}	2.0×10^{-3}	周界外浓度最高点	0.0010
			20		2.2×10^{-3}	3.3×10^{-3}		
			30		7.3×10^{-3}	11×10^{-3}		
			40		13×10^{-3}	19×10^{-3}		
			50		19×10^{-3}	29×10^{-3}		
			60		27×10^{-3}	41×10^{-3}		
			70		39×10^{-3}	58×10^{-3}		
			80		52×10^{-3}	79×10^{-3}		
13	镍及其化合物	5.0	15	禁排	0.18	0.28	周界外浓度最高点	0.050
			20		0.31	0.46		
			30		1.0	1.6		
			40		1.8	2.7		
			50		2.7	4.1		
			60		3.9	5.9		
			70		5.5	8.2		
			80		7.4	11		
14	锡及其化合物	10	15	禁排	0.36	0.55	周界外浓度最高点	0.30
			20		0.61	0.93		
			30		2.1	3.1		
			40		3.5	5.4		
			50		5.4	8.2		
			60		7.7	12		
			70		11	17		
			80		15	22		
15	苯	17	15	禁排	0.60	0.90	周界外浓度最高点	0.50
			20		1.0	1.5		
			30		3.3	5.2		
			40		6.0	9.0		
16	甲苯	60	15	禁排	3.6	5.5	周界外浓度最高点	3.0
			20		6.1	9.3		
			30		21	31		
			40		36	54		
17	二甲苯	90	15	禁排	1.2	1.8	周界外浓度最高点	1.5
			20		2.0	3.1		
			30		6.9	10		
			40		12	18		
18	酚类	115	15	禁排	0.12	0.18	周界外浓度最高点	0.10
			20		0.20	0.31		
			30		0.68	1.0		
			40		1.2	1.8		
			50		1.8	2.7		
			60		2.6	3.9		

(续表)

序号	污染物	最高允许排放浓度(mg/m³)	排气筒高度(m)	最高允许排放速率(kg/h) 一级	最高允许排放速率(kg/h) 二级	最高允许排放速率(kg/h) 三级	无组织排放监控浓度限值 监控点	无组织排放监控浓度限值 浓度(mg/m³)
19	甲醛	30	15 20 30 40 50 60	禁排	0.30 0.51 1.7 3.0 4.5 6.4	0.46 0.77 2.6 4.5 6.9 9.8	周界外浓度最高点	0.25
20	乙醛	150	15 20 30 40 50 60	禁排	0.060 0.10 0.34 0.59 0.91 1.3	0.090 0.15 0.52 0.90 1.4 2.0	周界外浓度最高点	0.050
21	丙烯腈	26	15 20 30 40 50 60	禁排	0.91 1.5 5.1 8.9 14 19	1.4 2.3 7.8 13 21 29	周界外浓度最高点	0.75
22	丙烯醛	20	15 20 30 40 50 60	禁排	0.61 1.0 3.4 5.9 9.1 13	0.92 1.5 5.2 9.0 14 20	周界外浓度最高点	0.50
23	*氰化氢	2.3	25 30 40 50 60 70 80	禁排	0.18 0.31 1.0 1.8 2.7 3.9 5.5	0.28 0.46 1.6 2.7 4.1 5.9 8.3	周界外浓度最高点	0.030
24	甲醇	220	15 20 30 40 50 60	禁排	6.1 10 34 59 91 130	9.2 15 52 90 140 200	周界外浓度最高点	15
25	苯胺类	25	15 20 30 40 50 60	禁排	0.61 1.0 3.4 5.9 9.1 13	0.92 1.5 5.2 9.0 14 20	周界外浓度最高点	0.50

*排放氰化氢的排气筒不得低于 25 m。

（续表）

序号	污染物	最高允许排放浓度(mg/m³)	排气筒高度(m)	最高允许排放速率(kg/h) 一级	最高允许排放速率(kg/h) 二级	最高允许排放速率(kg/h) 三级	监控点	浓度(mg/m³)
26	氯苯类	85	15 20 30 40 50 60 70 80 90 100	禁排	0.67 1.0 2.9 5.0 7.7 11 15 21 27 34	0.92 1.5 4.4 7.6 12 17 23 32 41 52	周界外浓度最高点	0.50
27	硝基苯类	20	15 20 30 40 50 60	禁排	0.060 0.10 0.34 0.59 0.91 1.3	0.090 0.15 0.52 0.90 1.4 2.0	周界外浓度最高点	0.050
28	氯乙烯	65	15 20 30 40 50 60	禁排	0.91 1.5 5.0 8.9 14 19	1.4 2.3 7.8 13 21 29	周界外浓度最高点	0.75
29	苯并[a]芘	0.50×10⁻³（沥青、碳素制品生产和加工）	15 20 30 40 50 60	禁排	0.06×10⁻³ 0.10×10⁻³ 0.34×10⁻³ 0.59×10⁻³ 0.90×10⁻³ 1.3×10⁻³	0.09×10⁻³ 0.15×10⁻³ 0.51×10⁻³ 0.89×10⁻³ 1.4×10⁻³ 2.0×10⁻³	周界外浓度最高点	0.01（μg/m³）
30	*光气	5.0	25 30 40 50	禁排	0.12 0.20 0.69 1.2	0.18 0.31 1.0 1.8	周界外浓度最高点	0.10
31	沥青烟	280（吹制沥青） 80（熔炼、浸涂） 150（建筑搅拌）	15 20 30 40 50 60 70 80	0.11 0.19 0.82 1.4 2.2 3.0 4.5 6.2	0.22 0.36 1.6 2.8 4.3 5.9 8.7 12	0.34 0.55 2.4 4.2 6.6 9.0 13 18	生产设备不利有明显的无组织排放存在	

（续表）

序号	污染物	最高允许排放浓度(mg/m³)	排气筒高度(m)	最高允许排放速率(kg/h) 一级	最高允许排放速率(kg/h) 二级	最高允许排放速率(kg/h) 三级	无组织排放监控浓度限值 监控点	浓度(mg/m³)
32	石棉尘	2根(纤维)/cm³ 或 20 mg/m³	15 20 30 40 50	禁排	0.65 1.1 4.2 7.2 11	0.98 1.7 6.4 11 17	生产设备不利有明显的无组织排存在	
33	非甲烷总烃	150（使用溶剂汽油或其他混合烃类物质）	15 20 30 40	6.3 10 35 61	12 20 63 120	18 30 100 170	周界外浓度最高点	5.0

* 排放光气的排气筒不得低于 25 m。

2. 1997 年 1 月 1 日起设立(包括新建、扩建、改建)的污染源(以下简称为新污染源)执行表 2 所列标准值。

表 2　　　　　　　　新污染源大气污染物排放限值

序号	污染物	最高允许排放浓度(mg/m³)	排气筒高度(m)	最高允许排放速率(kg/h) 二级	最高允许排放速率(kg/h) 三级	无组织排放监控浓度限值 监控点	浓度(mg/m³)
1	二氧化硫	960（硫、二氧化硫、硫酸和其他含硫化合物生产） 550（硫、二氧化硫、硫酸和其他含硫化合物使用）	15 20 30 40 50 60 70 80 90 100	2.6 4.3 15 25 39 55 77 110 130 170	3.5 6.6 22 38 58 83 120 160 200 270	*周界外浓度最高点	0.40
2	氮氧化物	1 400（硝酸、氮肥和火炸药生产） 240（硝酸使用和其他）	15 20 30 40 50 60 70 80 90 100	0.77 1.3 4.4 7.5 12 16 23 31 40 52	1.2 2.0 6.6 11 18 25 35 47 61 78	周界外浓度最高点	0.12

* 周界外浓度最高点一般应设置于无组织排放源下风向的单位周界外 10 m 范围内,若预计无组织排放的最大落地浓度点越出 10 m 范围,可将监控点移至该预计浓度最高点,详见附录C。下同。

(续表)

序号	污染物	最高允许排放浓度(mg/m³)	最高允许排放速率(kg/h) 排气筒高度(m)	二级	三级	无组织排放监控浓度限值 监控点	浓度(mg/m³)
3	颗粒物	18（碳黑尘、染料尘）	15 20 30 40	0.51 0.85 3.4 5.8	0.74 1.3 5.0 8.5	周界外浓度最高点	肉眼不可见
		60＊＊（玻璃棉尘、石英粉尘、矿渣棉尘）	15 20 30 40	1.9 3.1 12 21	2.6 4.5 18 31	周界外浓度最高点	1.0
		120（其他）	15 20 30 40 50 60	3.5 5.9 23 39 60 85	5.0 8.5 34 59 94 130	周界外浓度最高点	1.0
4	氯化氢	100	15 20 30 40 50 60 70 80	0.26 0.43 1.4 2.6 3.8 5.4 7.7 10	0.39 0.65 2.2 3.8 5.9 8.3 12 16	周界外浓度最高点	0.20
5	铬酸雾	0.070	15 20 30 40 50 60	0.008 0.013 0.043 0.076 0.12 0.16	0.012 0.020 0.066 0.12 0.18 0.25	周界外浓度最高点	0.006 0
6	硫酸雾	430（火炸药厂） 45（其他）	15 20 30 40 50 60 70 80	1.5 2.6 8.8 15 23 33 46 63	2.4 3.9 13 23 35 50 70 95	周界外浓度最高点	1.2

＊＊均指含游离二氧化硅超过10%的各种尘。

(续表)

序号	污染物	最高允许排放浓度(mg/m³)	最高允许排放速率(kg/h) 排气筒高度(m)	二级	三级	无组织排放监控浓度限值 监控点	浓度(mg/m³)
7	氟化物	90（普钙工业）	15	0.10	0.15	周界外浓度最高点	20（μg/m³）
			20	0.17	0.26		
			30	0.59	0.88		
			40	1.0	1.5		
		9.0（其他）	50	1.5	2.3		
			60	2.2	3.3		
			70	3.1	4.7		
			80	4.2	6.3		
8	*氯气	65	25	0.52	0.78	周界外浓度最高点	0.40
			30	0.87	1.3		
			40	2.9	4.4		
			50	5.0	7.6		
			60	7.7	12		
			70	11	17		
			80	15	23		
9	铅及其化合物	0.70	15	0.004	0.006	周界外浓度最高点	0.006 0
			20	0.006	0.009		
			30	0.027	0.041		
			40	0.047	0.071		
			50	0.072	0.11		
			60	0.10	0.15		
			70	0.15	0.22		
			80	0.20	0.30		
			90	0.26	0.40		
			100	0.33	0.51		
10	汞及其化合物	0.012	15	1.5×10^{-3}	2.4×10^{-3}	周界外浓度最高点	0.001 2
			20	2.6×10^{-3}	3.9×10^{-3}		
			30	7.8×10^{-3}	13×10^{-3}		
			40	15×10^{-3}	23×10^{-3}		
			50	23×10^{-3}	35×10^{-3}		
			60	33×10^{-3}	50×10^{-3}		
11	镉及其化合物	0.85	15	0.050	0.080	周界外浓度最高点	0.040
			20	0.090	0.13		
			30	0.29	0.44		
			40	0.50	0.77		
			50	0.77	1.2		
			60	1.1	1.7		
			70	1.5	2.3		
			80	2.1	3.2		

* 排放氯气的排气筒不得低于 25 m。

（续表）

序号	污染物	最高允许排放浓度(mg/m³)	排气筒高度(m)	最高允许排放速率(kg/h) 二级	最高允许排放速率(kg/h) 三级	无组织排放监控浓度限值 监控点	无组织排放监控浓度限值 浓度(mg/m³)
12	铍及其化合物	0.012	15	1.1×10^{-3}	1.7×10^{-3}	周界外浓度最高点	0.000 8
			20	1.8×10^{-3}	2.8×10^{-3}		
			30	6.2×10^{-3}	9.4×10^{-3}		
			40	11×10^{-3}	16×10^{-3}		
			50	16×10^{-3}	25×10^{-3}		
			60	23×10^{-3}	35×10^{-3}		
			70	33×10^{-3}	50×10^{-3}		
			80	44×10^{-3}	67×10^{-3}		
13	镍及其化合物	4.3	15	0.15	0.24	周界外浓度最高点	0.040
			20	0.26	0.34		
			30	0.88	1.3		
			40	1.5	2.3		
			50	2.3	3.5		
			60	3.3	5.0		
			70	4.6	7.0		
			80	6.3	10		
14	锡及其化合物	8.5	15	0.31	0.47	周界外浓度最高点	0.24
			20	0.52	0.79		
			30	1.8	2.7		
			40	3.0	4.6		
			50	4.6	7.0		
			60	6.6	10		
			70	9.3	14		
			80	13	19		
15	苯	12	15	0.50	0.80	周界外浓度最高点	0.40
			20	0.90	1.3		
			30	2.9	4.4		
			40	5.6	7.6		
16	甲苯	40	15	3.1	4.7	周界外浓度最高点	2.4
			20	5.2	7.9		
			30	18	27		
			40	30	46		
17	二甲苯	70	15	1.0	1.5	周界外浓度最高点	1.2
			20	1.7	2.6		
			30	5.9	8.8		
			40	10	15		
18	酚类	100	15	0.10	0.15	周界外浓度最高点	0.080
			20	0.17	0.26		
			30	0.58	0.88		
			40	1.0	1.5		
			50	1.5	2.3		
			60	2.2	3.3		

（续表）

序号	污染物	最高允许排放浓度(mg/m³)	最高允许排放速率(kg/h)			无组织排放监控浓度限值	
			排气筒高度(m)	二级	三级	监控点	浓度(mg/m³)
19	甲醛	25	15 20 30 40 50 60	0.26 0.43 1.4 2.6 3.8 5.4	0.39 0.65 2.2 3.8 5.9 8.3	周界外浓度最高点	0.20
20	乙醛	125	15 20 30 40 50 60	0.050 0.090 0.29 0.50 0.77 1.1	0.080 0.13 0.44 0.77 1.2 1.6	周界外浓度最高点	0.040
21	丙烯腈	22	15 20 30 40 50 60	0.77 1.3 4.4 7.5 12 16	1.2 2.0 6.6 11 18 25	周界外浓度最高点	0.60
22	丙烯醛	16	15 20 30 40 50 60	0.52 0.87 2.9 5.0 7.7 11	0.78 1.3 4.4 7.6 12 17	周界外浓度最高点	0.40
23	*氰化氢	1.9	25 30 40 50 60 70 80	0.15 0.26 0.88 1.5 2.3 3.3 4.6	0.24 0.39 1.3 2.3 3.5 5.0 7.0	周界外浓度最高点	0.024
24	甲醇	190	15 20 30 40 50 60	5.1 8.6 29 50 77 100	7.8 13 44 70 120 170	周界外浓度最高点	12
25	苯胺类	20	15 20 30 40 50 60	0.52 0.87 2.9 5.0 7.7 11	0.78 1.3 4.4 7.6 12 17	周界外浓度最高点	0.40

*排放氰化氢的排气筒不得低于25 m。

(续表)

序号	污染物	最高允许排放浓度(mg/m³)	最高允许排放速率(kg/h) 排气筒高度(m)	二级	三级	无组织排放监控浓度限值 监控点	浓度(mg/m³)
26	氯苯类	60	15 20 30 40 50 60 70 80 90 100	0.52 0.87 2.5 4.3 6.6 9.3 13 18 23 29	0.78 1.3 3.8 6.5 9.9 14 20 27 35 44	周界外浓度最高点	0.40
27	硝基苯类	16	15 20 30 40 50 60	0.050 0.090 0.29 0.50 0.77 1.1	0.080 0.13 0.44 0.77 1.2 1.7	周界外浓度最高点	0.040
28	氯乙烯	36	15 20 30 40 50 60	0.77 1.3 4.4 7.5 12 16	1.2 2.0 6.6 11 18 25	周界外浓度最高点	0.60
29	苯并[a]芘	$0.30×10^{-3}$ (沥青及碳素制品生产和加工)	15 20 30 40 50 60	$0.05×10^{-3}$ $0.085×10^{-3}$ $0.29×10^{-3}$ $0.50×10^{-3}$ $0.77×10^{-3}$ $1.1×10^{-3}$	$0.08×10^{-3}$ $0.13×10^{-3}$ $0.43×10^{-3}$ $0.76×10^{-3}$ $1.2×10^{-3}$ $1.7×10^{-3}$	周界外浓度最高点	0.008(μg/m³)
30	*光气	3.0	25 30 40 50	0.10 0.17 0.59 1.0	0.15 0.26 0.88 1.5	周界外浓度最高点	0.080
31	沥青烟	140 (吹制沥青) 40 (熔炼、浸涂) 75 (建筑搅拌)	15 20 30 40 50 60 70 80	0.18 0.30 1.3 2.3 3.6 5.6 7.4 10	0.27 0.45 2.0 3.5 5.4 7.5 11 15	生产设备不得有明显的无组织排放存在	
32	石棉尘	1根纤维/cm³ 或 10 mg/m³	15 20 30 40 50	0.55 0.93 3.6 6.2 9.4	0.83 1.4 5.4 9.3 14	生产设备不得有明显的无组织排放存在	
33	非甲烷总烃	120 (使用溶剂汽油或其他混合烃类物质)	15 20 30 40	10 17 53 100	16 27 83 150	周界外浓度最高点	4.0

* 排放光气的排气筒不得低于25 m。

附录2 锅炉大气污染物排放标准(GB 13271－2014)(摘要)

1. 10 t/h 以上在用蒸汽锅炉和 7 MW 以上在用热水锅炉 2015 年 9 月 30 日前执行 GB 13271－2001 中规定的排放限值,10 t/h 及以下在用蒸汽锅炉和 7 MW 及以下在用热水锅炉 2016 年 6 月 30 日前执行 GB 13271－2001 中规定的排放限值。

2. 10 t/h 以上在用蒸汽锅炉和 7 MW 以上在用热水锅炉 2015 年 10 月 1 日起执行表 1 规定的大气污染物排放限值,10 t/h 及以下在用蒸汽锅炉和 7 MW 及以下在用热水锅炉 2016 年 7 月 1 日起执行表 1 规定的大气污染物排放限值。

表 1　　　　在用锅炉大气污染物排放浓度限值　　　　单位:mg/m³

污染物项目	限值 燃煤锅炉	限值 燃油锅炉	限值 燃气锅炉	污染物排放监控位置
颗粒物	80	60	30	烟囱或烟道
二氧化硫	400 550[(1)]	300	100	烟囱或烟道
氮氧化物	400	400	400	烟囱或烟道
汞及其化合物	0.05	—	—	烟囱或烟道
烟气黑度(林格曼黑度,级)	≤1			烟囱排放口

注:(1)位于广西壮族自治区、重庆市、四川省和贵州省的燃煤锅炉执行该限值。

3. 自 2014 年 7 月 1 日起,新建锅炉执行表 2 规定的大气污染物排放限值。

表 2　　　　新建锅炉大气污染物排放浓度限值　　　　单位:mg/m³

污染物项目	限值 燃煤锅炉	限值 燃油锅炉	限值 燃气锅炉	污染物排放监控位置
颗粒物	50	30	20	烟囱或烟道
二氧化硫	300	200	50	烟囱或烟道
氮氧化物	300	250	200	烟囱或烟道
汞及其化合物	0.05	—	—	烟囱或烟道
烟气黑度(林格曼黑度,级)	≤1			烟囱排放口

4. 重点地区锅炉执行表 3 规定的大气污染物特别排放限值。

表 3　　　　大气污染物特别排放限值　　　　单位:mg/m³

污染物项目	限值 燃煤锅炉	限值 燃油锅炉	限值 燃气锅炉	污染物排放监控位置
颗粒物	30	30	20	烟囱或烟道
二氧化硫	200	100	50	烟囱或烟道
氮氧化物	200	100	150	烟囱或烟道
汞及其化合物	0.05	—	—	烟囱或烟道
烟气黑度(林格曼黑度,级)	≤1			烟囱排放口

执行大气污染物特别排放限值的地域范围、时间,由国务院环境保护主管部门或省级人民

政府规定。

5.每个新建燃煤锅炉房只能设一根烟囱,烟囱高度应根据锅炉房装机总容量,按表4规定执行,燃油、燃气锅炉烟囱不低于8 m,锅炉烟囱的具体高度按批复的环境影响评价文件确定。新建锅炉房的烟囱周围半径200 m距离内有建筑物时,其烟囱应高出最高建筑物3 m以上。

表4　　　　　　　　　　燃煤锅炉房烟囱最低允许高度

锅炉房装机总容量	MW	<0.7	0.7～<1.4	1.4～<2.8	2.8～<7	7～<14	≥14
	t/h	<1	1～<2	2～<4	4～<10	10～<20	≥20
烟囱最低允许高度	m	20	25	30	35	40	45

6.不同时段建设的锅炉,若采用混合方式排放烟气,且选择的监控位置只能监测混合烟气中大气污染物浓度,应执行各个时段限值中最严格的排放限值。

附录3　火电厂大气污染物排放标准(GB 13223—2011)(摘要)

本标准规定了火电厂大气污染物排放浓度限值、监测和监控要求,以及标准的实施与监督等相关规定。

本标准适用于现有火电厂的大气污染物排放管理以及火电厂建设项目的环境影响评价、环境保护工程设计、竣工环境保护验收及其投产后的大气污染物排放管理。

1.自2014年7月1日起,现有火力发电锅炉及燃气轮机组执行表1规定的烟尘、二氧化硫、氮氧化物和烟气黑度排放限值。

表1　　　　　火力发电锅炉及燃气轮机组大气污染物排放浓度限值

单位:mg/m³(烟气黑度除外)

序号	燃料和热能转化设施类型	污染物项目	适用条件	限值	污染物排放监控位置
1	燃煤锅炉	烟尘	全部	30	烟囱或烟道
		二氧化硫	新建锅炉	100 200[1]	
			现有锅炉	200 400[1]	
		氮氧化物(以NO_2计)	全部	100 200[2]	
		汞及其化合物	全部	0.03	
2	以油为燃料的锅炉或燃气轮机组	烟尘	全部	30	
		二氧化硫	新建锅炉及燃气轮机组	100	
			现有锅炉及燃气轮机组	200	
		氮氧化物(以NO_2计)	新建锅炉	100	
			现有锅炉	200	
			燃气轮机组	120	

(续表)

序号	燃料和热能转化设施类型	污染物项目	适用条件	限值	污染物排放监控位置
3	以气体为燃料的锅炉或燃气轮机组	烟尘	天然气锅炉及燃气轮机组	5	烟囱或烟道
			其他气体燃料锅炉及燃气轮机组	10	
		二氧化硫	天然气锅炉及燃气轮机组	35	
			其他气体燃料锅炉及燃气轮机组	100	
		氮氧化物(以 NO_2 计)	天然气锅炉	100	
			其他气体燃料锅炉	200	
			天然气燃气轮机组	50	
			其他气体燃料燃气轮机组	120	
4	燃煤锅炉,以油、气体为燃料的锅炉或燃气轮机组	烟气黑度(林格曼黑度)/级	全部	1	烟囱排放口

注:(1)位于广西壮族自治区、重庆市、四川省和贵州省的火力发电锅炉执行该限值。
(2)采用 W 形火焰炉膛的火力发电锅炉,现有循环流化床火力发电锅炉,以及 2003 年 12 月 31 日前建成投产或通过建设项目环境影响报告书审批的火力发电锅炉执行该限值。

2. 自 2012 年 1 月 1 日起,新建火力发电锅炉及燃气轮机组执行表 1 规定的烟尘、二氧化硫、氮氧化物和烟气黑度排放限值。

3. 自 2015 年 1 月 1 日起,燃煤锅炉执行表 1 规定的汞及其化合物污染物排放限值。

4. 重点地区的火力发电锅炉及燃气轮机组执行表 2 规定的大气污染物特别排放限值。

执行大气污染物特别排放限值的具体地域范围、实施时间,由国务院环境保护行政主管部门规定。

表 2   大气污染物特别排放限值   单位:mg/m³(烟气黑度除外)

序号	燃料和热能转化设施类型	污染物项目	适用条件	限值	污染物排放监控位置
1	燃煤锅炉	烟尘	全部	20	
		二氧化硫	全部	50	
		氮氧化物(以 NO_2 计)	全部	100	
		汞及其化合物	全部	0.03	
2	以油为燃料的锅炉或燃气轮机组	烟尘	全部	20	
		二氧化硫	全部	50	
		氮氧化物(以 NO_2 计)	燃油锅炉	100	
			燃气轮机组	120	
3	以气体为燃料的锅炉或燃气轮机组	烟尘	全部	5	
		二氧化硫	全部	35	
		氮氧化物(以 NO_2 计)	燃气锅炉	100	
			燃气轮机组	50	
4	燃煤锅炉,以油、气体为燃料的锅炉或燃气轮机组	烟气黑度(林格曼黑度)/级	全部	1	烟囱排放口

5. 在现有火力发电锅炉及燃气轮机组运行、建设项目竣工环保验收及其后的运行过程中,负责监管的环境保护行政主管部门,应对周围居住、教学、医疗等用途的敏感区域环境质量进行监测。建设项目的具体监控范围为环境影响评价确定的周围敏感区域;未进行过环境影响评价的现有火力发电企业,监控范围由负责监管的环境保护行政主管部门,根据企业排污的特点和规律及当地的自然、气象条件等因素,参照相关环境影响评价技术导则确定。地方政府应对本辖区环境质量负责,采取措施确保环境状况符合环境质量标准要求。

6. 不同时段建设的锅炉,若采用混合方式排放烟气,且选择的监控位置只能监测混合烟气中的大气污染物浓度,则应执行各时段限值中最严格的排放限值。

附录4 水泥工业大气污染物排放标准(GB 4915—2013)(摘要)

本标准适用于现有水泥工业企业或生产设施的大气污染物排放管理,以及水泥工业建设项目的环境影响评价、环境保护设施设计、竣工环境保护验收及其投产后的大气污染物排放管理。

1. 排气筒大气污染物排放限值

1.1 现有企业 2015 年 6 月 30 日前仍执行 GB 4915—2004,自 2015 年 7 月 1 日起执行表 1 规定的大气污染物排放限值。

1.2 自 2014 年 3 月 1 日起,新建企业执行表 1 规定的大气污染物排放限值。

表 1 现有与新建企业大气污染物排放限值　　　　　　　　　　单位:mg/m³

生产过程	生产设备	颗粒物	二氧化硫	氮氧化物(以 NO_2 计)	氟化物(以总 F 计)	汞及其化合物	氨
矿山开采	破碎机及其他通风生产设备	20	-	-	-	-	-
水泥制造	水泥窑及窑尾余热利用系统	30	200	400	5	0.05	10[(1)]
水泥制造	烘干机、烘干磨、煤磨及冷却机	30	600[(2)]	400[(2)]	-	-	-
水泥制造	破碎机、磨机、包装机及其他通风生产设备	20	-	-	-	-	-
散装水泥中转站及水泥制品生产	水泥仓及其他通风生产设备	20	-	-	-	-	-

注:(1)适用于使用氨水、尿素等含氨物质作为还原剂,去除烟气中氮氧化物。
　　(2)适用于采用独立热源的烘干设备。

1.3 重点地区企业执行表 2 规定的大气污染物特别排放限值。执行特别排放限值的时间和地域范围由国务院环境保护行政主管部门或省级人民政府规定。

表 2 大气污染物特别排放限值　　　　　　　　　　单位:mg/m³

生产过程	生产设备	颗粒物	二氧化硫	氮氧化物(以 NO_2 计)	氟化物(以总 F 计)	汞及其化合物	氨
矿山开采	破碎机及其他通风生产设备	10	-	-	-	-	-

(续表)

生产过程	生产设备	颗粒物	二氧化硫	氮氧化物(以 NO$_2$ 计)	氟化物(以总 F 计)	汞及其化合物	氨
水泥制造	水泥窑及窑尾余热利用系统	20	100	320	3	0.05	8(1)
水泥制造	烘干机、烘干磨、煤磨及冷却机	20	400(2)	300(2)	-	-	-
水泥制造	破碎机、磨机、包装机及其他通风生产设备	10	-	-	-	-	-
散装水泥中转站及水泥制品生产	水泥仓及其他通风生产设备	10	-	-	-	-	-

注：(1)适用于使用氨水、尿素等含氨物质作为还原剂，去除烟气中氮氧化物。
(2)适用于采用独立热源的烘干设备。

1.4 对于水泥窑及窑尾余热利用系统排气、采用独立热源的烘干设备排气，应同时对排气中氧含量进行监测，实测大气污染物排放浓度应按公式(1)换算为基准含氧量状态下的基准排放浓度，并以此作为判定排放是否达标的依据。其他车间或生产设施排气按实测浓度计算，但不得人为稀释排放。

$$C_{基} = \frac{21-O_{基}}{21-O_{实}} \cdot C_{实} \tag{1}$$

式中 $C_{基}$——大气污染物基准排放浓度，mg/m^3。

$C_{实}$——实测大气污染物排放浓度，mg/m^3。

$O_{基}$——基准含氧量百分率，水泥窑及窑尾余热利用系统排气为 10，采用独立热源的烘干设备排气为 8。

$O_{实}$——实测含氧量百分率。

2. 无组织排放控制要求

2.1 水泥工业企业的物料处理、输送、装卸、储存过程应当封闭，对块石、粘湿物料、浆料以及车船装卸料过程也可采取其他有效抑尘措施，控制颗粒物无组织排放。

2.2 自 2014 年 3 月 1 日起，水泥工业企业大气污染物无组织排放监控点浓度限值应符合表 3 规定。

表 3　　　　　　　　大气污染物无组织排放限值　　　　　　　单位：mg/m^3

序号	污染物项目	限值	限值含义	无组织排放监控位置
1	颗粒物	0.5	监控点与参照点总悬浮颗粒物(TSP)1 小时浓度值的差值	厂界外 20 m 处上风向设参照点，下风向设监控点
2	氨(1)	1.0	监控点处 1 小时浓度平均值	监控点设在下风向厂界外 10 m 范围内浓度最高点

注：(1)适用于使用氨水、尿素等含氨物质作为还原剂，去除烟气中氮氧化物。

附录 5　炼焦化学工业污染物排放标准(GB 16171-2012)(摘要)

本标准规定了炼焦化学工业企业水污染物和大气污染物排放限值、监测和监控要求，以及标准的实施与监督等相关规定。

本标准适用于现有和新建焦炉生产过程备煤、炼焦、煤气净化、炼焦化学产品回收和热能利用等工序水污染物和大气污染物的排放管理,以及炼焦化学工业企业建设项目的环境影响评价、环境保护设施设计、竣工环境保护验收及其投产后的水污染物和大气污染物的排放管理。

1. 自 2012 年 10 月 1 日至 2014 年 12 月 31 日止,现有企业执行表 1 规定的大气污染物排放限值。

表 1　　　　　现有企业大气污染物排放浓度限值　　　　　单位:mg/m³

序号	污染物排放环节	颗粒物	二氧化硫	苯并[a]芘	氰化氢	苯[3]	酚类	非甲烷总烃	氮氧化物	氨	硫化氢	监控位置
1	精煤破碎、焦炭破碎、筛分及转运	50	-	-	-	-	-	-	-	-	-	车间或生产设施排气筒
2	装煤	100	150	0.3 μg/m³	-	-	-	-	-	-	-	
3	推焦	100	100	-	-	-	-	-	-	-	-	
4	焦炉烟囱	50	100[1] 200[2]	-	-	-	-	-	800[1] 240[2]	-	-	
5	干法熄焦	100	150	-	-	-	-	-	-	-	-	
6	粗苯管式炉、半焦烘干和氨分解炉等燃用焦炉煤气的设施	50	100	-	-	-	-	-	240	-	-	
7	冷鼓、库区焦油各类贮槽	-	-	0.3 μg/m³	1.0	-	100	120	-	60	10	
8	苯贮槽	-	-	-	-	6	-	120	-	-	-	
9	脱硫再生塔	-	-	-	-	-	-	-	-	60	10	
10	硫铵结晶干燥	100	-	-	-	-	-	-	-	60	-	

注:1)机焦、半焦炉;2)热回收焦炉;3)待国家污染物监测方法标准发布后实施。

2. 自 2015 年 1 月 1 日起,现有企业执行表 2 规定的大气污染物排放限值。

3. 自 2012 年 10 月 1 日起,新建企业执行表 2 规定的大气污染物排放限值。

表 2　　　　　新建企业大气污染物排放浓度限值　　　　　单位:mg/m³

序号	污染物排放环节	颗粒物	二氧化硫	苯并[a]芘	氰化氢	苯[3]	酚类	非甲烷总烃	氮氧化物	氨	硫化氢	监控位置
1	精煤破碎、焦炭破碎、筛分及转运	30	-	-	-	-	-	-	-	-	-	车间或生产设施排气筒
2	装煤	50	100	0.3 μg/m³	-	-	-	-	-	-	-	
3	推焦	50	50	-	-	-	-	-	-	-	-	
4	焦炉烟囱	30	50[1] 100[2]	-	-	-	-	-	500[1] 200[2]	-	-	
5	干法熄焦	50	100	-	-	-	-	-	-	-	-	
6	粗苯管式炉、半焦烘干和氨分解炉等燃用焦炉煤气的设施	30	50	-	-	-	-	-	200	-	-	

(续表)

序号	污染物排放环节	颗粒物	二氧化硫	苯并[a]芘	氰化氢	苯[3)]	酚类	非甲烷总烃	氮氧化物	氨	硫化氢	监控位置
7	冷鼓、库区焦油各类贮槽	-	-	0.3 μg/m³	1.0	-	80	80	-	30	3.0	车间或生产设施排气筒
8	苯贮槽	-	-	-	-	6	-	80	-	-	-	
9	脱硫再生塔	-	-	-	-	-	-	-	-	30	3.0	
10	硫铵结晶干燥	80	-	-	-	-	-	-	-	30	-	

注:1)机焦、半焦炉;2)热回收焦炉;3)待国家污染物监测方法标准发布后实施。

4.2.4 根据国家环境保护工作的要求,在国土开发密度较高、环境承载能力开始减弱,或大气环境容量较小、生态环境脆弱,容易发生严重大气环境污染问题而需要采取特别保护措施的地区,应严格控制企业的污染物排放行为,在上述地区的企业执行表6规定的大气污染物特别排放限值。

执行大气污染物特别排放限值的地域范围、时间,由国务院环境保护行政主管部门或省级人民政府规定。

表3　　大气污染物特别排放限值　　单位:mg/m³

序号	污染物排放环节	颗粒物	二氧化硫	苯并[a]芘	氰化氢	苯[1)]	酚类	非甲烷总烃	氮氧化物	氨	硫化氢	监控位置
1	精煤破碎、焦炭破碎、筛分及转运	15	-	-	-	-	-	-	-	-	-	车间或生产设施排气筒
2	装煤	30	70	0.3 μg/m³	-	-	-	-	-	-	-	
3	推焦	30	30	-	-	-	-	-	-	-	-	
4	焦炉烟囱	15	30	-	-	-	-	-	150	-	-	
5	干法熄焦	30	80	-	-	-	-	-	-	-	-	
6	粗苯管式炉、半焦烘干和氨分解炉等燃用焦炉煤气的设施	15	30	-	-	-	-	-	150	-	-	
7	冷鼓、库区焦油各类贮槽	-	-	0.3 μg/m³	1.0	-	50	50	-	10	1	
8	苯贮槽	-	-	-	-	6	-	50	-	-	-	
9	脱硫再生塔	-	-	-	-	-	-	-	-	10	1	
10	硫铵结晶干燥	80	-	-	-	-	-	-	-	10	-	

注:1)待国家污染物监测方法标准发布后实施。

5.企业边界任何1小时平均浓度执行表4规定的浓度限值。

表4　　现有和新建炼焦炉炉顶及企业边界大气污染物浓度限值

污染物项目	颗粒物	二氧化硫	苯并[a]芘	氰化氢	苯	酚类	硫化氢	氨	苯可溶物	氮氧化物	监控位置
浓度限值	2.5	-	2.5 μg/m³	-	-	0.1	2.0	0.6	-	-	焦炉炉顶
	1.0	0.50	0.01 μg/m³	0.024	0.4	0.02	0.01	0.2	-	0.25	厂界

6.在现有企业生产、建设项目竣工环保验收后的生产过程中,负责监管的环境保护主管部

门应对周围居住、教学、医疗等用途的敏感区域环境质量进行监测。建设项目的具体监控范围为环境影响评价确定的周围敏感区域;未进行过环境影响评价的现有企业,监控范围由负责监管的环境保护主管部门,根据企业排污的特点和规律及当地的自然、气象条件等因素,参照相关环境影响评价技术导则确定。地方政府应对本辖区环境质量负责,采取措施确保环境状况符合环境质量标准要求。

7. 产生大气污染物的生产工艺和装置必须设立局部或整体气体收集系统和净化处理装置,达标排放。所有排气筒高度应不低于 15 m(排放含氰化氢废气的排气筒高度不得低于 25 m)。排气筒周围半径 200 m 范围内有建筑物时,排气筒高度还应高出最高建筑物 3 m 以上。现有和新建焦化企业须安装荒煤气自动点火放散装置。

8. 在国家未规定生产设施单位产品基准排气量之前,以实测浓度作为判定大气污染物排放是否达标的依据。

附录 6 恶臭污染物排放标准(GB 14554−1993)(摘要)

恶臭污染物厂界标准值是对无组织排放源的限值,见表 1。

表 1　　　　　　　　　恶臭污染物厂界标准值

序号	控制项目	单位	一级	二级 新扩改建	二级 现有	三级 新扩改建	三级 现有
1	氨	mg/m³	1.0	1.5	2.0	4.0	5.0
2	三甲胺	mg/m³	0.05	0.08	0.15	0.45	0.80
3	硫化氢	mg/m³	0.03	0.06	0.10	0.32	0.60
4	甲硫醇	mg/m³	0.004	0.007	0.010	0.020	0.035
5	甲硫醚	mg/m³	0.03	0.07	0.15	0.55	1.10
6	二甲二硫	mg/m³	0.03	0.06	0.13	0.42	0.71
7	二硫化碳	mg/m³	2.0	3.0	5.0	8.0	10
8	苯乙烯	mg/m³	3.0	5.0	7.0	14	19
9	臭气浓度	无量纲	10	20	30	60	70

1994 年 6 月 1 日起立项的新、扩、改建设项目及其建成后投产的企业执行二级、三级标准中相应的标准值。

恶臭污染物排放标准值,见表 2。

表 2　　　　　　　　　恶臭污染物排放标准值

序号	控制项目	排气筒高度(m)	排放量(kg/h)
1	硫化氢	15	0.33
		20	0.58
		25	0.90
		30	1.3
		35	1.8
		40	2.3
		60	5.2
		80	9.3
		100	14
		120	21

（续表）

序号	控制项目	排气筒高度(m)	排放量(kg/h)
2	甲硫醇	15	0.04
		20	0.08
		25	0.12
		30	0.17
		35	0.24
		40	0.31
		60	0.69
3	甲硫醚	15	0.33
		20	0.58
		25	0.90
		30	1.3
		35	1.8
		40	2.3
		60	5.2
4	二甲二硫醚	15	0.43
		20	0.77
		25	1.2
		30	1.7
		35	2.4
		40	3.1
		60	7.0
5	二硫化碳	15	1.5
		20	2.7
		25	4.2
		30	6.1
		35	8.3
		40	11
		60	24
		80	43
		100	68
		120	97
6	氨	15	4.9
		20	8.7
		25	14
		30	20
		35	27
		40	35
		60	75
7	三甲胺	15	0.54
		20	0.97
		25	1.5
		30	2.2
		35	3.0
		40	3.9
		60	8.7
		80	15
		100	24
		120	35

(续表)

序号	控制项目	排气筒高度(m)	排放量(kg/h)
8	苯乙烯	15	6.5
		20	12
		25	18
		30	26
		35	35
		40	46
		60	104

序号	控制项目	排气筒高度(m)	标准值(无量纲)
9	臭气浓度	15	2 000
		25	6 000
		35	15 000
		40	20 000
		50	40 000
		≥60	60 000

标志中各单项恶臭污染物与臭气浓度的测定方法,见表3。

表3　　　　　　　　恶臭污染物与臭气浓度测定方法

序号	控制项目	测定方法	序号	控制项目	测定方法
1	氨	GB/T 14679	6	二甲二硫醚	GB/T 14678
2	三甲胺	GB/T 14676	7	二硫化碳	GB/T 14680
3	硫化氢	GB/T 14678	8	苯乙烯	GB/T 14677
4	甲硫醇	GB/T 14678	9	臭气浓度	GB/T 14675
5	甲硫醚	GB/T 14678			